软件项目开发全程实录

ASP.NET 项目开发全程实录
（第 4 版）

明日科技　编著

清華大學出版社

北京

内 容 简 介

《ASP.NET 项目开发全程实录（第4版）》以程序源论坛、51电子商城网站、企业门户网站、图书馆管理系统、铭成在线考试系统、52同城信息网、Show——企业个性化展示平台、物流信息管理平台、播客网、仿百度知道之明日知道等 10 个实际项目开发程序为案例，从软件工程的角度出发，按照项目的开发顺序，系统、全面地介绍了程序开发流程。从开发背景、需求分析、系统功能分析、数据库分析、数据库建模、网站开发到网站的编译与发布，每一过程都做了详细的介绍。

本书及资源包特色还有：10 套项目开发完整案例，项目开发案例的同步视频和其源程序。登录网站还可获取各类资源库（模块库、题库、素材库）等项目案例常用资源，网站还提供技术论坛支持等。

本书案例涉及行业广泛，实用性非常强。通过本书的学习，读者可以了解各个行业的特点，能够针对某一行业进行软件开发，也可以通过资源包中提供的案例源代码和数据库进行二次开发，以减少开发系统所需要的时间。

图书在版编目（CIP）数据

ASP.NET 项目开发全程实录 / 明日科技编著. — 4 版. — 北京：清华大学出版社，2018（2022.8重印）

（软件项目开发全程实录）

ISBN 978-7-302-49883-4

Ⅰ. ①A… Ⅱ. ①明… Ⅲ. ①网页制作工具—程序设计 Ⅳ. ①TP393.092

中国版本图书馆 CIP 数据核字(2018)第 052546 号

责任编辑：贾小红
封面设计：刘 超
版式设计：周春梅
责任校对：马军令
责任印制：杨 艳

出版发行：清华大学出版社
  网 址：http://www.tup.com.cn，http://www.wqbook.com
  地 址：北京清华大学学研大厦A座 邮 编：100084
  社 总 机：010-83470000 邮 购：010-62786544
  投稿与读者服务：010-62776969，c-service@tup.tsinghua.edu.cn
  质量反馈：010-62772015，zhiliang@tup.tsinghua.edu.cn
印 装 者：三河市铭诚印务有限公司
经 销：全国新华书店
开 本：203mm×260mm 印 张：31.5 字 数：885 千字
版 次：2008 年 6 月第 1 版 2018 年 10 月第 4 版 印 次：2022 年 8 月第 5 次印刷
定 价：89.80 元

产品编号：079161-01

前言（第4版）

编写目的与背景

众所周知，当前社会需求和高校课程设置严重脱节，一方面企业难寻可迅速上手的人才，另一方面大学生就业难。如果有一些面向工作应用的案例参考书，让大学生得以参考，并能亲手去做，势必能缓解这种矛盾。本书就是这样一本书：项目开发案例型的、面向工作应用的软件开发类图书。编写本书的首要目的就是架起让学生从学校走向社会的桥梁。

其次，本书以完成小型项目为目的，让学生切身感受到软件开发给工作带来的实实在在的用处和方便，并非只是枯燥的语法和陌生的术语，从而激发学生学习软件的兴趣，让学生变被动学习为自主自发学习。

再次，本书的项目开发案例过程完整，不但适合在学习软件开发时作为小型项目开发的参考书，而且可以作为毕业设计的案例参考书。

最后，丛书第1版于2008年6月出版，于2011年和2013年进行了两次改版升级，因为编写细腻，易学实用，配备全程视频讲解等特点，备受读者瞩目，丛书累计销售20多万册，成为近年来最受欢迎的软件开发项目案例类丛书之一。

转眼5年已过，我们根据读者朋友的反馈，对丛书内容进行了优化和升级，进一步修正之前版本中疏漏之处，并增加了大量的辅助学习资源，相信这套书一定能带给您惊喜！

本书特点

微视频讲解

对于初学者来说，视频讲解是最好的导师，它能够引导初学者快速入门，使初学者感受到编程的快乐和成就感，增强进一步学习的信心。鉴于此，本书为大部分章节都配备了视频讲解，使用手机扫描正文小节标题一侧的二维码，即可在线学习项目制作的全过程。同时，本书提供了程序配置使用说明的讲解视频，扫描二维码即可进行学习。

典型案例

本书案例均从实际应用角度出发，应用了当前流行的技术，涉及的知识广泛，读者可以从每个案例中积累丰富的实战经验。

代码注释

为了便于读者阅读程序代码，书中的代码均提供了详细的注释，并且整齐地纵向排列，可使读者快速领略作者意图。

📖 **代码贴士**

案例类书籍通常会包含大量的程序代码，冗长的代码往往令初学者望而生畏。为了方便读者阅读和理解代码，本书避免出现连续大篇幅的代码，讲解过程中将其分割为多个部分，并对重要的变量、方法和知识点设计了独具特色的代码贴士。

✎ **知识扩展**

为了增加读者的编程经验和技巧，书中每个案例都标记有注意、技巧等提示信息，并且在每章中都提供有一项专题技术。

本书约定

由于篇幅有限，本书每章并不能逐一介绍案例中的各模块。作者选择了基础和典型的模块进行介绍，对于功能重复的模块，由于技术、设计思路和实现过程基本相同，因此没有在书中体现。读者在学习过程中若有相关疑问，请登录本书官方网站。本书中涉及的功能模块在资源包中都附带有视频讲解，方便读者学习。

适合读者

本书适合作为计算机相关专业的大学生、软件开发相关求职者和爱好者的毕业设计和项目开发的参考书。

本书服务

为了给读者提供更为方便快捷的服务，读者可以登录本书官方网站（www.mingrisoft.com）或清华大学出版社网站（www.tup.com.cn），在对应图书页面下载本书资源包，也可加入企业 QQ（4006751066）进行学习交流。学习本书时，请先扫描封底的权限二维码（需刮开涂层）获取学习权限，即可学习书中的各类资源。

本书作者

本书由明日科技软件开发团队组织编写，主要由申野、王小科执笔，如下人员也参与了本书的编写工作，他们是：赛奎春、房德山、冯春龙、李磊、王国辉、申小琦、赵宁、贾景波、周佳星、张鑫、白宏健、李菁菁、王赫男、张渤洋、卞昉、乔宇、潘建羽、隋妍妍、庞凤、张云凯、梁英、刘媛媛、胡冬、谭畅、岳彩龙、李春林、林驰、白兆松、依莹莹、王欢、朱艳红、李雪、李颖、孙勃、杨丽、高春艳、辛洪郁、张宝华、葛忠月、刘杰、宋万勇、杨柳等，在此一并感谢！

在编写本书的过程中，我们本着科学、严谨的态度，力求精益求精，但错误、疏漏之处在所难免，敬请广大读者批评指正。

感谢您购买本书，希望本书能成为您的良师益友，成为您步入编程高手之路的踏脚石。

宝剑锋从磨砺出，梅花香自苦寒来。祝读书快乐！

编　　者

目 录

Contents

第 1 章

程序源论坛

（ASP.NET MVC +EF 框架+BootStrap 实现）

我们平时在通过搜索引擎查询一些专业性的问题时，跳转最多的应该是各种论坛帖吧等。因为对于一些专业领域问题，论坛能够集中更多专业人士来针对某一个问题进行讨论分析。那么，制作一个论坛项目所涉及的知识点也是很广泛的。本章将带领大家通过使用 ASP.NET MVC 架构实现"程序源论坛"项目的开发。

通过阅读本章，读者可以学习到：

▶▶ 掌握 ASP.NET MVC 框架的使用

▶▶ 掌握 Entity Framework 框架的使用

▶▶ 熟悉 bootstrap 框架在 ASP.NET 网站设计中的应用

▶▶ 熟悉 Razor 视图引擎的应用

▶▶ 熟练掌握 JSON 数据的解析

▶▶ 熟悉 jQuery 技术的应用

配置说明

视频讲解

1.1 开发背景

在现实生活中几个人坐在一起会经常对一些话题津津乐道。在网络世界中，来自世界各地的每一个网络用户组成一个群体，通过计算机软件实现线上讨论，这个计算机软件称之为"论坛"。论坛所涉及的话题范围很广，例如，针对软件开发的技术论坛、计算机硬件技术论坛、娱乐明星或者爱好户外的野外探险论坛。这些专业领域能够聚集很多专业人才，从而实现资源、知识和经验的分享。本章将实现使用 ASP.NET MVC 框架开发"程序源论坛"项目。

1.2 需求分析

网上在线论坛主要的功能是讨论各种语言的开发技术、技巧，并交流开发经验等，但是需要对技术栏目的文章浏览和发表文章功能加以限制，这样，论坛的管理功能显得尤为重要。除此之外，还需要将用户划分为不同级别，根据用户级别的不同在论坛中为用户分配不同的权限。同时，一个成功的 BBS 系统还需要拥有对各种信息管理的功能。

1.3 系统设计

1.3.1 系统目标

开发程序源论坛最终目的是为程序源提供一个良好的技术交流平台，为了满足需求，本系统在设计时应实现以下几个目标：

- ☑ 网站界面友好、美观。
- ☑ 划分用户级别，将不同的权限划分给不同的用户。
- ☑ 合理管理论坛相关信息。
- ☑ 易于维护和扩展。
- ☑ 系统运行稳定、可靠。

1.3.2 系统功能结构

程序源论坛主要分为前台页面、后台管理、登录用户和非登录用户等几个模块。其详细的功能结构如图 1.1 所示。

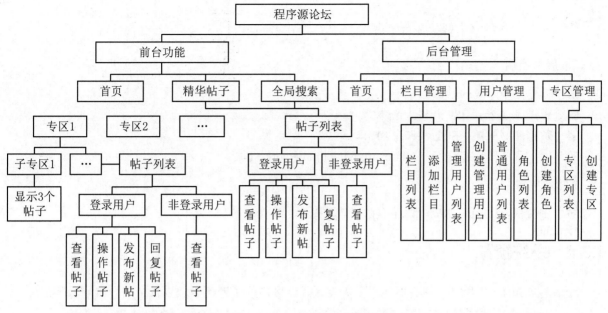

图 1.1　程序源论坛的功能结构图

1.3.3　系统业务流程

一个网站项目的主要核心部分就是业务逻辑，围绕着业务逻辑来编写代码，图 1.2 是"程序源论坛"项目的业务流程图。

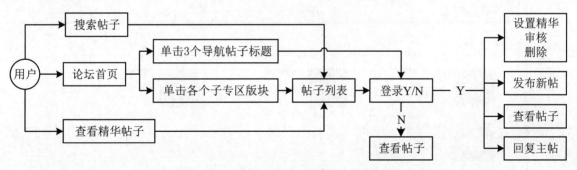

图 1.2　"程序源论坛"的系统业务流程图

1.3.4　构建开发环境

1．网站开发环境

☑　网站开发环境：Microsoft Visual Studio 2017。

☑　网站开发语言：ASP.NET+C#。

☑　网站后台数据库：SQL Server 2014。

☑　开发环境运行平台：Windows 7（SP1）/ Windows Server 8/Windows 10。

注意 SP（Service Pack）为 Windows 操作系统补丁。

2．服务器端

☑ 操作系统：Windows 7。

☑ Web 服务器：IIS 7.0 以上版本。

☑ 数据库服务器：SQL Server 2014。

☑ 网站服务器运行环境：Microsoft .NET Framework SDK v4.7。

3．客户端

☑ 浏览器：Chrome 浏览器、Firefox 浏览器。

1.3.5 系统预览

论坛首页如图 1.3 所示，该页面包含各大专区、专区内的子专区版块以及全局导航登录等信息。

图 1.3 论坛首页

子专区版块帖子列表如图 1.4 所示，该页面包含所属该专区的帖子以及发布属于该专区的新帖功能。

图 1.4　帖子列表

图 1.5 所示是精华帖子列表，单击帖子标题可以进行帖子内容阅读与主题回复。

图 1.5　帖子列表

1.3.6　项目目录结构预览

在本项目目录中通过建立 Areas 区域将前台和后台系统进行了分离，Content 文件夹内存放了各类资源文件，包括 js、css、图片和字体文件等。"程序源论坛"的项目结构如图 1.6 所示。

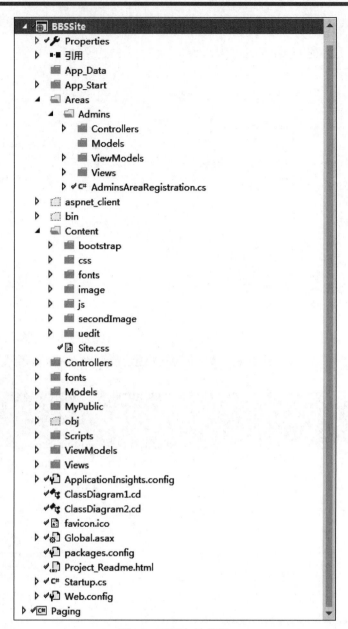

图 1.6　项目包结构图

1.3.7　数据库设计

由于本网站属于中小型的 BBS 论坛，因此需要充分考虑到成本问题及用途需求（如跨平台）等问题，而 SQL Server 2014 作为目前常用的数据库，该数据库系统在安全性、准确性和运行速度方面有绝对的优势，并且处理数据量大、效率高，这正好满足了中小型企业的需求，所以本网站采用 SQL Server 2014 数据库。本网站中数据库名称为 DB_BBS，其中包含 14 张数据表，分别用于存储不同的信息，如图 1.7 所示。

图 1.7　数据库结构

下面给出比较重要的数据表结构。

1．tb_ForumMain（帖子主表）

tb_ForumMain 表用于保存网站中的所有帖子信息，该表的结构如表 1.1 所示。

表 1.1　帖子主表

字　段　名	数 据 类 型	字 段 大 小	描　　述
ID	int		帖子编号
Title	varchar	128	帖子标题
ForumAreaID	int		区域编号
ForumClassifyID	int		分类编号
CreateUserID	int		发帖人编号
CreateTime	datetime		发帖时间
[Content]	text		帖子内容
IsRecommend	bit		是否推荐
Isdelete	bit		是否删除
IsExamine	int		是否审查
Zan	int		点赞数量

2．tb_ForumSecond（帖子回复表）

tb_ForumSecond 表用于所有帖子的回复信息，该表的结构如表 1.2 所示。

表 1.2　帖子回复表

字　段　名	数　据　类　型	字　段　大　小	描　　述
ID	int		回帖编号
ForumMainID	int		帖子编号
[Content]	text		回帖内容
CreateUserID	varchar	20	回帖人
CreateTime	datetime		回帖时间
CurSequence	int		最大楼层
ReplySequence	int		回复楼层
IsDelete	char	1	是否删除

3．tb_ForumInfoStatus（帖子常用状态表）

tb_ForumInfoStatus 表用于保存所有帖子的一些状态信息，比如回复数量、查看数量、最后一次回复人及回复时间等，该表的结构如表 1.3 所示。

表 1.3　帖子常用状态表

字　段　名	数　据　类　型	字　段　大　小	描　　述
ID	int		自动编号
ForumMainID	int		帖子编号
ReplyNumber	int		回复数量
SeeNumber	int		查看数量
LastReplyUserID	int		最后一次回复人编号
LastReplytime	datetime		最后一次回复时间

4．tb_ForumArea（版块区域表）

tb_ForumArea 表用于保存网站的区域信息，该表的结构如表 1.4 所示。

表 1.4　版块区域表

字　段　名	数　据　类　型	字　段　大　小	描　　述
ID	int		区域编号
AreaName	varchar	64	区域名称
UserID	int		创建者编号

5．tb_ForumClassify（版块分类表）

tb_ForumClassify 表用于保存网站中的论坛版块分类，该表的结构如表 1.5 所示。

表 1.5　版块分类表

字　段　名	数　据　类　型	字　段　大　小	描　　述
ID	int		分类编号
ForumAreaID	int		所属区域
ForumUserID	int		分类创建者编号
ClassifyName	varchar	45	分类名称

续表

字 段 名	数 据 类 型	字 段 大 小	描 述
ClassifyLogo	varchar	526	分类 Logo
ClassifyInnerLogo	varchar	526	分类内部 Logo
ClassifyOrder	int		分类顺序
ClassifyIsleaf	bit		是否为子分类

6. tb_UsersByCustomer（普通用户表）

tb_UsersByCustomer 表用于保存论坛中的网站用户信息，该表的结构如表 1.6 所示。

表 1.6 普通用户表

字 段 名	数 据 类 型	字 段 大 小	描 述
ID	int		用户编号
UserName	varchar	60	用户名
UserPassword	varbinary	1024	用户密码
NickName	varchar	10	用户昵称
SexID	int		性别编号
Age	int		年龄
IsModerator	bit		是否版主
PhotoUrl	varchar	255	用户头像
Email	varchar	128	邮箱
Fatieshu	int		发帖数量
Huitieshu	int		回帖数量

7. tb_UsersBySystem（版主用户表）

tb_UsersBySystem 表用于保存论坛各个版块的版主信息，该表的结构如表 1.7 所示。

表 1.7 版主用户表

字 段 名	数 据 类 型	字 段 大 小	描 述
ID	int		版主编号
RoleID	int		角色编号
UserName	varchar	60	版主用户名
NickName	varchar	60	版主昵称
UserPassword	varbinary	1024	版主密码
Email	varchar	45	版主邮箱

8. tb_UserByRole（用户角色表）

tb_UserByRole 表用于保存论坛中的角色信息，该表的结构如表 1.8 所示。

表 1.8 用户角色表

字 段 名	数 据 类 型	字 段 大 小	描 述
ID	int		角色编号
RoleName	varchar	60	角色名称

9．tb_UserByRoleJoinColumn（角色与权限关联表）

tb_UserByRoleJoinColumn 表用于保存论坛中各个角色及其关联的权限信息，该表的结构如表 1.9 所示。

表 1.9　角色与权限关联表

字 段 名	数 据 类 型	字 段 大 小	描　述
ID	int		自动编号
RoleID	int		角色编号
ColumnID	int		权限编号

视频讲解

1.4　公共类设计

公共类是每个项目中都会用到的一种程序设计形式，它将一些可公用的功能代码封装到一个类中实现代码的重用。无论是程序开发阶段还是后期维护阶段，公共类都会是更加清晰和便捷的一种设计结构。

1.4.1　系统资源文件目录转换类

在程序源论坛项目中，将各种资源文件都放在了"Content"文件夹内，然而，视图文件都存放在不同的目录结构中，所以，这些视图文件的父目录都是不同的。例如，前台功能和后台功能的分离。要想实现统一返回资源目录路径，就需要构建一个能够返回路径的公共类，然后无论是哪个视图文件，只要访问这个类就可以得到想要的文件路径。公共类 GettingUrl 的定义如下：

例程 01　代码位置：资源包\TM\01\BBSSiteItem\BBSSite\BBSSite\MyPublic\GettingUrl.cs

```csharp
/// <summary>
/// 获取站点资源属性
/// </summary>
internal class GettingUrl : IGettingUrl
{
    UrlHelper url;
    /// <summary>
    /// 通过传入 UrlHelper 对象,构造站点资源类
    /// </summary>
    /// <param name="Url">Url 帮助类</param>
    public GettingUrl(UrlHelper Url)
    {
        this.url = Url;
    }
    /// <summary>
    /// Image 目录地址
    /// </summary>
    public string ContentImagesUrl { get { return url.Content("~/Content/image"); } }
    /// <summary>
```

```
/// SecondImage 目录地址
/// </summary>
public string ContentSecondImageUrl
{ get { return url.Content("~/Content/secondImage"); } }
/// <summary>
/// Bootstrap 目录地址
/// </summary>
public string ContentBootstrapUrl
{ get { return url.Content("~/Content/bootstrap"); } }
/// <summary>
/// CSS 目录地址
/// </summary>
public string ContentCssUrl { get { return url.Content("~/Content/css"); } }
/// <summary>
/// 自定 Javascript 脚本文件目录地址
/// </summary>
public string ContentJSUrl { get { return url.Content("~/Content/js"); } }
/// <summary>
/// Uedit 目录地址
/// </summary>
public string ContentUedit { get { return url.Content("~/Content/uedit"); } }
/// <summary>
/// Script 目录地址
/// </summary>
public string ScriptUrl { get { return url.Content("~/Scripts"); } }
}
```

1.4.2　实体数据验证 DataUnique 特性类

　　用户在前台网页上进行数据录入后，数据往往会通过实体类的方式传入后台方法中。然而，这些数据的合法性如果不通过程序验证就直接插入数据库中则会引发各种不可预测的错误，或带来程序上的 bug。验证这些数据的办法有很多，其中，通过定义验证特性来实现数据验证是一个很值得推荐的一种解决方案。

　　ValidationAttribute 特性是验证实体数据的基类，通过继承 ValidationAttribute 类即可实现自定义验证逻辑，关于数据验证的公共类设计如下：

　　首先定义自定义特性类，该类必须继承 ValidationAttribute 基类。

例程 02　　代码位置：资源包\TM\01\BBSSiteItem\BBSSite\BBSSite\MyPublic\DataUnique.cs

```
/// <summary>
/// 自定义验证类特性，AttributeUsage 表示 DataUnique 特性类的用法，
/// ValidationAttribute 类表示所有验证属性的基类
/// </summary>
[AttributeUsage(AttributeTargets.Property, AllowMultiple = false, Inherited = true)]
public class DataUnique : ValidationAttribute
{
    public EnumDataUnique edu { get; set; }          //定义全局枚举，表示验证的表
    public int MyType { get; set; }                  //定义实现同一表中不同字段的验证
    public string Key { get; set; }                  //定义验证的数据需要指定其他条件的字段名称
```

```
public DataUnique() { }//构造方法
//实现抽象类 ValidationAttribute 中 IsValid 方法，该方法用于验证属性值是否有效
//Value 为验证的值，validationContext 为要验证的类
protected override ValidationResult
IsValid(object value, ValidationContext validationContext)
{
    if (value != null)                              //判断如果 value 值不为空
    {
        int KeyID = 0;                              //定义其他条件查询的条件值变量
        //如果不为空，则表示需要制定其他条件查询，Key 为属性的名称，例如"ID"
        if (Key != null && Key != "")
        {
            //通过反射获取出条件属性的值
            KeyID = Convert.ToInt32(validationContext.ObjectInstance.GetType().
            GetProperty(Key).GetValue(validationContext.ObjectInstance));
        }
        //通过传入表枚举值调用简单工厂模式类的 InitDataUnique 方法
        //并返回已实现了 ICheckUnique 接口的各实现类
        ICheckUnique iDataUnique = PublicInitiali.InitDataUnique(edu);
        //调用实现类中 CheckUnique 方法，参数分别为要验证的属性值、验证类型和其他条件值
        //方法实现了对数据库表的数据校验工作
        //如果验证成功，则返回 true
        if (iDataUnique.CheckUnique((string)value, MyType, KeyID))
        {
            return ValidationResult.Success;        //返回验证成功
        }
    }
    return new ValidationResult(null);              //返回验证失败，value 值为 null
}
}
```

接下来定义 PublicInitiali 工厂类，该类用于返回实现 IcheckUnique 接口的数据验证实现类。此类包含了其他方法，这里只列出验证数据的方法，代码如下：

例程 03　代码位置：资源包\TM\01\BBSSiteItem\BBSSite\BBSSite\MyPublic\PublicInitiali.cs

```
/// <summary>
///  公共初始化对象类
/// </summary>
public class PublicInitiali
{
    /// <summary>
    ///  通过标记的枚举表的值,返回已实现了 IDataUnique 接口的类
    /// </summary>
    /// <param name="edu">枚举的表</param>
    /// <returns>返回指定表的验证类</returns>
    public static ICheckUnique InitDataUnique(EnumDataUnique edu)
    {
        //定义 ICheckUnique 接口变量
        ICheckUnique iDataUnique = null;
        switch (edu)                                //判断枚举表
        {
```

```
                case EnumDataUnique.tb_UsersByCustomer:      //验证 tb_UsersByCustomer 表
                    //初始化 CheckUniqueByUsersByCustomer 实现类
                    iDataUnique = new CheckUniqueByUsersByCustomer();
                    break;
                case EnumDataUnique.tb_UsersBySystem:        //验证 tb_UsersBySystem 表
                    //初始化 CheckUniqueByUsersBySystem 实现类
                    iDataUnique = new CheckUniqueByUsersBySystem();
                    break;
                case EnumDataUnique.tb_UserByRole:           //验证 tb_UserByRole 表
                    //初始化 CheckUniqueByUserByRole 实现类
                    iDataUnique = new CheckUniqueByUserByRole();
                    break;
                case EnumDataUnique.tb_ForumArea:            //验证 tb_ForumArea 表
                    //初始化 CheckUniqueByForumArea 实现类
                    iDataUnique = new CheckUniqueByForumArea();
                    break;
                case EnumDataUnique.tb_ForumClassify:        //验证 tb_ForumClassify 表
                    //初始化 CheckUniqueByForumClassify 实现类
                    iDataUnique = new CheckUniqueByForumClassify();
                    break;
            }
            return iDataUnique;
        }
}
```

最后定义验证各表的 IcheckUnique 实现类。由于实现类较多，这里只列出一个实现类，其他类的实现逻辑大体相同，读者可在资源包文件中找到各实现类的定义。

例程 04　代码位置：资源包\TM\01\BBSSiteItem\BBSSite\BBSSite\MyPublic\CheckUnique.cs

```
// <summary>
/// 实现验证数据类,枚举表为 tb_UserByRole
/// </summary>
public class CheckUniqueByUserByRole : ICheckUnique
{
    //实现 ICheckUnique 接口中的 CheckUnique 方法
    public bool CheckUnique(string value, int MyType, int KeyID)
    {
        using (DB_BBSEntities db = new DB_BBSEntities())    //实例化操作数据库上下文类
        {
            bool IsExists = false;                          //定义数据验证是否成功变量
            switch (MyType)                                 //判断要查询的字段，此处指查询 RoleName 角色名称
            {
                case 1:
                    if (KeyID == 0)
                    {
                        //查询指定的角色名称是否存在于 tb_UserByRole 表中
                        IsExists = db.tb_UserByRole.Count(C => C.RoleName == value) == 0;
                    }
                    else
                    {
                        //查询指定的 ID 值和角色名称是否存在于 tb_UserByRole 表中
```

```
                              IsExists = db.tb_UserByRole.Count(C => C.RoleName == value
                                  && C.ID != KeyID) == 0;
                    }
                    break;
            }
            return IsExists;                              //返回验证结果
        }
    }
}
```

 说明 枚举 EnumDataUnique 定义了各表的名称，通过增加 EnumDataUnique 枚举值和对应的实现类即可完成表的数据验证功能。

1.4.3 Forms 身份验证公共类设计

Forms 身份验证是 ASP.NET 中身份验证的一种，此方式使用 Cookie 来保存用户凭证，并将未能通过身份验证的用户重定向到自定义的登录页。

首先，定义身份验证票证信息数据的 Cookie 存储和解析的类，在用户登录成功后，调用该类的 SetAuthCookie 方法存储 Cookie。用户在执行请求时，调用 TryParsePrincipal 方法解析 Cookie 票证信息。

例程05　代码位置：资源包\TM\01\BBSSiteItem\BBSSite\BBSSite\MyPublic\MyFormsAuthentication.cs

```csharp
public class MyFormsAuthentication<TUserData> where TUserData : class, new()    //身份验证类
{
    public static void SetAuthCookie(string UserName, TUserData UserData,
                              int ExpiresMinutes)              //用户登录成功时设置 Cookie
    {
        //如果传入的数据对象为空，则抛出异常
        if (UserData == null) { throw new ArgumentNullException("userData"); }
        //将对象序列化成 JSON 字符串
        string Data = (new JavaScriptSerializer()).Serialize(UserData);
        //创建 ticket
        var ticket = new FormsAuthenticationTicket(1, UserName, DateTime.Now,
                          DateTime.Now.AddMinutes(ExpiresMinutes), true, Data);
        var cookieValue = FormsAuthentication.Encrypt(ticket);       //加密 ticket
        //创建 Cookie
        var cookie = new HttpCookie(FormsAuthentication.FormsCookieName, cookieValue)
        {
            HttpOnly = true,
            Secure = FormsAuthentication.RequireSSL,
            Path = FormsAuthentication.FormsCookiePath,
        };
        if (ExpiresMinutes > 0)                                      //如果传入的分钟数大于 0
        {
            //在当前时间的基础上增加 60 分钟
            cookie.Expires = DateTime.Now.AddMinutes(ExpiresMinutes);
        }
        HttpContext.Current.Response.Cookies.Remove(cookie.Name);    //先移除（不管是否存在）
        HttpContext.Current.Response.Cookies.Add(cookie);            //写入 Cookie
```

```
    }
    //从 Request 中解析出 Ticket,UserData
    public static MyFormsPrincipal<TUserData> TryParsePrincipal(HttpRequest request)
    {
        //如果请求状态对象为空，则抛出异常
        if (request == null) { throw new ArgumentNullException("request"); }
        var cookie = request.Cookies[FormsAuthentication.FormsCookieName];     //读登录 Cookie
        //如果 Cookie 不存在，则抛出异常
        if (cookie == null || string.IsNullOrEmpty(cookie.Value)) { return null; }
        try
        {
            //解密 Cookie 值，获取 FormsAuthenticationTicket 对象
            var ticket = FormsAuthentication.Decrypt(cookie.Value);
            //如果解密后用户数据对象不为空
            if (ticket != null && !string.IsNullOrEmpty(ticket.UserData))
            {
                //将用户数据对象的 JSON 字符串反序列化成实体对象
                var userData =
                (new JavaScriptSerializer()).Deserialize<TUserData>(ticket.UserData);
                if (userData != null)                                //如果反序列后不为空
                {
                    //返回用于存储用户数据和实现了 IPrincipal 接口方法的泛型实例对象
                    return new MyFormsPrincipal<TUserData>(ticket, userData);
                }
            }
            return null;                                          //如果解密后为空，则返回空
        }
        catch
        {
            return null;                                          //有异常也不要抛出，防止攻击者试探
        }
    }
}
```

在用户请求控制器中的某个操作方法时，通过 AuthorizeAttribute 特性可实现用户对该控制器或操作方法的访问权限的验证。自定义验证特性类必须继承自 AuthorizeAttribute 类，代码如下：

例程 06　代码位置：资源包\TM\01\BBSSiteItem\BBSSite\BBSSite\MyPublic\MyAuthorizeAttribute.cs

```
//对控制器和操作方法实现权限验证的特性类
public class MyAuthorizeAttribute : AuthorizeAttribute
{
    public MyAuthorizeAttribute(int ColumnID)                    //传入栏目 ID，构造验证类
    {
        using (DB_BBSEntities db = new DB_BBSEntities())         //创建数据库上下文类
        {
            //定义用户角色与栏目关联表（权限表）的集合对象
            IList<int> UserByRoleJoinColumns = null;
            if (ColumnID > 0)                                    //如果传入的栏目 ID 大于 0
            {
                //查询拥有该栏目权限的所有角色 ID
                UserByRoleJoinColumns = db.tb_UserByRoleJoinColumn.
```

15

```
                    Where(W => W.ColumnID == ColumnID).Select(S => S.RoleID).ToList();
            }
            else
            {
                //查询所有角色 ID
                UserByRoleJoinColumns = db.tb_UserByRole.Select(S => S.ID).ToList();
            }
            //验证数据是否为空
            if (UserByRoleJoinColumns != null && UserByRoleJoinColumns.Count > 0)
            {
                //赋值基类的角色字符串数据
                this.Roles = string.Join(",", UserByRoleJoinColumns);
            }
        }
    }
    //重写自定义授权检查方法
    protected override bool AuthorizeCore(System.Web.HttpContextBase httpContext)
    {
        //将 Http 请求安全信息对象转换为实际类型
        var user = httpContext.User as MyFormsPrincipal<MyUserDataPrincipal>;
        if (user != null)//验证对象是否为空
        {
            //传入角色 ID 集合和用户 ID 集合，调用验证角色或用户名的方法
            return (user.IsInRole(Roles) || user.IsInUser(Users));
        }
        return false;                                        //返回 false
    }
    protected override void HandleUnauthorizedRequest(AuthorizationContext filterContext)
    {
        //验证不通过，直接跳转到相应页面，注意：如果不使用以下跳转，则会继续执行 Action 方法
        filterContext.Result = new RedirectResult("~/Admins/Account/InnerLogin");
    }
}
```

此 Forms 身份验证模块还包含两个类，分别为 MyFormsPrincipal<TUserData> 和 MyUserDataPrincipal，前者是存储用户票证信息数据的类，后者定义了用户数据，并且实现了用户验证的过程。

1.4.4　Cache 缓存数据类

缓存是经常用到的一种数据暂存功能，目的是将少量比较固定的数据放置在内存中，以便提高应用程序性能。在程序源论坛项目中，使用缓存来记录后台系统导航栏目的选择状态。

例程 07　代码位置：资源包\TM\01\BBSSiteItem\BBSSite\BBSSite\MyPublic\MyCache.cs

```
public class MyCache                                         //自定义缓存类
{
    public static MyCache Current = new MyCache();          //定义静态实例对象
    Cache cache = null;                                      //定义缓存类变量
    public MyCache()
```

```
    {
        cache = HttpRuntime.Cache;                   //获取当前应用程序运行时的 Cache 对象
    }
    public bool Contains(string Key)
    {
        return cache.Get(Key) != null;               //判断缓存对象是否存在
    }
    public T Get<T>(string Key)                      //获取缓存
    {
        if (Contains(Key))                           //如果缓存存在
        {
            return (T)cache[Key];                    //返回缓存对象
        }
        return default(T);                           //否则返回默认值
    }
    public void Add<T>(T DataEntity, string Key)     //添加缓存对象，设置有效时间为 20 分钟
    {
        /*使用 Key 作为键将 DataEntity 对象添加到缓存中，
           过期参数为无绝对过期时间，并设置间隔 20 分钟无访问过期策略*/
        cache.Add(Key, DataEntity, null, Cache.NoAbsoluteExpiration,
                TimeSpan.Parse("00:20:00"), CacheItemPriority.Default, null);
    }
    public void AddNoExpiration<T>(T DataEntity, string Key) //添加缓存对象，设置无过期时间
    {
        //使用 Key 作为键将 DataEntity 对象添加到缓存中，并且设置无过期时间
        cache.Add(Key, DataEntity, null, Cache.NoAbsoluteExpiration,
                Cache.NoSlidingExpiration, CacheItemPriority.NotRemovable, null);
    }
    //更新缓存对象，设置无过期时间
    public void UpdateNoExpiration<T>(T DataEntity, string Key)
    {
        //将 Key 键的对象更新为最新的 DataEntity，并且设置无过期时间
        cache.Insert(Key, DataEntity, null, Cache.NoAbsoluteExpiration,
                Cache.NoSlidingExpiration, CacheItemPriority.NotRemovable, null);
    }
    //向已添加到缓存中的集合(List)中追加一条新记录
    public void AddSingle<T>(T DataEntity, string Key)
    {
        IList<T> List = Get<IList<T>>(Key);          //获取缓存中 List 集合数据
        List.Add(DataEntity);                        //将单条数据追加到集合中
        Update<IList<T>>(List, Key);                 //重新更新该缓存对象
    }
    public void Update<T>(T DataEntity, string Key)  //更新缓存对象，设置有效时间为 20 分钟
    {
        cache.Insert(Key, DataEntity, null, Cache.NoAbsoluteExpiration,
                TimeSpan.Parse("00:20:00"), CacheItemPriority.Default, null);
    }
    public void Remove(string Key)                   //移除缓存对象
    {
        if (Contains(Key))                           //判断缓存项是否存在
        {
            cache.Remove(Key);                                //移除缓存项
```

```
        }
      }
    }
```

视频讲解

1.5　论坛首页设计

1.5.1　论坛首页概述

程序源论坛首页包含了各大版块区域，每个区域又包含了各子版块。同时，每个子版块又有三个默认帖子。这些数据是由程序在数据库中读取并展示在页面上。除此之外，页面滚动大图、导航、搜索和登录等功能是页面共享版块，所以，首页也包含了这一部分内容。论坛首页的运行结果如图 1.8 所示。

图 1.8　论坛首页运行结果

1.5.2　论坛首页技术分析

在程序源论坛项目中，将首页内容定义在名称为 Home 的控制器中，然后定义 Index 方法作为首页的处理动作。方法中将实现首页版块信息数据的读取。按照首页版块设计的需求，读取逻辑可以分析为从大到小递归，以大版块区域为主，每条大版块区域包含一个子版块区域的集合数据，每个子版块区域又包含一个推荐帖子集合数据。这个逻辑关系使用 Entity Framework+Linq 就可以实现。Home 控制器的 Index 方法定义如下：

例程 08　代码位置：资源包\TM\01\BBSSiteItem\BBSSite\BBSSite\Controllers\HomeController.cs

```
/// <summary>
/// Index action,用于读取首页内容
/// </summary>
/// <returns>返回 Index 视图</returns>
[HttpGet]
```

```
public ActionResult Index()
{
    PublicFunctions.SetUrls(ViewBag, Url);                          //构造资源路径（js、css、image 等）
    IList<ForumAreaJoinForumClassifyEntity> ModelList = null;       //要返回的数据模型
    using (DB_BBSEntities db = new DB_BBSEntities())                //构造数据库上下文
    {
        //查询 tb_ForumArea 表数据并绑定到 ForumAreaJoinForumClassifyEntity 自定义实体类
        ModelList = db.tb_ForumArea.Select(S => new ForumAreaJoinForumClassifyEntity
        {
            ID = S.ID,                                              //赋值 ID
            AreaName = S.AreaName,                                  //赋值大版块区域名称
            /*查询该大版块区域下的所有子版块并绑定到 ChildForumClassify 自定义实体类，
              赋值给 ChildForumClassify 集合*/
            ChildForumClassify = S.tb_ForumClassify.Select(S1 => new ChildForumClassify {
                Classifys = S1,                                    //赋值子版块
                //查询该子版块推荐帖子并且是未删除状态的帖子数据，获取方式按照 ID 将排序
                ForumMain = S1.tb_ForumMain
                .Where(W2 => W2.IsRecommend == true && W2.Isdelete == false)
                .OrderByDescending(O => O.ID).Take(3).ToList() }).ToList()
        }).ToList();
    }
    //返回视图，传入包含大版块区域、子版块区域、推荐帖子的集合模型对象
    return View(ModelList);
}
```

1.5.3　论坛首页实现过程

▦　本模块使用的数据表：tb_ForumArea、tb_FormClassify、tb_ForumMain

1. 首页页面设计

在项目的 Views 视图文件夹下的 Home 目录中，定义 Index 视图文件，在视图文件顶部既需要定义接收模型实体数据的变量，同时，也要定义用于访问站点资源的变量，以及页面标题的定义和引用 css 样式文件这两部分内容，其都是基础的定义，下面主要理解一下页面内容的布局设计。

（1）按照返回的数据实体模型可以分析出，大版块包含小版块，小版块包含最多为 3 个推荐帖子。所以，该层级关系符合页面的布局样式。因此，则首先需要循环遍历最大的版块，代码如下：

例程 09　代码位置：资源包\TM\01\BBSSiteItem\BBSSite\BBSSite\Views\Home\Index.cshtml

```
<div class="container-fluid">                                  <!--div 容器-->
    @if (Model != null && Model.Count > 0)                     //判断实体数据是否为空
    {
        foreach (var Ms in Model)                              //遍历数据集合
        {
            <!--大版块区域容器-->
            <div class="bm bmw   flg cl con01" style="background-color: #ffffff;">
                <div class="bm_h cl" style="position: relative;background-color: #ffffff;">
                    <span class="o">
                        <img id="category_8702_img"
                            src="@Urls.ContentImagesUrl/collapsed_no.gif" title="收起/展开"
```

```
                          alt="收起/展开" onclick="toggle_collapse('category_8701');">
                      </span>
                      <h4>
                          <i class="jg"></i>
                          <a href="javascript:void(0)">@Ms.AreaName</a>
                      </h4>
                  </div>
                  <div id="category_8701" class="bm_c">
                      <table class="fl_tb">
                          <tbody class="js-hover"></tbody>          <!--子版块区域容器-->
                      </table>
                  </div>
              </div>
          }
      }
  </div>
```

  首先，定义页面内容的父容器 div，然后在 div 内判断数据集合是否为空，如果不为空，则遍历该数据集合。循环内部定义了大版块区域的布局标签：img 为版块标题的"收起/展开"的图片按钮；h4标签为版块标题的版块名称。这样，此循环就能够将所有大版块区域布局到页面上，但目前这些大版块只是一个空的容器，里面没有任何内容。

  接下来是布局大版块内的子版块内容。在循环每个大版块区域时，都预留了一个空的 table 表格标签，在此 table 标签内的 tbody 子标签内，可以实现对子版块区域的布局。所以，大版块和子版块是一种嵌套循环关系。Tbody 标签内的代码如下：

例程 10 代码位置：资源包\TM\01\BBSSiteItem\BBSSite\BBSSite\Views\Home\Index.cshtml

```
@if (Ms.ChildForumClassify != null && Ms.ChildForumClassify.Count > 0)
{
    int rowIndex = 1;
    foreach (var Msc in Ms.ChildForumClassify)
    {
        if (rowIndex == 1) { @:<tr class="fl_row"> }
        <td class="fl_g" width="32.9%">
            <div class="fl_icn_g" style="width: 120px;">
                <a href="MainContent/@Msc.Classifys.ID">
                    <img src="@Urls.ContentImagesUrl/@Msc.Classifys.ClassifyLogo"
                     alt="Java" align="left">
                </a>
            </div>
            <dl style="margin-left: 120px;">
                <dt>
                    @Html.ActionLink(Msc.Classifys.ClassifyName,
                    "MainContent", "Home", new { id = Msc.Classifys.ID }, null)
                    <em class="game-todayposts" title="今日"> </em>
                </dt>
                <dd class="game-desc"></dd>
            </dl>
        </td>
        if (rowIndex == 3)
```

```
        {
            @:</tr>
            rowIndex = 0;
        }
        rowIndex++;
    }
    if (rowIndex > 1)
    {
        @:</tr>
    }
}
```

同样，首先判断子版块集合是否为空，然后循环遍历子版块集合。从图 1.9 首页页面初始效果预览图片中可以看到，子版块区域是每三个版块占一行，所以，应该判断每循环三个子版块时就应该重启一行，即一个 tr 标签。代码中定义了 rowIndex 索引变量，当 rowIndex 等于 1 时，输出起始 tr 标签。当 rowIndex 等于 3 时，输出结束 tr 标签，并且将 rowIndex 归零以便下一次重启新行。最后，在循环外又进行了一次 rowIndex 判断，此处的逻辑表示最后一次循环时，如果 rowIndex 不等于 3，如果结束 tr 标签则会漏输出，所以此处添加一层逻辑判断。

最后在每个子版块区域内进行添加 3 个推荐帖子标题，这同样是种嵌套循环。在子版块区域内预留了 <dd class="game-desc"></dd> 空内容标签，在此标签内即可布局推荐帖子。代码如下：

例程 11　代码位置：资源包\TM\01\BBSSiteItem\BBSSite\BBSSite\Views\Home\Index.cshtml

```
@{
    var RecommendTop3 = Msc.ForumMain.ToList();
    int Count = RecommendTop3.Count();
}
@for (int r = 0; r < 3 && r < Count; r++)
{
    var MyFM = RecommendTop3[r];
    @Html.ActionLink(MyFM.Title, "SecondContent", "Home", new { id = MyFM.ID },
    new { target = "_self", @class = "text-nowrap", style = "display:block;line-height:16px" })
}
```

上面代码中的 for 循环使用了并且关系验证，最多取 3 条数据，但又必须小于总记录数，如果不加小于 3 可能会超出 3 条数据；如果不加小于 Count 总记录数，那么可能会超出总记录数而索引超出范围导致报错。最后使用 Html.ActionLink 绑定帖子标题的链接。

当首页设计完成之后，数据和基本格式已经能够显示出来，但样式上还没有得到完善。效果如图 1.9 所示。

2．页面导航公共部分设计

页面公共部分包括轮播图、导航栏、搜索、登录以及底部信息等内容。包括首页在内，其他前台页面也都使用该公共部分。

前面学习了布局页面的一些相关知识，它是定义在 Shared 文件夹内的。创建项目时默认包含了一个 _Layout.cshtml 布局页面，但本项目不使用该布局页面。所以，在 Shared 文件夹内新创建一个

_LayoutBBSSite.cshtml 布局页面，并在页面内添加布局代码。

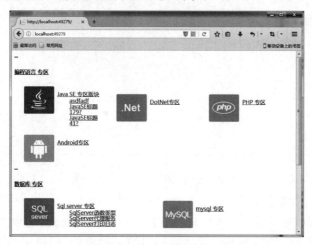

图 1.9　首页页面初始效果

布局视图文件内定义的 Html 标签与普通内容视图标签是不同的。首先，它包含了 html、head 和 body 等标签，然后，在标签中还需要用到 RenderSection、RenderBody 等方法。这些方法是用来标记布局页与内容页进行合并的匹配方案。

首先，布局页同样需要定义访问资源文件的变量，然后在 head 标签内定义页面标题、引用样式等代码。如下是 _LayoutBBSSite.cshtml 页面的 head 标签内部分代码：

例程 12　代码位置：资源包\TM\01\BBSSiteItem\BBSSite\BBSSite\Views\Shared_LayoutBBSSite.cshtml

```
<head>
    <title>@ViewBag.Title - 程序源论坛</title>        <!--ViewBag.Title 为内容页面定义的标题名称-->
    @RenderSection("linkcss", false)                 <!--在此位置呈现内容页引用该位置所定义的内容-->
</head>
```

在内容页，通过定义 @section linkcss{} 并在括号内定义标签代码，即可将内容放置在该位置。其中，linkcss 为自定义名称。RenderSection 方法的第二个布尔参数表示内容页是否必须定义该部分，false 表示允许不呈现该部分内容。

在页面主题部分，共包含了 3 个大区域，分别为轮播图、导航栏和登录、页面底部信息。下面将一一进行设计布局。

首先是轮播图的标签定义：

例程 13　代码位置：资源包\TM\01\BBSSiteItem\BBSSite\BBSSite\Views\Shared_LayoutBBSSite.cshtml

```
<div class="container-fluid">
    <div id="carousel-example-generic" class="carousel slide" data-ride="carousel">
        <ol class="carousel-indicators">
            <li data-target="#carousel-example-generic"
                data-slide-to="0" class="active"></li>
            <li data-target="#carousel-example-generic" data-slide-to="1"></li>
        </ol>
        <div class="carousel-inner" role="listbox">
            <div class="item active">
                <img alt="First slide [2046x256]" class="img-responsive"
```

```
                    src="@Urls.ContentImagesUrl/banner_01.png">
                <div class="carousel-caption"><p class="text-primary"></p></div>
            </div>
            <div class="item">
                <img alt="First slide [2046x256]" class="img-responsive"
                    src="@Urls.ContentImagesUrl/banner_02.png">
                <div class="carousel-caption"><p class="text-primary"></p></div>
            </div>
        </div>
    </div>
</div>
```

ol 标签内定义了两个 li 标签，表示切换轮播图的两个圆点按钮。class 为 item 的两个 div 标签为轮播图图片。定义多个图片时，直接向后追加 div 标签并设置 class 属性值为 item，同时还需要对应的增加 li 的数量。

接着设计导航栏、搜索和登录部分代码。该部分代码包含 4 个 div 布局容器，下面只列出主要布局代码：

例程 14 代码位置：资源包\TM\01\BBSSiteItem\BBSSite\BBSSite\Views\Shared_LayoutBBSSite.cshtml

```
<ul class="nav navbar-nav">
    <li>@Html.ActionLink("首页", "Index", "Home")</li>
    <li>@Html.ActionLink("精华帖子", "Recommend", "Home")</li>
</ul>
```

导航栏使用了 ul 和 li 标签进行布局，通过 Html.ActionLink 方法动态指向了控制器动作。同样，增加导航栏目只需添加 li 标签并绑定内容即可。

搜索框需要提交文本框内容，所以使用了 form 标签进行表单提交。

例程 15 代码位置：资源包\TM\01\BBSSiteItem\BBSSite\BBSSite\Views\Shared_LayoutBBSSite.cshtml

```
<form action="/Home/Search" class="navbar-form navbar-left" role="search">
    <div class="form-group">
        <input type="text" name="text" class="form-control"
            placeholder="查找" value="@ViewBag.text">
        <button type="submit" class="btn btn-default">搜索</button>
    </div>
</form>
```

登录部分可分为两种状态，一种是未登录状态，另一种是登录后状态。

例程 16 代码位置：资源包\TM\01\BBSSiteItem\BBSSite\BBSSite\Views\Shared_LayoutBBSSite.cshtml

```
<ul class="nav navbar-nav navbar-right">
@{
    BBSSite.MyPublic.LoginStatus lStatus = new BBSSite.MyPublic.LoginStatus();
    if (lStatus.IsLogin)
    {
        <li><a href="javascript:void(0)" onclick="alert('会员')">
            会员:@lStatus.LoginStatusEntity.UserName</a></li>
        <li>@Html.ActionLink("退出", "LoginOut", "Account")</li>
    }
```

```
else
{
    <li>
        <a href="/Account/Login/@Convert.ToBase64String(System.Text.Encoding.Default
            .GetBytes(Request.Url.AbsolutePath))">登录</a>
    </li>
}
}
</ul>
```

通过实例化 BBSSite.MyPublic.LoginStatus 类并访问 IsLogin 属性即可判断用户的登录状态，如果已登录则显示用户信息，未登录则显示登录按钮。

第三大部分是页面底部信息，但此时内容页面还没有指定要显示的位置，所以，在编写底部布局标签前应通过 RenderBody()方法标记内容页应该呈现的位置。

例程 17 代码位置：资源包\TM\01\BBSSiteItem\BBSSite\BBSSite\Views\Shared_LayoutBBSSite.cshtml

```
@RenderBody()
<footer class="footer bg-info">
    <div class="container">
        <div class="row">
            <div class="col-sm-12">
                <span><a href="http://www.mingrisoft.com/">明日科技</a></span> |
                <span>Copyright &copy;
                    <a href="http://www.mingrisoft.com/">吉林省明日科技有限公司</a></span> |
                <span>吉 ICP 备 16003039 号-1</span>
                <span>站长 QQ:80303857</span>
            </div>
            <br /><br />
        </div>
    </div>
</footer>
```

如图 1.10 所示是首页完成后的效果图，头部、内容以及底部信息都已经呈现在网页上。

图 1.10 首页页面效果

1.6　登录与注册模块设计

1.6.1　登录和注册模块概述

　　登录用户可以进行发帖和回帖，被赋予权限的用户还可以审核帖子、设置精华以及删帖等操作。对于没有账号的用户，系统会提供一个注册用户的页面。如图 1.11 所示为用户登录页面。图 1.12 为用户注册页面。

图 1.11　登录页面

图 1.12　注册页面

1.6.2　登录和注册模块技术分析

　　实现登录和注册模块时，使用了 ASP.NET MVC 中的 Razor 视图引擎，Razor 是其中常用的视图引擎之一，视图文件的后缀名为.cshtml 文件，它是在 MVC3 中出现的，语法格式上，与 ASPX 页面的语

25

法也是有区别，下面对 Razor 视图引擎中常用的语法标记和一些帮助类进行讲解。

1. @符号标记代码块

@符号是 Razor 视图引擎的语法标记，它的功能和 ASPX 页面中的<%%>标记相同，都是用于调用 C#指令的。不过，Razor 视图引擎的@标记使用起来更加灵活简单，下面将说明@符号的各种用法。

（1）单行代码：使用一个"@"符号作为开始标记并且无结束标记，代码如下：

```
<span>@DateTime.Now</span>
```

（2）多行代码：多行代码使用"@{code...}"标记代码块，在大括号内可以编写 C#代码，并且可以随时切换 C#代码与输出 Html 标记，代码如下：

```
@{
    for (int i = 0; i < 10; i++) {
        <span>@i</span>
    }
}
```

（3）输出纯文本：如果在代码块中直接输出纯文本则使用"@:内容..."，这样就可以在不使用 Html 标签的情况下直接输出文本，代码如下：

```
@{
    for (int i = 0; i < 10; i++) {
        @:内容  @i
    }
}
```

（4）输出多行纯文本：如果要输出多行纯文本则使用"<text>"标签，这样就可以更方便的输出多行纯文本，代码如下：

```
@{
    if (IsLogin){
        <text>
            您好：@ViewBag.Name<br />
            今天是：@DateTime.Now.ToString("yyyy-MM-dd")<br />
        </text>
    }
}
```

（5）输出连续文本：如果需要在一行文本内容中间输出变量值则使用"@()"标记，这样就可以避免出现文本空格的现象，代码如下：

```
@{
    for (int i = 0; i < 10; i++){
        <span>内容@(i)</span>
    }
}
```

2. Html 帮助器

在设计 cshtml 页面时我们会用到各种 html 标签，这些标签通常都是手动构建，例如<a href="">link</a>这样的写法，但在 Razor 视图引擎中使用 HtmlHelper 类可以更加方便快速地实现这些标签的定义。所以，在 MVC 中表单和链接推荐使用 Html 帮助器实现，其他标签可根据需求选择实现方式。

以下列举几个简单常用的 HtmlHelper 类扩展方法：

（1）Raw 方法：返回非 HTML 编码的标记，调用方式如下：

```
@Html.Raw("<font color='red'>颜色</font>")
```

调用前页面将显示"<font color="red">颜色</font >"。
调用后页面将显示颜色为红色的"颜色"二字。

（2）Encode 方法：编码字符串，以防止跨站脚本攻击，调用方式如下：

```
@Html.Encode("<script type=\"text/javascript\"></script>")
```

返回编码结果为"<script type="text/javascript"></script>"。

（3）ActionLink 方法：生成一个连接到控制器行为的 a 标签，调用方式如下：

```
@Html.ActionLink("关于", "About", "Home")
```

页面生成的 a 标签格式为"<a href="/Home/About">关于</a>"

（4）BeginForm 方法：生成 form 表单，调用方式如下：

```
@using(@Html.BeginForm("Save", "User", FormMethod.Post))
{
    @Html.TextBox()
    …
    }
```

1.6.3　登录和注册模块实现过程

📇　本模块使用的数据表：tb_UsersByCustomer、tb_ZY_Sex

1. 制作登录页面

由于登录按钮被放在了网站公共布局页面中，所以在前台的每个页面中都能随时登录到系统中。那么，如果此时用户是从某一个子版块帖子列表中进行登录系统的，则用户登录后页面还需跳转回上次阅读的页面中，这就需要在登录前先记录最后一次停留的页面。

在设计布局页面时，登录按钮就已经添加到了页面上。再来看一下登录按钮的链接标签：

例程 18　代码位置：资源包\TM\01\BBSSiteItem\BBSSite\BBSSite\Views\Shared_LayoutBBSSite.cshtml

```
<a href="/Account/Login/@Convert.ToBase64String(System.Text.Encoding
.Default.GetBytes(Request.Url.AbsolutePath))">登录</a>
```

上面使用 Base64 将当前页面的路径进行了编码操作，并作为参数传递到登录页面。这样，即可以实现登录后目标页的跳转工作。使用 Base64 编码主要有两个好处，一是由于当前页面路径也会存在以 "/" 斜线分割的路径格式，所以会产生歧义性，从而导致无法准确地跳转到登录页。二是在用户的浏览器地址栏中不必将明文路径呈现给用户。

由于登录模块属于用户账户部分，所以，需要新建立一个控制器和对应的视图文件夹来管理用户的登录或注册功能。接下来首先设计登录的页面，在 Views 文件夹下的 Account（如果没有则创建）文件夹内添加一个 Login.cshtml 视图文件，然后在视图文件内设计页面布局标签。

首先，文件顶部需要引用 LoginUsersByCustomerEntity 模型用于绑定登录控件。同时，设定登录页面不需要任何布局页面，所以，指定 Layout 为空，代码如下：

例程 19 代码位置：资源包\TM\01\BBSSiteItem\BBSSite\BBSSite\Views\Account\Login.cshtml

```
@using BBSSite.ViewModels          <!--引用命名空间-->
@model LoginUsersByCustomerEntity
@{
    Layout = "";                   //指定 Layout 为空
    MyPublic.IGettingUrl Urls = ViewBag.Urls as MyPublic.IGettingUrl;
}
```

登录控件使用了 Html 帮助类进行绑定，其中，Html 帮助类中的 ValidationMessage 方法是在登录失败时，用于提示用户错误消息的方法，代码如下：

例程 20 代码位置：资源包\TM\01\BBSSiteItem\BBSSite\BBSSite\Views\Account\Login.cshtml

```
<!--登录页面背景-->
<div class="box" style="background-image: url('@Urls.ContentImagesUrl/loginBack.png');
                                            background-size:100%;">
<div class="login-box">                        <!--布局登录控件位置-->
    <div class="login-title text-center">      <!--登录状态标题信息容器-->
        <h1><small>@Html.ValidationMessage("LoginError",
                new { style="color:red;"})</small></h1>
    </div>
    <div class="login-content ">               <!--登录控件容器-->
        <div class="form">
            <!--定义 form 标签，指定控制器为 Account，执行动作为 DoLogin-->
            @using (Html.BeginForm("DoLogin", "Account", FormMethod.Post,
             new { id = "loginform" }))
            {
                @Html.AntiForgeryToken()
                <div class="form-group">
                    <div class="col-xs-12 ">
                        <div class="input-group">
                            <span class="input-group-addon">
                            <span class="glyphicon glyphicon-user"></span></span>
                            @Html.TextBoxFor(TB=>TB.UserName,
                            new { @class= "form-control", placeholder= "用户名" })
                        </div>
                    </div>
                </div>
                <div class="form-group">
                    <div class="col-xs-12   ">
                        <div class="input-group">
```

```
                                    <span class="input-group-addon">
                                    <span class="glyphicon glyphicon-lock"></span></span>
                                    @Html.PasswordFor(PW=>PW.UserPassword,
                                    new { @class = "form-control", placeholder = "密码" })
                                </div>
                            </div>
                        </div>
                        <div class="form-group form-actions">
                            <div class="col-xs-4 col-xs-offset-4 ">
                                <button type="submit" class="btn btn-sm btn-info">
                                <span class="glyphicon glyphicon-off"></span> 登录</button>
                            </div>
                        </div>
                        <div class="form-group">
                            <div class="col-xs-6 link">
                                <p class="text-center remove-margin">
                                    <small>忘记密码？</small>
                                    <a href="javascript:void(0)"><small>找回</small></a>
                                </p>
                            </div>
                            <div class="col-xs-6 link">
                                <p class="text-center remove-margin">
                                    <small>还没注册?</small>
                                    <a href="/Account/Register"><small>注册</small></a>
                                </p>
                            </div>
                        </div>
                    }
                </div>
            </div>
        </div>
    </div>
</div>
```

视图完成后，添加对应的控制器和动作用于处理用户请求。在控制器文件夹下建立 Account（如果不存在）控制器，然后添加 Login 方法并指定一个参数，代码如下：

例程 21　代码位置：资源包\TM\01\BBSSiteItem\BBSSite\BBSSite\Controllers\AccountController.cs

```
[HttpGet, AllowAnonymous]
public ActionResult Login(string id)
{
    PublicFunctions.SetUrls(ViewBag, Url);              //构造资源文件路径
    new MyPublic.LoginStatus().SetBackLink(id);         //保存上一次页面地址
    return View();                                      //返回视图
}
```

当用户单击登录后，对应控制器中的 DoLogin 方法会执行验证登录逻辑代码，其主要核心代码如下：

例程 22　代码位置：资源包\TM\01\BBSSiteItem\BBSSite\BBSSite\Controllers\AccountController.cs

```
[HttpPost, AllowAnonymous, ValidateAntiForgeryToken]    //3 个特性为 Post 接收,允许匿名,防止 CSRF 跨站攻击
public ActionResult DoLogin(LoginUsersByCustomerEntity UserEntity)
```

```
{
    //构造资源路径(js、css、image 等)
    PublicFunctions.SetUrls(ViewBag, Url);
    bool IsLoginSuccess = false;
    string GetPassword = PublicFunctions.MD5(UserEntity.UserPassword);    //将密码 MD5 加密
    //验证用户名和密码的表达式
    System.Linq.Expressions.Expression<Func<tb_UsersByCustomer, bool>> Exp = f => f.UserName ==
UserEntity.UserName && Encoding.Unicode.GetString(f.UserPassword) == GetPassword;
    using (DB_BBSEntities db = new DB_BBSEntities())
    {
        //通过表达式验证该登录是否合法
        IsLoginSuccess = db.tb_UsersByCustomer.Count(Exp.Compile()) > 0;
    }
    if (IsLoginSuccess)
    {
        FormsAuthentication.SetAuthCookie(UserEntity.UserName, false);
        //如果登录成功保存用户信息到 session
        MyPublic.ILoginStatus ILoginStatus = new MyPublic.LoginStatus();
        ILoginStatus.LoginSuccess(UserEntity.UserName, Session);
        string GetBackLink = ILoginStatus.GetBackLink;
        if (GetBackLink != null)
        {
            ILoginStatus.RemoveBackLink();                      //移除存储的 url 地址
            return Redirect(GetBackLink);                       //跳转到原页面
        }
        else
        {
            return RedirectToAction("Index", "Home");           //返回首页
        }
    }
    else
    {
        //返回登录页并提示错误消息
        ModelState.AddModelError("LoginError", "用户名或密码错误");
        return View("Login");
    }
}
```

这是验证登录的核心代码，在得到 IsLoginSuccess 的值后，按照成功与否选择登录成功的跳转或提示用户错误消息。

2. 制作注册页面

如果用户在登录时发现自己没有可用的账号进行登录，则可以选择注册一个用户。同样，注册用户需要在 Account 文件夹内添加一个 Register.cshtml 视图文件，然后在页面中设计布局标签。注册页面的标签格式以及样式基本与登录页面相同，只是用户输入控件要多于登录页面。

下面只列出 form 内的部分控件标签，其他部分可参见本书资源包文件。

例程 23　代码位置：资源包\TM\01\BBSSiteItem\BBSSite\BBSSite\Views\Account\Register.cshtml

```
@using (Html.BeginForm("DoRegister", "Account", FormMethod.Post,
        new { id = "registerform" }))
{
    @Html.AntiForgeryToken()
    @Html.ValidationSummary(true, "", new { @class = "text-danger" })
    <div class="form-group">
        <div class="col-xs-12">
            <div class="input-group">
                <span class="input-group-addon">
                    <span class="glyphicon glyphicon-user"></span></span>
                @Html.EditorFor(model => model.UserName, new { htmlAttributes =
                 new { @class = "form-control", placeholder = "用户名",
                        maxlength = "20", onfocus = "$('#usernameInfo').show()",
                        onblur = "$('#usernameInfo').hide()" } })
            </div>
        </div>
        <div class="well" id="usernameInfo" style="display: none;">
            提示:用户名长度为 6-20 位英文或数字！
        </div>
    </div>
}
```

可以看到，每一个控件的后面都定义了提示信息，因此绑定控件的 Html 帮助类的方法也不同于登录控件，因为注册控件需要更多的属性和事件，这些事件可以实现当用户单击了控件后，提示用户文本内容的输入标准等信息。

同样，控制器中 Action 方法是必不可少的，在 Register 方法中，使用 ViewBag 动态类型绑定了性别下拉框项，代码如下：

例程 24　代码位置：资源包\TM\01\BBSSiteItem\BBSSite\BBSSite\Controllers\AccountController.cs

```
[HttpGet, AllowAnonymous]
public ActionResult Register()
{
    PublicFunctions.SetUrls(ViewBag, Url);              //构造资源文件路径
    PublicService.RegistSexIDBind(ViewBag);            //绑定页面下拉框
    return View();                                      //返回视图
}
```

当用户单击注册按钮后，会执行 Account 控制器中的 DoRegister 方法，代码如下：

例程 25　代码位置：资源包\TM\01\BBSSiteItem\BBSSite\BBSSite\Controllers\AccountController.cs

```
[HttpPost, AllowAnonymous, ValidateAntiForgeryToken]
public ActionResult DoRegister(RegistUsersByCustomerEntity UserEntity)
{
    PublicFunctions.SetUrls(ViewBag, Url);
    if (ModelState.IsValid)                             //通过实体类的验证特性判断是否验证
通过
    {
        tb_UsersByCustomer ub = new tb_UsersByCustomer()    //创建表实体数据对象
        {
            UserName = UserEntity.UserName,
```

```
                UserPassword = Encoding.Unicode.GetBytes(PublicFunctions.MD5(UserEntity.UserPassword)),
                NickName = UserEntity.NickName,SexID = UserEntity.SexID,
                Age = UserEntity.Age,Email = UserEntity.Email
            };
            using (DB_BBSEntities db = new DB_BBSEntities())              //实例化数据库上下文类
            {
                db.tb_UsersByCustomer.Add(ub);                           //将实体数据追加到上下文集合中
                if (db.SaveChanges() == 0)                               //执行保存用户数据，0 为保存失败
                {
                    ModelState.AddModelError("LoginError", "注册失败");   //将错误消息添加到状态字典集合中
                    PublicService.RegistSexIDBind(ViewBag);              //绑定页面性别下拉框（如果注册失败）
                    return View("Register");                             //返回的还是注册页面
                }
                else
                {
                    //注册成功保存用户信息到 session
                    MyPublic.ILoginStatus ILoginStatus = new MyPublic.LoginStatus();
                    ILoginStatus.LoginSuccess(UserEntity.UserName, Session);
                    string GetBackLink = ILoginStatus.GetBackLink;
                    if (GetBackLink != null)
                    {
                        //移除存储的 url 地址
                        ILoginStatus.RemoveBackLink();
                        return Redirect(GetBackLink);
                    }
                    else
                    {
                        return RedirectToAction("Index", "Home");        //返回首页
                    }
                }
            }
        }
        else
        {
            //绑定页面性别下拉框（如果参数验证失败）
            PublicService.RegistSexIDBind(ViewBag);
            return View("Register");
        }
    }
```

当用户注册成功后会执行 else 中的代码，这一部分主要将用户信息保存到了 session 中，然后执行了页面跳转的过程。

视频讲解

1.7 帖子列表显示及发帖模块设计

1.7.1 帖子列表显示及发帖模块概述

当用户单击查看某一个子专区的帖子时，即有一个页面专门列出所属该专区的所有帖子的数据列表。并且，可以支持在该专区下发布一个新的帖子。帖子列表显示效果如图 1.13 所示。

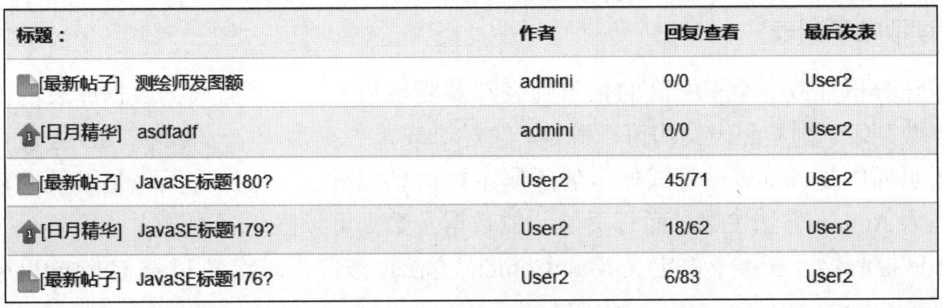

标题：		作者	回复/查看	最后发表
[最新帖子]	测绘师发图额	admini	0/0	User2
[日月精华]	asdfadf	admini	0/0	User2
[最新帖子]	JavaSE标题180?	User2	45/71	User2
[日月精华]	JavaSE标题179?	User2	18/62	User2
[最新帖子]	JavaSE标题176?	User2	6/83	User2

图 1.13　帖子列表显示效果

用户发帖页面效果如图 1.14 所示。

图 1.14　用户发帖

1.7.2　帖子列表显示及发帖模块技术分析

实现帖子列表显示及发帖模块时，用到了 Razor 视图引擎中的@符号语法标记、Html 帮助器和 Model 对象，关于@符号语法标记、Html 帮助器的讲解，请参见 1.6.2 节，这里主要对 Model 对象进行讲解。

每个视图都有自己的 Model 属性，它是用于存放控制器传递过来的 Model 实例对象，即实现了强类型。强类型的好处之一是类型安全，如果在绑定视图页面数据时，写错了 Model 对象的某个成员名，编译器会报错；另一个好处是 Visual Studio 中的代码智能提示功能。它的调用方式如下：

```
@model MySite.Models.Product
```

上面代码是指在视图中引入了控制器方法传递过来的实例对象，通过在视图页面中使用 Model 即可访问 MySite.Models.Product 中的成员：

```
<span>@Model.ID</span>
```

这里应该注意的是在引用时，model 的 m 是小写字母，在页面中使用时，Model 的 M 是大写。

1.7.3　帖子列表显示及发帖模块实现过程

本模块使用的数据表：tb_ForumMain、tb_ForumInfoStatus、tb_ForumClassify、tb_ForumArea、tb_UsersByCustomer

1. 实现读取帖子列表

首先，应该分析加载一个子专区的帖子列表都需要哪些条件，然后根据数据库表的结构以及页面需求来制定参数列表。则参照表结构可以确定，主帖列表需要提供一个子专区的 ID 才能得到所属的主帖数据。由于页面中是以列表的形式展示的所属主帖信息，所以，数据分页也是必要的功能。这里将分页的页面作为 Action 方法参数，而每页显示的数据条数则可以固定写程序中。

打开 Home 控制器，在类下面定义 MainContent 方法，按照需求定义 id 和 CurrentPageindex 参数。方法定义如下：

例程 26　代码位置：资源包\TM\01\BBSSiteItem\BBSSite\BBSSite\Controllers\HomeController.cs

```
[HttpGet]
public ActionResult MainContent(int id = 0, int CurrentPageindex = 1)
{
    if (id == 0)                                  //判断子专区 id 值是否为 0
    {return Goto("Index", "Home");}               //执行跳转到上一次访问的动作，或跳转到指定的动作
    bool IsLimit = false;                         //定义权限变量
    ViewBag.IsLimit = false;                      //将权限值赋予动态类型，用于视图中的访问
    //实例化用户登录状态类
    BBSSite.MyPublic.LoginStatus lStatus = new BBSSite.MyPublic.LoginStatus();
    if (lStatus.IsLogin)                          //判断用户是否登录
    {
        tb_ForumClassify ForumClassify = null;    //定义子专区数据类
        using (DB_BBSEntities db = new DB_BBSEntities())   //实例化数据库上下文类
        {
            //按照子专区 id 值查询该专区的其他信息
            ForumClassify = db.tb_ForumClassify.Where(W => W.ID == id).FirstOrDefault();
            if (ForumClassify != null)            //如果查询数据不为空
            {
                //获取该专区的所属用户 id，该用户可对该专区的帖子列表有执行操作权限
                int ForumClassifyUserID = ForumClassify.ForumUserID;
                //取出该子专区所属大版块专区的信息数据
                tb_ForumArea ForumArea = db.tb_ForumArea.Where(W =>
                W.ID == ForumClassify.ForumAreaID).FirstOrDefault();
                int ForumAreaUserID = ForumArea.UserID;   //取出大版块专区的所属用户 id
                //如果当前登录用户与拥有子专区或大版块专区权限的用户相同
                if (lStatus.LoginStatusEntity.ID == ForumClassifyUserID
                  || lStatus.LoginStatusEntity.ID == ForumAreaUserID)
                {
                    ViewBag.IsLimit = true;       //该用户有执行操作权限
                    IsLimit = true;
                }
            }
        }
    }
    PublicFunctions.SetUrls(ViewBag, Url);        //构造资源路径(js、css、image 等)
    const int PageSize = 20, PageCount = 5;       //定义每页显示数据总数及最多显示的页码
    //构造分页对象配置类
    ConfigPaging cp = new ConfigPaging(CurrentPageindex, PageSize, PageCount);
    ForumClassifyJoinForumMainEntity Model = null;   //要返回的数据模型
```

```
using (DB_BBSEntities db = new DB_BBSEntities())                    //实例化数据库上下文类
{
    //按条件查询子专区表以及所属主帖表数据
    Model = db.tb_ForumClassify.Where(W => W.ID == id).Select(S =>
    new ForumClassifyJoinForumMainEntity
    {
        ID = S.ID,
        ClassifyName = S.ClassifyName,
        ClassifyInnerLogo = S.ClassifyInnerLogo,
        UsersByBanzhu = S.tb_UsersByCustomer,
        ForumMain = (ICollection<tb_ForumMain>)S.tb_ForumMain.Where(
                Where => Where.Isdelete == false &&
                ((!IsLimit && Where.IsExamine == 1) || IsLimit))
            .OrderByDescending(O => O.ID).Skip(cp.StartRow).Take(PageSize)
    }).FirstOrDefault();
    //以下为与 ForumMain(帖子)表对应的外键表信息
    Model.ReplyNumber = Model.ForumMain.Select(S => S.tb_ForumInfoStatus.Where(
        W => W.ForumMainID == S.ID).First().ReplyNumber).ToList();      //统计回复次数
    Model.SeeNumber = Model.ForumMain.Select(S => S.tb_ForumInfoStatus.Where(
        W => W.ForumMainID == S.ID).First().SeeNumber).ToList();        //统计查看次数
    //最后回复人
    Model.LastReplyUser = Model.ForumMain.Select(S => S.tb_ForumInfoStatus.Where(
        W => W.ForumMainID == S.ID).First().tb_UsersByCustomer.UserName).ToList();
    Model.UsersByCustomer = Model.ForumMain.Select(
        S => S.tb_UsersByCustomer).ToList();                            //发帖人
    Model.ImgUrl = Model.ForumMain.Select(S =>
        (S.IsRecommend ? "pin_1.gif" : "folder_new.gif")).ToList();     //推荐帖与普通帖 logo
    Model.FMType = Model.ForumMain.Select(S =>
        (S.IsRecommend ? "日月精华" : "最新帖子")).ToList();               //推荐帖与普通帖提示标题
    //以下为总的统计数据
    Model.TotalForumCount = db.tb_ForumMain.Count(
        W => W.Isdelete == false && W.ForumClassifyID == id);           //帖子总数
    Model.TotalReplyCount = db.tb_ForumMain.Where(
        W => W.Isdelete == false && W.ForumClassifyID == id).ToList()
    .Aggregate(0, (count, current) => count + current.tb_ForumInfoStatus
            .Sum(S => S.ReplyNumber));                                  //总回复数
    Model.TotalSeeCount = db.tb_ForumMain.Where(
        W => W.Isdelete == false && W.ForumClassifyID == id).ToList()
    .Aggregate(0, (count, current) => count + current.tb_ForumInfoStatus
            .Sum(S => S.SeeNumber));                                    //总查看数
}
cp.GetPaging(ViewBag, Model.TotalForumCount);                          //绑定分页数据
ViewBag.curid = id;                              //此 id 为传入的所属专区 ID，将在下次分页时带入
return View(Model);                              //返回视图
}
```

　　数据加载完成后，接着就是设计帖子列表页面，在 Home 控制器下创建 MainContent.cshtml 视图文件，然后首先定义专区 Logo、标题和版主的布局标签，代码如下：

例程 27 代码位置：资源包\TM\01\BBSSiteItem\BBSSite\BBSSite\Views\Home\MainContent.cshtml

```
<div class="row">
<div class="col-xs-2 text-right">
    <img alt="" src="@Urls.ContentSecondImageUrl/@Model.ClassifyInnerLogo">
</div>
<div class="col-xs-10 text-left">
    <h3>@Model.ClassifyName</h3>
    <footer>
        版主：<cite title="Source Title">@Model.UsersByBanzhu.NickName |</cite>
         </footer>
    </div>
</div>
```

然后按顺序定义子专区各项统计信息的布局标签，代码如下：

例程 28 代码位置：资源包\TM\01\BBSSiteItem\BBSSite\BBSSite\Views\Home\MainContent.cshtml

```
<!-- 横线 -->
<div style="width:98%;height:3px;margin-bottom:10px;padding:0px;
    background-color:#D5D5D5;overflow:hidden;"></div>
<div class="row">
    <div class="col-xs-9">
        <span style="padding-left: 10px;">
            <a href="#newT" class="btn btn-primary">
                <span class="glyphicon glyphicon-edit" aria-hidden="true"></span>
            新帖</a></span>
    </div>
    <div class="col-xs-3 text-nowrap">
        <span class="text-muted">
            共 @Model.TotalForumCount 帖子  |  
            共 @Model.TotalReplyCount 条回复  |  
            共 @Model.TotalSeeCount 次查看  |  
        </span>
    </div>
</div>
</div>
```

定义数据表格时，需要注意权限的控制。对于有权限的用户后台所返回的 ViewBag.IsLimit 值应为 true，所以，在绑定表格标题和数据主体时应使用 if 判断 ViewBag.IsLimit 的权限状态。布局代码如下：

例程 29 代码位置：资源包\TM\01\BBSSiteItem\BBSSite\BBSSite\Views\Home\MainContent.cshtml

```
<table class="table table-striped">
    <tr>
        <th width="35%"><strong>标题：</strong></th>
        <th width="10%"><strong>作者</strong></th>
        <th width="10%"><strong>回复/查看</strong></th>
        <th width="10%"><strong>最后发表</strong></th>
        @{
            if (ViewBag.IsLimit)
            {
                @:<th width="35%"><strong>操作</strong></th>
            }
        }
```

```
        </tr>
        @{int rowIndex = 0; }
        @foreach (var FM in Model.ForumMain)
        {
            <tr>
                <td><a href="/Home/SecondContent/@FM.ID">
                    <img src="@Urls.ContentImagesUrl/@Model.ImgUrl[rowIndex]" />
                    [@Model.FMType[rowIndex]]   @FM.Title</a></td>
                <td>@Model.UsersByCustomer[rowIndex].UserName</td>
                <td>@Model.ReplyNumber[rowIndex]/@Model.SeeNumber[rowIndex]</td>
                <td>@Model.LastReplyUser[rowIndex]</td>
                @{
                    if (ViewBag.IsLimit)
                    {
                        @:<td class="OperaSetting">
                            <input type="button"
                             value="@(FM.IsRecommend?"取消精华":"设置精华")"
                    style="@(FM.IsRecommend?"":"border-color:#399c32;background-color:#46a13f;")"
                                IsRecommend="@FM.IsRecommend.ToString().ToLower()"
                                onclick="SettingRecommend(this,@FM.ID)" />
                            if (FM.IsExamine == 0)
                            {
                             @:<input type="button" value="审核通过"
                                    onclick="Examine(this,@FM.ID)"/>
                            }
                            @:<input type="button" value="删除"
                                    onclick="Delrecord(this,@FM.ID)"/>
                        @:</td>
                    }
                }
            </tr>
            rowIndex++;
        }
</table>
```

最后绑定分页控件，代码如下：

例程30　代码位置：资源包\TM\01\BBSSiteItem\BBSSite\BBSSite\Views\Home\MainContent.cshtml

```
<div class="row">
    <div class="col-xs-7"></div>
    <div class="col-xs-5 text-nowrap">
        @Html.Raw(ViewBag.Paging)
    </div>
</div>
```

没有登录的用户会显示如图 1.15 所示的列表页面。登录后的用户会显示图 1.16 所示的列表页面。

标题：		作者	回复/查看	最后发表
[最新帖子] 测绘师发图额		admini	0/0	User2
[日月精华] asdfadf		admini	0/0	User2
[最新帖子] JavaSE标题180?		User2	45/71	User2
[日月精华] JavaSE标题179?		User2	18/62	User2
[最新帖子] JavaSE标题176?		User2	6/83	User2
[最新帖子] JavaSE标题175?		User2	11/77	User2
[最新帖子] JavaSE标题174?		User2	5/81	User2
[最新帖子] JavaSE标题173?		User2	14/79	User2

图 1.15　未登录用户显示列表

标题：		作者	回复/查看	最后发表	操作		
[最新帖子] 测绘师发图额		admini	0/0	User2	设置精华		删除
[日月精华] asdfadf		admini	0/0	User2	取消精华		删除
[最新帖子] JavaSE标题180?		User2	45/71	User2	设置精华		删除
[日月精华] JavaSE标题179?		User2	18/62	User2	取消精华		删除
[最新帖子] JavaSE标题178?		User2	6/86	User2	设置精华	审核通过	删除
[最新帖子] JavaSE标题176?		User2	6/83	User2	设置精华		删除
[最新帖子] JavaSE标题175?		User2	11/77	User2	设置精华		删除

图 1.16　已登录用户显示列表

2．实现发帖功能

发帖功能只限于登录的用户，普通游客是无法进行直接发帖的。通过判断用户登录状态，设置富文本编辑器的显示状态即可实现，编辑器布局标签如下：

例程 31　代码位置：资源包\TM\01\BBSSiteItem\BBSSite\BBSSite\Views\Home\MainContent.cshtml

```
<!-- 富文本 -->
@using (Html.BeginForm("PulishNewContent", "HomeSave", FormMethod.Post))
{
    <input type="hidden" id="curid" name="ForumClassifyID" value="@ViewBag.curid" />
    <label for="biaoti">设置为精华帖：</label>
    <input type="checkbox" name="IsRecommend" value="1" />
    <label for="biaoti">帖子标题：</label>
    <input type="text" name="mainTitle" id="mainTitle"
        placeholder="最大长度 80 个汉字" style="width: 360px;">
    <input type="submit" class="btn btn-primary btn-xs text-right"
        value="发表帖子" onclick="return subForm();" />
    <label style="color:red">@TempData["PulishNewContentError"]</label>
    <!-- 加载编辑器的容器 -->
    <div style="padding: 0px;margin: 0px;width: 100%;height: 100%;">
        <script id="container" name="content" type="text/plain">
        </script>
    </div>
}
```

富文本编辑器采用第三方控件实现，所以需要引用第三方 js 文件。然后通过自定义 js 代码来控制编辑器的显示状态，代码如下：

例程 32 代码位置：资源包\TM\01\BBSSiteItem\BBSSite\BBSSite\Views\Home\MainContent.cshtml

```
<!-- 配置文件 -->
<script type="text/javascript" src="@Urls.ContentUedit/js/ueditor.config.js"></script>
<!-- 编辑器源码文件 -->
<script type="text/javascript" src="@Urls.ContentUedit/js/ueditor.all.js"></script>
<!-- 实例化编辑器 -->
<script type="text/javascript">
    var AbsolutePath="@Convert.ToBase64String(System.Text.Encoding.Default
                       .GetBytes(Request.Url.AbsolutePath))";
    @{BBSSite.MyPublic.ILoginStatus IStatus = new BBSSite.MyPublic.LoginStatus(); }
    var success = @IStatus.IsLogin.ToString().ToLower();
    var editor = UE.getEditor('container');
    editor.addListener('ready', function () {
        if (success) {
            console.log("OK");
            return;
        } else {
            editor.setDisabled('fullscreen');
            editor.setContent('<br/><br/><br/>      '+
                '          '+
                '     '+
                '<a href="/Account/Login/'+AbsolutePath+'" target="_parent">请登录</a>');
        }
    });
</script>
```

同时，在页面中还定义了其他 js 方法，这些方法实现了数据的提交或更改数据状态等操作，分别为 subForm 提交发帖内容、SettingRecommend 设置推荐、Examine 审核发帖、Delrecord 删除帖子。

用户登录后富文本编辑器为可编辑状态，效果如图 1.17 所示。

图 1.17 用户发帖

3．读取精华帖子列表

精华帖子是由有权限的管理人员在众多帖子中标记为精华帖，因此类帖内容丰富、阅读价值较高、图文并茂以及原创等特点，所以被晋升为精华帖。

读取精华帖主要在主帖列表中查询标记状态为精华的帖子，控制器方法代码定义如下：

例程 33 代码位置：资源包\TM\01\BBSSiteItem\BBSSite\BBSSite\Controllers\HomeController.cs

```
public ActionResult Recommend(int CurrentPageindex = 1)
```

```
{
    PublicFunctions.SetUrls(ViewBag, Url);                    //构造资源路径(js、css、image 等)
    const int PageSize = 20, PageCount = 5;                   //定义每页显示数据总数及最多显示的页码
    //构造分页对象配置类
    ConfigPaging cp = new ConfigPaging(CurrentPageindex, PageSize, PageCount);
    //要返回的数据模型
    ForumMainByRecommendEntity Model = new ForumMainByRecommendEntity();
    using (DB_BBSEntities db = new DB_BBSEntities())  //构造数据库上下文
    {
        //查询标记为精华帖的列表内容
        Model.ForumMain = db.tb_ForumMain
        .Where(W => W.IsRecommend == true && W.Isdelete == false)
        .OrderByDescending(O => O.ID).Skip(cp.StartRow).Take(PageSize).ToList();
        //查询发帖人
        Model.UsersByCustomer = Model.ForumMain.Select(S => S.tb_UsersByCustomer).ToList();
        //查询回复次数列表内容
        Model.ReplyNumber = Model.ForumMain.Select(S => S.tb_ForumInfoStatus
                .Where(W => W.ForumMainID == S.ID).First().ReplyNumber).ToList();
        //查询查看次数列表内容
        Model.SeeNumber = Model.ForumMain.Select(S => S.tb_ForumInfoStatus
                .Where(W => W.ForumMainID == S.ID).First().SeeNumber).ToList();
        //查询最后回复人列表内容
        Model.LastReplyUser = Model.ForumMain.Select(S => S.tb_ForumInfoStatus
                .Where(W => W.ForumMainID == S.ID)
                .First().tb_UsersByCustomer.UserName).ToList();
        //统计精华帖总数
        Model.ForumMainCount = db.tb_ForumMain.Count(C => C.IsRecommend == true
                && C.Isdelete == false);
    }
    cp.GetPaging(ViewBag, Model.ForumMainCount);              //绑定分页数据
    return View(Model);                                      //返回视图
}
```

接着创建 Recommend.cshtml 视图文件，文件布局代码与专区帖子列表大致相同，所以这里就不在列出。运行程序，查看精华帖列表页，将看到如图 1.18 所示的列表页面。

标题：		作者	回复/查看	最后发表
[日月精华] asdfadf		admini	0/0	User2
[日月精华] JavaSE标题179?		User2	18/62	User2
[日月精华] JavaSE标题41?		User2	30/92	User2
[日月精华] JavaSE标题40?		User2	42/73	User2
[日月精华] JavaSE标题39?		User2	32/81	User2
[日月精华] JavaSE标题38?		User2	40/61	User2
[日月精华] JavaSE标题37?		User2	40/76	User2

图 1.18　精华帖列表页

1.8　帖子查看与回复模块设计

1.8.1　帖子查看与回复模块概述

论坛帖子最主要的作用就是解决发帖人的问题，或其他浏览者能够回复发帖人，实现讨论的目的，同时，也能够将讨论结果分享给其他人浏览。所以这就少不了某一帖子的查看与回复功能。帖子查看与回复模块效果如图 1.19 所示。

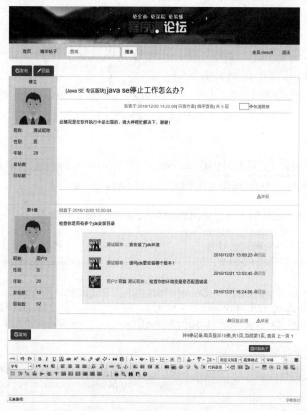

图 1.19　帖子查看与回复

1.8.2　帖子查看与回复模块技术分析

程序源论坛中的各个模块都是使用 ASP.NET MVC 模式实现的，本节对 ASP.NET MVC 的请求过程进行讲解。

当在浏览器中输入一个有效的请求地址，或者通过网页上的某个按钮请求一个地址时，ASP.NET MVC 通过配置的路由信息找到最符合请求的地址，如果路由找到了合适的请求，访问先到达控制器和 Action 方法，控制器接收用户请求传递过来的数据（包括 URL 参数、Post 参数、Cookie 等），并做出相应的判断处理，如果本次是一次合法的请求并需要加载持久化数据，那么通过 Model 实体模型构造相应的数据。在响应用户阶段可返回多种数据格式，分别如下：

- ☑ 返回默认 View（视图），即与 Action 方法名相同。
- ☑ 返回指定的 View，但 Action 必须属于该控制器下。
- ☑ 重定向到其他的 View（视图）。

例如，当一个用户在浏览器中输入并请求了"http://localhost/Home/Index"地址，程序会先执行路由匹配，然后转到 Home 控制器，再进入 Index 方法中。

1.8.3 帖子查看与回复模块实现过程

📖 本模块使用的数据表：tb_ForumMain、tb_ForumSecond、tb_ForumClassify、tb_UsersByCustomer、tb_ZY_Sex

1. 查看帖子

查看帖子信息包含发帖人信息、主帖标题、主帖内容以及发帖时间等，如果主帖中已经有跟帖回复，则需要将跟帖信息读取并绑定在帖子页面中。

首先，定义查看帖子的控制器处理动作，方法名称为 SecondContent。同样，加载某一帖子数据时，需要提供主帖 id 才能读取，并且如果跟帖数据较多，还会采用分页的方式加载跟帖数据。控制器的方法定义如下：

例程 34 代码位置：资源包\TM\01\BBSSiteItem\BBSSite\BBSSite\Controllers\HomeController.cs

```
public ActionResult SecondContent(int id = 0, int CurrentPageindex = 1)
{
    //如果传入 id 为 0，执行跳转到上一次访问的动作，或跳转到指定的动作
    if (id == 0) { return Goto("Index", "Home"); }
    PublicFunctions.SetUrls(ViewBag, Url);                      //构造资源路径（js、css、image 等）
    const int PageSize = 10, PageCount = 5;                     //定义每页显示数据总数及最多显示的页码
    //构造分页对象配置类
    ConfigPaging cp = new ConfigPaging(CurrentPageindex, PageSize, PageCount);
    ForumMainJoinForumSecondEntity Model = null;               //要返回的数据模型
    using (DB_BBSEntities db = new DB_BBSEntities())           //构造数据库上下文类
    {
        //根据条件,查询主帖表数据
        Model = db.tb_ForumMain.Where(W => W.ID == id && W.Isdelete == false)
                        .Select(S => new ForumMainJoinForumSecondEntity
        {
            ForumMain = S,                                      //主帖信息
            ForumClassify = S.tb_ForumClassify,                //所属子专区信息
            UsersByCustomer = S.tb_UsersByCustomer,            //发帖人信息
            ZY_Sex = S.tb_UsersByCustomer.tb_ZY_Sex,           //发帖人性别（读取资源表）
            ForumSecondCount = S.tb_ForumSecond.Count(C => C.IsDelete == false),      //总回复数
            //查询该帖的跟帖数据集合,并使用分页进行查询
            ForumSecond = S.tb_ForumSecond
            .Where(W1 => W1.IsDelete == false && W1.CurSequence > 0)
            .OrderBy(O => O.CurSequence).Skip(cp.StartRow).Take(PageSize).Select(S1 =>
            new ChildForumSecondByUsersByCustomer
            {
                ForumSecond = S1,                              //跟帖数据
                UsersByCustomer = S1.tb_UsersByCustomer,       //回复人
```

```
            ZY_Sex = S1.tb_UsersByCustomer.tb_ZY_Sex //回复人性别（读取资源表）
        }).ToList()
    }).FirstOrDefault();
}
cp.GetPaging(ViewBag, Model.ForumSecondCount);          //绑定分页数据
ViewBag.curid = id;                                     //此 id 为传入的所属专区 ID，将在下次分页时传回
return View(Model);                                     //返回视图
}
```

在视图文件中，主要对发帖主题和跟帖信息进行数据绑定。下面是这两部分布局代码标签的定义，代码如下：

例程 35　代码位置：资源包\TM\01\BBSSiteItem\BBSSite\BBSSite\Views\Home\SecondContent.cshtml

```html
<table class="table table-bordered">
    <tr>
        <td class="tbl">
            <div style="text-align: center;">
                <p>楼主</p><a><img alt="" src="@Urls.ContentImagesUrl/ico_000.gif"/></a>
            </div>
            <table class="table" style="background-color:#e5edf2;">
                <tr><td>昵称:</td><td>@Model.UsersByCustomer.NickName</td></tr>
                <tr><td>性别:</td><td>@Model.ZY_Sex.Content</td></tr>
                <tr><td>年龄:</td><td>@Model.UsersByCustomer.Age</td></tr>
                <tr><td>发帖数:</td><td>@Model.UsersByCustomer.Fatieshu</td></tr>
                <tr><td>回帖数:</td><td>@Model.UsersByCustomer.Huitieshu</td></tr>
            </table>
        </td>
        <td class="tbr">
            <div style="height: 65px;padding-left: 20px;padding-top: 1px;">
                <h3><small><a style="color: #ifaeff">
                            [@Model.ForumClassify.ClassifyName] </a></small>
                    <a style="color: #ifaeff">@Model.ForumMain.Title</a></h3>
            </div>
            <div style="width:98%;height:1px;margin-bottom:10px;padding:0px;
                        background-color:#D5D5D5;overflow:hidden;"></div>
            <p class="text-right" style="padding-right: 90px;">
                <span style="padding-right: 30px;">
                    <a style="color: #78BA00;">发表于:@Model.ForumMain.CreateTime</a>|
                    <a style="color: #78BA00;">只看作者</a>|
                    <a style="color: #78BA00;">倒序查看</a>|
                    <a style="color: #78BA00;">共 @Model.ForumSecond.Count() 层</a>
                </span>
                <span><input type="text" style="width: 32px;" id="floortext">
                    <a href="javascript:void(0)"
                        style="color: #78BA00;" onclick="Onfloortext()">
                        <span class="glyphicon glyphicon-screenshot" aria-hidden="true">
                        </span>快速跳楼</a></span>
            </p>
            <div style="width:98%;height:1px;margin-bottom:10px;padding:0px;
                        background-color:#D5D5D5;overflow:hidden;"></div>
            <div style="padding-top: 12px;min-height: 380px;">
                @Html.Raw(Model.ForumMain.Content)</div>
```

```
            <div style="width:98%;height:1px;margin-bottom:10px;padding:0px;
                        background-color:#D5D5D5;overflow:hidden;"></div>
            <div style="padding-right: 90px;">
                <p class="text-right" style="color: yellow;">
                    <a href="javascript:void(0)" id="WarningInfoMainBtn" IsClick="false"
                       onclick="SetForumID('WarningInfoMainBtn',@Model.ForumMain.ID,1)"
                       style="color: #f4b300;">
                        <span class="glyphicon glyphicon-warning-sign"
                              aria-hidden="true"></span>举报</a></p>
            </div>
        </td>
    </tr>
</table>
```

上面布局代码中使用 table 一行多列的方式分别绑定了发帖人信息、发帖时间以及帖子主题等数据。这是第一行固定的数据信息。那么，跟帖数据的绑定同样在 table 中进行。通过 foreach 循环遍历跟帖集合数据，每一条回复信息产生一个新的 tr（新行）。这样，就形成了一个跟帖列表。布局代码如下：

例程 36 代码位置：资源包\TM\01\BBSSiteItem\BBSSite\BBSSite\Views\Home\SecondContent.cshtml

```
@foreach (var ms in Model.ForumSecond)
{
    <tr>
        <td class="tbl" id="tbl_@ms.ForumSecond.CurSequence">
            <div style="text-align: center;">
                <p>第@{@ms.ForumSecond.CurSequence}楼</p>
                <a><img alt="" src="@Urls.ContentImagesUrl/ico_000.gif"/></a>
            </div>
            <table class="table" style="background-color:#e5edf2; ">
                <tr><td>昵称:</td><td>@ms.UsersByCustomer.NickName</td></tr>
                <tr><td>性别:</td><td>@ms.ZY_Sex.Content</td></tr>
                <tr><td>年龄:</td><td>@ms.UsersByCustomer.Age</td></tr>
                <tr><td>发帖数:</td><td>@ms.UsersByCustomer.Fatieshu</td></tr>
                <tr><td>回帖数:</td><td>@ms.UsersByCustomer.Huitieshu</td></tr>
            </table>
        </td>
    </tr>
}
```

每一条回帖同样包含了回帖人的信息，与发帖人并列放置在了第一列。接着，第二列（td）是放置回帖信息内容列，代码如下：

例程 37 代码位置：资源包\TM\01\BBSSiteItem\BBSSite\BBSSite\Views\Home\SecondContent.cshtml

```
<td class="tbr">
    <span style="padding-right: 30px;">
        <a style="color: #78BA00;">回复于:@ms.ForumSecond.CreateTime</a>
    </span>
    <div style="width:98%;height:1px;margin-bottom:10px;padding:0px;
                background-color:#D5D5D5;overflow:hidden;"></div>
    <div style="padding-top:12px;min-height:380px;">
        <div>@Html.Raw(ms.ForumSecond.Content)</div>
```

```
        <!--此处为预留布局-->
    </div>
    <div style="width:98%;height:1px;margin-bottom:10px;padding:0px;
                background-color:#D5D5D5;overflow:hidden;"></div>
    <div style="padding-right: 90px;">
        <p class="text-right" style="color: yellow;">
            <a href="javascript:void(0)" onclick="Replying(@ms.ForumSecond.ID)"
                style="color: #f4b300;">
                <span class="glyphicon glyphicon-fire" aria-hidden="true"></span>
                回复此楼</a>      
                <a href="javascript:void(0)" id="WarningInfoBtn_@ms.ForumSecond.ID"
                    IsClick="false" style="color:#f4b300;"
            onclick="SetForumID('WarningInfoBtn_@ms.ForumSecond.ID',@ms.ForumSecond.ID,2)" >
                <span class="glyphicon glyphicon-warning-sign" aria-hidden="true"></span>
                举报</a>
            <br />
            <div class="ReplyTextAreaBox" id="ReplayTextAreaBox_@ms.ForumSecond.ID"></div>
        </p>
    </div>
</td>
```

如图 1.20 所示为发帖信息，回帖效果如图 1.21 所示。

图 1.20　查看发帖

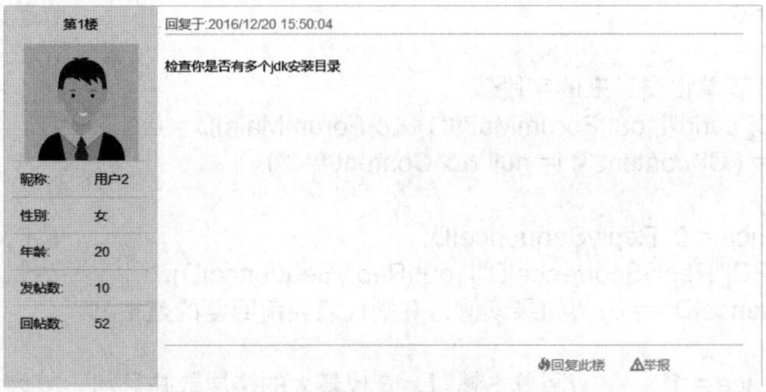

图 1.21　查看回帖

2．回复主帖

回复主帖是针对楼主的发帖主题进行相关回复的讨论过程，但只有登录的用户才可以进行回帖。与发帖相同，这里使用第三方富文本编辑器来编辑回帖信息。

创建富文本编辑器的方式与发帖时相同，这里主要讲解如何实现回帖的过程。当用户单击"回复帖子"按钮时将会触发 js 定义的 subForm 方法进行提交数据前的处理工作，代码如下：

例程 38　代码位置：资源包\TM\01\BBSSiteItem\BBSSite\BBSSite\Views\Home\SecondContent.cshtml

```javascript
function subForm() {
    if (!success) {
        if(confirm("回帖前请先登录,单击确定将跳转登录页面")){
            window.location.href = "/Account/Login/"+AbsolutePath;
        }
        return false;
    }
    var content = editor.getContent();
    if(content === ''){
        alert("请输入内容");
        return false;
    }
    else {
        $("#ueditor_textarea_content").val($.base64.btoa(content, true));
        return true;
    }
}
```

在 subForm 方法中首先检测用户是否已经登录，如果未登录则提示用户是否登录。所以，这里限制了只有登录的用户才能进行回帖，如果用户已经登录，则检测用户输入的回帖信息是否有效，然后将文本数据赋值给一个 id 名称为"ueditor_textarea_content"的 textarea 控件。最后，返回 true。

在绑定富文本编辑器时，使用了 Html.BeginForm 方法指定了 HomeSave 控制器的 ReplyContent 动作方法，所以数据会被提交到该控制器指定的动作中。ReplyContent 方法代码如下：

例程 39　代码位置：资源包\TM\01\BBSSiteItem\BBSSite\BBSSite\Controllers\HomeSaveController.cs

```csharp
public ActionResult ReplyContent(FormCollection FC)
{
    int ForumMainID = 0;                                    //定义主帖 id 变量
    string Content;                                         //定义回复内容变量
    //接受并验证 Form 表单提交过来的字段值
    if (int.TryParse(FC["curid"], out ForumMainID) && ForumMainID > 0
        && (Content = FC["content"]) != null && Content != "")
    {
        int CurSequence = 0, ReplySequenceID;               //定义楼层变量和回复楼层的 id
        int.TryParse(FC["ReplySequenceID"], out ReplySequenceID);  //被回复人的帖子 ID
        if (ReplySequenceID == 0) //如果该值为 0 则代表当前回复的是主帖
        {
            CurSequence = 1;        //回复主帖时，查找最大的楼层数并且加 1 就为该帖的楼层，否则为 1
            using (DB_BBSEntities db = new DB_BBSEntities())  //实例化数据库上下文类
            {
                //查找该帖的所有回复
                IQueryable<tb_ForumSecond> Where = db.tb_ForumSecond
                .Where(W => W.ForumMainID == ForumMainID && W.IsDelete == false);
                if (Where.Any())                            //如果能够找到回复信息
                {
```

```
                CurSequence = Where.Max(S => S.CurSequence);        //取出最大楼层数
                CurSequence++;                        //最大楼层数加 1，则为当前回帖的楼层
            }
        }
        ReplySequenceID = ForumMainID;        //在回复主帖时,回复楼层 id 值应为主帖 ID
    }
    //取出当前用户 ID
    int CurrentUserID = new LoginStatus().LoginStatusEntity.ID;
    //创建回复数据实体并赋值
    tb_ForumSecond ForumSecond = new Models.tb_ForumSecond();
    ForumSecond.ForumMainID = ForumMainID;
    ForumSecond.Content =
        Encoding.UTF8.GetString(Convert.FromBase64String(Content));
    ForumSecond.CreateUserID = CurrentUserID;
    ForumSecond.CreateTime = DateTime.Now;
    ForumSecond.CurSequence = CurSequence;
    ForumSecond.ReplySequenceID = ReplySequenceID;
    ForumSecond.IsDelete = false;
    //保存数据
    using (DB_BBSEntities db = new DB_BBSEntities())
    {
        db.tb_ForumSecond.Add(ForumSecond);
        if (db.SaveChanges() > 0)
        {
            //如果保存成功返回原页面
            return Redirect(Request.UrlReferrer.AbsolutePath);
        }
    }
}
//在保存失败或者参数验证未通过时,返回原页面（如果存在）或返回首页,并发送失败消息
return PublicFunctions
        .ToRedirect(this, "ReplyContentError", "未能成功回复帖子,请检查输入信息!",
         (Url) => { return Redirect(Url); },
         (Url) => { return RedirectToAction("Index", "Home"); });
}
```

如图 1.22 所示，编辑好要回复的内容后，然后单击"回复帖子"按钮即可完成回帖功能。

图 1.22　回复主帖

3．回复某一楼层

除了回复主帖外，还可以针对某一楼层的回复进行回复，实现局部的讨论功能。在定义 ReplyContent 方法时，代码中使用了 ReplySequenceID 变量，从注释说明中可以看出，如果这个变量没有接收到前端传递过来的 ReplySequenceID 参数值或值为 0 则表示当前回复的是主帖，如果该值有效（大于 0），则表示当前回复的是某一楼层。所以，所有回复工作都是由 ReplyContent 动作方法完成的。

既然后台控制器动作中实现了回复功能，接下来看一下前台页面上该如何实现回复的功能。在布局页面标签时就已经定义了"回复此楼"按钮，按钮的 onlick 事件指定了 Replying 方法，并传入了当前楼层的回复 id。

Replying 方法定义在了 Content 文件夹下的 js 文件夹内。方法定义如下：

例程 40 代码位置：资源包\TM\01\BBSSiteItem\BBSSite\BBSSite\Content\js\SecondContent.js

```
function Replying(ForumSecondID) {
    if (!success) {                                                 //验证是否登录
        if (confirm('回复前请先登录,单击确定将跳转登录页面')) {
            window.location.href = "/Account/Login/" + AbsolutePath;    //跳转到登录页
        }
        return false;                                               //返回 false
    }
    //取出当前楼层定义的用于呈现"发表回复"功能的 div 容器
    var ReplayTextAreaBox_X = $("#ReplayTextAreaBox_" + ForumSecondID);
    //使用字符串拼接"发表回复"的各个控件
    var StartContent = "<div class=\"ReplyTextAreaContent\">";
    StartContent += "<form action=\"/HomeSave/ReplyContent\" method=\"post\">";
    StartContent += "<textarea class=\"ReplyTextArea\"    id=\"ReplyTextArea\" ";
    StartContent += "name=\"ReplyTextArea\">回复内容</textarea>";
    StartContent += "<input type=\"submit\" value=\"发表\" ";
    StartContent += "onclick=\"return RplyOn('ReplyTextArea','MaxContent')\"/>";
    StartContent += "<a href=\"javascript:void(0)\" class=\"CloseReply\" onclick=";
    StartContent += "\"CloseReply('ReplayTextAreaBox_" + ForumSecondID + "')\">收起发表</a>";
    StartContent += "<input type=\"hidden\" name=\"content\" id=\"MaxContent\" value=\"\" />";
    StartContent += "<input type=\"hidden\" name=\"curid\" ";
    StartContent += "value=\"" + $("#curid").val() + "\" />";
    StartContent += "<input type=\"hidden\" name=\"ReplySequenceID\" ";
    StartContent += "value=\"" + ForumSecondID + "\"/>";
    StartContent += "</form></div>";
    //将 html 编码字符串追加到容器中
    ReplayTextAreaBox_X.append($(StartContent));
}
```

当单击"回复此楼"之后会弹出如图 1.23 所示的回复窗口。

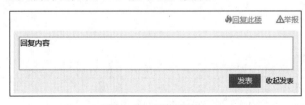

图 1.23　回复楼层

4．绑定楼层回复

当楼层回复的功能完成之后，接下来就是呈现楼层中回复的内容。因为所有的回复都是在某一楼层中发生，所以，该部分布局标签一定是定义在楼层中的某一容器内。

在查看帖子一节中，布局回复帖子标签时，在绑定回复内容的 div 标签下面有一处注释内容，标记为 "<!--此处为预留布局-->"。那么绑定楼层回复的布局标签就是定义在该位置区域的。布局标签定义如下：

例程 41　代码位置：资源包\TM\01\BBSSiteItem\BBSSite\BBSSite\Views\Home\SecondContent.cshtml

```
@{
    bool IsData = false;                                        //定义是否包含楼层回复内容
    List<V.ChildReplyEntity> ChildReplyArray =
        P.GetChildReply(ms.ForumSecond.ID, out IsData);         //查询该楼层的回复内容
}
@if (IsData)                                                    //如果该楼层存在回复内容
{
    <div class="ChildReply">
        <ul>
            @foreach (var CRS in ChildReplyArray)               //循环遍历每一个回复内容
            {
                string ByNickName = "";
                if (CRS.ByUsersByCustomer != null)
                {
                    ByNickName = "<span class=\"ReplyConstChar\">回复</span> "
                                + CRS.ByUsersByCustomer.NickName;
                }
                <li>
                    <div class="ChildReplyContent">
                        <img class="ChildReplyImg"
                src="@Urls.ContentImagesUrl/UserHead/@CRS.UsersByCustomer.PhotoUrl" />
                        <span class="ChildReplyNickName">
                            @CRS.UsersByCustomer.NickName @Html.Raw(ByNickName)
                        </span>:  
                        <span>@CRS.ForumSecond.Content</span>
                    </div>
                    <div class="ChildReplyTime">
                        <span>@CRS.ForumSecond.CreateTime</span>
                        <a href="javascript:void(0)"
                            onclick="ReplyMining(@CRS.ForumSecond.ID,@ms.ForumSecond.ID)"
                            style="color: #f4b300;">
                        <span class="glyphicon glyphicon-fire"
                                aria-hidden="true"></span>回复</a>
                    </div>
                </li>
            }
        </ul>
        <div class="ReplyMining" id="ReplyMining_@ms.ForumSecond.ID"></div>
    </div>
}
```

布局后的呈现效果如图 1.24 所示。

图 1.24　楼层内回复

1.9　ASP.NET MVC 技术专题

　　MVC 是一种软件架构模式，模式分为 3 个部分：模型（Model）、视图（View）和控制器（Controller），MVC 模式最早是由 Trygve Reenskaug 在 1974 年提出的，其特点是松耦合度、关注点分离、易扩展和维护，使前端开发人员和后端开发人员充分分离，不会相互影响工作内容与工作进度。而 ASP.NET MVC 是微软在 2007 年开始设计并于 2009 年 3 月发布的 Web 开发框架，从 1.0 版开始到现在的 5.0 版本，经历了 5 个主要版本改进与优化，采用 ASPX 和 Razor 这两种内置视图引擎，也可以使用其他第三方或自定义视图引擎，通过强类型的数据交互使开发变得更加清晰高效，强大的路由功能配置友好的 URL 重写。ASP.NET MVC 是开源的，通过 Nuget（包管理工具）可以下载到很多开源的插件类库。ASP.NET MVC 是基于 ASP.NET 另一种开发框架。

1.9.1　ASP.NET MVC 中的模型、视图和控制器

　　模型、视图和控制器是 MVC 框架的三个核心组件，其三者关系如图 1.25 所示。

　　（1）模型（Model）：模型对象是实现应用程序数据域逻辑的部件。通常，模型对象会检索模型状态并执行储存或读取数据。例如，将 Product 对象模型的信息更改后提交到数据库对应的 Product 表中进行更新。

　　（2）视图（View）：视图是显示用户界面（UI）的部件。在常规情况下，视图上的内容是由模型中的数据创建的。例如，对于 Product 对象模型可以将其绑定到视图上。除了展示数据外，还可以实现对数据的编辑操作。

　　（3）控制器（Controller）：控制器是处理用户交互、使用模型并最终选择要呈现给用户的视图等流程控制部件。控制器接收用户的请求，然后处理用户要查询的信息，最后控制器将一个视图交还给用户。

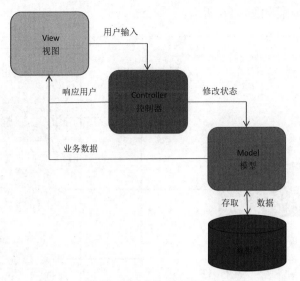

图 1.25　模型、视图和控制器的三者关系

1.9.2　什么是 Routing

在 ASP.NET WebForms 中，一次 URL 请求对应着一个 ASPX 页面，ASPX 页面又必须是一个物理文件。而在 ASP.NET MVC 中，一个 URL 请求是由控制中的 Action 方法来处理的。这是由于使用了 URLRouting（路由机制）来正确定位到 Controller（控制器）和 Action（方法）中，Routing 的主要作用就是解析 URL 和生成 URL。

在创建 ASP.NET MVC 项目时，默认会在 App_Start 文件夹下的 RouteConfig.cs 文件中创建基本的路由规则配置方法，该方法会在 ASP.NET 全局应用程序类中被调用。

```
public static void RegisterRoutes(RouteCollection routes)
{
    routes.IgnoreRoute("{resource}.axd/{*pathInfo}");        //忽略指定的 Url 路由
    routes.MapRoute(
        name: "Default",                                      //路由名称
        url: "{controller}/{action}/{id}",                    //路由配置规则
        //路由配置规则的默认值
            defaults: new { controller = "Home", action = "Index", id = UrlParameter.Optional }
    );
}
```

上面这段默认的路由配置规则匹配了以下任意一个 Url 请求：

- ☑ http://localhost
- ☑ http://localhost/Home/Index
- ☑ http://localhost/Index/Home
- ☑ http://localhost/Home/Index/3
- ☑ http://localhost/Home/Index/red

URLRouting 的执行流程如图 1.26 所示。

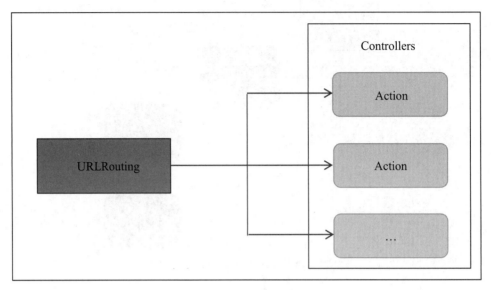

图 1.26　URLRouting 流程图

1.9.3　MVC 的请求过程

当在浏览器中输入一个有效的请求地址，或者通过网页上的某个按钮请求一个地址时，ASP.NET MVC 通过配置的路由信息找到最符合请求的地址，如果路由找到了合适的请求，访问先到达控制器和 Action 方法，控制器接收用户请求传递过来的数据（包括 URL 参数、Post 参数、Cookie 等），并做出相应的判断处理，如果本次是一次合法的请求并需要加载持久化数据，那么通过 Model 实体模型构造相应的数据。在响应用户阶段可返回多种数据格式，分别如下：

（1）返回默认 View（视图），即与 Action 方法名相同。

（2）返回指定的 View，但 Action 必须属于该控制器下。

（3）重定向到其他的 View（视图）。

例如，当一个用户在浏览器中输入并请求了"http://localhost/Home/Index"地址，程序会先执行路由匹配，然后转到 Home 控制器，再进入 Index 方法中。下面是 Home 控制的代码片段：

```
public class HomeController : Controller          //Home 控制器类，继承自 Controller
{
    public ActionResult Index()                   //Index 方法（Action）
    {
        return View();                            //默认返回 Home 下面的 Index 视图
    }
}
```

定义在控制器中的 Action 方法默认返回的是一个 ActionResult 对象，ActionResult 对象对 Action 执行结果进行了封装，用于最终对请求进行响应。ASP.NET MVC 提供了一系列的 ActionResult 实现类来实现多种不同的响应结果。下面列举几个常用的 ActionResult 返回类型：

（1）View 方法：返回 ActionResult 视图结果并将视图呈现给用户。参数可以返回 Model 对象。

（2）RedirectToAction 方法：返回 RedirectToRouteResult 重定向动作结果，同类型的还有 Redirect 方法返回的 RedirectResult 结果。

（3）PartialView 方法：返回 PartialViewResult 分部视图结果，视图文件应定义在 View/Shared 目录下。

（4）Content 方法：返回 ContentResult 类型的用户定义的文本内容，此类型多用于 Ajax 请求需要返回的文本内容。

（5）Json 方法：返回序列化 JsonResult 类型的 JSON 格式数据。同样，此方法多用于 Ajax 请求。需要注意的是如果 Action 是 Get 请求，则 JSON 方法的参数中必须传入 JsonRequestBehavior.AllowGet，否则会因为避免暴露敏感信息而报出异常错误。

（6）JavaScript 方法：返回可在客户端执行脚本的 JavaScriptResult 对象，但使用 JavaScript 方法时，需要两个必要的前提，即 Ajax 和 jquery.unobtrusive-ajax.js。

（7）File 方法：返回用于写入到响应中的二进制输出 FileContentResult，一般可用于简单的下载功能。

（8）null：返回不执行任何操作结果的 EmptyResult 对象。

1.10　本　章　总　结

本章主要对"程序源论坛"项目的一些核心业务模块进行了讲解。通过学习，掌握了 ASP.NET MVC 的基本开发流程，学会如何实现页面与控制器的交互，以及如何使用数据模型来操作用户数据。那么，本章只是对项目的前台部分进行了讲解，读者在学习完本章的内容后可以多花一些时间去学习掌握项目的后台管理部分，因为这一部分涉及更多的权限管理等。同时，也希望读者能够在学习完本章后，对本项目进行一些功能上的完善，这样，才能提升自己的开发经验。

第 2 章

51 电子商城网站

（ASP.NET4.5+SQL Server 2014+网银在线支付实现）

电子商务是指整个事务活动和贸易活动的电子化，它通过先进的信息网络，将事务活动和贸易活动中发生关系的各方有机地联系起来。电子商务网站实际上就是销售企业为消费者提供的网上购物商城，在该网站中用户可以购买任何商品，而管理员可以对商品和订单等信息进行管理。通过本章的学习，读者不仅可以轻松地开发一个电子商务网站，更能学会网络程序的设计思路、方法和过程，快速提高 ASP.NET 开发能力和设计水平。

通过阅读本章，可以学习到：

▶▶ 51 电子商城网站的开发过程

▶▶ 如何进行需求分析和系统设计

▶▶ 如何分析和设计 SQL Server 2014 数据库

▶▶ 主要功能模块的技术分析和实现方法

▶▶ 实现网上在线支付功能

配置说明

视频讲解

2.1　开 发 背 景

随着 Internet 的发展和迅速普及，网上购物这一新型购物方式已逐渐被人们所接受，并逐渐改变甚至取代了传统的购物观念。人们足不出户就可以在网上浏览到全国各地的商品信息，方便快捷地搜索到自己所需要的商品，而安全的在线支付和送货上门服务，使人们更加深切地体会到这一购物方式的优越性。

与此同时，网上商城这种新的商业运营模式被越来越多的商家运用到竞争中，并得到了大多数客户的认可，这种基于浏览器、服务器实现的销售方式已初具规模。一些电子商务网站的成立，从整体上降低了企业成本，加快了企业对市场的响应速度，提高了企业的服务质量和竞争力。

2.2　系 统 分 析

2.2.1　需求分析

随着中国市场经济的日趋成熟，中国企业面对的竞争压力越来越大，企业要想生存，在提高企业内部管理效率、充分利用企业内部资源的基础上，必须不断扩展销售渠道，扩大消费群体，提高企业的竞争力。随着信息化时代的到来，电子商务网站成为企业对外展示商品信息、从事商务活动的窗口。如何建立企业的电子商务网站，如何把企业业务扩展到 Internet 上，已经成为企业普遍面临的问题。

2.2.2　可行性分析

根据《计算机软件文档编制规范》（GB/T 8567－2006）中可行性分析的要求，制定可行性研究报告如下。

1．引言

（1）编写目的

为了给企业的决策层提供是否进行项目实施的参考依据，现以文件的形式分析项目的风险、项目需要的投资与效益。

（2）背景

×××公司是吉林省一家中型的私营企业。该企业为了扩展销售渠道，提高企业知名度和竞争力，现需要委托其他公司开发一个 51 电子商城网站。

2．可行性研究的前提

（1）要求

51 电子商城网站要求能够提供会员注册、在线购物、在线支付等功能。

（2）目标

51 电子商城网站的主要目标是系统全面地展示网站中的商品，简化用户在线购物流程，确保用户在线支付的安全性，进一步提高企业的经济效益。

（3）条件、假定和限制

项目需要在 2 个月内交付用户使用。系统分析人员需要 2 天内到位，用户需要 5 天时间确认需求分析文档。去除其中可能出现的问题，例如用户可能临时有事，占用 7 天时间确认需求分析。那么程序开发人员需要在 1 个月零 20 几天的时间内进行系统设计、程序编码、系统测试、程序调试和网站部署工作。其间，还包括了员工每周的休息时间。

（4）评价尺度

根据用户的要求，系统应以商品展示和销售功能为主，对于网站的最新和热销商品能够及时地展示在网站首页中，提供方便、快捷的商品查询功能，提供简便、安全的在线购物流程。对于注册用户及商品等数据信息实施有效、安全的管理。

3．投资及效益分析

（1）支出

根据系统的规模及项目的开发周期（2 个月），公司决定投入 6 个人。为此，公司将直接支付 8 万元的工资及各种福利待遇。在项目安装及调试阶段，用户培训、员工出差等费用支出需要 1.5 万元。在项目维护阶段预计需要投入 2 万元的资金。累计项目投入需要 11.5 万元资金。

（2）收益

用户提供项目资金 25 万元。对于项目运行后进行的改动，采取协商的原则根据改动规模额外提供资金。因此从投资与收益的效益比上，公司可以获得 13.5 万元的利润。

项目完成后，会给公司提供资源储备，包括技术、经验的积累，其后再开发类似的项目时，可以极大地缩短项目开发周期。

4．结论

根据上面的分析，在技术上不会存在问题，因此项目延期的可能性很小。在效益上公司投入 6 个人、2 个月的时间获利 13.5 万元，比较可观。在公司今后发展上，可以储备网站开发的经验和资源。因此，认为该项目可以开发。

2.2.3　编写项目计划书

根据《计算机软件文档编制规范》（GB/T 8567－2006）中的项目开发计划要求，结合单位实际情况，设计项目计划书如下。

1．引言

（1）编写目的

为了保证项目开发人员按时保质地完成预定目标，更好地了解项目实际情况，按照合理的顺序开展工作，现以书面的形式将项目开发生命周期中的项目任务范围、项目团队组织结构、团队成员的工作责任、团队内外沟通协作方式、开发进度、检查项目工作等内容描述出来，作为项目相关人员之间的共识和约定、项目生命周期内的所有项目活动的行动基础。

（2）背景

51 电子商城网站是由×××公司委托我公司开发的小型电子商务平台系统。系统主要用于扩展企业销售渠道，提高公司效益。项目周期为 2 个月。项目背景规划如表 2.1 所示。

表 2.1　项目背景规划

项 目 名 称	项目委托单位	任务提出者	项目承担部门
51 电子商城网站	×××公司	王经理	研发部门 测试部门

2．概述

（1）项目目标

项目目标应当符合 SMART 原则，把项目要完成的工作用清晰的语言描述出来。51 电子商城网站的项目目标如下：

51 电子商城网站主要的目的是实现网上购物的信息化管理。51 电子商城网站的主要业务就是在线销售，因此系统最核心的功能便是实现网上在线销售功能。项目实施后，能够扩展企业销售渠道，扩大商品消费群体，提高企业效益。整个项目需要在 2 个月的时间内交付用户使用。

（2）产品目标与范围

项目实施后，将为企业提供一个崭新的销售渠道，面对的将是一个庞大的消费群体，可以快速并广泛地扩大企业知名度；系统的维护和管理仅需几个人就能完成，企业无须另外支付销售人员工资及柜台装修费用；方便快捷的在线支付功能，省却了现金流通环节中的不安全因素；可以极大地提高企业的经济效益和企业竞争力。

（3）应交付成果

项目开发完成后，交付的内容如下。

☑　以光盘的形式提供 51 电子商城网站的源程序、网站数据库文件、系统使用说明书。

☑　系统发布后，进行无偿维护和服务 6 个月，超过 6 个月进行网站有偿维护与服务。

（4）项目开发环境

操作系统为 Windows 7 或 Windows 10 均可，使用集成开发工具 Microsoft Visual Studio 2017，数据库采用 SQL Server 2014，项目运行服务为 Internet 信息服务（IIS）管理器。

（5）项目验收方式与依据

项目验收分为内部验收和外部验收两种方式。在项目开发完成后，首先进行内部验收，由测试人员根据用户需求和项目目标进行验收。项目在通过内部验收后，再交给用户进行验收，验收的主要依据为需求规格说明书。

3．项目团队组织

（1）组织结构

为了完成 51 电子商城网站的项目开发，公司组建了一个临时的项目团队，由公司副经理、项目经理、系统分析员、软件工程师、网页设计师和测试人员构成，如图 2.1 所示。

（2）人员分工

为了明确项目团队中每个人的任务分工，现制定人员分工表，如表2.2所示。

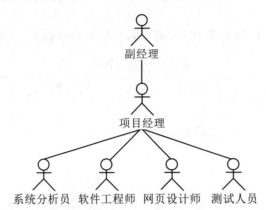

图 2.1　项目团队组织结构图

表 2.2　人员分工表

姓 名	技 术 水 平	所 属 部 门	角 色	工 作 描 述
王××	MBA	项目开发部	项目经理	负责项目的前期分析、策划、项目开发进度的跟踪、项目质量的检查
周××	高级系统分析员	项目开发部	系统分析员	负责系统功能分析、系统框架设计
刘××	高级软件工程师	项目开发部	软件工程师	负责软件设计与编码
张××	高级软件工程师	项目开发部	软件工程师	负责软件设计与编码
杨××	高级美工设计师	设计部	网页设计师	负责网页风格的确定、网页图片的设计
王××	中级系统测试工程师	项目开发部	测试人员	对软件进行测试、编写软件测试文档

2.3　系　统　设　计

2.3.1　系统目标

对于典型的数据库管理系统，尤其是51电子商城网站这样数据流量比较大的网络管理系统，必须要满足使用方便、操作灵活等设计需求。本系统在设计时应该满足以下目标：

- ☑　界面设计美观友好，操作简便。
- ☑　全面、分类展示商城内所有商品。
- ☑　显示商品的详细信息，方便顾客了解商品信息。
- ☑　查看商城内的交易信息。
- ☑　设置灵活的打印功能。
- ☑　对用户输入的数据，系统地进行严格的数据检验，尽可能排除人为错误。
- ☑　提供新品上市公告，方便顾客及时了解相关信息。
- ☑　提供网站留言功能。
- ☑　提供网上在线支付功能。

☑　系统最大限度地实现易维护性和易操作性。
☑　系统运行稳定、安全可靠。

2.3.2　系统流程图

51 电子商城网站流程图如图 2.2 所示。

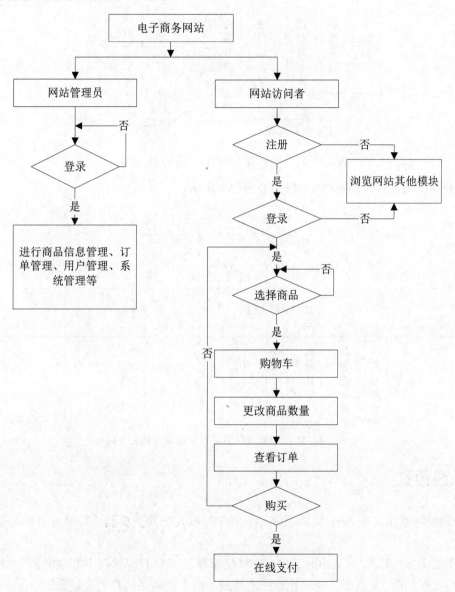

图 2.2　51 电子商城网站流程图

2.3.3　系统功能结构

为了使读者能够更清楚地了解网站的结构，下面给出电子商务网站的前台功能模块结构图和后台功能模块结构图。

51 电子商城网站前台管理系统功能设计如图 2.3 所示。

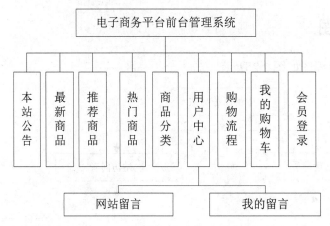

图 2.3　51 电子商城网站前台管理系统功能设计

51 电子商城网站后台管理系统功能设计如图 2.4 所示。

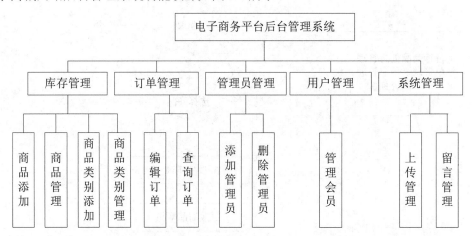

图 2.4　51 电子商城网站后台管理系统功能设计

2.3.4　系统预览

51 电子商城网站由多个 Web 页面组成，下面仅列出几个典型页面，其他页面参见资源包中的源程序。

网站首页如图 2.5 所示，在其中展示出了商城推荐商品、热门商品等，并提供商品分类导航等信息。网站购物流程页面如图 2.6 所示，能够让用户清楚地了解在本网站购物的全过程。

网站购物车页面如图 2.7 所示，通过该页面网站会员可以详细了解和处理购物信息。网站后台页面如图 2.8 所示，主要包括订单管理、用户管理等。

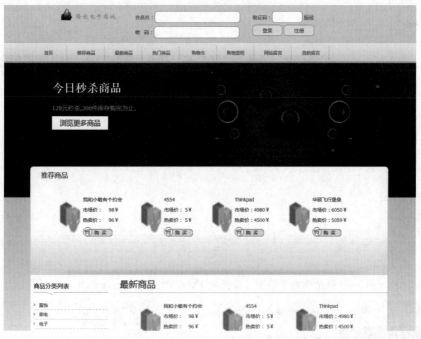

图 2.5　网站首页（资源包\TM\02\B2C\B2C\Default.aspx）

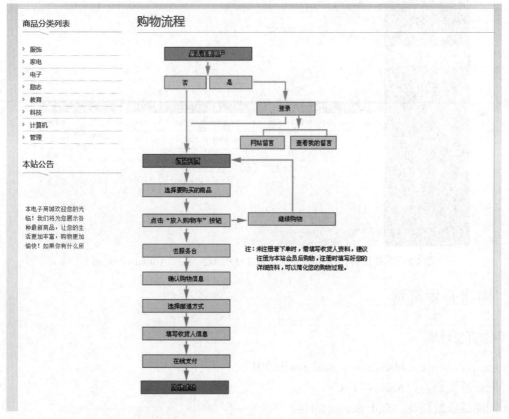

图 2.6　网站购物流程页面（资源包\TM\02\B2C\B2C\buyFlow.aspx）

图 2.7　网站购物车页面（资源包\TM\02\B2C\B2C\shopCart.aspx）

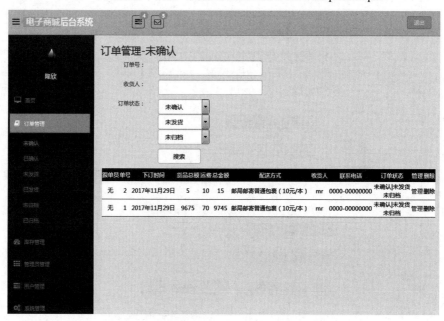

图 2.8　网站后台订单页面（资源包\TM\02\B2C\B2C\AdminIndex.aspx）

2.3.5　构建开发环境

1. 网站开发环境

- ☑　网站开发环境：Microsoft Visual Studio 2017。
- ☑　网站开发语言：ASP.NET+C#。
- ☑　网站后台数据库：SQL Server 2014。
- ☑　开发环境运行平台：Windows 7/ Windows 10。

2．服务器端

☑ 操作系统：Windows 7。

☑ Web 服务器：IIS 6.0 以上版本。

☑ 数据库服务器：SQL Server 2014。

☑ 浏览器：Chrome 浏览器、Firefox 浏览器。

☑ 网站服务器运行环境：Microsoft .NET Framework SDK v4.5。

3．客户端

☑ 浏览器：Chrome 浏览器、Firefox 浏览器。

☑ 分辨率：最佳效果 1280×800 像素或更高。

2.3.6 数据库设计

1．数据库概要说明

从读者角度出发，为了使读者对本系统后台数据库中的数据表有一个更清晰的认识，笔者在此特别设计了一个数据表树形结构图，该结构图中包括系统中所有的数据表，如图 2.9 所示。

2．数据库概念设计

通过对网站进行需求分析、网站流程设计以及系统功能结构的确定，规划出系统中使用的数据库实体对象分别为商品类型、商品信息、商品订单、订单详细和管理员信息实体。

为了使用户在网上购物时，能够按照自己所需要的商品类别进行选购，就需要将所列商品划分类别。商品类型的实体 E-R 图如图 2.10 所示。

图 2.9 数据表树形结构图

图 2.10 商品类型的实体 E-R 图

对于网上商城所展示的商品，为了使消费者详细了解商品，应将商品所有相关信息都展示出来。商品信息实体 E-R 图如图 2.11 所示。

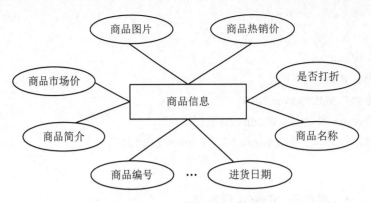

图 2.11　商品信息实体 E-R 图

当消费者选购好商品放入购物车后，如果不再继续购物，便可以前往服务台，进行选择商品运输方式等相关操作，然后提交订单，最后进行在线支付。商品订单实体 E-R 图如图 2.12 所示。

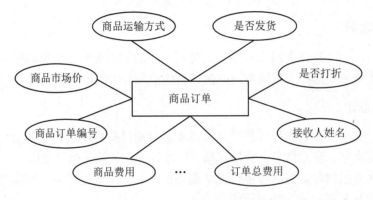

图 2.12　商品订单实体 E-R 图

当用户提交完商品订单后，需要进一步了解所购买商品的信息，如所购商品的金额、数量、订单号等。订单详细实体 E-R 图如图 2.13 所示。

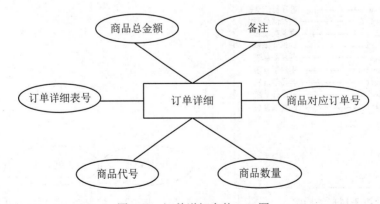

图 2.13　订单详细实体 E-R 图

在网站的维护过程中，管理员的角色最为重要。本网站管理员信息实体 E-R 图如图 2.14 所示。

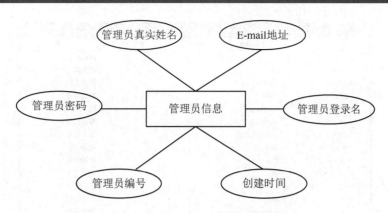

图 2.14　管理员信息实体 E-R 图

3. 数据库逻辑结构设计

在设计完数据库实体 E-R 图之后，需要根据实体 E-R 图设计数据表结构。下面列出本程序中应用的主要数据表结构，其他数据表可参见本书附带的资源包。

(1) tb_Admin（管理员信息表）

表 tb_Admin 用于保存管理员的基本信息，如图 2.15 所示。

(2) tb_Class（商品类型表）

表 tb_Class 用于保存商品类别的基本信息，如图 2.16 所示。

tb_Admin *

列名	数据类型	允许空	默认值	说明
AdminID	int	☐		管理员ID
AdminName	varchar(50)	☐		管理员登录名
Password	varchar(50)	☐		管理员密码
RealName	varchar(50)	☐		管理员真实名
Email	varchar(50)	☐		Email地址
LoadDate	datetime	☐	(getdate())	创建时间
		☐		

图 2.15　tb_Admin 管理员信息表

tb_Class *

列名	数据类型	允许空	说明
ClassID	int	☐	商品类别ID
ClassName	varchar(50)	☐	商品类别名称
CategoryUrl	varchar(50)	☐	商品类别图片
		☐	

图 2.16　商品类型表

(3) tb_Detail（订单详细表）

表 tb_Detail 用于存储订单中商品的详细信息，如图 2.17 所示。

tb_Detail *

列名	数据类型	允许空	说明
DetailID	int	☐	订单详细表号
BookID	int	☐	商品代号
Num	int	☐	商品数量
OrderID	int	☐	该项对应的订单号
TotalPrice	float	☐	该商品总金额
Remark	varchar(200)	☑	备注
		☐	

图 2.17　订单详细表

(4) tb_BookInfo（商品信息表）

表 tb_BookInfo 用于保存商品的基本信息。在商品信息表（tb_BookInfo）中，ClassID 字段是用来确定该商品所属类别的 ID 代号，与商品类别表（tb_Class）的主键 ClassID 相对应，如图 2.18 所示。

tb_BookInfo *				
列名	数据类型	允许空	默认值	说明
🔑 BookID	int	☐		商品ID
ClassID	int	☐		类别ID
BookName	varchar(50)	☐		商品名称
BookIntroduce	ntext	☐		商品简介
Author	varchar(50)	☐		商品所属类
Company	varchar(50)	☐		商品出处
BookUrl	varchar(200)	☐		商品图片
MarketPrice	float	☐		市场价格
HotPrice	float	☐		热销价格
Isrefinement	bit	☐		是否推荐
IsHot	bit	☐		是否热销
IsDiscount	bit	☐		是否打折
LoadDate	datetime	☐	(getdate())	进货日期
		☐		

图 2.18　商品信息表

(5) tb_OrderInfo（商品订单表）

表 tb_OrderInfo 用于保存用户购买商品生成的订单信息。在商品订单表（tb_OrderInfo）中，IsConfirm 用来标识订单是否被确认，即在送货之前，确认一下收货人的情况，主要通过电话来联系；当确认完后，开始发送货物，发送货物状态用 IsSend 字段来表示；货物是否交到用户手中，用 ISEnd 字段来表示。从确认到货物移交到用户手中的每一步，都需要一个跟单员，其中跟单员 ID 代号用字段 AdminID 来表示，该字段与管理员信息表（tb_Admin）中的主键 AdminID 相对应，如图 2.19 所示。

(6) tb_Member（会员信息表）

表 tb_Member 主要用来存储注册会员的基本信息，包括登录名、密码、真实姓名等，如图 2.20 所示。

tb_OrderInfo *				
列名	数据类型	允许空	默认值	说明
🔑 OrderID	int	☐		订单ID号
OrderDate	datetime	☐	(getdate())	订单生成日期
BooksFee	float	☐		商品费用
ShipFee	float	☐		运输费用
TotalPrice	float	☐		订单总费用
ShipType	varchar(50)	☐		运输方式
ReceiverName	varchar(50)	☐		接收人姓名
ReceiverPhone	varchar(20)	☐		接收人电话
ReceiverPostCode	char(10)	☐		邮政编码
ReceiverAddress	varchar(200)	☐		接收人详细地址
ReceiverEmail	varchar(50)	☐		接收人Email
IsConfirm	bit	☐	((0))	是否确认
IsSend	bit	☐	((0))	是否发货
IsEnd	bit	☐	((0))	收货人是否验收
AdminID	int	☑		跟单员ID代号
ConfirmTime	datetime	☑		确认时间
		☐		

图 2.19　商品订单表

tb_Member *				
列名	数据类型	允许空	默认值	说明
🔑 MemberID	int	☐		会员ID
UserName	varchar(50)	☐		会员登录名
Password	varchar(50)	☐		会员登录密码
RealName	varchar(50)	☐		会员真实姓名
Sex	bit	☐		会员的性别
Phonecode	varchar(20)	☐		电话号码
Email	varchar(50)	☐		会员Email地址
Address	varchar(200)	☐		会员详细地址
PostCode	char(10)	☐		邮编
LoadDate	datetime	☐	(getdate())	创建时间
		☐		

图 2.20　会员信息表

2.3.7　文件夹组织结构

为了便于读者对本网站的学习，在此笔者将网站文件的组织结构展示出来，如图 2.21 所示。

解决方案 "B2C" (1 个项目)	
▲ ⊕ **B2C**	公共类文件夹
▷ ▇ App_Code	数据库文件夹
▷ ▇ App_Data	主题文件夹
▷ ⬡ App_Themes	第三方控件文件
▇ aspnet_client	网上银行文件夹
▇ bank	dll 文件夹
▇ Bin	插件资源文件夹
▷ ▇ Content	自定义样式表文件夹
▷ ▇ css	字体文件夹
▷ ▇ fonts	图片资源文件夹
▷ ▇ images	前台图片资源文件夹
▷ ▇ Img	自定义 js 文件夹
▷ ▇ js	网站后台文件夹
▷ ▇ Manage	插件资源文件夹
▷ ▇ Scripts	自定义用户控件
▷ ▇ userControl	购物流程页
▷ ✚▇ buyFlow.aspx	服务台页
▷ ✚▇ checkOut.aspx	网站首页
▷ ✚▇ Default.aspx	留言页
▷ ✚▇ feedback.aspx	在线银行文件
▷ ✚▢ Get.aspx.exclude	在线分行页
▷ ✚▇ GoBank.aspx	商品展示页
▷ ✚▇ goodsList.aspx	网站帮助页
▷ ✚▇ helpCenter.aspx	回复留言页
▷ ✚▇ LeaveWordBack.aspx	留言回复查看页
▷ ✚▇ LeaveWordView.aspx	网站前台母版页
▷ ✚▤ MasterPage.master	管理员留言页
▷ ✚▇ MyWord.aspx	NuGet 管理包配置文
✚▇ packages.config	在线支付页
▷ ✚▇ PayWay.aspx	用户注册页
▷ ✚▇ Register.aspx	购物车页
▷ ✚▇ shopCart.aspx	商品详细信息查看页
▷ ✚▇ showInfo.aspx	用户更新个人信息页
▷ ✚▇ UpdateMember.aspx	网站配置文件
✚▇ Web.Config	

图 2.21　网站文件组织结构图

2.4　公共类设计

视频讲解

开发项目中以类的形式来组织、封装一些常用的方法和事件，不仅可以提高代码的重用率，也大大方便了代码的管理。

2.4.1　Web.Config 文件配置

为了使应用程序方便移植，为版本控制提供更好的支持，需要在应用程序配置文件（即 Web.Config 文件）中设置数据库连接信息。连接数据库代码如下：

```
<configuration>
  <appSettings>
    <add key="ConnectionString"
value="server=MRFDW\MRFDW;database=db_NetStore;Uid=sa;password=""/>
  </appSettings>
    ......
</configuration>
```

注意 应当使 UId 和 password 与本机上的 SQL Server 2014 的登录名和密码相对应。

2.4.2 数据库操作类的编写

在 51 电子商城网站中共建了 5 个公共类，具体如下。

☑ CommonClass：用于管理在项目中用到的公共方法，如弹出提示框、随机验证码等。

☑ DBClass：用于管理在项目中对数据库的各种操作，如连接数据库、获取数据集 DataSet 等。

☑ GoodsClass：用于管理对商品信息的各种操作。

☑ OrderClass：用于管理对购物订单信息的各种操作。

☑ UserClass：用于管理对用户信息的各种操作。

下面主要介绍 CommonClass 类和 DBClass 类的创建过程，其他类参见本书附带的资源包。

1．类的创建

在创建类时，用户可以直接在该项目中找到 App_Code 文件夹，然后单击鼠标右键，在弹出的快捷菜单中选择"添加新项"命令，在弹出的"添加新项"对话框中选择"类"选项，并为其命名（以创建 DBClass 为例），单击"添加"按钮即可创建一个新类，如图 2.22 所示。

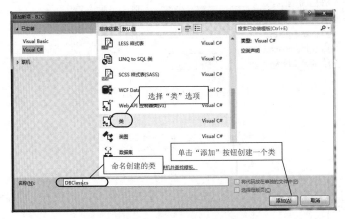

图 2.22 "添加新项"对话框

注意 在 ASP.NET 中，App_Code 文件夹专门用来存放一些应用于全局的代码（如公共类），如果项目中没有该文件夹，可以在项目上单击鼠标右键，在弹出的快捷菜单中选择"添加 ASP.NET 文件夹"→App_Code 命令，添加一个 App_Code 文件夹。

2．CommonClass 类

CommonClass 类用于管理在项目中用到的公共方法，主要包括 MessageBox 方法、MessageBoxPage 方法和 RandomNum 方法，下面分别介绍。

（1）MessageBox(string TxtMessage)方法

MessageBox 方法用于在客户端弹出对话框，提示用户执行某种操作。代码如下：

例程 01　代码位置：资源包\TM\02\B2C\B2C\App_Code\CommonClass.cs

```
///<summary>
///说明：MessageBox 用来在客户端弹出对话框，关闭对话框返回指定页
///参数：TxtMessage 对话框中显示的内容
///Url 对话框关闭后，跳转的页
///</summary>
public string MessageBox(string TxtMessage,string Url)
{
    string str;
    str = "<script language=javascript>alert('" + TxtMessage + "');location='" + Url + "';</script>";
    return str;
}
```

（2）MessageBoxPage(string TxtMessage)方法

MessageBoxPage 方法用于在客户端弹出对话框，提示用户执行某种操作或已完成了某种操作，并刷新页面。代码如下：

例程 02　代码位置：资源包\TM\02\B2C\B2C\App_Code\CommonClass.cs

```
///<summary>
///说明：MessageBoxPage 用来在客户端弹出对话框，提示用户执行某种操作或已完成了某种操作，并刷新页面
///参数：TxtMessage 对话框中显示的内容
///</summary>
public string MessageBoxPage(string TxtMessage)
{
    string str;
    str = "<script language=javascript>alert('" + TxtMessage + "')</script>";
    return str;
}
```

（3）RandomNum(int n)方法

RandomNum 方法用来生成由英文字母和数字组合成 4 位的验证码，常用于登录界面，用于防止用户利用注册机自动注册、登录或灌水。代码如下：

例程 03　代码位置：资源包\TM\02\B2C\B2C\App_Code\CommonClass.cs

```
public string RandomNum(int n)
{
    //定义一个包括数字、大写英文字母和小写英文字母的字符串
    string strchar = "0,1,2,3,4,5,6,7,8,9,A,B,C,D,E,F,G,H,I,J,K,L,M,N,O,P,Q,R,S,T,U,V,W,X,Y,Z,
a,b,c,d,e,f,g,h,i,j,k,l,m,n,o,p,q,r,s,t,u,v,w,x,y,z";
    //将 strchar 字符串转化为数组
    //strchar.Split 方法返回包含此实例中的子字符串（由指定 Char 数组的元素分隔）的 String 数组
    string[] VcArray = strchar.Split(',');
```

```
            string VNum = "";
            //记录上次随机数值，尽量避免产生几个一样的随机数
            int temp = -1;
            //采用一个简单的算法以保证生成的随机数不同
            Random rand = new Random();
        for (int i = 1; i < n + 1; i++)
        {
            if (temp != -1)
            {
                //unchecked 关键字用于取消整型算术运算和转换的溢出检查
                //DateTime.Now.Ticks 属性获取表示此实例的日期和时间的刻度数
                rand = new Random(i * temp * unchecked((int)DateTime.Now.Ticks));
            }
            //Random.对象的 Next 方法返回一个小于所指定最大值的非负随机数
            int t = rand.Next(61);
            if (temp != -1 && temp == t)
            {
                    return RandomNum(n);
            }
                temp = t;
                VNum += VcArray[t];
        }
            return VNum;                                //返回生成的随机数
    }
```

3. DBClass 类

DBClass 类用于管理在项目中对数据库的各种操作，主要包括 GetConnection 方法、ExecNonQuery 方法、ExecScalar 方法和 GetDataSet 方法，下面分别详细介绍。

（1）GetConnection(string sString, int nLeng)方法

GetConnection 方法用来创建与数据库的连接，并返回 SqlConnection 类对象。代码如下：

例程 04　代码位置：资源包\TM\02\B2C\B2C\App_Code\DBClass.cs

```
///<summary>
///连接数据库
///</summary>
///<returns>返回 SqlConnection 对象</returns>
public SqlConnection GetConnection()
{
    //定义一个连接数据库中的字符串
    string myStr = ConfigurationManager.AppSettings["ConnectionString"].ToString();
    //创建一个新的数据库连接对象
    SqlConnection myConn = new SqlConnection(myStr);
    //返回 SqlConnection 类对象的值
    return myConn;
}
```

（2）ExecNonQuery(SqlCommand myCmd)方法

ExecNonQuery 方法用来执行 SQL 语句，并返回受影响的行数。当用户对数据库进行添加、修改或删除操作时，可以调用该方法。代码如下：

例程 05　代码位置：资源包\TM\02\B2C\B2C\App_Code\DBClass.cs

```csharp
///<summary>
///执行 SQL 语句，并返回受影响的行数
///</summary>
///<param name="myCmd">执行 SQL 语句命令的 SqlCommand 对象</param>
public void   ExecNonQuery(SqlCommand myCmd)
{
    try
    {
        if (myCmd.Connection.State != ConnectionState.Open)
        {
            myCmd.Connection.Open(); //打开与数据库的连接
        }
        //使用 SqlCommand 对象的 ExecuteNonQuery 方法执行 SQL 语句，并返回受影响的行数
        myCmd.ExecuteNonQuery();
    }
    catch (Exception ex)
    {
        //抛出一个异常
         throw new Exception(ex.Message, ex);
    }
    finally
    {
        if (myCmd.Connection.State == ConnectionState.Open)
        {
            myCmd.Connection.Close(); //关闭与数据库的连接
        }
    }
}
```

（3）ExecScalar(SqlCommand myCmd)方法

ExecScalar 方法用来返回查询结果中的第一行第一列值。当用户从数据库中检索数据，并获取查询结果中的第一行第一列的值时，可以调用该方法。代码如下：

例程 06　代码位置：资源包\TM\02\B2C\B2C\App_Code\DBClass.cs

```csharp
///<summary>
///执行查询，并返回查询所返回的结果集中第一行的第一列。所有其他的列和行将被忽略
///</summary>
///<param name="myCmd"></param>
///<returns>执行 SQL 语句命令的 SqlCommand 对象</returns>
public string ExecScalar(SqlCommand myCmd)
{
    string strSql;
    try
    {
        if (myCmd.Connection.State != ConnectionState.Open)
        {
            myCmd.Connection.Open(); //打开与数据库的连接
        }
    //使用 SqlCommand 对象的 ExecuteScalar 方法执行查询
```

```
//并返回查询所返回的结果集中第一行的第一列。所有其他的列和行将被忽略
strSql=Convert.ToString(myCmd.ExecuteScalar());
return strSql ;
    }
    catch (Exception ex)
    {
        throw new Exception(ex.Message, ex);
    }
    finally
    {
        if (myCmd.Connection.State == ConnectionState.Open)
        {
            myCmd.Connection.Close();//关闭与数据库的连接
        }
    }
}
```

（4）GetDataSet(SqlCommand myCmd, string TableName)方法

GetDataSet 方法主要用来从数据库中检索数据，并将查询的结果使用 SqlDataAdapter 对象的 Fill 方法填充到 DataSet 数据集，然后返回该数据集的表的集合。代码如下：

例程 07　代码位置：资源包\TM\02\B2C\B2C\App_Code\DBClass.cs

```
///<summary>
///说　明：返回数据集的表的集合
///返回值：数据源的数据表
///参　数：myCmd 执行 SQL 语句命令的 SqlCommand 对象，TableName 数据表名称
///</summary>
public DataTable GetDataSet(SqlCommand myCmd, string TableName)
{
    SqlDataAdapter adapt;
    DataSet ds = new DataSet();
    try
    {
        if (myCmd.Connection.State != ConnectionState.Open)
        {
            myCmd.Connection.Open();
        }
        adapt = new SqlDataAdapter(myCmd);
        adapt.Fill(ds,TableName);
        return ds.Tables[TableName];
    }
    catch (Exception ex)
    {
            throw new Exception(ex.Message, ex);
    }
    finally
    {
        if (myCmd.Connection.State == ConnectionState.Open)
        {
            myCmd.Connection.Close();
        }
    }
}
```

}

> **注意** 在编写 DBClass 类之前，需要引入命名空间 System.Data.SqlClient，以便使用该命名空间中包含的类。引用该命名空间的代码为：using System.Data.SqlClient。

2.5　网站前台首页设计

视频讲解

2.5.1　网站前台首页概述

对于电子商务网站来说，首页的设计是极其重要的，设计效果的好坏直接影响到顾客的购买情绪，也会影响网站的人气。在隆欣电子商务网站的首页商品展示区中，用户可以第一时间看到隆欣电子商城最新推出的精品展销、最新商品及热门商品。在"商品分类列表"区域中可以对商品进行分类浏览查询，并根据自己的喜好购买所需商品。用户登录后可以发表留言，并对自己的留言信息进行管理。

电子商务网站前台首页的运行效果如图 2.23 所示。

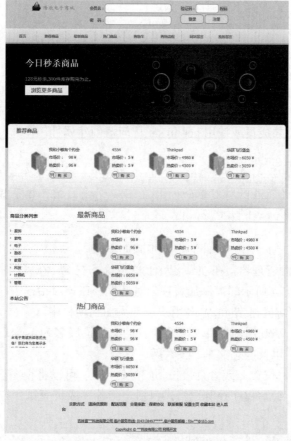

图 2.23　网站前台首页的运行效果

2.5.2 网站前台首页技术分析

在设计网站首页功能模块时，主要采用了母版页技术，用来封装前台每个页面的页头、页尾、分类导航条和用户登录。而在母版页的这些设计中又主要应用了用户自定义控件，下面着重介绍用户自定义控件。

用户自定义控件简称用户控件，它是一种服务器控件，以.ascx 为扩展名并被保存在单独的文件中。用户控件拥有自己对象模型的类，页面开发人员可以对其编程，它比服务器端包含文件提供了更多的功能，为创建具有复杂用户界面元素的控件带来了极大方便。

说明 编写 Web 用户控件的语言可以与包含它的页面语言有所不同，这意味着使用公共语言运行库支持的任何语言编写的 Web 用户控件都可以在同一个页面中使用。

用户控件声明性语法与用于创建 ASP.NET 网页的语法非常相似。主要的差别在于：用户控件使用 @Control 指令取代了@Page 指令，并且用户控件在内容周围不包括 html、body 和 form 元素。

要创建一个用户控件，一般有下面几个步骤。

（1）创建一个新文件并为其指定一个扩展名为.ascx 的文件名。

（2）在该页面的顶部创建一个@Control 指令，并指定要为控件（如果有）使用的编程语言。

（3）添加用户希望显示的控件。

（4）添加用户控件要执行的任务（如处理控件事件或从数据源读取数据）代码。

（5）如果希望在用户控件和宿主页之间共享信息，则在控件中创建相应的属性。根据需要创建任何类的属性，可以创建为公共成员或使用 get 和 set 访问器创建属性。

注意 不能将用户控件放入网站的 **App_Code** 文件夹中，如果某个用户控件在 **App_Code** 文件夹中，则运行包含该控件的页面时将发生分析错误。另外，用户控件属于 **System.Web.UI.UserContol** 类型，它直接继承于 **System.Web.UI.Control**。

在 Visual Studio 2017 中创建用户控件的主要步骤如下：

（1）打开解决方案资源管理器，在项目名称上单击鼠标右键，在弹出的快捷菜单中选择"添加新项"命令，将会弹出如图 2.24 所示的"添加新项"对话框。在该对话框中，选择"Web 用户控件"选项，并为其命名，单击"添加"按钮将 Web 用户控件添加到项目中。

（2）打开已创建好的 Web 用户控件（用户控件的文件扩展名为.ascx），在.ascx 文件中可以直接向页面添加各种服务器控件以及静态文本、图片等。

（3）双击页面上的任何位置，或者直接按下快捷键 F7，可以将视图切换到后台代码文件，程序开发人员可以直接在文件中编写程序控制逻辑，包括定义各种成员变量、方法以及事件处理程序等。

注意 创建好用户控件后，必须添加到其他 Web 页中才能显示出来，不能直接作为一个网页来显示，因此也就不能设置用户控件为"起始页"。

图 2.24 添加 Web 用户控件

2.5.3 网站前台首页实现过程

1. 设计步骤

（1）在应用程序中新建一个 Web 窗体，命名为 Default.aspx，将其作为 MasterPage.master 母版页的内容页，并设置为起始页。

（2）在页面中通过使用 bootstrap+div 为整个页面布局。从"工具箱"选项卡中拖放两个 DataList 控件，通过属性窗口设置控件的属性。Default.aspx 页面中主要控件的属性设置及其用途如表 2.3 所示。

表 2.3 Default.aspx 页面中主要控件的属性设置及其用途

控 件 类 型	控 件 名 称	主要属性设置	用 途
DataList	dlDiscount	RepeatColumns 属性设置为 2，RepeatDirection 属性设置为 Horizontal	显示商城的"最新商品"
	dlHot	RepeatColumns 属性设置为 2，RepeatDirection 属性设置为 Horizontal	显示商城的"热门商品"

2. 实现代码

在编辑器页（Default.aspx.cs）中编写代码前，首先需要定义 CommonClass 类对象和 GoodsClass 类对象，以便在编写代码时，调用该类中的方法。代码如下：

例程 08 代码位置：资源包\TM\02\B2C\B2C\Default.aspx.cs

```
CommonClass ccObj = new CommonClass();
GoodsClass gcObj = new GoodsClass();
```

在 Page_Load 事件中，首先调用 HotBind 和 DiscountBind 自定义方法，分别用于显示"热门商品"和"最新商品"。代码如下：

例程 09 代码位置：资源包\TM\02\B2C\B2C\Default.Aspx.cs

```
protected void Page_Load(object sender, EventArgs e)
{
    if (!IsPostBack)
  {
        HotBind();                              //调用 HotBind 方法来显示热门商品
        DiscountBind();                         //调用 DiscountBind 方法来显示最新商品
    }
}
```

HotBind 和 DiscountBind 自定义方法分别用于 GoodsClass 类的 DLDeplayGI 方法，绑定商品信息。代码如下：

例程 10 代码位置：资源包\TM\02\B2C\B2C\Default.Aspx.cs

```
protected void HotBind()
{
    gcObj.DLDeplayGI(3, this.dlHot, "Hot");          //绑定"热门商品"
}
protected void DiscountBind()
{
    gcObj.DLDeplayGI(2, this.dlDiscount, "Discount");    //绑定"最新商品"
}
```

在"最新商品"显示框中，用户可以通过单击任一商品名，查看该商品的详细信息；然后，单击该商品下的"购物车"按钮，可以将该商品放在购物车中。为了实现上述功能，需要在 DataList 控件的 ItemCommand 事件中，调用自定义方法 AddressBack，实现查看商品的详细信息；调用自定义方法 AddShopCart，实现将购买的商品放在购物车中。代码如下：

例程 11 代码位置：资源包\TM\02\B2C\B2C\Default.Aspx.cs

```
protected void dlDiscount_ItemCommand(object source, DataListCommandEventArgs e)
    {
        if (e.CommandName == "detailSee")
        {
            AddressBack(e);
        }
        else if (e.CommandName == "buy")
        {
            AddShopCart(e);
        }}
```

AddressBack 自定义方法，实现的主要功能是跳转到商品详细信息页（showInfo.aspx），查看商品的详细信息。实现的具体步骤如下：

（1）将当前页的地址放在 Session["address"]对象中，以便在商品详细信息页单击"返回"按钮时，返回到该页。

（2）使用 Response 对象的 Redirect 方法实现跳转功能，并传递该商品的 ID 代码。代码如下：

例程 12　代码位置：资源包\TM\02\B2C\B2C\Default.Aspx.cs

```
public void AddressBack(DataListCommandEventArgs e)
{
    Session["address"] = ""
    Session["address"] = "Default.aspx";
    Response.Redirect("~/showInfo.aspx?id=" + Convert.ToInt32(e.CommandArgument.ToString()));
}
```

AddShopCart 自定义方法实现的主要功能是将用户新购买的商品添加到购物车中。在实现过程中，首先，判断用户是否已经有了购物车，如果用户没有，则重新分配一个给用户；如果用户已经有了购物车，则判断该购物车中是否已经有该商品。如果有，则表示用户想多买一个，此时把这个商品的"值"，即数量加 1。如果没有，则新加一个（名，值）对。代码如下：

例程 13　代码位置：资源包\TM\02\B2C\B2C\Default.Aspx.cs

```
///<summary>
///向购物车中添加新商品
///</summary>
///<param name="e">
///获取或设置可选参数
///该参数与关联的  CommandName
///一起被传递到  Command  事件
///</param>
 public void AddShopCart(DataListCommandEventArgs e)
{
    Hashtable hashCar;
  if (Session["ShopCart"] == null)
    {
      //如果用户没有分配购物车
      hashCar = new Hashtable();                               //新生成一个
      hashCar.Add(e.CommandArgument, 1);                       //添加一个商品
      Session["ShopCart"] = hashCar;                           //分配给用户
    }
  else
    {
      //用户已经有购物车
      hashCar = (Hashtable)Session["ShopCart"];                //得到购物车的 Hash 表
      if (hashCar.Contains(e.CommandArgument))                 //购物车中已有此商品，商品数量加 1
      {
          int count = Convert.ToInt32(hashCar[e.CommandArgument].ToString());   //得到该商品的数量
          hashCar[e.CommandArgument] = (count + 1);            //商品数量加 1
      }
  else
    hashCar.Add(e.CommandArgument, 1);                         //如果没有此商品，则新添加一个（名，值）对
  }
}
```

说明　在"热门商品"的显示框中，完成"查看商品的详细信息"和"将购买的商品添加到购物车"功能的实现过程，与在"最新商品"中完成"查看商品的详细信息"和"将购买的商品添加到购物车"功能的实现过程相似，此处不再赘述。

视频讲解

2.6 购物车管理页设计

2.6.1 购物车管理页概述

购物车功能的实现是本网站的关键，主要用于显示及管理用户的购物信息。用户在浏览商品的过程中，如果遇到想要购买的商品，单击商品下方的"购买"按钮，即可将该商品的信息添加到购物车中，通过单击页面顶部导航栏中的"购物车"链接进入购物车管理页面，可以进行查看和编辑商品信息等操作。购物车管理页包括的功能如下：

- ☑ 将商品添加到购物车。
- ☑ 浏览购物车中的商品信息。
- ☑ 修改购物车中的商品数量。
- ☑ 删除购物车中的商品。
- ☑ 清空购物车。

购物车管理页（shopCart.aspx）的运行效果如图 2.25 所示。

商品分类列表	购物车						
	当前总金额为:总价：4601￥						
› 服饰	序号	商品ID	商品名称	数量	单价	总价	
› 家电	1	1	我和小敏有个约会	1	96￥	96￥	删除
› 电子	2	8	Thinkpad	1	4500￥	4500￥	删除
› 励志	3	6	4554	1	5￥	5￥	删除
› 教育							
› 科技	更新购物车 清空购物车 继续购物 前往服务台						
› 计算机	"如果要修改商品数量，请单击"更新购物车"按钮						
› 管理	"如果要取消某个商品，请直接单击表格控件中的"删除"						
本站公告							
本电子商城欢迎您的光临！我们将为您展示各种最新商品，让您的生活更加丰富，购物更加快捷，如果您对我店							

图 2.25 购物车页面运行效果

2.6.2 购物车管理页技术分析

在实现购物车管理页的功能时主要应考虑两点：一是如何区分用户与购物车的对应关系；二是购物车中商品存放的结构。

（1）用户与购物车的对应关系

用户与购物车的对应关系，即每个用户都有自己的购物车，购物车不能混用，而且必须保证当用户退出系统时，其购物车也随之消失。这种特性正是 Session 对象的特性，所以使用 Session 对象在用户登录期间传递购物信息。

（2）购物车中商品存放的结构

实现购物功能的实质是增加一个（商品名，商品个数）的（名，值）对，该结构正是一个哈希表（Hashtable）的结构（哈希表是键/值对的集合），所以使用哈希表（Hashtable）来表示用户的购买情况。

在.NET Framework 中，哈希表是 System.Collections 命名空间提供的一个容器，用于处理和表现类似 key/value 的键值对，其中 key 通常用来快速查找，同时 key 是区分大小写；value 用于存储对应的 key 值。Hashtable 中 key/value 键值对均为 object 类型，所以 Hashtable 可以支持任何类型的 key/value 键值对。

注意　在应用哈希表时，需要引入 using System.Collections 命名空间。

哈希表的一些简单操作介绍如下。

（1）在哈希表中添加一个 key/value 键值对：HashtableObject.Add(key,value)。

（2）在哈希表中移出某个键值对：HashtableObject.Remove(key)。

（3）在哈希表中移出所有元素：HashtableObject.Clear()。

根据以上两点的讲解，下面具体看一下如何应用哈希表和 Session 对象来实现购物车功能。以用户向购物车中添加商品为例，首先判断用户是否已经有了购物车，即判断 Session["ShopCart"]对象是否为空，如果 Session["ShopCart"]对象为空，表示用户没有购物车，则添加一个（名，值）对（"名"是这个商品的 ID 代号，"值"为 1，表示购买了一个商品）；如果 Session["ShopCart"]对象不为空，获取其购物车，首先判断购物车中是否已经有该商品，如果有，则这个商品的"值"，即数量加 1。代码如下：

例程 14　代码位置：资源包\TM\02\B2C\B2C\Default.aspx.cs

```
Hashtable hashCar;                                        //定义一个 Hashtable 对象
if (Session["ShopCart"] == null)                          //判断是否为用户分配购物车
{
    //如果用户没有分配购物车
    hashCar = new Hashtable();                            //新生成一个
    //添加一个商品（在 e.CommandArgument 中保存的是商品编号）
❶   hashCar.Add(e.CommandArgument, 1);
    Session["ShopCart"] = hashCar;                        //分配给用户
}
else
{
    //用户已经有购物车
    hashCar = (Hashtable)Session["ShopCart"];             //得到购物车的 Hashtable
    if (hashCar.Contains(e.CommandArgument))              //购物车中已有此商品，商品数量加 1
    {   //得到该商品的数量
        int count = Convert.ToInt32(hashCar[e.CommandArgument].ToString());
        hashCar[e.CommandArgument] = (count + 1);         //商品数量加 1
    }
    else
    hashCar.Add(e.CommandArgument, 1);                    //如果没有此商品，则新添加一个（名，值）对
}
```

79

代码贴士

❶ CommandArgument 属性：获取或设置可选参数，该参数与关联的 CommandName 一起被传递到 Command 事件。语法格式如下：

---

public string CommandArgument { get; set; }

属性值：与关联的 CommandName 一起被传递到 Command 事件的可选参数。默认值为 String.Empty。

尽管可以单独设置 CommandArgument 属性，但该属性通常也只在设置了 CommandName 属性时才使用。

2.6.3 购物车管理页实现过程

本模块使用的数据表：tb_BookInfo

1. 设计步骤

（1）在应用程序中新建一个 Web 窗体，命名为 shopCart.aspx，将其作为 MasterPage.master 母版页的内容页，并设置为起始页。

（2）在页面中通过 bootstrap+div 为整个页面布局。从"工具箱"选项卡中拖放两个 Label 控件、一个 GridView 控件和 4 个 LinkButton 控件，通过属性窗口设置控件的属性。shopCart.aspx 页面中各个控件的属性设置及其用途如表 2.4 所示。

表 2.4 shopCart.aspx 页面中各个控件的属性设置及其用途

控 件 类 型	控件名称	主要属性设置	用 途
A Label	labMessage	Visible 属性设置为 False	显示提示信息
	labTotalPrice	Text 属性设置为"0.00￥："	显示购物商品总价
ab LinkButton	lnkbtnUpdate	Text 属性设置为"更新购物车"	执行"更新购物车"操作
	lnkbtnClear	Text 属性设置为"清空购物车"	执行"清空购物车"操作
	lnkbtnContinue	Text 属性设置为"继续购物"	执行"继续购物"操作
	lnkbtnCheck	Text 属性设置为"前往服务台"	执行"前往服务台"操作
GridView	gvShopCart	AllowPaging 属性设置为 True（允许分页），AutoGenerateColumns 属性设置为 False（取消自动生成列），PageSize 属性设置为 6（每页显示数据为 6 条）	显示用户购买的商品信息

2. 实现代码

在该页的后台 shopCart.aspx.cs 页中编写代码前，首先需要定义 CommonClass 类对象和 DBClass 类对象，以便在编写代码时调用该类中的方法，然后再定义 3 个全局变量。代码如下：

例程 15 代码位置：资源包\TM\02\B2C\B2C\shopCart.Aspx.cs

```
CommonClass ccObj = new CommonClass();
DBClass dbObj = new DBClass();
string strSql;                              //定义一个字符串
DataTable dtTable;                          //定义一个 DataTable 变量
Hashtable hashCar;                          //定义一个哈希表变量
```

在 Page_Load 事件中，创建一个自定义数据源，并将其绑定到 GridView 控件中，显示购物车中的商品信息。代码如下：

例程 16　代码位置：资源包\TM\02\B2C\B2C\shopCart.Aspx.cs

```
protected void Page_Load(object sender, EventArgs e)
{
    if (!IsPostBack)
    {
        if (Session["ShopCart"] == null)
        {
            //如果没有购物，则给出相应信息，并隐藏按钮
            this.labMessage.Text = "您还没有购物！";
            this.labMessage.Visible = true;                        //显示提示信息
            this.lnkbtnCheck.Visible = false;                      //隐藏"前往服务台"按钮
            this.lnkbtnClear.Visible = false;                      //隐藏"清空购物车"按钮
            this.lnkbtnContinue.Visible = false;                   //隐藏"继续购物"按钮
        }
        else
        {
            hashCar = (Hashtable)Session["ShopCart"];              //获取其购物车
            if (hashCar.Count == 0)
            {
                //如果没有购物，则给出相应信息，并隐藏按钮
                this.labMessage.Text = "您购物车中没有商品！";
                this.labMessage.Visible = true;                    //显示提示信息
                this.lnkbtnCheck.Visible = false;                  //隐藏"前往服务台"按钮
                this.lnkbtnClear.Visible = false;                  //隐藏"清空购物车"按钮
                this.lnkbtnContinue.Visible = false;               //隐藏"继续购物"按钮
            }
            else
            {
                //设置购物车内容的数据源
                dtTable = new DataTable();
                DataColumn column1 = new DataColumn("No");          //序号列
                DataColumn column2 = new DataColumn("BookID");      //商品 ID 代号
                DataColumn column3 = new DataColumn("BookName");    //商品名称
                DataColumn column4 = new DataColumn("Num");         //数量
                DataColumn column5 = new DataColumn("price");       //单价
                DataColumn column6 = new DataColumn("totalPrice");  //总价
                dtTable.Columns.Add(column1);                       //添加新列
                dtTable.Columns.Add(column2);
                dtTable.Columns.Add(column3);
                dtTable.Columns.Add(column4);
                dtTable.Columns.Add(column5);
                dtTable.Columns.Add(column6);
                DataRow row;
                //对数据表中每一行进行遍历，给每一行的新列赋值
                foreach (object key in hashCar.Keys)
                {
                    //创建一个新的数据行
                    row = dtTable.NewRow();
```

```
                row["BookID"] = key.ToString();
                row["Num"] = hashCar[key].ToString();
                dtTable.Rows.Add(row);
            }
            //计算价格
            DataTable dstable;                                          //定义一个 DataTable 类型的变量
            int i = 1;
            float price;                                                //商品单价
            int count;                                                  //商品数量
            float totalPrice = 0;                                       //商品总价格
            foreach (DataRow drRow in dtTable.Rows)
            {
                strSql = "select BookName,HotPrice from tb_BookInfo
                    where BookID=" + Convert.ToInt32(drRow["BookID"].ToString());
                //调用公共类中的 GetDataSetStr 方法，返回一个 DataSet 数据集
                dstable = dbObj.GetDataSetStr(strSql, "tbGI");
                drRow["No"] = i;                                        //序号
                drRow["BookName"] = dstable.Rows[0][0].ToString();      //商品名称
                drRow["price"] = (dstable.Rows[0][1].ToString());       //单价
                price = float.Parse(dstable.Rows[0][1].ToString());     //单价
                count = Int32.Parse(drRow["Num"].ToString());
                drRow["totalPrice"] = price * count;                    //总价
                totalPrice += price * count;                            //计算合价
                i++;
            }
            this.labTotalPrice.Text = "总价：" + totalPrice.ToString();  //显示所有商品的价格
            this.gvShopCart.DataSource = dtTable.DefaultView;           //绑定 GridView 控件
            this.gvShopCart.DataKeyNames = new string[] { "BookID" };
            this.gvShopCart.DataBind();                                 //绑定数据库中数据
        }
    }
  }
}
```

　　在购物车信息显示框中，数量的显示是通过一个可写的 TextBox 控件来实现的，如果用户要修改商品的数量，可以在相应的文本框中进行修改。单击"更新购物车"链接按钮，购物车中的商品数量将会被更新。"更新购物车"的 Click 事件代码如下：

例程 17　代码位置：资源包\TM\02\B2C\B2C\shopCart.aspx.cs

```
protected void lnkbtnUpdate_Click(object sender, EventArgs e)
{
    hashCar = (Hashtable)Session["ShopCart"];                          //获取其购物车
    //使用 foreach 语句，遍历更新购物车中的商品数量
    foreach (GridViewRow gvr in this.gvShopCart.Rows)
    {
        TextBox otb = (TextBox)gvr.FindControl("txtNum");              //找到用来输入数量的 TextBox 控件
        int count = Int32.Parse(otb.Text);                            //获得用户输入的数量值
        string BookID = gvr.Cells[1].Text;                            //得到该商品的 ID 代号
        hashCar[BookID] = count;                                      //更新 Hashtable
    }
```

```
Session["ShopCart"] = hashCar;                              //更新购物车
Response.Write(ccObj.MessageBoxPage("更新成功！"));
}
```

当用户需要删除购物车中某一类商品时，可以在购物车信息显示框中，单击该类商品后的"删除"
链接按钮，将该商品从购物车中删除。"删除"链接按钮的 Click 事件代码如下：

例程 18　代码位置：资源包\TM\02\B2C\B2C\shopCart.Aspx.cs

```
protected void lnkbtnDelete_Command(object sender, CommandEventArgs e)
{
    hashCar = (Hashtable)Session["ShopCart"];               //获取其购物车
    //从 Hashtable 中，将指定的商品从购物车中移除
    //其中"删除"链接按钮（lnkbtnDelete）的 CommandArgument 参数值为商品 ID 代号
    hashCar.Remove(e.CommandArgument);
    Session["ShopCart"] = hashCar;                          //更新购物车
    Response.Redirect("shopCart.aspx");
}
```

当用户单击"清空购物车"链接按钮时，将会清空购物车中的所有商品。"清空购物车"链接按
钮的 Click 事件代码如下：

例程 19　代码位置：资源包\TM\02\B2C\B2C\shopCart.aspx.cs

```
protected void lnkbtnClear_Click(object sender, EventArgs e)
{
    Session["ShopCart"] =null;
    Response.Redirect("shopCart.aspx");
}
```

当用户单击"继续购物"链接按钮时，将会跳转到前台首页，继续购买商品。"继续购物"链接
按钮的 Click 事件代码如下：

例程 20　代码位置：资源包\TM\02\B2C\B2C\shopCart.aspx.cs

```
protected void lnkbtnContinue_Click(object sender, EventArgs e)
{
    Response.Redirect("Default.aspx");
}
```

当用户已购买完商品后，可以单击"前往服务台"链接按钮，将会跳转到服务台页（checkOut.asp）
进行结算并提交订单。"前往服务台"链接按钮的 Click 事件代码如下：

例程 21　代码位置：资源包\TM\02\B2C\B2C\shopCart.Aspx.cs

```
protected void lnkbtnCheck_Click(object sender, EventArgs e)
{
    Response.Redirect("checkOut.aspx");                     //跳转到服务台页
}
```

2.6.4 单元测试

在开发完购物车模块后，为了保证程序正常运行，一定要对模块进行单元测试。单元测试在程序开发中非常重要，只有通过单元测试才能发现模块中的不足之处，才能及时地弥补程序中出现的错误，在开发购物车模块时需注意如下问题：

当本网站的会员购完自己的商品欲查看购物车时，如果编写以下代码将会出现如图 2.26 所示的提示错误。

例程 22 代码位置：资源包\TM\02\B2C\B2C\shopCart.aspx.cs

```
……//省略部分源代码
foreach (DataRow drRow in dtTable.Rows)
{
    strSql = "select BookName,HotPrice from tb_BookInfo
    where BookID=" + Convert.ToInt32(drRow["BookID"].ToString());
    dstable = dbObj.GetDataSetStr(strSql, "tbGI");
    drRow["No"] = i;                                          //序号
    drRow["BookName"] = dstable.Rows[1][0].ToString();       //商品名称
    drRow["price"] = (dstable.Rows[1][1].ToString());        //单价
    price = float.Parse(dstable.Rows[1][1].ToString());      //单价
    //price=dstable.Rows[0][1].ToString()
    count = Int32.Parse(drRow["Num"].ToString());
    drRow["totalPrice"] = price * count;                     //总价
    totalPrice += price * count;                                //计算合价
    i++;
}
```

图 2.26 编写购物车页时出现的错误信息

原因分析如下：

出现该错误主要是由于数组的索引值出现问题。从数组 Rows[i][j] 中取值时，应该从第一个下标元素开始取值，即 Rows[0][0]，而出现上面的错误就是数组 Rows[i][j] 的初始值是 Rows[1][0]，说明数组是从第二个元素开始取值的，所以会在应用程序中提示"确保列表中的最大索引小于列表的大小"错误信息。

解决方法：

应用 foreach 循环语句将数组中的元素值赋予新的商品数量，从数组$array 中取值时，应该从第一个下标元素（即数组的第 0 个元素）开始取值到数组的最大下标-1 结束，即可正确获取自己的购物车功能。更改后的代码如下：

例程 23　代码位置：资源包\TM\02\B2C\B2C\shopCart.aspx.cs

```
……//省略部分源代码
foreach (DataRow drRow in dtTable.Rows)
{
  strSql = "select BookName,HotPrice from tb_BookInfo
  where BookID=" + Convert.ToInt32(drRow["BookID"].ToString());
  dstable = dbObj.GetDataSetStr(strSql, "tbGI");
  drRow["No"] = i;                                           //序号
  drRow["BookName"] = dstable.Rows[0][0].ToString();         //商品名称
  drRow["price"] = (dstable.Rows[0][1].ToString());          //单价
  price = float.Parse(dstable.Rows[0][1].ToString());        //单价
  count = Int32.Parse(drRow["Num"].ToString());
  drRow["totalPrice"] = price * count;                       //总价
  totalPrice += price * count;                               //计算合价
  i++;
}
```

2.7　后台登录模块设计

视频讲解

2.7.1　后台登录模块概述

在网站前台页面底部设置了进入后台登录页的"后台入口"。后台登录页面主要是用来对进入网站后台的用户进行安全性检查，以防止非法用户进入该系统的后台。同时使用了验证码技术，防止使用注册机恶意登录本站后台。后台登录页面运行效果如图 2.27 所示。

图 2.27　后台登录页面运行效果

2.7.2　后台登录模块技术分析

在后台登录模块中主要应用了验证码技术。

目前，网站为了防止用户利用机器人自动注册、登录、灌水，采用了验证码技术。所谓验证码，就是一串随机产生的数字与英文字母组合成的 4 位字符串。本网站验证码如图 2.27 所示。

在实现的过程中，将数字、英文字母存储到字符串变量 strchar 中，使用 String.Split 方法以指定的分隔符（逗号）分离字符串 strchar，将返回的字符串数组存储到字符串数组变量 VcArray 中，最后使用随机类 Random 成员方法 Next（int t = rand.Next(61)），根据返回值 t 来获取字符串数组 VcArray 中的字符。详细代码如下：

例程 24　代码位置：资源包\TM\02\B2C\B2C\App_Code\CommonClass.cs

```
public string RandomNum(int n)
{
    //定义一个包括数字、大写英文字母和小写英文字母的字符串
    string strchar = "0,1,2,3,4,5,6,7,8,9,A,B,C,D,E,F,G,H,I,J,K,L,M,N,O,P,Q,R,S,T,U,V,W,X,Y,Z,a,b,c,d,e,f,
                     g,h,i,j,k,l,m,n,o,p,q,r,s,t,u,v,w,x,y,z";
    //将 strchar 字符串转化为数组
    //String.Split 方法返回包含此实例中的子字符串（由指定 Char 数组的元素分隔）的 String 数组
    string[] VcArray = strchar.Split(',');
    string VNum = "";
    //记录上次随机数值，尽量避免产生几个一样的随机数
    int temp = -1;
    //采用一个简单的算法以保证生成的随机数不同
    Random rand = new Random();
    for (int i = 1; i < n + 1; i++)
    {
        if (temp != -1)
        {
            //unchecked 关键字用于取消整型算术运算和转换的溢出检查
            //DateTime.Now.Ticks 属性获取表示此实例的日期和时间的刻度数
            rand = new Random(i * temp * unchecked((int)DateTime.Now.Ticks));
        }
        //Random.Num 方法返回一个小于所指定最大值的非负随机数
        int t = rand.Next(61);
        if (temp != -1 && temp == t)
        {
            return RandomNum(n);
        }
        temp = t;
        VNum += VcArray[t];
    }
    return VNum;                                    //返回生成的随机数
}
```

> **⚠️注意**　刚刚讲解的验证码，只是为读者起到了一个抛砖引玉的作用。本网站使用的验证码很容易被机器辨别出来，解决该问题的方法为：将验证码生成到图片里，然后在图片上加一些干扰素，在这样的情况下，人通过肉眼难以辨别，那么机器将更难以识别。由于篇幅所限，关于这方面的技术这里不再深入讲解，读者可以上网查阅。

2.7.3　后台登录模块实现过程

⊞　　本模块使用的数据表：tb_Admin

1．设计步骤

（1）在该网站中的 Manage 文件夹下创建一个 Web 窗体，将其命名为 Login.aspx。

（2）在 Login.aspx 页中通过使用 bootstrap+div 为整个页面进行布局，然后从"工具箱"→"标准"选项卡中拖放 3 个 TextBox 控件、一个 Label 控件和两个 Button 按钮控件。Login.aspx 页中各个控件的属性设置及其用途如表 2.5 所示。

表 2.5　Login.aspx 页中各个控件的属性设置及其用途

控 件 类 型	控 件 名 称	主要属性设置	用　　途
abl TextBox	txtAdminName	TextMode 属性设置为 SingleLine	录入用户登录名
	txtAdminPwd	TextMode 属性设置为 Password	录入用户密码
	txtAdminCode	TextMode 属性设置为 SingleLine	录入验证码
	labCode	Text 属性设置为 8888	显示验证码
ab Button	btnLogin	Text 属性设置为"登录"	登录
	btnCancel	Text 属性设置为"取消"	取消
A Label	labCode	Text 属性设置为 8888	显示验证码

2．实现代码

在该页的后台 Login.aspx.cs 页中编写代码前，首先需要定义 CommonClass 类对象和 DBClass 类对象，以便在编写代码时，调用该类中的方法。代码如下：

例程 25　代码位置：资源包\TM\02\B2C\B2C\Manage\Login.aspx

```
CommonClass ccObj = new CommonClass();
DBClass dbObj=new DBClass();
```

在 Page_Load 事件中，调用 CommonClass 类的 RandomNum 方法，显示随机验证码。代码如下：

例程 26　代码位置：资源包\TM\02\B2C\B2C\Manage\Login.aspx

```
protected void Page_Load(object sender, EventArgs e)
{
    if (!IsPostBack)                                //判断页面是不是第一次加载
    {
        this.labCode.Text =ccObj.RandomNum(4);     //产生验证码
    }
}
```

当用户输入完登录信息时，可以单击"登录"按钮，在该按钮的 Click 事件下，首先判断用户是否输入了合法的信息，如果输入的信息合法，则进入网站后台，否则弹出对话框，提示用户重新输入。代码如下：

例程 27　代码位置：资源包\TM\02\B2C\B2C\Manage\Login.aspx

```
protected void btnLogin_Click(object sender, EventArgs e)
{
    //判断用户是否已输入了必要的信息
    if (this.txtAdminName.Text.Trim() == "" || this.txtAdminPwd.Text.Trim() == "")
    {
        //调用公共类 CommonClass 中的 MessageBox 方法
        Response.Write(ccObj.MessageBox("登录名和密码不能为空！"));
    }
    else
    {
        //判断用户输入的验证码是否正确
        if (txtAdminCode.Text.ToLower().Trim() == labCode.Text.ToLower().Trim())
        {
            //定义一个字符串，获取用户信息
            string strSql = "select * from tb_Admin where AdminName='" +
                this.txtAdminName.Text.Trim() + "' and Password='" + this.txtAdminPwd.Text.Trim() + "'";
            DataTable dsTable = dbObj.GetDataSetStr(strSql, "tbAdmin");
            //判断用户是否存在
            if (dsTable.Rows.Count > 0)
            {
                Session["AID"] = Convert.ToInt32(dsTable.Rows[0][0].ToString());//保存用户 ID
                Session["AName"] = dsTable.Rows[0][1].ToString();//保存用户名
                Response.Redirect("AdminIndex.aspx");
            }
            else
            {
                Response.Write(ccObj.MessageBox("您输入的用户名或密码错误，请重新输入！"));
            }
        }
        else
        {
            Response.Write(ccObj.MessageBox("验证码输入有误，请重新输入！"));
        }
    }
}
```

🔊 **代码贴士**

❶ GetDataSetStr：调用公共类中的 GetDataSetStr 方法，执行 SQL 语句，返回一个数据源的数据表。

❷ dsTable：该对象为 DataTable 的一个实例对象，其数据为数据源的数据表 tbAdmin。

❸ MessageBox：调用公共类中的 MessageBox 方法，返回一个对话框信息。

视频讲解

2.8　商品库存管理模块设计

2.8.1　商品库存管理模块概述

在电子商务系统中对商品信息的管理十分重要，一个好的电子商务系统必须要有一个强大的商品库存管理模块。电子商务网站系统的商品库存管理模块主要实现对商品信息的管理，包括对商城商品信息和商品类型信息的查询、添加、修改和删除功能。

当用户通过后台身份验证后，进入网站后台管理模块，单击展开菜单栏中的"库存管理"，然后点击管理按钮，将会在功能执行区中打开如图 2.28 所示的商品管理界面。在该界面的功能管理中，用户可以根据实际需要查询、浏览、修改和删除商品信息；而当单击"商品添加"按钮时用户可以根据实际需要添加商品信息。同样，对商品类别的管理与添加类似。

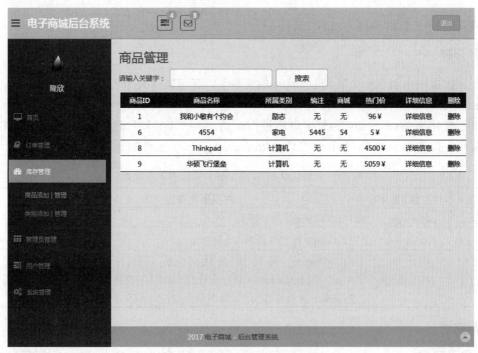

图 2.28　对添加的商品进行管理

2.8.2　商品库存管理模块技术分析

商品管理界面中在显示商品"所属类别"和商品"热销价"时，主要应用了数据绑定表达式。

在 ASP.NET 中主要应用的是 DataBinder.Eval 方法，该方法是一个完全成熟的方法，可以在程序中的任何地方使用。

DataBinder.Eval 方法的语法如下：

```
<%# DataBinder.Eval(Containter.DataItem, expression) %>
```

Containter.DataItem 表达式引用对该表达式进行计算的对象。该表达式通常是一个字符串，表示数据项对象上要访问的字段的名称。它可以是一个包括索引和属性名的表达式。DataItem 属性表示当前容器上下文中的对象。容器通常是即将生成的数据项对象的当前实例。

在 ASP.NET 中，只要是 ASP.NET 1.x 中接受 DataBinder.Eval 方法的地方，就可以使用如下表达式：

```
<%# Eval(expression) %>
```

可以看出，ASP.NET 4.5 也是完全支持 DataBinder 对象的。ASP.NET 4.5 中的 Eval 方法是建立在 DataBinder.Eval 方法之上的一个简单包装。该方法代表一种单向数据绑定，它实现了数据读取的自动化，但是没有实现数据写入自动化。如果要实现双向的数据绑定，可应用 ASP.NET 4.5 中另一个新的数据绑定方法，即 Bind 方法读写数据项属性。

2.8.3 商品库存管理模块实现过程

📊 本模块使用的数据表：tb_BookInfo、tb_Detail

1. 设计步骤

（1）在应用程序中创建一个名为 Manage 的文件夹，在该文件夹下创建一个 Web 窗体，将其命名为 Product.aspx。

（2）通过使用 bootstrap+div 为整个页面进行布局。从"工具箱"选项卡中拖放一个 TextBox 控件、一个 Button 控件和一个 GridView 控件。Product.aspx 各个控件的属性设置如表 2.6 所示。

表 2.6 Product.aspx 页中各个控件的属性设置

控 件 类 型	控 件 名 称	主要属性设置	用　　途
ab Button	btnSearch	Text 属性设置为"搜索"	实现搜索功能
abl TextBox	txtKey	TextMode 属性设置为 SingleLine	输入搜索关键字
GridView	gvGoodsInfo	AllowPaging 属性设置为 True（允许分页），AutoGenerateColumns 属性设置为 False（取消自动生成列），PageSize 属性设置为 6（每页显示数据为 6 条）	显示商品信息

2. 代码实现

在后台代码页（Product.aspx.cs）中编写代码前，首先需要定义 CommonClass 类对象、DBClass 类对象和 GoodsClass 类对象，以便在编写代码时，调用该类中的方法。代码如下：

例程 28　代码位置：资源包\TM\02\B2C\B2C\Manage\ProductAdd.aspx.cs

```
CommonClass ccObj = new CommonClass();
DBClass dbObj = new DBClass();
GoodsClass gcObj = new GoodsClass();
```

在 Page_Load 事件中，调用自定义方法 gvBind，显示商品信息。代码如下：

例程 29　代码位置：资源包\TM\02\B2C\B2C\Manage\Product.aspx.cs

```
protected void Page_Load(object sender, EventArgs e)
{
    if (!IsPostBack)
    {
        //判断是否已单击"搜索"按钮
        ViewState["search"] = null;
        gvBind();                                //显示商品信息
    }
}
```

自定义方法 gvBind，首先从商品信息表（tb_BookInfo）中获取商品信息，然后将获取的商品信息绑定到 GridView 控件中。代码如下：

例程 30 代码位置：资源包\TM\02\B2C\B2C\Manage\Product.aspx.cs

```
public void gvBind()
{
    string strSql = "select * from tb_BookInfo";
❶  DataTable dsTable = dbObj.GetDataSetStr(strSql, "tbBI");
❷  this.gvGoodsInfo.DataSource = dsTable.DefaultView;
❸  this.gvGoodsInfo.DataKeyNames = new string[] { "BookID"};
    this.gvGoodsInfo.DataBind();
}
```

🔊 代码贴士

❶ GetDataSetStr：调用公共类中的 GetDataSetStr 方法，执行 SQL 语句，返回一个数据源的数据表。

❷ DefaultView：该对象为 DataTable 的一个默认视图，并将其值赋予 GridView 控件的数据源对象 DataSource。

❸ DataKeyNames：该属性为 GridVeiw 控件获取一个包含当前显示项的主键字段的名称数组。

当用户输入关键信息后，单击"搜索"按钮，将会触发该按钮的 Click 事件。在该事件下，调用自定义方法 gvSearchBind 绑定查询后的商品信息。代码如下：

例程 31 代码位置：资源包\TM\02\B2C\B2C\Manage\Product.aspx.cs

```
protected void btnSearch_Click(object sender, EventArgs e)
{
    //将 ViewState["search"]对象值设置为 1
    ViewState["search"] = 1;
    gvSearchBind();        //绑定查询后的商品信息
}
```

自定义方法 gvSearchBind，调用 GoodsClass 类的 search 方法，查询符合条件的商品信息，并将其绑定到 GridView 控件上。代码如下：

例程 32 代码位置：资源包\TM\02\B2C\B2C\Manage\Product.aspx.cs

```
public void gvSearchBind()
{
    DataTable dsTable = gcObj.search(this.txtKey.Text.Trim());
    this.gvGoodsInfo.DataSource = dsTable.DefaultView;
    this.gvGoodsInfo.DataKeyNames = new string[] { "BookID" };
    this.gvGoodsInfo.DataBind();
}
```

在 GridView 控件的 RowDeleting 事件下，编写如下代码，实现当用户单击某个商品后的"删除"按钮时，将该商品从商品信息表中删除。

例程 33 代码位置：资源包\TM\02\B2C\B2C\Manage\Product.aspx.cs

```
protected void gvGoodsInfo_RowDeleting(object sender, GridViewDeleteEventArgs e)
{
    //获取商品代号
    int IntBookID = Convert.ToInt32(gvGoodsInfo.DataKeys[e.RowIndex].Value);
```

```
string strSql = "select count(*) from tb_Detail where BookID=" + IntBookID;
SqlCommand myCmd = dbObj.GetCommandStr(strSql);
//判断商品是否能被删除（如在明细订单中，包含该商品的 ID 代号）
if (Convert.ToInt32(dbObj.ExecScalar(myCmd)) > 0)
{
    Response.Write(ccObj.MessageBox("该商品正被使用，无法删除！"));
}
else
{
    string strDelSql = "delete from tb_BookInfo where BookID=" + IntBookID;      //删除指定的商品信息
    SqlCommand myDelCmd = dbObj.GetCommandStr(strDelSql);
    dbObj.ExecNonQuery(myDelCmd);
    //对商品进行重新绑定
    if (ViewState["search"] != null)
    {
        gvSearchBind();                                                          //绑定查询后的商品信息
    }
    else
    {
        gvBind();                                                                //绑定所有商品信息
    }
}
}
```

当用户单击 GridView 控件中的"详细信息"按钮时，将会跳转到详细信息页面。在该页面中，用户可以查看并修改商品信息。

说明 商品信息修改页的代码并不复杂，由于篇幅有限，请读者参见本书随带的资源包。

在 GridView 控件中，"所属类别"和"热销价"的绑定列数据应用了数据表达式 DataBinder .Eval 方法，其代码编写需将页面切换到 HTML 源代码中。代码如下：

例程 34 代码位置：资源包\TM\02\B2C\B2C\Manage\Product.aspx

```
<asp:TemplateField HeaderText ="所属类别">
    <HeaderStyle HorizontalAlign =Center />
    <ItemStyle HorizontalAlign =Center />
    <ItemTemplate >
❶ <%# GetClassName(Convert.ToInt32(DataBinder.Eval(Container.DataItem, "ClassID").ToString())) %>
    </ItemTemplate>
</asp:TemplateField>
    ......
<asp:TemplateField HeaderText ="热销价">
<HeaderStyle HorizontalAlign =Center />
<ItemStyle HorizontalAlign =Center />
<ItemTemplate >
❷ <%# GetVarStr(DataBinder.Eval(Container.DataItem, "HotPrice").ToString())%>￥
    </ItemTemplate>
</asp:TemplateField>
```

第2章 51电子商城网站（ASP.NET4.5+SQL Server 2014+网银在线支付实现）

代码贴士

❶ 绑定商品类别号，并通过后台代码中的公共方法 GetClassName 获取类别名。

❷ 绑定商品最新价，并通过后台代码中的公共方法 GetVarStr 获取最新商品价格。

2.8.4　单元测试

在编写该模块时，当单击商品管理页面中的表格控件 GridView 中的商品"详细信息"列时，如图 2.29 所示，链接到修改该商品信息的 EditProduct.aspx 页。如图 2.30 所示，输入相关的修改数据后，单击"修改"按钮时，将会弹出"修改成功！"对话框，但在表格控件 GridView 中指定修改的商品信息并没有变，数据中存在的数据也没有跟着更改，通过检查相应的更新 SQL 语句没有任何错误。

图 2.29　商品管理页　　　　　　　　　　图 2.30　商品信息修改页

应用程序中编写的代码如下。

在页面 Page_Load 事件中，绑定相应的数据库信息。代码如下：

```
protected void Page_Load(object sender, EventArgs e)
{
    ddlClassBind();                    //绑定商品类别
    ImageBind();                       //绑定供选商品图像
    GetGoodsInfo();                    //商品指定商品信息
}
```

在 EditProduct.aspx 页中双击"修改"按钮，触发其 Click 事件。代码如下：

93

```
protected void btnUpdate_Click(object sender, EventArgs e)
{
    int IntClassID = Convert.ToInt32(this.ddlCategory.SelectedValue.ToString());        //商品类别号
    string strBookName = this.txtName.Text.Trim();                                      //商品类别名
    ……//省略部分源代码
    //定义修改数据表中商品信息的字符串
    string strSql = "update tb_BookInfo ";
    strSql += "set ClassID='" + IntClassID + "',BookName='" + strBookName + "',BookIntroduce='" + strBookDesc + "'";
    strSql += ",Author='" + strAuthor + "',Company='" + strCompany + "',BookUrl='" + strBookUrl + "'";
    strSql += ",MarketPrice='" + fltMarketPrice + "',HotPrice='" + fltHotPrice + "'";
    strSql += ",Isrefinement='" + blCommend + "',IsHot='" +blHot+ "',IsDiscount='" +blDiscount+ "',LoadDate=
            '"+DateTime.Now+"'";
    strSql += "where BookID=" + Convert.ToInt32(Request["BookID"].Trim());
    //调用公共类中的 GetCommandStr 方法，定义并初始化一个 SqlCommand 命令对象
    SqlCommand myCmd = dbObj.GetCommandStr(strSql);
    //调用公共类中的 ExecNonQuery 方法，执行 SQL 命令
    dbObj.ExecNonQuery(myCmd);
    //调用公共类中的 MessageBox 方法，弹出"修改成功！"对话框，并导向 Product.aspx 页
    Response.Write(ccObj.MessageBox("修改成功！", "Product.aspx"));
}
```

通过查找错误出处和相关技术方面的分析，发现在页面 Page_Load 事件中，没有判断页面是不是第一次加载，没有应用 IsPostBack 属性，该属性主要用于判断页面是否首次加载，并当用户修改相应信息数据时刷新页面。正确编写代码如下：

```
protected void Page_Load(object sender, EventArgs e)
{
    if (!IsPostBack)
    {
        ddlClassBind();                                              //绑定商品类别
        ImageBind();                                                 //绑定供选商品图像
        GetGoodsInfo();                                              //商品指定商品信息
    }
}
```

视频讲解

2.9　销售订单管理模块设计

2.9.1　销售订单管理模块概述

销售订单管理也是 51 电子商城网站开发的一个重要环节，当用户购买完自己所需商品放入购物车后就要去网上服务台填写商品订单，对所购买的商品进行结算，所以对用户的销售订单管理非常重要。

在网站后台的销售订单管理模块中，管理员单击菜单栏中"订单管理"下的"未确认""已确认""未发货""已发货""未归档"或"已归档"任一个按钮，都会在功能执行区中打开如图 2.31 所示的订单管理页面。在该页面中，管理员可以根据实际需要查询、浏览和删除订单信息。

订单管理-未确认
订单号：
收货人：
订单状态：
未确认
未发货
未归档
搜索
跟单员 单号 下订时间 货品总额 运费 总金额 配送方式 收货人 联系电话 订单状态 管理 删除
无 2 2017年11月29日 5 10 15 邮局邮寄普通包裹（10元/本） mr 0000-00000000 未确认|未发货 未归档 管理 删除
无 1 2017年11月29日 9675 70 9745 邮局邮寄普通包裹（10元/本） mr 0000-00000000 未确认|未发货 未归档 管理 删除

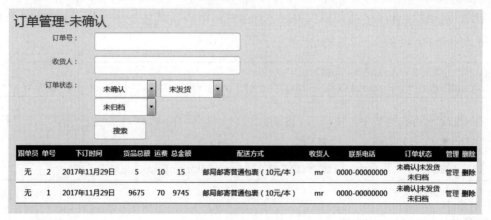

图 2.31　订单管理页面

另外，在该订单管理模块中对“未确认”“已确认”“未发货”“已发货”“未归档”和“已归档”所涉及的商品信息都可以打印出来。

当用户单击图 2.31 所示页面中的“管理”链接按钮时，将会在功能执行区中打开如图 2.32 所示的订单信息页面，用户可以在该页面中查询某一订单的详细信息，并且可以对订单状态信息进行修改。

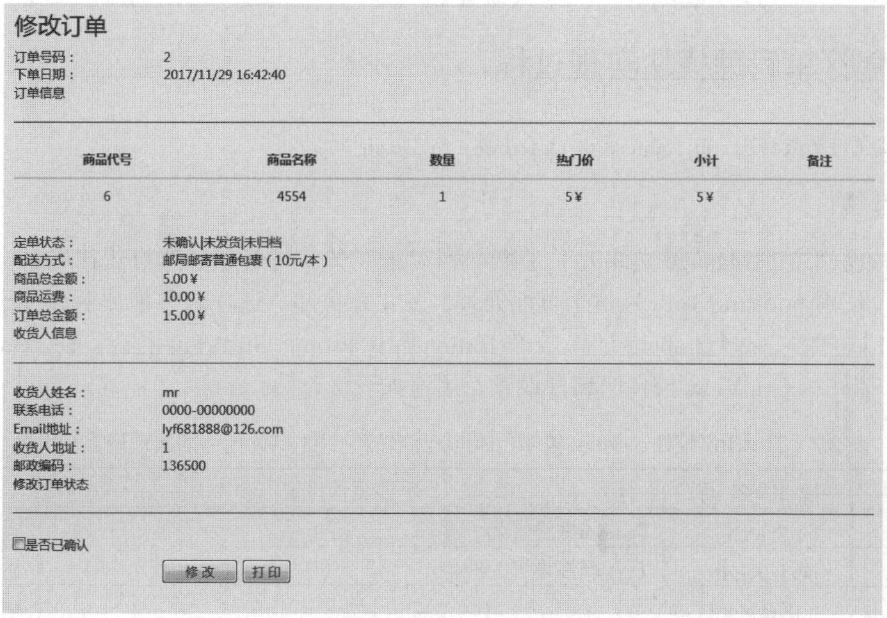

修改订单
订单号码： 2
下单日期： 2017/11/29 16:42:40
订单信息
商品代号 商品名称 数量 热门价 小计 备注
6 4554 1 5￥ 5￥
定单状态： 未确认|未发货|未归档
配送方式： 邮局邮寄普通包裹（10元/本）
商品总金额： 5.00￥
商品运费： 10.00￥
订单总金额： 15.00￥
收货人信息
收货人姓名： mr
联系电话： 0000-00000000
Email地址： lyf681888@126.com
收货人地址： 1
邮政编码： 136500
修改订单状态
是否已确认
修改
打印

图 2.32　订单信息页面

2.9.2　销售订单管理模块技术分析

要给用户一个订单凭证，就要把用户订单打印出来。在销售订单管理模块中应用了打印技术，下面进行介绍。

在图 2.32 中当用户单击“打印”按钮后，将会对订单进行打印，同时隐藏“打印”按钮。实现该功能的具体步骤如下：

（1）将页面切换到 HTML 源码中，设置"打印"按钮的 onclick 事件为 printPage()，并将"打印"按钮置于 id 为 printOrder 的 <span></span> 节中。其源代码如下：

```
<div class="col-sm-6 col-md-6"><input type="button"
onclick='printOrder(<%=Request.QueryString["OrderID"]%>)' value="打 印" id="Button1"></div>
```

（2）在 <head></head> 节中，使用 JavaScript 语言，编写如下代码，实现当用户单击"打印"按钮时，隐藏"打印"按钮并对订单进行打印。

例程 35　代码位置：资源包\TM\02\B2C\B2C\Manage\OrderPrint.aspx

```
<head runat="server">
 <title>订单打印</title>
 <SCRIPT language="JavaScript">
    function printPage()
    {
        eval("printOrder" + ".style.display=\"none\";");
        window.print();
    }
    </SCRIPT>
</head>
```

2.9.3　销售订单管理模块实现过程

　　本模块使用的数据表：tb_Admin、tb_OrderInfo、tb_Detail

1. 设计步骤

（1）在该网站中的 Manage 文件夹下创建一个 Web 窗体，将其命名为 OrderList.aspx。

（2）通过使用 bootstrap+div 为整个页面布局。从"工具箱"选项卡中拖放两个 TextBox 控件、3 个 DropDownList 控件、一个 Label 控件、一个 Button 控件和一个 GridView 控件。TextBox 控件、Label 控件、Button 控件和 GridView 控件的属性设置及用途如表 2.7 所示。

表 2.7　TextBox 控件、Label 控件、Button 控件和 GridView 控件的属性设置及用途

控 件 类 型	控 件 名 称	主要属性设置	用　　途
Button	btnSearch	Text 属性设置为"搜索"	实现搜索功能
Label	labTitleInfo	Text 属性设置为空值	显示订单状态
TextBox	txtKeyword	无	输入搜索关键字
	txtName	无	输入订单号
GridView	gvGoodsInfo	AllowPaging 属性设置为 True（允许分页），AutoGenerateColumns 属性设置为 False（去掉自动生成列），PageSize 属性设置为 5（页面显示数据为 5 条）	显示订单信息

2. 代码实现

在后台代码页（OrderList.aspx.cs）中编写代码前，首先需要定义 CommonClass 类对象、DBClass 类对象和 OrderClass 类对象，以便在编写代码时，调用该类中的方法。代码如下：

例程 36　代码位置：资源包\TM\02\B2C\B2C\Manage\OrderList.aspx.cs

```
CommonClass ccObj = new CommonClass();
DBClass dbObj = new DBClass();
OrderClass ocObj = new OrderClass();
```

在 Page_Load 事件中，调用自定义方法 pageBind，分类显示订单信息。代码如下：

例程 37　代码位置：资源包\TM\02\B2C\B2C\Manage\OrderList.aspx.cs

```
protected void Page_Load(object sender, EventArgs e)
{
    //获取导航菜单值，用于记录在该页面的子连接中
    menu = Request.QueryString["menu"];
    if (!IsPostBack)
    {
        /*判断是否登录*/
        ST_check_Login();
        //判断是否已点击"搜索"按钮
        ViewState["search"] = null;
        pageBind(); //绑定订单信息
    }
}
```

自定义方法 pageBind，首先从商品订单表（tb_OrderInfo）中获取订单信息，然后将获取的订单信息绑定到 GridView 控件中。代码如下：

例程 38　代码位置：资源包\TM\02\B2C\B2C\Manage\OrderList.aspx.cs

```
public void pageBind()
{
    strSql = "select * from tb_OrderInfo where ";
    //获取 Request["OrderList"]对象的值，确定查询条件
    string strOL = Request["OrderList"].Trim();
    string TitleInfo = "";
    switch (strOL)
    {
        case "00"://表示未确定
            strSql += "IsConfirm=0";
            TitleInfo = "未确认";
            break;
        case "01"://表示已确定
            strSql += "IsConfirm=1";
            TitleInfo = "已确认";
            break;
        case "10": //表示未发货
            strSql += "IsSend=0";
            TitleInfo = "未发货";
            break;
        case "11"://表示已发货
            strSql += "IsSend=1";
            TitleInfo = "已发货";
            break;
```

```
                case "20": //表示收货人未验收货物
                    strSql += "IsEnd=0";
                    TitleInfo = "未归档";
                    break;
                case "21": //表示收货人已验收货物
                    strSql += "IsEnd=1";
                    TitleInfo = "已归档";
                    break;
            default:
                    break;
        }
        strSql += " order by OrderDate Desc";
        this.labTitleInfo.Text = TitleInfo;
        //获取查询信息，并将其绑定到 GridView 控件中
        DataTable dsTable = dbObj.GetDataSetStr(strSql, "tbOI");
        this.gvOrderList.DataSource = dsTable.DefaultView;
        this.gvOrderList.DataKeyNames = new string[] { "OrderID" };
        this.gvOrderList.DataBind();
    }
```

当用户输入关键信息后，单击"搜索"按钮，将会触发该按钮的 Click 事件。在该事件下，调用自定义方法 gvSearchBind 绑定查询后的订单信息。代码如下：

例程 39   代码位置：资源包\TM\02\B2C\B2C\Manage\OrderList.aspx.cs

```
protected void btnSearch_Click(object sender, EventArgs e)
{
    //将 ViewState["search"]对象值设置为 1
    ViewState["search"] = 1;
    //绑定查询后的订单信息
    gvSearchBind();
}
```

自定义方法 gvSearchBind，首先获取查询条件，然后调用 OrderClass 类的 ExactOrderSearch 方法，查询符合条件的商品信息，并将其绑定到 GridView 控件上。代码如下：

例程 40   代码位置：资源包\TM\02\B2C\B2C\Manage\OrderList.aspx.cs

```
public void gvSearchBind()
{
    int IntOrderID = 0; //输入订单号
    int IntNF = 0;          //判断是否输入收货人
    string strName = "";   //输入收货人名
    int IntIsConfirm = 0;//是否确认
    int IntIsSend = 0;     //是否发货
    int IntIsEnd = 0;      //是否归档
    if (this.txtKeyword.Text == "" && this.txtName.Text == "" && this.ddlConfirmed.SelectedIndex == 0
        && this.ddlFinished.SelectedIndex == 0 && this.ddlShipped.SelectedIndex == 0)
    {
        pageBind();
    }
    else
```

```
    {
        if (this.txtKeyword.Text != "")
        {
            IntOrderID = Convert.ToInt32(this.txtKeyword.Text.Trim());
        }
        if (this.txtName.Text != "")
        {
            IntNF = 1;
            strName = this.txtName.Text.Trim();
        }
        IntIsConfirm = this.ddlConfirmed.SelectedIndex;
        IntIsSend = this.ddlShipped.SelectedIndex;
        IntIsEnd = this.ddlFinished.SelectedIndex;
        DataTable dsTable = ocObj.ExactOrderSearch(IntOrderID, IntNF, strName, IntIsConfirm,
                            IntIsSend, IntIsEnd);
        this.gvOrderList.DataSource = dsTable.DefaultView;
        this.gvOrderList.DataKeyNames = new string[] { "OrderID" };
        this.gvOrderList.DataBind();
    }
}
```

在 GridView 控件的 RowDeleting 事件下，编写如下代码，实现当用户单击某个订单后的"删除"
按钮时，首先判断该订单是否被确认或归档，如果没有被确认（说明购物用户不存在）或已归档（说
明货物已被用户验收），则将该订单从商品订单表中删除。

例程 41　代码位置：资源包\TM\02\B2C\B2C\Manage\OrderList.aspx.cs

```
protected void gvOrderList_RowDeleting(object sender, GridViewDeleteEventArgs e)
{
    string strSql = "select * from tb_OrderInfo where ( IsConfirm=0 or IsEnd=1 ) and OrderID=" +
                Convert.ToInt32(gvOrderList.DataKeys[e.RowIndex].Value);
    //判断该订单是否已被确认或归档，如果已被确认但未归档，不能删除该订单
    if (dbObj.GetDataSetStr(strSql, "tbOrderInfo").Rows.Count > 0)
    {
        //删除订单表中的信息
        string strDelSql = "delete from tb_OrderInfo where OrderId=" +
                        Convert.ToInt32(gvOrderList.DataKeys[e.RowIndex].Value);
        SqlCommand myCmd = dbObj.GetCommandStr(strDelSql);
        dbObj.ExecNonQuery(myCmd);
        //删除订单详细表中的信息
        string strDetailSql = "delete from tb_Detail where OrderId=" +
                        Convert.ToInt32(gvOrderList.DataKeys[e.RowIndex].Value);
        SqlCommand myDCmd = dbObj.GetCommandStr(strDetailSql);
        dbObj.ExecNonQuery(myDCmd);
    }
    else
    {
        Response.Write(ccObj.MessageBox("该订单还未归档，无法删除！"));
        return;
    }
    //重新绑定
```

```
if (ViewState["search"] == null)
{
    pageBind();
}
else
{
    gvSearchBind();
}
}
```

为 GridView 控件的"订单状态"和"管理"两个数据列绑定数据项，主要应用 DataBinder.Eval 方法进行页面绑定。将页面切换到 HTML 源码中，编写如下加粗的代码：

例程 42 代码位置：资源包\TM\02\B2C\B2C\Manage\OrderList.aspx

```
<asp:TemplateField   HeaderText ="跟单员">
    <HeaderStyle HorizontalAlign="Center"></HeaderStyle>
    <ItemStyle HorizontalAlign="Center" ></ItemStyle>
    <ItemTemplate>
        <%#GetAdminName(Convert.ToInt32(DataBinder.Eval(Container.DataItem,
                                            "OrderID").ToString())) %>
    </ItemTemplate>
</asp:TemplateField>
<asp:BoundField DataField="OrderID" HeaderText="单号">
    <ItemStyle HorizontalAlign="Center" />
    <HeaderStyle HorizontalAlign="Center" />
</asp:BoundField>
<asp:TemplateField   HeaderText ="下订时间">
    <HeaderStyle HorizontalAlign="Center"></HeaderStyle>
    <ItemStyle HorizontalAlign="Center"></ItemStyle>
    <ItemTemplate>
        <%#Convert.ToDateTime(DataBinder.Eval(Container.DataItem,
                                    "OrderDate").ToString()).ToLongDateString()%>
    </ItemTemplate>
</asp:TemplateField>
<asp:TemplateField HeaderText="订单状态">
    <HeaderStyle HorizontalAlign="Center"></HeaderStyle>
    <ItemStyle HorizontalAlign="Center" ></ItemStyle>
    <ItemTemplate>
    <%# GetStatus(Convert.ToInt32(DataBinder.Eval(Container.DataItem, "OrderID").ToString()))%>
    </ItemTemplate>
</asp:TemplateField>
<asp:TemplateField HeaderText="管理">
    <HeaderStyle HorizontalAlign="Center"></HeaderStyle>
    <ItemStyle HorizontalAlign="Center" ></ItemStyle>
    <ItemTemplate>
        <a href='OrderModify.aspx?OrderID=<%#DataBinder.Eval(Container.DataItem,
                                        "OrderID")%>&menu=<%=menu %>'>
        管理</a>
    </ItemTemplate>
</asp:TemplateField>
```

🔊 代码贴士

❶ 绑定订单号，并通过后台代码中的公共方法 GetAdminName 获取跟单员名。

❷ 绑定下单时间，并将其转化为长日期型。

❸ 绑定订单号，并通过后台代码中的公共方法 GetStatus 获取跟单员。

❹ 当用户单击"管理"按钮后，跳转到"订单修改"页，并传递订单号。

2.10　网站文件清单

为了帮助读者了解 51 电子商城网站的文件构成，现以表格形式列出网站的文件清单，如表 2.8 所示。

表 2.8　网站文件清单

文件位置及名称	说　明
B2C\App_Code\BankPay.cs	在线银行支付类
B2C\App_Code\CommonClass.cs	弹出对话框等信息类
B2C\App_Code\DBClass.cs	数据库操作类
B2C\App_Code\OrderProperty.cs	商品订单类
B2C\App_Code\GoodsClass.cs	商品类别类
B2C\App_Code\UserClass.cs	用户信息类
B2C\\App_Data\db_NetStore.mdf	SQL Server 2014 数据库文件
B2C\Manage\AdminIndex.aspx	网站后台管理员页
B2C\Manage\OrderList.aspx	网站后台商品订单管理页
B2C\Manage\Product.aspx	网站后台商品管理页
B2C\Manage\Member.aspx	网站后台会员管理页
B2C\Manage\Login.aspx	网站后台管理员登录页
B2C\Manage\LeaveWordManage.aspx	网站后台用户留言页
B2C\Manage\OrderPrint.aspx	网站后台商品订单打印页
B2C\buyFlow.aspx	网站前台购物流程页
B2C\checkOut.aspx	购物服务台页
B2C\GoBank.aspx	在线银行支付页
B2C\LeaveWordBack.aspx	留言回复页
B2C\helpCenter.aspx	网站购物帮助页
B2C\ShowPage\webQYGG.aspx	网站前台页
B2C\PayWay.aspx	购物在线支付方式页
B2C\UserControl\menu.ascx	网站导航信息用户控件
B2C\UserControl\LoadingControl.ascx	网站链接用户控件
B2C\Default.aspx	51 电子商城网站主页

续表

文件位置及名称	说　明
B2C\Help.aspx	网站搜索帮助页
B2C\Register.aspx	网站会员注册页
B2C\shopCart.aspx	用户购物车页
B2C\MasterPage.master	网站母版页
B2C\showInfo.aspx	网站首页信息详细显示页

 注意　上面的网站文件清单中，凡是与.aspx 文件对应的都有一个.cs 文件，在此没有一一列出。

2.11　网上在线支付使用专题

为了拓展银行业务，许多大型银行都开设了网上银行，并提供相应的网上银行支付的接口。下面以工商银行在线支付为例具体讲解。

客户在商户网站购物完毕，商户网站给客户生成一个订单（有一个唯一的订单号），如果客户选择工商银行支付，客户从商户网站提交订单至工商银行网上支付服务器；客户在工商银行网上支付服务器的支付页面输入自己的支付卡号和支付密码，完成订单支付。工商银行会将交易结果通过网页通知客户，通过商户接口通知商户，如果该笔订单为信息化商品，工商银行还将引导客户至商户网站上取货。

工商银行共提供商户 HS、AG、HS（联名）和 AG（联名）4 种不同模式的接口，如表 2.9 所示，用来向商户传递交易的结果信息，商户可以根据自己的情况自由选用。

表 2.9　工商银行通知接口模式

接　口　模　式	工商银行通知接口模式说明
HS 通知接口模式	商户通过在订单支付表单中的 interfaceType 字段中输入值"HS"来通知工商银行该笔订单使用 HS 模式将交易结果信息通知商户
HS（联名）通知接口模式	联名商户通过在订单支付表单中的 interfaceType 字段中输入值"HS"，并在 verifyJoin 字段中输入"0"或"1"，通知工商银行该笔订单使用 HS（联名）接口模式将交易结果信息通知商户
AG 通知接口模式	商户通过在订单支付表单中的 interfaceType 字段中输入值"AG"来通知工商银行该笔订单使用 AG 模式将交易结果信息通知商户
AG（联名）通知接口模式	商户通过在订单支付表单中的 interfaceType 字段中输入值"AG"，并在 verifyJoin 字段中输入"0"或"1"，通知工商银行该笔订单使用 AG（联名）接口模式将交易结果信息通知商户

工商银行在线支付功能模块一般由两部分组成，即"选择在线支付方式"和"工商银行在线支付页"。下面分别介绍。

1．选择在线支付方式

用户在"服务台"页填写完相关信息后，单击"提交"按钮，即可进入"选择在线支付方式"页（PayWay.aspx），在该页用户可以选择在线支付方式，其运行效果如图 2.33 所示。

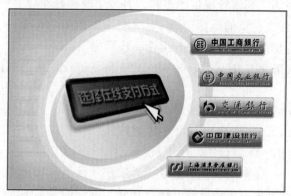

图 2.33　选择在线支付方式

实现该功能的具体步骤如下：

（1）将一个 Table（表格）控件置于 PayWay.aspx 页中，为整个页面进行布局。

（2）从"工具箱"下的"标准"选项卡中拖放 5 个 ImageButton 控件，设置各个控件的 ImageUrl 属性值，用于显示在线支付方式。

（3）在"中国工商银行"按钮的 Click 事件下，编写如下代码，用于实现当用户单击该按钮后，跳转到"工商银行在线支付页"。

```
protected void ImageButton1_Click(object sender, ImageClickEventArgs e)
{
    Response.Redirect("GoBank.aspx?OrderID=" + Request["OrderID"].ToString());
}
```

2．工商银行在线支付页

B2C 在线支付业务是指企业（卖方）与个人（买方）通过因特网上的电子商务网站进行交易时，银行为其提供网上资金结算服务的一种业务。目前，ICBC 个人网上银行的 B2C 在线支付系统是 ICBC 专门为拥有工商银行牡丹信用卡账户并开通网上支付功能的网上银行个人客户进行网上购物所开发的支付平台。下面详细地介绍一下开发工商银行在线支付页的全过程。

（1）开发工商银行在线支付页前期工作

首先，需要特约网站申请人到 ICBC 当地指定机构办理申请手续，并提交如下申请资料。

① 营业执照副本及复印件。

② 经办人员的有效身份证件。

③ 填妥的《特约网站注册申请表》。

④ 最近年度的资产负债表和损益表的复印件。

⑤ 《域名注册证》复印件或其他对所提供域名享有权利的证明。

⑥ 企业标识 LOGO 的电子文件。

⑦ 填妥的"牡丹卡单位申请表"。

其次，经工商银行审查合格后，工商银行将提供银行方的通信、数据接口和已有商户端程序及商户客户证书。

最后，特约网站可以根据工商银行提供的资料，开发工商银行在线支付功能。

（2）开发工商银行在线支付页的具体步骤

首先，按照工商银行提供的资料注册 com 组件。步骤如下：

① 将 ICBCEBankUtil.dll 和 LIB\windows\WIN32\infosecapi.dll 两个 dll 文件复制到系统 system32 目录下。

② 打开 DOS 窗口，进入 system32 目录。

③ 运行"regsvr32 ICBCEBankUtil.dll"命令注册控件。

其次，将工商银行提供的 public 公钥、拆分 pfx 后缀证书的公钥和拆分 pfx 后缀证书的私钥放到本地磁盘（如 D 盘根目录下）。在本网站中，笔者将其放在项目下的 bank 文件中。

然后，在项目的 Bin 文件中，单击鼠标右键，在弹出的快捷菜单中选择"添加引用"命令，弹出如图 2.34 所示的对话框，添加引用 ICBCEBankUtil.dll 文件。

图 2.34 "添加引用"对话框

最后，设计提交表单页面（GoBank.aspx）。步骤如下：

创建一个 BankPay 类，用于定义相关变量并返回变量的值。代码如下：

例程 43 代码位置：资源包\TM\02\B2C\B2C\App_Code\BankPay.cs

```
//定义相关变量
private string interfaceName = "名称";              //接口名称
private string interfaceVersion = "版本号";          //接口版本号
private string merID = "代码";                      //商户代码
private string merAcct = "账号";                    //商城账号
private string merURL = "";                        //接收银行消息地址（如"http://地址/Get.aspx"）
private string notifyType = "通知类型";              //通知类型（在交易完成后是否通知商户）
private string orderid;                            //订单号
private string amount;                            //订单金额
private string curType = "金额类型";               //支付币种
private string resultType = "对应通知类型";         //结果发送类型
private string orderDate;                          //交易日期时间（格式 yyyyMMddHHmmss）
private string verifyJoinFlag = "检验联名标志";      //检验联名标志
```

```csharp
private string merCert;                              //商城证书公钥
private string goodsID = "";                         //商品编号
private string goodsName = "";                       //商品名称
private string goodsNum = "";                        //商品数量
private string carriageAmt = "";                     //已含运费金额
private string merHint = "";                         //商城提示
private string comment1 = "";                        //备注字段 1
private string comment2 = "";                        //备注字段 2
private string path1 ="";                            //公钥路径
private string path2 ="";                            //拆分 pfx 后缀的证书后的公钥路径
private string path3 = "";                           //拆分 pfx 后缀的证书后的私钥路径
private string key = "私钥保护密码";                  //私钥保护密码
private string merSignMsg = "";                      //订单签名数据（加密码后的字符串）
private string msg = "";                             //需要加密码的明文字符串
//返回相关变量值
    public string InterfaceName
{
    get { return interfaceName; }
    set { interfaceName = value; }
}
public string InterfaceVersion
{
    get { return interfaceVersion; }
    set { interfaceVersion = value; }
}
public string MerID
{
    get { return merID; }
    set { merID = value; }
}
public string MerAcct
{
    get { return merAcct; }
    set { merAcct = value; }
}
public string MerURL
{
    get { return merURL; }
    set { merURL = value; }
}
public string NotifyType
{
    get { return notifyType; }
    set { notifyType = value; }
}
public string Orderid
{
    get { return orderid; }
    set { orderid = value; }
}
public string Amount
```

```
{
    get { return amount; }
    set { amount = value; }
}
public string CurType
{
    get { return curType; }
    set { curType = value; }
}
public string ResultType
{
    get { return resultType; }
    set { resultType = value; }
}
public string OrderDate
{
    get { return orderDate; }
    set { orderDate = value; }
}
public string VerifyJoinFlag
{
    get { return verifyJoinFlag; }
    set { verifyJoinFlag = value; }
}
public string MerSignMsg
{
    get { return merSignMsg; }
    set { merSignMsg = value; }
}
public string MerCert
{
    get { return merCert; }
    set { merCert = value; }
}
public string GoodsID
{
    get { return goodsID; }
    set { goodsID = value; }
}
public string GoodsName
{
    get { return goodsName; }
    set { goodsName = value; }
}
public string GoodsNum
{
    get { return goodsNum; }
    set { goodsNum = value; }
}
public string CarriageAmt
{
```

```
        get { return carriageAmt; }
        set { carriageAmt = value; }
    }
    public string MerHint
    {
        get { return merHint; }
        set { merHint = value; }
    }
    public string Comment1
    {
        get { return comment1; }
        set { comment1 = value; }
    }
    public string Comment2
    {
        get { return comment2; }
        set { comment2 = value; }
    }
    public string Path1
    {
        get { return path1; }
        set { path1 = value; }
    }
    public string Path2
    {
        get { return path2; }
        set { path2 = value; }
    }
    public string Path3
    {
        get { return path3; }
        set { path3 = value; }
    }
    public string Key
    {
        get { return key; }
        set { Key = value; }
    }
    public string Msg
    {
        get { return msg; }
        set { msg = value; }
    }
```

⚡注意   此处，笔者只给出相关的方法，对于变量的赋值参见银行提供的相关资料。

将提交表单页面（GoBank.aspx）切换到 HTML 视图中，添加如下代码，用于设计提交表单内容。

例程 44 代码位置：资源包\TM\02\B2C\B2C\GoBank.aspx

```
<form id="form1"  name="order" method="post" action="银行地址">
<input type="hidden" name="interfaceName" value="<%=bankpay.InterfaceName%>" >
<input type="hidden" name="interfaceVersion" value=<%=bankpay.InterfaceVersion%> >
<input type="hidden" name="orderid" value="<%=bankpay.Orderid%>">
<input type="hidden" name="amount" value="<%=bankpay.Amount%>">
<input type="hidden" name="curType" value="<%=bankpay.CurType%>">
<input type="hidden" name="merID" value="<%=bankpay.MerID%>" >
<input type="hidden" name="merAcct" value="<%=bankpay.MerAcct%>" >
<input type="hidden" name="verifyJoinFlag" value="<%=bankpay.VerifyJoinFlag%>">
<input type="hidden" name="notifyType" value="<%=bankpay.NotifyType%>">
<input type="hidden" name="merURL" value="<%=bankpay.MerURL%>">
<input type="hidden" name="resultType" value="<%=bankpay.ResultType%>">
<input type="hidden" name="orderDate" value="<%=bankpay.OrderDate%>">
<input type="hidden" name="merSignMsg" value="<%=bankpay.MerSignMsg%>">
<input type="hidden" name="merCert" value="<%=bankpay.MerCert%>">
<input type="hidden" name="goodsID" value="<%=bankpay.GoodsID%>">
<input type="hidden" name="goodsName" value="<%=bankpay.GoodsName%>">
<input type="hidden" name="goodsNum" value="<%=bankpay.GoodsNum%>">
<input type="hidden" name="carriageAmt" value="<%=bankpay.CarriageAmt%>">
<input type="hidden" name="merHint" value="<%=bankpay.MerHint%>">
<input type="hidden" name="comment1" value="<%=bankpay.Comment1%>" >
<input type="hidden" name="comment2" value="<%=bankpay.Comment2%>" >
<input type="submit" value="立即支付！" >
</form>
```

 说明 ① 订单只能使用 POST 方式提交，使用 https 协议通信。

② 如果提交的表格含有中文，需要在<head></head>节点中，使用字符集 GBK 指定。代码如下：

```
<meta http-equiv="content-type" content="text/html;charset=GBK">
```

将提交表单页面切换到编辑器页（GoBank.aspx.cs）中，为提交表单赋值。相关代码如下：

例程 45 代码位置：资源包\TM\02\B2C\B2C\GoBank.aspx.cs

```
public static BankPay bankpay = new BankPay(); //实例化 BankPay 类对象
#region    初始化 BankPay 类
public BankPay    GetPayInfo()
{
    //从订单信息表中获取订单编号、订单金额
    string strSql = "select Round(TotalPrice,2) as TotalPrice from tb_OrderInfo
        where OrderID=" + Convert.ToInt32(Page.Request["OrderID"].Trim());
    DataTable dsTable = dbObj.GetDataSetStr(strSql, "tbOI");
    bankpay.Orderid = Request["OrderID"].Trim();                                    //订单编号
    bankpay.Amount = Convert.ToString(float.Parse(dsTable.Rows[0]["TotalPrice"].ToString())*100); //订单金额
    bankpay.OrderDate = DateTime.Now.ToString("yyyyMMddhhmmss");                    //交易日期时间
    bankpay.Path1 = Server.MapPath(@"bank\user.crt");                              //公钥路径
    bankpay.Path2 = Server.MapPath(@"bank\user.crt");        //拆分 pfx 后缀的证书后的公钥路径
    bankpay.Path3 = Server.MapPath(@"bank\user.key");        //拆分 pfx 后缀的证书后的私钥路径
    //下面是需要加密的明文字符串
```

```
bankpay.Msg = bankpay.InterfaceName + bankpay.InterfaceVersion + bankpay.MerID + bankpay.MerAcct
+ bankpay.MerURL + bankpay.NotifyType + bankpay.Orderid + bankpay.Amount + bankpay.CurType
+ bankpay.ResultType + bankpay.OrderDate + bankpay.VerifyJoinFlag;
//项目中引用组件，以声明的方式创建 com 组件
ICBCEBANKUTILLib.B2CUtil obj=new ICBCEBANKUTILLib.B2CUtil() ;
//加载公钥、私钥、密码，如果返回 0，则初始化成功
if (obj.init(bankpay.Path1, bankpay.Path2, bankpay.Path3, bankpay.Key) == 0)
{
    bankpay.MerSignMsg = obj.signC(bankpay.Msg, bankpay.Msg.Length);      //加密明文
    bankpay.MerCert = obj.getCert(1);                                     //提取证书
}
else
{
    //返回签名失败信息
    Response.Write(obj.getRC());
}
    return (bankpay);
}
#endregion
```

2.12　本 章 总 结

　　本章运用软件工程的设计思想，通过一个完整的电子商务平台向读者详细讲解一个系统的开发流程。同时，在 51 电子商城网站的开发过程中，前台采用了母版页技术和 Web 用户控件技术，使整个系统的设计思路更加清晰。通过本章的学习，读者不仅可以了解一般网站的开发流程，而且可以熟悉购物车、订单及在线支付技术的开发思想。

第 3 章

企业门户网站

（ASP.NET+SQL Server 2014+JavaScript 实现）

　　企业门户网站满足了企业通过网站前台展示企业软件产品、为用户提供问题解决方案的要求。通过企业门户网站的建立，可以加强企业与客户之间的沟通，使企业能够及时了解客户的需求，并及时帮助客户解决日常工作中遇到的各种问题，更好地服务于客户，从而增进企业和客户之间的友好业务关系。本章使用 ASP.NET+SQL Server 2014 开发了一个企业门户网站。

　　通过阅读本章，读者可以学习到：

- ▸▸ 熟练掌握用户控件技术
- ▸▸ 掌握母版页技术的应用
- ▸▸ 掌握 IFrame 框架技术的应用
- ▸▸ 熟悉第三方控件 FreeTextBox 的使用
- ▸▸ 熟练掌握 DataList 分页技术
- ▸▸ 熟悉 GDI+绘图技术
- ▸▸ 熟悉网络三层架构模式

配置说明

视频讲解

3.1　开 发 背 景

Internet 的全球性发展，对人们的生活、生产方式都产生了深远的影响。建设企业门户性网站，树立企业的网络形象，成为企业适应信息化时代发展的最佳方式。企业门户网站的建设，使企业能够通过网络与客户更好地交流，拉近企业和客户的距离，掌握大量的客户反馈信息，并及时做出企业内部调整方案，以满足客户不断增长的需求。企业门户网站的建设和管理水平，直接影响企业的网络形象，拥有一个设计美观、功能全面的门户网站，已经成为企业网络化建设的一个重要内容。

3.2　需 求 分 析

通过调查，要求企业门户网站具有以下功能：
☑　美观友好的操作界面，以保证系统的易用性。
☑　规范、完善的用户注册、修改信息。
☑　公司最新产品的展示。
☑　工具软件和补丁的及时下载。
☑　最新公告及新闻的预览。
☑　公司最新招聘信息的预览。
☑　客户留言及回复。
☑　管理员对网站的管理。

3.3　系 统 设 计

3.3.1　系统目标

本系统属于中小型的数据库管理系统，可以对企业的各种信息进行有效管理。通过本系统可以达到以下目标：
☑　界面设计美观友好，信息查询灵活、方便、快捷、准确，数据存储安全可靠。
☑　显示公司产品的详细信息。
☑　实现后台监控功能。
☑　对用户输入的数据，进行严格的数据检验，尽可能避免人为错误。
☑　系统最大限度地实现易维护性和易操作性。
☑　系统运行稳定、安全可靠。

3.3.2　系统功能结构

企业门户网站前台功能结构图如图 3.1 所示。

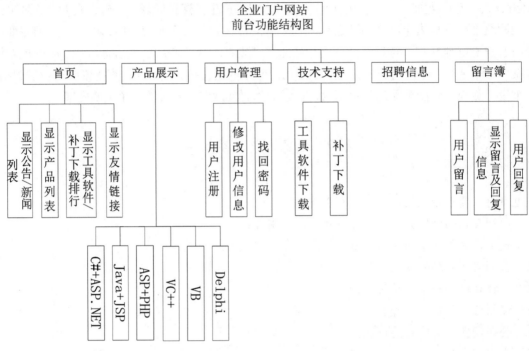

图 3.1　企业门户网站前台功能结构图

企业门户网站后台功能结构图如图 3.2 所示。

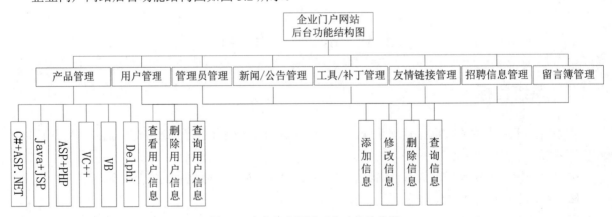

图 3.2　企业门户网站后台功能结构图

3.3.3　业务流程图

企业门户网站的业务流程图如图 3.3 所示。

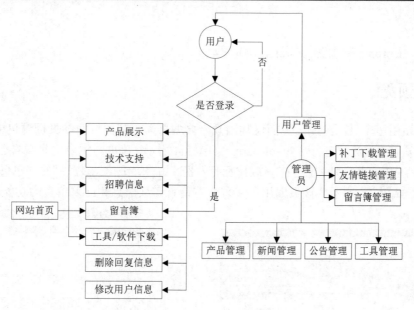

图 3.3　企业门户网站的业务流程图

3.3.4　业务逻辑编码规则

本网站内部信息编码采用了统一的编码方式，所有的编号（比如员工编号、产品编号、公告编号、留言编号、回复编号、招聘信息编号及友情链接编号等）都采用字母"BH"和 6 位数字编码的组合。例如，BH100001。

3.3.5　构建开发环境

1. 网站开发环境

☑　网站开发环境：Microsoft Visual Studio 2017。

☑　网站开发语言：ASP.NET+C#。

☑　网站后台数据库：SQL Server 2014。

☑　开发环境运行平台：Windows 7（SP1）/ Windows Server 8/Windows 10。

注意　SP（Service Pack）为 Windows 操作系统补丁。

2. 服务器端

☑　操作系统：Windows 7。

☑　Web 服务器：IIS 7.0 以上版本。

☑　数据库服务器：SQL Server 2014。

☑　网站服务器运行环境：Microsoft .NET Framework SDK v4.7。

3．客户端

☑ 浏览器：Chrome 浏览器、Firefox 浏览器。

3.3.6 系统预览

企业门户网站由多个页面组成，下面仅列出几个典型页面，其他页面参见资源包中的源程序。

企业门户网站首页（资源包\…\Default.aspx）如图 3.4 所示，该页面主要用来查看公司的公告信息、新闻信息、产品信息及工具软件和补丁的下载排行等内容。留言详细信息及其回复信息页面（资源包\…\LWordInfo.aspx）如图 3.5 所示，该页面用于实现查看留言详细信息和回复留言的功能。

图 3.4 网站首页　　　　　　　　　　　　　　　图 3.5 留言详细信息及回复页面

产品信息页面（资源包\…\Sort.aspx）如图 3.6 所示，该页面用于查看产品的详细信息。产品信息管理页面（资源包\…\ProductManage.aspx）如图 3.7 所示，该页面用于对产品信息进行添加、修改、删除和查询等操作。

图 3.6 产品信息页面　　　　　　　　　　　　　　图 3.7 产品信息管理页面

说明 由于路径太长，因此省略了部分路径，省略的路径是“TM\03\EnterpriseWeb”。

视频讲解

3.4　数据库设计

3.4.1　数据库概要说明

由于本网站属于中小型的企业门户网站，因此需要充分考虑到成本问题及用途需求（如跨平台）等问题，而 SQL Server 2014 作为目前常用的数据库，该数据库系统在安全性、准确性和运行速度方面有绝对的优势，并且处理数据量大、效率高，这正好满足了中小型企业的需求，所以本网站采用 SQL Server 2014 数据库。本网站中数据库名称为 db_EnterPrise，其中包含 7 张数据表，分别用于存储不同的信息，如图 3.8 所示。

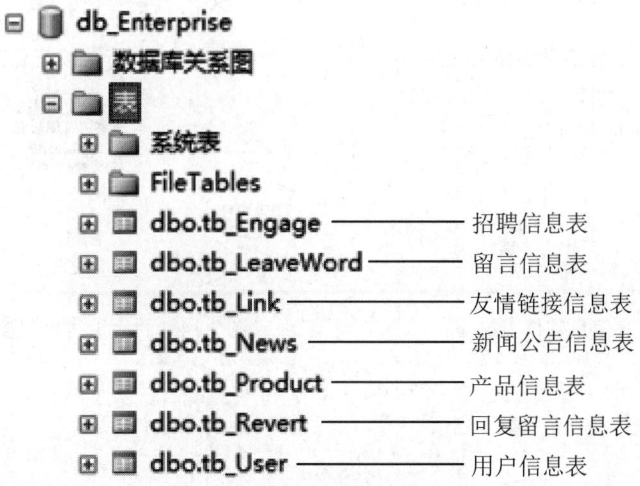
db_Enterprise
数据库关系图
表
系统表
FileTables
dbo.tb_Engage
招聘信息表
dbo.tb_LeaveWord
留言信息表
dbo.tb_Link
友情链接信息表
dbo.tb_News
新闻公告信息表
dbo.tb_Product
产品信息表
dbo.tb_Revert
回复留言信息表
dbo.tb_User
用户信息表

图 3.8　数据库结构

3.4.2　数据库概念设计

通过对企业门户网站进行的需求分析、业务流程设计及系统功能结构的确定，规划出网站中使用的数据库实体对象及实体 E-R 图。

用户信息实体 E-R 图如图 3.9 所示。

产品信息实体 E-R 图如图 3.10 所示。

新闻公告信息实体 E-R 图如图 3.11 所示，友情链接信息实体 E-R 图如图 3.12 所示。

留言信息实体 E-R 图如图 3.13 所示，回复留言信息实体 E-R 图如图 3.14 所示。

招聘信息实体 E-R 图如图 3.15 所示。

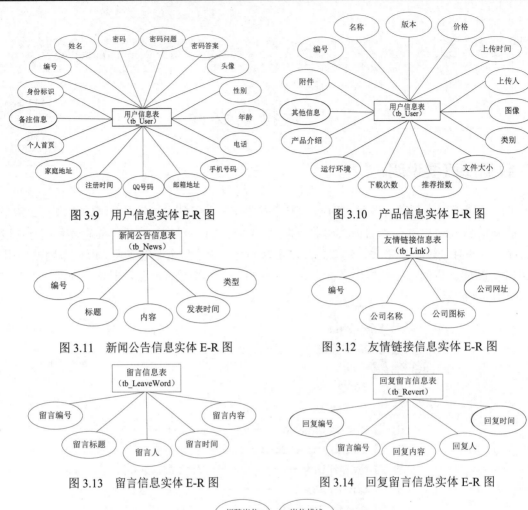

图 3.9 用户信息实体 E-R 图

图 3.10 产品信息实体 E-R 图

图 3.11 新闻公告信息实体 E-R 图

图 3.12 友情链接信息实体 E-R 图

图 3.13 留言信息实体 E-R 图

图 3.14 回复留言信息实体 E-R 图

图 3.15 招聘信息实体 E-R 图

3.4.3 数据库逻辑设计

根据设计好的 E-R 图在数据库中创建数据表，下面给出比较重要的数据表结构。

1. tb_User（用户信息表）

tb_User 表用于保存网站的管理员和用户信息，该表的结构如表 3.1 所示。

表 3.1 用户信息表

字 段 名	数 据 类 型	字 段 大 小	描 述
ID	varchar	20	编号
Name	varchar	100	姓名
Pwd	varchar	50	密码
Question	varchar	100	密码问题
Result	varchar	100	密码答案
Photo	varchar	200	头像
Sex	char	4	性别
Age	int	4	年龄
Tel	varchar	20	联系电话
Mobile	varchar	20	手机号码
Email	varchar	50	邮箱地址
QQ	varchar	10	QQ 号码
RegisterTime	smalldatetime	4	注册时间
Address	varchar	100	家庭地址
NAddress	varchar	50	个人主页
Remark	varchar	4000	备注
Marker	char	10	标识

2．tb_Product（产品信息表）

tb_Product 表用于保存企业的产品、工具软件和补丁等信息，该表的结构如表 3.2 所示。

表 3.2 产品信息表

字 段 名	数 据 类 型	字 段 大 小	描 述
ID	varchar	20	产品编号
Name	varchar	100	名称
Edition	varchar	20	版本
Price	money	8	价格
UpTime	smalldatetime	4	上传时间
UpUser	varchar	50	上传人
Photo	varchar	200	图标
Type	varchar	20	产品类别
FileSize	bigint	8	文件大小
Commend	int	4	推荐指数
LoadNum	bigint	8	下载次数
Environment	varchar	200	运行环境
Introduce	varchar	4000	介绍
Remark	varchar	4000	备注
Accessories	varchar	200	附件

3．tb_News（新闻公告信息表）

tb_News 表用于保存企业的新闻和公告信息，该表的结构如表 3.3 所示。

表 3.3　新闻公告信息表

字　段　名	数　据　类　型	字　段　大　小	描　　述
ID	varchar	20	编号
Title	varchar	200	标题
Content	varchar	4000	内容
DeliverTime	datetime	8	发表时间
Type	char	10	类别

4．tb_Link（友情链接信息表）

tb_Link 表用于保存企业的友情链接信息，该表的结构如表 3.4 所示。

表 3.4　友情链接信息表

字　段　名	数　据　类　型	字　段　大　小	描　　述
ID	varchar	20	编号
Name	varchar	100	公司名称
Photo	varchar	200	公司图标
LAddress	varchar	100	公司网址

5．tb_LeaveWord（留言信息表）

tb_LeaveWord 表用于保存用户的留言信息，该表的结构如表 3.5 所示。

表 3.5　留言信息表

字　段　名	数　据　类　型	字　段　大　小	描　　述
ID	varchar	20	留言编号
Title	varchar	200	留言主题
Host	varchar	100	留言人
LeaveTime	smalldatetime	4	留言时间
Content	varchar	4000	留言内容

6．tb_Revert（回复留言信息表）

tb_Revert 表用于保存用户的回复留言信息，该表的结构如表 3.6 所示。

表 3.6　回复留言信息表

字　段　名	数　据　类　型	字　段　大　小	描　　述
ID	varchar	20	回复编号
LeaveID	varchar	20	留言编号
Content	varchar	4000	回复内容
RevertUser	varchar	100	回复人
RevertTime	smalldatetime	4	回复时间

7. tb_Engage（招聘信息表）

tb_Engage 表用于保存企业的招聘信息，该表的结构如表 3.7 所示。

表 3.7　招聘信息表

字 段 名	数 据 类 型	字 段 大 小	描　　述
ID	varchar	20	编号
EPosition	varchar	20	招聘岗位
PIntroduce	varchar	500	岗位介绍
SchoolAge	char	10	要求学历
PRequest	varchar	4000	岗位要求
Department	varchar	30	工作部门
Place	varchar	100	工作地点
Num	int	4	招聘人数
PutTime	smalldatetime	4	发布时间
Email	varchar	100	联系邮箱

3.5　公共类设计

视频讲解

在网站项目开发中以类的形式来组织、封装一些常用的方法和事件，将会在编程过程中起到事半功倍的效果。本系统创建了两个公共类文件，分别为 DataBase.cs（数据库操作类）和 DataOperate.cs（基础数据操作类），而 DataOperate.cs 公共类文件中又包括 DataOperate（基础数据操作类）、UserOperate（用户操作类）、ProductOperate（产品操作类）、NewsOperate（公告及新闻操作类）、LinkOperate（友情链接操作类）、LeaveWordOperate（留言簿操作类）、RevertOperate（回复留言操作类）和 EngageOperate（招聘信息操作类）8 个类，由于篇幅所限，而且各个操作类的实现原理大致相同，下面主要对 DataBase（数据库操作类）、DataOperate（基础数据操作类）和 UserOperate（用户操作类）3 个公共类进行讲解，其他类及其方法请参见本书附带的资源包。

3.5.1　DataBase 类

DataBase（数据库操作类）类主要实现的功能有打开数据库连接、关闭数据库连接、释放数据库连接资源、传入参数并且转换为 SqlParameter 类型、执行参数命令文本（无返回值）、执行参数命令文本（有返回值）、将命令文本添加到 SqlDataAdapter 和将命令文本添加到 SqlCommand。下面给出所有的数据库操作类源代码，并且进行详细介绍。

在命名空间区域引用 using System.Data.SqlClient 命名空间。为了精确地控制释放未托管资源，必须实现 DataBase 类的 System.IDisposable 接口，IDisposable 接口声明了一个方法 Dispose，该方法不带参数，返回 Void。相关代码如下：

例程 01　代码位置：资源包\TM\03\EnterpriseWeb\App_Code\DataBase.cs

```
using System.Data.SqlClient;
```

```
public class DataBase:IDisposable
{
    public DataBase()
    {
    }
    private SqlConnection con;                          //创建连接对象
    ...
    ...//下面编写相关的功能方法
    ...
}
```

建立数据库的连接主要通过 SqlConnection 类实现，并初始化数据库连接字符串，然后通过 State 属性判断连接状态，如果数据库连接状态为关闭，则打开数据库连接。实现打开数据库连接 Open 方法的代码如下：

例程 02　代码位置：资源包\TM\03\EnterpriseWeb\App_Code\DataBase.cs

```
#region    打开数据库连接
private void Open()
{
    //打开数据库连接
    if (con == null)
    {
        //创建 SqlConnection 对象
        con = new SqlConnection(ConfigurationManager.AppSettings
        ["ConnectionString"]);
    }
    if (con.State == System.Data.ConnectionState.Closed)   //判断数据库连接状态
        con.Open();                                        //打开数据库连接
}
#endregion
```

关闭数据库连接主要通过 SqlConnection 对象的 Close 方法实现。自定义 Close 方法关闭数据库连接的代码如下：

例程 03　代码位置：资源包\TM\03\EnterpriseWeb\App_Code\DataBase.cs

```
#region   关闭连接
public void Close()
{
    if (con != null)
        con.Close();                                       //关闭数据库连接
}
#endregion
```

因为 DataBase 类使用 System.IDisposable 接口，IDisposable 接口声明了一个方法 Dispose，所以在此应该完善 IDisposable 接口的 Dispose 方法，用来释放数据库连接资源。实现释放数据库连接资源的 Dispose 方法的代码如下：

例程 04　代码位置：资源包\TM\03\EnterpriseWeb\App_Code\DataBase.cs

```
#region 释放数据库连接资源
public void Dispose()
{
        //确认连接是否已经关闭
        if (con != null)
        {
            con.Dispose();
            con = null;
        }
}
#endregion
```

本系统向数据库中读/写数据是以参数形式实现的。MakeInParam 方法用于传入参数，MakeParam 方法用于转换参数。实现 MakeInParam 方法和 MakeParam 方法的完整代码如下：

例程 05　代码位置：资源包\TM\03\EnterpriseWeb\App_Code\DataBase.cs

```
/// <summary>
/// 传入参数
/// </summary>
/// <param name="ParamName">存储过程名称或命令文本</param>
/// <param name="DbType">参数类型</param></param>
/// <param name="Size">参数大小</param>
/// <param name="Value">参数值</param>
/// <returns>新的 parameter 对象</returns>
public SqlParameter MakeInParam(string ParamName, SqlDbType DbType, int Size,object Value)
{
        return MakeParam(ParamName, DbType, Size, ParameterDirection.Input, Value);
}
/// <summary>
/// 初始化参数值
/// </summary>
/// <param name="ParamName">存储过程名称或命令文本</param>
/// <param name="DbType">参数类型</param>
/// <param name="Size">参数大小</param>
/// <param name="Direction">参数方向</param>
/// <param name="Value">参数值</param>
/// <returns>新的 parameter 对象</returns>
public SqlParameter MakeParam(string ParamName, SqlDbType DbType, Int32 Size,ParameterDirection
Direction,object Value)
{
    SqlParameter param;
    if (Size > 0)
        param = new SqlParameter(ParamName, DbType, Size);
    else
        param = new SqlParameter(ParamName, DbType);
    param.Direction = Direction;
    if (!(Direction == ParameterDirection.Output && Value == null))
        param.Value = Value;
    return param;
}
```

RunProc 方法为可重载方法，其中，RunProc(string procName, SqlParameter[] prams)方法主要用于执行数据的添加、修改和删除操作；RunProc(string procName)方法用来直接执行 SQL 语句，比如数据库备份与恢复等操作。实现可重载方法 RunProc 的完整代码如下：

例程 06　代码位置：资源包\TM\03\EnterpriseWeb\App_Code\DataBase.cs

```
/// <summary>
/// 执行命令
/// </summary>
/// <param name="procName">命令文本</param>
/// <param name="prams">参数对象</param>
public int RunProc(string procName, SqlParameter[] prams)
{
    SqlCommand cmd = CreateCommand(procName, prams);
    cmd.ExecuteNonQuery();
    this.Close();
    //得到执行成功返回值
    return (int)cmd.Parameters["ReturnValue"].Value;
}
/// <summary>
/// 直接执行 SQL 语句
/// </summary>
/// <param name="procName">命令文本</param>
public int RunProc(string procName)
{
    this.Open();
    SqlCommand cmd = new SqlCommand(procName, con);
    cmd.ExecuteNonQuery();
    this.Close();
    return 1;
}
```

RunProcReturn 方法为可重载方法，返回值为 DataSet 类型，其中，RunProcReturn(string procName, SqlParameter[] prams,string tbName)方法主要用于执行带参数 SqlParameter 的查询命令文本；RunProcReturn(string procName, string tbName)用于直接执行查询 SQL 语句。可重载方法 RunProcReturn 的完整代码如下：

例程 07　代码位置：资源包\TM\03\EnterpriseWeb\App_Code\DataBase.cs

```
/// <summary>
/// 执行查询命令文本，并且返回 DataSet 数据集
/// </summary>
/// <param name="procName">命令文本</param>
/// <param name="prams">参数对象</param>
/// <param name="tbName">数据表名称</param>
public DataSet RunProcReturn(string procName, SqlParameter[] prams,string tbName)
{
    SqlDataAdapter dap=CreateDataAdaper(procName, prams);
    DataSet ds = new DataSet();
    dap.Fill(ds,tbName);
    this.Close();
```

```
        return ds;                                           //得到执行成功返回值
    }
    /// <summary>
    /// 执行命令文本，并且返回 DataSet 数据集
    /// </summary>
    /// <param name="procName">命令文本</param>
    /// <param name="tbName">数据表名称</param>
    /// <returns>DataSet</returns>
    public DataSet RunProcReturn(string procName, string tbName)
    {
        SqlDataAdapter dap = CreateDataAdaper(procName, null);
        DataSet ds = new DataSet();
        dap.Fill(ds, tbName);
        this.Close();
        return ds;                                           //得到执行成功返回值
    }
```

CreateDataAdaper 方法用来将带参数 SqlParameter 的命令文本添加到 SqlDataAdapter 中，并执行命令文本。CreateDataAdaper 方法的完整代码如下：

例程 08　代码位置：资源包\TM\03\EnterpriseWeb\App_Code\DataBase.cs

```
/// <summary>
/// 创建一个 SqlDataAdapter 对象以此来执行命令文本
/// </summary>
/// <param name="procName">命令文本</param>
/// <param name="prams">参数对象</param>
private SqlDataAdapter CreateDataAdaper(string procName, SqlParameter[] prams)
{
    this.Open();
    SqlDataAdapter dap = new SqlDataAdapter(procName,con);
    dap.SelectCommand.CommandType = CommandType.Text;    //执行类型：命令文本
    if (prams != null)
    {
        foreach (SqlParameter parameter in prams)
            dap.SelectCommand.Parameters.Add(parameter);
    }
    //加入返回参数
    dap.SelectCommand.Parameters.Add(new SqlParameter("ReturnValue",SqlDbType.Int, 4,
        ParameterDirection.ReturnValue, false, 0, 0,string.Empty, DataRowVersion.Default, null));
    return dap;
}
```

CreateCommand 方法用来将带参数 SqlParameter 的命令文本添加到 SqlCommand 中，并执行命令文本。CreateCommand 方法的完整代码如下：

例程 09　代码位置：资源包\TM\03\EnterpriseWeb\App_Code\DataBase.cs

```
/// <summary>
/// 创建一个 SqlCommand 对象以此来执行命令文本
/// </summary>
/// <param name="procName">命令文本</param>
```

```
/// <param name="prams"命令文本所需参数</param>
/// <returns>返回 SqlCommand 对象</returns>
private SqlCommand CreateCommand(string procName, SqlParameter[] prams)
{
    this.Open();                              //确认打开连接
    SqlCommand cmd = new SqlCommand(procName, con);
    cmd.CommandType = CommandType.Text;//执行类型：命令文本
    if (prams != null)                        //依次把参数传入命令文本
    {
        foreach (SqlParameter parameter in prams)
            cmd.Parameters.Add(parameter);
    }
    //加入返回参数
    cmd.Parameters.Add(
        new SqlParameter("ReturnValue", SqlDbType.Int, 4,
        ParameterDirection.ReturnValue, false, 0, 0,string.Empty, DataRowVersion.Default, null));
    return cmd;
}
```

3.5.2　DataOperate 类

　　DataOperate（基础数据操作类）类主要实现的功能有自动生成编号、对字符串进行各种验证、上传图片、对 DataList 控件进行数据绑定并分页、截取指定长度的字符串和设置第三方组件 FreeTextBox 中的字体等，下面给出基础数据操作类中各方法的源代码，并且进行详细介绍。

　　getID 方法用来根据数据库中已经存在的记录自动生成编号，其实现代码如下：

例程 10　代码位置：资源包\TM\03\EnterpriseWeb\App_Code\DataOperate.cs

```
public string getID(string tbName, DataSet ds)
{
    string P_Str_ID = "";                    //定义一个字符串，用来存储编号
    int P_Int_ID = 0;                        //int 类型变量，用来记录编号后面的数字
    if (ds.Tables[0].Rows.Count == 0)        //判断数据库中是否存在记录
    {
        P_Str_ID = "BH100001";
    }
    else
    {
        //获取数据库中的最大编号
        P_Str_ID = Convert.ToString(ds.Tables[0].Rows[ds.Tables[0].Rows.Count – 1]["ID"]);
        //截取最大编号后面的数字，并将其加 1
        P_Int_ID = Convert.ToInt32(P_Str_ID.Substring(2, 6)) + 1;
        P_Str_ID = "BH" + P_Int_ID.ToString();        //生成新的编号
    }
    return P_Str_ID;
}
```

　　validateNum 方法用来验证输入的字符串是否为数字，其实现代码如下：

例程 11　代码位置：资源包\TM\03\EnterpriseWeb\App_Code\DataOperate.cs

```
public bool validateNum(string str)                  //验证输入为数字
{
    //使用 Regex 类的 IsMatch 方法自定义正则表达式
    return Regex.IsMatch(str, "^[0-9]*[1-9][0-9]*$");
}
```

说明　验证邮编、电话号码、E-mail 地址和网址的实现的方法与验证数字类似，只是正则表达式有所不同，这里不再一一列举。

UpPhoto 方法主要用来实现上传图片并在 Image 控件中显示上传图片的功能，其实现代码如下：

例程 12　代码位置：资源包\TM\03\EnterpriseWeb\App_Code\DataOperate.cs

```
public void UpPhoto(FileUpload upload, System.Web.UI.WebControls.Image img,string strPath)
{
    string filePath = upload.PostedFile.FileName;        //记录选择的图片完全路径及名称
    //截取图片文件名
    string filename = filePath.Substring(filePath.LastIndexOf("\\") + 1);
    //获取选择的图片格式
string fileEx = filePath.Substring(filePath.LastIndexOf(".") + 1);
    string serverpath = strPath + filename;              //指定图片保存路径
    string relativepath = @"..\images\Photo\" + filename;  //图片的相对路径
    if (fileEx == "jpg" || fileEx == "bmp" || fileEx == "gif")  //判断图片格式
    {
        upload.PostedFile.SaveAs(serverpath);            //保存图片到指定路径
        img.ImageUrl = relativepath;                     //在 Image 控件中显示图片
    }
}
```

dlBind 方法主要用来将数据库的数据绑定到 DataList 控件并进行分页显示，其实现代码如下：

例程 13　代码位置：资源包\TM\03\EnterpriseWeb\App_Code\DataOperate.cs

```
//DataList 控件绑定及分页
public void dlBind(int intCount,DataSet ds,Label labPage,Label labTPage,LinkButton lbtnUp,LinkButton
lbtnNext,LinkButton lbtnBack,LinkButton lbtnOne,DataList dl)
{
    int curpage = Convert.ToInt32(labPage.Text);        //获取当前页
    PagedDataSource ps = new PagedDataSource();          //创建 PagedDataSource 对象
    ps.DataSource = ds.Tables[0].DefaultView;            //为 PagedDataSource 对象指定数据源
    ps.AllowPaging = true;                               //是否可以分页
    ps.PageSize = intCount;                              //显示的数量
    ps.CurrentPageIndex = curpage - 1;                   //取得当前页的页码
    lbtnUp.Enabled = true;
    lbtnNext.Enabled = true;
    lbtnBack.Enabled = true;
    lbtnOne.Enabled = true;
    if (curpage == 1)
    {
        lbtnOne.Enabled = false;                         //不显示第一页按钮
        lbtnUp.Enabled = false;                          //不显示上一页按钮
```

125

```
    }
    if (curpage == ps.PageCount)
    {
        lbtnNext.Enabled = false;                  //不显示下一页
        lbtnBack.Enabled = false;                  //不显示最后一页
    }
    labTPage.Text = Convert.ToString(ps.PageCount);    //显示总页码
    dl.DataSource = ps;                            //为 DataList 指定数据源
    dl.DataKeyField = "ID";                        //指定 DataList 控件绑定的主键
    dl.DataBind();                                 //DataList 绑定
}
```

SubStr 方法主要用来根据用户输入的参数截取指定长度的字符串，其实现代码如下：

例程 14　代码位置：资源包\TM\03\EnterpriseWeb\App_Code\DataOperate.cs

```
public string SubStr(string str, int intLength)
{
    if (str.Length < intLength)                    //判断字符串长度是否小于指定长度
    {
        return str;
    }
    string newStr = str.Substring(0, intLength - 1);   //调用 Substring 方法截取字符串
    newStr = newStr + "...";                       //生成新的字符串
    return newStr;
}
```

strFont 方法主要用来设置第三方组件 FreeTextBox 中的字体，其实现代码如下：

例程 15　代码位置：资源包\TM\03\EnterpriseWeb\App_Code\DataOperate.cs

```
public string[] strFont()
{
    string[] str = null;                           //定义一个字符串数组，并赋值为空
    //为字符串数组赋值
    str = new string[] { "宋体", "楷体_GB2312", "隶书", "华文行楷", "华文中宋", "
新宋体", "黑体", "方正舒体", "方正姚体", "仿宋_GB2312", "华文彩云", "华文细黑", "
华文新魏", "华文中宋"};
    return str;                                    //返回定义的字符串数组
}
```

3.5.3　UserOperate 类

UserOperate（用户操作类）类主要用来实现企业门户网站中用户和管理员的添加、修改、删除、查询和登录等功能。

用户操作类中的方法主要提供给陈述层调用，从编码的角度出发，该类中方法的实现是建立在数据层（数据库操作类 DataBase.cs）基础上，下面将详细介绍。

在用户操作类中，首先定义用户信息的数据结构，代码如下：

例程 16　代码位置：资源包\TM\03\EnterpriseWeb\App_Code\DataOperate.cs

```
#region 定义用户信息—— 数据结构
private string id = "";
private string name = "";
private string pwd = "";
private string question = "";
private string result = "";
private string photo = "";
private string sex = "";
private int age = 0;
private string tel = "";
private string mobile = "";
private string email = "";
private string qq = "";
private DateTime registertime = Convert.ToDateTime(DateTime.Now.
ToShortDateString());
private string address = "";
private string naddress = "";
private string remark = "";
private string marker = "用户";
/// <summary>
/// 编号
/// </summary>
public string ID
{
    get { return id; }
    set { id = value; }
}
/// <summary>
/// 姓名
/// </summary>
public string Name
{
    get { return name; }
    set { name = value; }
}
/// <summary>
/// 密码
/// </summary>
public string Pwd
{
    get { return pwd; }
    set { pwd = value; }
}
/// <summary>
/// 密保问题
/// </summary>
public string Question
{
    get { return question; }
    set { question = value; }
}
```

```
/// <summary>
/// 密保密码
/// </summary>
public string Result
{
    get { return result; }
    set { result = value; }
}
/// <summary>
/// 头像
/// </summary>
public string Photo
{
    get { return photo; }
    set { photo = value; }
}
/// <summary>
/// 性别
/// </summary>
public string Sex
{
    get { return sex; }
    set { sex = value; }
}
/// <summary>
/// 年龄
/// </summary>
public int Age
{
    get { return age; }
    set { age = value; }
}
/// <summary>
/// 电话
/// </summary>
public string Tel
{
    get { return tel; }
    set { tel = value; }
}
/// <summary>
/// 手机号
/// </summary>
public string Mobile
{
    get { return mobile; }
    set { mobile = value; }
}
/// <summary>
/// 邮箱
/// </summary>
```

```csharp
public string Email
{
    get { return email; }
    set { email = value; }
}
/// <summary>
/// QQ 号码
/// </summary>
public string QQ
{
    get { return qq; }
    set { qq = value; }
}
/// <summary>
/// 注册时间
/// </summary>
public DateTime RegisterTime
{
    get { return registertime; }
    set { registertime = value; }
}
/// <summary>
/// 地址
/// </summary>
public string Address
{
    get { return address; }
    set { address = value; }
}
/// <summary>
/// 个人主页
/// </summary>
public string NAddress
{
    get { return naddress; }
    set { naddress = value; }
}
/// <summary>
/// 备注
/// </summary>
public string Remark
{
    get { return remark; }
    set { remark = value; }
}
/// <summary>
/// 标识
/// </summary>
public string Marker
{
    get { return marker; }
```

```
        set { marker = value; }
    }
#endregion
```

AddUser 方法主要实现添加用户信息功能，实现关键技术：创建 SqlParameter 参数数组，通过 DataBase.cs（数据库操作类）中的 MakeInParam 方法将参数值转换为 SqlParameter 类型，存储在数组中，最后调用 DataBase.cs（数据库操作类）中的 RunProc 方法执行命令文本，代码如下：

例程 17　代码位置：资源包\TM\03\EnterpriseWeb\App_Code\DataOperate.cs

```
public int AddUser()
{
    //调用 DataBase 类中的 MakeInParam 方法为 SqlParameter 参数数组赋值
    SqlParameter[] prams = {
            data.MakeInParam("@id", SqlDbType.VarChar, 20, ID),
            data.MakeInParam("@name", SqlDbType.VarChar, 100,Name ),
            data.MakeInParam("@pwd", SqlDbType.VarChar, 50,Pwd),
            data.MakeInParam("@question", SqlDbType.VarChar, 100, Question ),
            data.MakeInParam("@result", SqlDbType.VarChar, 100, Result ),
            data.MakeInParam("@photo", SqlDbType.VarChar, 200, Photo ),
            data.MakeInParam("@sex", SqlDbType.Char, 4, Sex ),
            data.MakeInParam("@age", SqlDbType.Int, 4, Age ),
            data.MakeInParam("@tel", SqlDbType.VarChar, 20, Tel),
            data.MakeInParam("@mobile", SqlDbType.VarChar, 20, Mobile ),
            data.MakeInParam("@email", SqlDbType.VarChar,50, Email ),
            data.MakeInParam("@qq", SqlDbType.VarChar, 10, QQ ),
            data.MakeInParam("@registertime", SqlDbType.DateTime, 4, RegisterTime ),
            data.MakeInParam("@address", SqlDbType.VarChar, 100, Address ),
            data.MakeInParam("@naddress", SqlDbType.VarChar, 50, NAddress ),
            data.MakeInParam("@remark", SqlDbType.VarChar, 4000, Remark ),
            data.MakeInParam("@marker", SqlDbType.Char,10, Marker ),
        };
    //调用 DataBase 类中的 RunProc 方法执行 insert 语句，并返回执行结果
    return (data.RunProc("insert into tb_User (ID, Name,Pwd,Question,Result,
Photo,Sex,Age,Tel,Mobile,Email,QQ,RegisterTime,Address,NAddress,Remark,
Marker)"+ " VALUES (@id,@name,@pwd,@question,@result,@photo,@sex, @age,@tel,
@mobile,@email,@qq,@registertime,@address,@naddress,@remark,@marker)",prams));
}
```

UpdateUser 方法主要实现修改用户信息功能，其实现关键技术与 AddUser 方法类似，代码如下：

例程 18　代码位置：资源包\TM\03\EnterpriseWeb\App_Code\DataOperate.cs

```
public int UpdateUser()
{
    //调用 DataBase 类中的 MakeInParam 方法为 SqlParameter 参数数组赋值
    SqlParameter[] prams = {
            data.MakeInParam("@name", SqlDbType.VarChar, 100,Name ),
            data.MakeInParam("@pwd", SqlDbType.VarChar, 50,Pwd),
            data.MakeInParam("@question", SqlDbType.VarChar, 100, Question ),
            data.MakeInParam("@result", SqlDbType.VarChar, 100, Result ),
            data.MakeInParam("@photo", SqlDbType.VarChar, 200, Photo ),
```

```
            data.MakeInParam("@sex", SqlDbType.Char, 4, Sex ),
            data.MakeInParam("@age", SqlDbType.Int, 4, Age ),
            data.MakeInParam("@tel", SqlDbType.VarChar, 20, Tel),
            data.MakeInParam("@mobile", SqlDbType.VarChar, 20, Mobile ),
            data.MakeInParam("@email", SqlDbType.VarChar,50, Email ),
            data.MakeInParam("@qq", SqlDbType.VarChar, 10, QQ ),
            data.MakeInParam("@registertime", SqlDbType.DateTime, 4, RegisterTime ),
            data.MakeInParam("@address", SqlDbType.VarChar, 100, Address ),
            data.MakeInParam("@naddress", SqlDbType.VarChar, 50, NAddress ),
            data.MakeInParam("@remark", SqlDbType.VarChar, 4000, Remark ),
        };
        //调用 DataBase 类中的 RunProc 方法执行 update 语句，并返回执行结果
        return (data.RunProc("update tb_User set Pwd=@pwd,Question=@question,
Result=@result,Photo=@photo,Sex=@sex,Age=@age,Tel=@tel,"+
"Mobile=@mobile,Email=@email,QQ=@qq,Address=@address,NAddress=@naddress,
Remark=@remark where Name=@name", prams));
    }
```

DeleteUser 方法主要实现根据编号删除用户信息功能，其实现关键技术与 AddUser 方法类似，代码如下：

例程 19　代码位置：资源包\TM\03\EnterpriseWeb\App_Code\DataOperate.cs

```
public int DeleteUser()
{
    //调用 DataBase 类中的 MakeInParam 方法为 SqlParameter 参数数组赋值
    SqlParameter[] prams = {data.MakeInParam("@id",SqlDbType.VarChar, 20, ID), };
    //调用 DataBase 类中的 RunProc 方法执行 delete 语句，并返回执行结果
    return (data.RunProc("delete from tb_User where ID=@id", prams));
}
```

UserOperate（用户操作类）类中定义了 4 种查找用户信息的方法，方法名称分别为 FindUserByName、FindResult、FindUserByMarker 和 GetAllUser，其中，FindUserByName 方法用来根据用户姓名找到用户信息；FindResult 方法用来根据用户姓名和密码问题找到密码答案；FindUserByMarker 方法用来根据标识找到用户信息；GetAllUser 方法用来得到所有用户信息。查找用户信息方法的实现代码如下：

例程 20　代码位置：资源包\TM\03\EnterpriseWeb\App_Code\DataOperate.cs

```
#region 查询用户信息
public DataSet FindUserByName(string tbName)        //根据姓名得到用户信息
{
    //调用 DataBase 类中的 MakeInParam 方法为 SqlParameter 参数数组赋值
    SqlParameter[] prams = {
        data.MakeInParam("@name",    SqlDbType.VarChar, 100,Name+"%"),
    };
    //调用 DataBase 类中的 RunProcReturn 方法执行 select 语句，并返回执行结果
    return (data.RunProcReturn("select * from tb_User where Name like @name",
prams, tbName));
}
public DataSet FindResult(string tbName)              //根据用户名和密保问题得到密保答案
{
```

```
        //调用 DataBase 类中的 MakeInParam 方法为 SqlParameter 参数数组赋值
        SqlParameter[] prams = {
                data.MakeInParam("@name", SqlDbType.VarChar, 100,Name),
                data.MakeInParam("@question", SqlDbType.VarChar, 100, Question ),
        };
        //调用 DataBase 类中的 RunProcReturn 方法执行 select 语句，并返回执行结果
        return (data.RunProcReturn("select Result from tb_User where (Name=@name)
and (Question=@question)",prams, tbName));
}
public DataSet FindUserByMarker(string tbName)     //根据标识得到用户信息
{
        //调用 DataBase 类中的 MakeInParam 方法为 SqlParameter 参数数组赋值
        SqlParameter[] prams = {
                data.MakeInParam("@marker", SqlDbType.Char,10, Marker ),
        };
        //调用 DataBase 类中的 RunProcReturn 方法执行 select 语句，并返回执行结果
        return (data.RunProcReturn("select * from tb_User where Marker=@marker",
prams, tbName));
}
public DataSet GetAllUser(string tbName)               //得到所有用户信息
{
        //调用 DataBase 类中的 RunProcReturn 方法执行 select 语句，并返回执行结果
        return (data.RunProcReturn("select * from tb_User ORDER BY ID", tbName));
}
#endregion
```

UserLogin 和 AdminLogin 方法分别用来实现用户登录和管理员登录功能，其实现关键技术与 AddUser 方法类似，代码如下：

例程 21　代码位置：资源包\TM\03\EnterpriseWeb\App_Code\DataOperate.cs

```
#region 用户登录
public DataSet UserLogin()                        //用户登录
{
        //调用 DataBase 类中的 MakeInParam 方法为 SqlParameter 参数数组赋值
        SqlParameter[] prams = {
                data.MakeInParam("@name", SqlDbType.VarChar, 100,Name),
                data.MakeInParam("@pwd", SqlDbType.VarChar, 50, Pwd),
        };
        //调用 DataBase 类中的 RunProcReturn 方法执行 select 语句，并返回执行结果
        return (data.RunProcReturn("select * from tb_User where (Name = @name) and
(Pwd = @pwd) AND (Marker='用户')", prams, "tb_User"));
}
public DataSet AdminLogin()                       //管理员登录
{
        //调用 DataBase 类中的 MakeInParam 方法为 SqlParameter 参数数组赋值
        SqlParameter[] prams = {
                data.MakeInParam("@name", SqlDbType.VarChar, 100,Name),
                data.MakeInParam("@pwd", SqlDbType.VarChar, 50, Pwd),
        };
        //调用 DataBase 类中的 RunProcReturn 方法执行 select 语句，并返回执行结果
        return (data.RunProcReturn("select * from tb_User where (Name = @name) and
```

```
(Pwd = @pwd) AND (Marker='管理员')", prams, "tb_User"));
    }
#endregion
```

3.6 网站首页设计

3.6.1 网站首页概述

对于企业门户网站来说，首页极为重要，它代表一个公司的企业形象。在企业门户网站的首页中，用户不但可以查看公司的公告信息和新闻信息，而且还可以查看产品信息及工具软件和补丁的下载排行。企业门户网站首页的运行结果如图 3.16 所示。

图 3.16 企业门户网站首页

3.6.2 网站首页技术分析

企业门户网站的首页由很多的用户控件组成，下面对 Web 中的用户控件进行详细介绍。

用户控件是一种复合控件，开发人员可以向用户控件中添加现有的 Web 服务器控件和标记，并定义控件的属性和方法，然后可以将用户控件嵌入 ASP.NET 网页中充当一个单元。

ASP.NET Web 用户控件（.ascx 文件）与完整的 ASP.NET 网页（.aspx 文件）相似，同样具有用户界面和代码，开发人员可以采取与创建 ASP.NET 网页相似的方式创建用户控件，然后向其中添加所需的标记和子控件。用户控件可以像 ASP.NET 网页一样对其所包含的内容进行操作（包括执行数据绑定等任务）。

用户控件与 ASP.NET 网页主要有以下区别：

☑ 　用户控件的文件扩展名为.ascx。

☑ 　用户控件中没有@Page 指令，而是包含@Control 指令，该指令对配置及其他属性进行定义。

☑ 　用户控件不能作为独立文件运行，而必须像处理任何控件一样，将它们添加到 ASP.NET 页中。

☑ 　用户控件中没有 html、body 或 form 元素。

创建用户控件的方法与创建 ASP.NET 网页大致相同，其主要步骤如下：

（1）打开解决方案资源管理器，在项目名称中单击鼠标右键，然后在弹出的快捷菜单中选择"添加新项"命令，弹出图 3.17 所示的"添加新项"对话框，在该对话框中选择"Web 用户控件"选项，并为其命名，单击"添加"按钮即可将 Web 用户控件添加到项目中。

图 3.17　"添加新项"对话框

（2）打开已创建好的 Web 用户控件（用户控件的文件扩展名为.ascx），在.ascx 文件中可以直接添加各种服务器控件及静态文本、图片等。

（3）双击页面上的任何位置，或者直接按 F7 键，可以将视图切换到后台代码文件，程序开发人员可以直接在文件中编写程序代码，包括定义各种成员变量、方法及事件处理程序等。

> 📢注意　创建好用户控件后，必须添加到其他 Web 页中才能显示，而不能直接作为一个网页进行显示，因此也就不能设置用户控件为"起始页"。

3.6.3　网站首页实现过程

　　📋　本模块使用的数据表：tb_Product、tb_News、tb_Link、tb_User

企业门户网站的首页由母版页和内容页组成，下面分别对首页中用到的母版页和内容页的设计进行讲解。

（1）MasterPage.master（母版页）主要使用 Table（表格）、用户控件、HyperLink 控件和 Menu 控件设计完成，它主要用到的控件如表 3.8 所示。

表 3.8　母版页主要用到的控件

控件类型	控件 ID	主要属性设置	用　途
Table	无	无	页面布局
A HyperLink	hpLinkLogin	将 Target 设置为 "_blank"，NavigateUrl 设置为 "~/Manager/Login.aspx"	进入后台登录页面
Menu	Menu1	添加图 3.16 中所示的节点	功能菜单

（2）内容页主要由 Table 表格和用户控件设计完成，其中 Table 表格用来布局页面。

（3）由于该网站前台首页中的母版页和内容页都是由用户控件组成，因此后台无须编写具体的实现代码，只需在 Page_Load 事件下设置网站标题即可。Default.aspx 页面的 Page_Load 事件代码如下：

例程 22　代码位置：资源包\TM\03\EnterpriseWeb\Default.aspx.cs

```
protected void Page_Load(object sender, EventArgs e)
{
    this.Title = "企业门户网";                    //设置网页标题
}
```

3.7　产品信息模块设计

视频讲解

3.7.1　产品信息模块概述

对于一个企业的门户网站，宣传自己公司的产品是必不可少的，本企业门户网站的首页分类展示了公司的最新产品，而且网站导航条中设置了一个"产品展示"菜单，用户可以通过选择其子菜单项查看相关类别的所有产品信息。产品信息页面运行效果如图 3.18 所示。

图 3.18　产品信息页面

3.7.2　产品信息模块技术分析

产品信息模块实现的关键是如何下载正在查看的产品，这里主要用到了 Response 类的 AppendHeader 方法和 WriteFile 方法，下面分别对它们进行详细介绍。

1．AppendHeader 方法

用来将 HTTP 头添加到输出流中，其语法格式如下：

```
public void AppendHeader(string name,string value)
```

- ☑　name：要追加 value 的 HTTP 标头的名称。
- ☑　value：要追加到 name 标头的值。

2．WriteFile 方法

用来将指定的文件直接写入 HTTP 响应输出流，该方法有 4 种重载形式，其中，本系统中用到的重载形式如下：

```
public void WriteFile(string filename)
```

- ☑　filename：要写入 HTTP 输出的文件名。

例如，企业门户网站中使用 Response 类的 AppendHeader 方法和 WriteFile 方法实现了产品的下载功能，关键代码如下：

```
Response.Clear();                                  //清空缓冲区
Response.ClearHeaders();                           //清空缓冲区头
Response.Buffer = false;                           //设置 Response 对象不可以缓冲输出
Response.ContentType = "application/octet-stream";//设置输出流的 HTTP MIME 类型
//将 HTTP 头添加到输出流中
Response.AddHeader("Content-Disposition", "attachment;filename=" +
HttpUtility.UrlEncode(FInfo.FullName, System.Text.Encoding.UTF8));
//将要下载的附件的大小添加到输出流中
Response.AppendHeader("Content-Length", FInfo.Length.ToString());
Response.WriteFile(FInfo.FullName);               //将指定的附件写入输出流中
Response.Flush();                                 //向客户端发送当前所有缓冲的输出
```

> **注意**　这里需要注意的是对文件名进行 UTF8 编码，否则，当文件名为中文名时，下载文件会出现文件名乱码的问题。

3.7.3　产品信息模块实现过程

📋　本模块使用的数据表：tb_Product

产品信息模块的具体实现步骤如下：

（1）新建一个基于 MasterPage.master 母版页的 Web 页面，命名为 Sort.aspx，主要用于查看产品的详细信息，该页面中主要用到的控件如表 3.9 所示。

表 3.9　产品信息页面主要用到的控件

控 件 类 型	控件 ID	主要属性设置	用　　途
Table	无	无	页面布局
Label	labPageTitle	无	页面标识
	labName	无	显示产品名称
	labEdition	无	显示产品版本
	labEnvironment	无	显示运行环境
	labPrice	无	显示产品价格
	labCommend	无	显示推荐指数
	labType	无	显示产品类别
	labSize	无	显示文件大小
	labLoadNum	无	显示下载次数
	labTime	无	显示上传时间
	labIntroduce	无	显示其他说明
	labPage	将 Text 属性设置为 "1"	显示当前页码
	labBackPage	无	显示总页码
LinkButton	lbtnDownload	将 CommandName 属性设置为 "Update"	下载工具软件或补丁
	lbtnOne	将 Text 属性设置为 "第一页"	第一页
	lbtnUp	将 Text 属性设置为 "上一页"	上一页
	lbtnNext	将 Text 属性设置为 "下一页"	下一页
	lbtnBack	将 Text 属性设置为 "最后一页"	最后一页
Image	ImgSoft	无	显示产品图片
DataList	dlInfo	无	显示产品信息

（2）在 Sort.aspx 页面中，首先创建公共类 DataOperate 和 ProductOperate 的对象，以便调用其中的方法，代码如下：

例程 23　代码位置：资源包\TM\03\EnterpriseWeb\User\Sort.aspx.cs

```
DataOperate dataoperate = new DataOperate();              //创建 DataOperate 对象
ProductOperate productoperate = new ProductOperate();     //创建 ProductOperate 对象
```

Sort.aspx 页面的后台代码中自定义了两个方法，分别为 BindInfo 方法和 BindAllInfo 方法。BindInfo 方法用来根据接收的产品、软件或补丁编号查找其详细信息，并将查找结果显示在 DataList 控件中，其实现代码如下：

例程 24　代码位置：资源包\TM\03\EnterpriseWeb\User\Sort.aspx.cs

```
public void BindInfo()
{
    DataSet ds = null;                                    //创建 DataSet 对象，并赋值为空
    if (Request["TID"] != null)                           //判断软件编号是否为空
    {
        this.Title = "企业门户网——软件详细信息";           //设置页面标题
        labPageTitle.Text = "软件详细信息";                 //设置页面标识
        //为 ProductOperate 类中的 ID 实体赋值
```

```
            productoperate.ID = Request["TID"].ToString();
    }
    else if (Request["MID"] != null)                    //判断补丁编号是否为空
    {
        this.Title = "企业门户网——补丁详细信息";
        labPageTitle.Text = "补丁详细信息";
        productoperate.ID = Request["MID"].ToString();
    }
    else
    {
        this.Title = "企业门户网——产品详细信息";
        if (Request["NetID"] != null)                   //判断 Net 产品编号是否为空
        {
            productoperate.ID = Request["NetID"].ToString();
        }
        else if (Request["JavaID"] != null)             //判断 Java 产品编号是否为空
        {
            productoperate.ID = Request["JavaID"].ToString();
        }
        else if (Request["ASPID"] != null)              //判断 ASP 产品编号是否为空
        {
            productoperate.ID = Request["ASPID"].ToString();
        }
        else if (Request["VCID"] != null)               //判断 VC 产品编号是否为空
        {
            productoperate.ID = Request["VCID"].ToString();
        }
        else if (Request["VBID"] != null)               //判断 VB 产品编号是否为空
        {
            productoperate.ID = Request["VBID"].ToString();
        }
        else if (Request["DelphiID"] != null)           //判断 Delphi 产品编号是否为空
        {
            productoperate.ID = Request["DelphiID"].ToString();
        }
    }
    ds = productoperate.FindProductByID("tb_Product");  //根据产品编号获得其详细信息
    dlInfo.DataSource = ds;                             //指定 DataList 数据源
    dlInfo.DataKeyField = "ID";                         //指定 DataList 绑定的主键
    dlInfo.DataBind();
    //设置分页控件的可视化状态为 false
    Label7.Visible = labPage.Visible = Label6.Visible = labBackPage.Visible
    = lbtnOne.Visible = lbtnUp.Visible = lbtnNext.Visible = lbtnBack.Visible = false;
}
```

　　BindAllInfo 方法用来根据接收的类型编号查找产品、软件或补丁信息，并将查找结果显示在 DataList 控件中。BindAllInfo 方法的实现代码如下：

例程 25　代码位置：资源包\TM\03\EnterpriseWeb\User\Sort.aspx.cs

```
public void BindAllInfo()
{
```

```
DataSet ds = null;
if (Request["SortID"] != null)                       //判断工具或补丁类别编号是否为空
{
    if (Int32.Parse(Request["SortID"]) == 0)         //判断工具或补丁类别编号是否为 0
      {
          this.Title = "企业门户网——工具软件下载";  //设置页面标题
          labPageTitle.Text = "工具软件下载";         //设置页面标识
          productoperate.Type = "工具";              //为 ProductOperate 类中的 Type 实体赋值
      }
      else if (Int32.Parse(Request["SortID"]) == 1)   //判断工具或补丁类别编号是否为 1
      {
          this.Title = "企业门户网——补丁下载";
          labPageTitle.Text = "补丁下载";
          productoperate.Type = "补丁";
      }
}
else
{
      this.Title = "企业门户网——产品信息";
      if (Int32.Parse(Request["PID"]) == 0)           //判断产品类别编号是否为 0
      {
          labPageTitle.Text = "C#+ASP.NET";
          productoperate.Type = "C#+ASP.NET";
      }
      else if (Int32.Parse(Request["PID"]) == 1)      //判断产品类别编号是否为 1
      {
          labPageTitle.Text = "Java+JSP";
          productoperate.Type = "Java+JSP";
      }
      else if (Int32.Parse(Request["PID"]) == 2)      //判断产品类别编号是否为 2
      {
          labPageTitle.Text = "ASP+PHP";
          productoperate.Type = "ASP+PHP";
      }
      else if (Int32.Parse(Request["PID"]) == 3)      //判断产品类别编号是否为 3
      {
          labPageTitle.Text = "VC++";
          productoperate.Type = "VC++";
      }
      else if (Int32.Parse(Request["PID"]) == 4)      //判断产品类别编号是否为 4
      {
          labPageTitle.Text = "VB";
          productoperate.Type = "VB";
      }
      else if (Int32.Parse(Request["PID"]) == 5)      //判断产品类别编号是否为 5
      {
          labPageTitle.Text = "Delphi";
          productoperate.Type = "Delphi";
      }
}
ds = productoperate.FindProductByType("tb_Prodcut");//根据类别查找产品信息
```

```
        //设置分页控件的可视化状态为 true
        Label7.Visible = labPage.Visible = Label6.Visible = labBackPage.Visible
        = lbtnOne.Visible = lbtnUp.Visible = lbtnNext.Visible = lbtnBack.Visible = true;
        //调用 DataOperate 类中的 dlBind 方法分页显示各类别的产品信息
        dataoperate.dlBind(15, ds, labPage, labBackPage, lbtnUp, lbtnNext, lbtnBack,
lbtnOne, dlInfo);
    }
```

产品、软件或补丁的详细信息是通过在 Sort.aspx 页面的 HTML 代码页中对相应的 Label 控件绑定进行显示的，由于各 Label 控件的绑定方式相同，这里以"产品名称"为例介绍，将数据表中的 Name 字段绑定到"产品名称"Label 控件上的代码如下：

例程 26　代码位置：资源包\TM\03\EnterpriseWeb\User\Sort.aspx

```
<asp:Label ID="labName" runat="server" Font-Size="9pt" ><%#
DataBinder.Eval(Container.DataItem,"Name") %></asp:Label>
```

Sort.aspx 页面加载时，首先判断接收的参数是产品、软件或补丁编号，还是类别编号，如果是产品、软件或补丁编号，则调用 BindInfo 方法显示数据，如果是类别编号，则调用 BindAllInfo 方法显示数据。Sort.aspx 页面的 Page_Load 事件代码如下：

例程 27　代码位置：资源包\TM\03\EnterpriseWeb\User\Sort.aspx.cs

```
protected void Page_Load(object sender, EventArgs e)
{
    if (!IsPostBack)                            //判断页面是否首次执行
    {
        //判断产品编号是否为空
        if (Request["TID"] != null || Request["MID"] != null || Request["NetID"] !=
null || Request["JavaID"] != null || Request["ASPID"] != null ||
Request["VCID"] != null || Request["VBID"] != null || Request["DelphiID"] != null)
        {
            BindInfo();                         //显示指定产品的详细信息
        }
        else
        {
            BindAllInfo();                      //显示指定类别产品的详细信息
        }
    }
}
```

单击"点击下载"超级链接，如果附件存在，则下载指定的文件，同时调用公共类 ProductOperate 中的 UpdateLoadNum 方法更新文件的下载次数，否则弹出"文件不存在"信息提示。实现下载功能的代码如下：

例程 28　代码位置：资源包\TM\03\EnterpriseWeb\User\Sort.aspx.cs

```
protected void dlInfo_UpdateCommand(object source, DataListCommandEventArgs e)
{
    //获取 DataList 控件中单击项所绑定的主键值
    productoperate.ID = dlInfo.DataKeys[e.Item.ItemIndex].ToString();
```

```
//根据获得产品 ID 获得其详细信息
DataSet ds=productoperate.FindProductByID("tb_Product");
//获得产品的附件路径，并存储在一个字符串中
string strPath = ds.Tables[0].Rows[0][14].ToString();
if (strPath != "")                                //判断附件路径是否存在
{
    FileInfo FInfo = new FileInfo(strPath);       //使用获得的路径创建 FileInfo 对象
    if (FInfo.Exists)                             //判断附件是否存在
    {
        Response.Clear();                         //清空缓冲区
        Response.ClearHeaders();                  //清空缓冲区头
        Response.Buffer = false;                  //设置 Response 对象不可以缓冲输出
        //设置输出流的 HTTP MIME 类型
        Response.ContentType = "application/octet-stream";
        //将 HTTP 头添加到输出流
        Response.AddHeader("Content-Disposition", "attachment;filename=" +
        HttpUtility.UrlEncode(FInfo.FullName, System.Text.Encoding.UTF8));
        //将要下载的附件的大小添加到输出流
        Response.AppendHeader("Content-Length", FInfo.Length.ToString());
        Response.WriteFile(FInfo.FullName);       //将指定的附件写入输出流
        Response.Flush();                         //向客户端发送当前所有缓冲的输出
        productoperate.LoadNum = Convert.ToInt32(ds.Tables[0].Rows[0]
        [10].ToString()) + 1;
        productoperate.UpdateLoadNum();           //更新附件的下载次数
    }
    else
        Response.Write("<script>alert('文件不存在')</script>");
}
```

LinkButton 控件分别用来实现“第一页”、“上一页”、“下一页”和“最后一页”功能，其实现代码如下：

例程 29　代码位置：资源包\TM\03\EnterpriseWeb\User\Sort.aspx.cs

```
protected void lbtnOne_Click(object sender, EventArgs e)        //第一页
{
    labPage.Text = "1";
    BindAllInfo();
}
protected void lbtnUp_Click(object sender, EventArgs e)         //上一页
{
    labPage.Text = Convert.ToString(Convert.ToInt32(labPage.Text) - 1);
    BindAllInfo();
}
protected void lbtnNext_Click(object sender, EventArgs e)       //下一页
{
    labPage.Text = Convert.ToString(Convert.ToInt32(labPage.Text) + 1);
    BindAllInfo();
}
protected void lbtnBack_Click(object sender, EventArgs e)       //最后一页
{
```

```
        labPage.Text = labBackPage.Text;
        BindAllInfo();
    }
```

视频讲解

3.8 留言簿模块设计

3.8.1 留言簿模块概述

本企业门户网站中加入了留言簿模块，以方便与用户进行沟通。作为企业门户网站的留言簿，通常情况下只有留言、查看留言和回复留言的功能，但对于注册用户，登录之后还可以删除对其留言进行的回复。留言页面运行结果如图 3.19 所示。

留言详细信息及回复页面运行结果如图 3.20 所示。

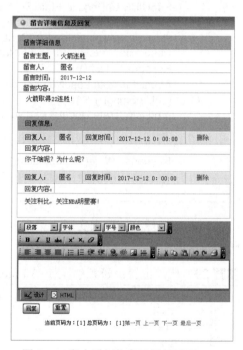

图 3.19　留言页面　　　　图 3.20　留言详细信息及回复页面

3.8.2 留言簿模块技术分析

实现留言簿模块时，主要用到了第三方组件 FreeTextBox，该组件是一个在线文本编辑器，可以对文字及图片内容进行处理，并将数据保存到数据库中。FreeTextBox 组件的配置步骤如下：

（1）将 FreeTextBox.dll 添加到项目中

在"解决方案资源管理器"中用鼠标右键单击项目，在弹出的快捷菜单中选择"添加引用"命令，在弹出的对话框中选择"浏览"选项卡，找到组件存放位置，单击"确定"按钮，系统将自动创建 Bin 文件夹，并将组件存放到该文件夹中。"添加引用"对话框如图 3.21 所示。

图 3.21　"添加引用"对话框

（2）设置 SupportFolder 属性

将存放有 FreeTextBox 组件资源文件的文件夹存放到 aspnet_client 文件夹中，然后设置 SupplorFolder 属性为"aspnet_client/FreeTextBox/"。

（3）向页面中添加组件

配置完成后，即可向页面中的指定位置添加 FreeTextBox 组件。在向页面中添加 FreeTextBox 组件前，首先需要通过代码注册该组件，在 HTML 源码顶部添加注册代码如下：

```
<%@ Register TagPrefix="FTB" Namespace="FreeTextBoxControls"
Assembly="FreeTextBox"%>
在 HTML 源码中的适当位置添加 FreeTextBox 组件的代码如下：
<FTB:FreeTextBox id="FreeTextBox1" runat="Server" Language="zh-cn"
SupportFolder="../aspnet_client/FreeTextBox/" Height="190px" Width="480px"
HtmlModeDefaultsToMonoSpaceFont="True" DownLevelCols="50" DownLevelRows="10"
ButtonDownImage="False" GutterBackColor="LightSteelBlue"
ToolbarBackgroundImage="True" ToolbarLayout="ParagraphMenu,
FontFacesMenu,FontSizesMenu,FontForeColorsMenu| Bold,Italic,Underline,
Strikethro gh;Superscript,Subscript, RemoveFormat|JustifyLeft,JustifyRight,
JustifyCenter, JustifyFull;BulletedList,NumberedList,Ind ent,
Outdent;CreateLink, Unlink,InsertImage,InsertRule|Cut,Copy,
Paste;Undo,Redo,Print" ToolbarStyleConfiguration="NotSet" />
```

注册完成后，回到设计视图，选中 FreeTextBox 组件，进行相关属性设置。

（4）写入数据库

完成以上配置后，就可以使用该组件，例如，留言簿模块中通过 FreeTextBox 组件输入留言内容，并将输入的内容保存到数据库中，关键代码如下：

```
//为 LeaveWordOperage 类中的留言信息实体赋值
leavewordoperate.Title = txtTitle.Text;
leavewordoperate.Content = FreeTextBox1.Text;
leavewordoperate.AddLeaveWord();          //调用 AddLeaveWord 方法添加留言
```

注意　将 FreeTextBox 组件中的内容插入数据库时，需要在 Web.Config 文件的 system.web 节下加入<pages validateRequest="false"/>，否则可能会出现异常。

3.8.3 留言簿模块实现过程

📋 本模块使用的数据表：tb_LeaveWord、tb_Revert

留言簿模块的具体实现步骤如下：

（1）新建一个基于 MasterPage.master 母版页的 Web 页面，命名为 LeaveWord.aspx，主要用于实现查看留言列表和留言功能，该页面中主要用到的控件如表 3.10 所示。

表 3.10　留言页面主要用到的控件

控件类型	控件 ID	主要属性设置	用　途
Table	无	无	页面布局
Label	labPage	将 Text 属性设置为"1"	显示当前页码
	labBackPage	无	显示总页码
TextBox	txtTitle	无	输入留言主题
LinkButton	lbtnOne	将 Text 属性设置为"第一页"	第一页
	lbtnUp	将 Text 属性设置为"上一页"	上一页
	lbtnNext	将 Text 属性设置为"下一页"	下一页
	lbtnBack	将 Text 属性设置为"最后一页"	最后一页
FreeTextBox	FreeTextBox1	无	输入留言内容
DataList	dlLeaveWord	将 RepeatColumns 属性设置为"1"	显示留言标题
Button	btnSubmit	将 Text 属性设置为"留言"	执行留言操作
	btnCancel	将 Text 属性设置为"重置"	清空留言主题和留言内容

（2）新建一个基于 MasterPage.master 母版页的 Web 页面，命名为 LWordInfo.aspx，主要用于实现查看留言详细信息和回复留言的功能，该页面中主要用到的控件如表 3.11 所示。

表 3.11　留言详细信息及回复页面主要用到的控件

控件类型	控件 ID	主要属性设置	用　途
Table	无	无	页面布局
Label	labTitle	无	显示留言主题
	labHost	无	显示留言人
	labTime	无	显示留言时间
	labContent	无	显示留言内容
	labPage	将 Text 属性设置为"1"	显示当前页码
	labBackPage	无	显示总页码
LinkButton	lbtnDel	将 CommandName 属性设置为"Delete"	删除回复信息
	lbtnOne	将 Text 属性设置为"第一页"	第一页

续表

控 件 类 型	控件 ID	主要属性设置	用　　途
	lbtnUp	将 Text 属性设置为"上一页"	上一页
	lbtnNext	将 Text 属性设置为"下一页"	下一页
	lbtnBack	将 Text 属性设置为"最后一页"	最后一页
FreeTextBox	FreeTextBox1	无	输入回复内容
DataList	dlRevertInfo	将 RepeatColumns 属性设置为"1"	显示回复信息
Button	btnSubmit	将 Text 属性设置为"留言"	执行回复操作
	btnCancel	将 Text 属性设置为"重置"	清空回复信息

（3）在 LeaveWord.aspx 页面中，首先创建公共类 DataOperate 和 LeaveWordOperate 的对象，以便调用其中的方法，代码如下：

例程 30　代码位置：资源包\TM\03\EnterpriseWeb\User\LeaveWord.aspx.cs

```
DataOperate dataoperate = new DataOperate();              //创建 DataOperate 对象
//创建 LeaveWordOperate 对象
LeaveWordOperate leavewordoperate = new LeaveWordOperate();
```

LeaveWord.aspx 页面的后台代码中自定义了一个 Bind 方法，该方法用来从数据库中查找留言信息，并显示在 DataList 控件中。Bind 方法的实现代码如下：

例程 31　代码位置：资源包\TM\03\EnterpriseWeb\User\LeaveWord.aspx.cs

```
public void Bind()
{
    DataSet ds = null;                                   //创建一个 DataSet 数据集
    ds = leavewordoperate.GetAllLeaveWord("tb_LeaveWord"); //获取所有留言信息
     //调用 DataOperate 类的 dlBind 方法分页显示所有的留言信息
    dataoperate.dlBind(15, ds, labPage, labBackPage, lbtnUp, lbtnNext, lbtnBack,
lbtnOne, dlLeaveWord);
}
```

LeaveWord.aspx 页面在加载时，首先设置页面标题和第三方组件 FreeTextBox 的字体，然后调用自定义方法 Bind 对 DataList 控件进行数据绑定。LeaveWord.aspx 页面的 Page_Load 事件代码如下：

例程 32　代码位置：资源包\TM\03\EnterpriseWeb\User\LeaveWord.aspx.cs

```
protected void Page_Load(object sender, EventArgs e)
{
    this.Title = "企业门户网——留言簿";                      //设置页面标题
//初始化 FreeTextBox 组件中的字体
    FreeTextBox1.FontFacesMenuList = dataoperate.strFont();  //判断页面是否首次执行
    if (!IsPostBack)
    {
        Bind();                                          //调用 Bind 方法显示留言信息
    }
}
```

在 LeaveWord.aspx 页面中单击"留言"按钮，首先判断留言主题或内容是否为空，如果为空，弹出信息提示，否则调用 LeaveWordOperate 类中的 AddLeaveWord 方法添加留言信息。"留言"按钮的 Click 事件代码如下：

例程 33 代码位置：资源包\TM\03\EnterpriseWeb\User\LeaveWord.aspx.cs

```
protected void btnSubmit_Click(object sender, EventArgs e)
{
    if (txtTitle.Text == "" || FreeTextBox1.Text == "")          //判断留言主题、内容是否为空
    {
        Response.Write("<script language=javascript>alert('留言主题或内容不能为空！')</script>");
    }
    else
    {
        DataSet ds = null;                                        //创建一个 DataSet 数据集
          //获取所有留言信息
        ds = leavewordoperate.GetAllLeaveWord("tb_LeaveWord");
          //自动生成留言编号
        leavewordoperate.ID = dataoperate.getID("tb_LeaveWord", ds);
        if (Request["Name"] != null)                              //判断用户是否登录
        {
            leavewordoperate.Host = Request["Name"].ToString();
        }
        else
        {
            leavewordoperate.Host = "匿名";
        }
          //为 LeaveWordOperage 类中的留言信息实体赋值
        leavewordoperate.Title = txtTitle.Text;
        leavewordoperate.Content = FreeTextBox1.Text;
        leavewordoperate.AddLeaveWord();                          //调用 AddLeaveWord 方法添加留言
        txtTitle.Text = FreeTextBox1.Text = String.Empty;
    }
    Bind();
}
```

在 LWrodInfo.aspx 页面的后台代码中自定义了两个方法，分别为 Bind 方法和 deleteInfo 方法。Bind 方法用来根据接收的留言编号从数据库中查找相关回复信息，并显示在 DataList 控件中。Bind 方法的实现代码如下：

例程 34 代码位置：资源包\TM\03\EnterpriseWeb\User\LeaveWord.aspx.cs

```
private void Bind()
{
    DataSet ds = null;                                           //创建一个 DataSet 数据集
    revertoperate.LeaveID = Request["LWordID"].ToString();       //接收留言编号
    ds = revertoperate.FindRevertByLID("tb_Revert");             //根据留言编号找到回复信息
      //调用 DataOperate 类中的 dlBind 方法分页显示回复信息
    dataoperate.dlBind(8, ds, labPage, labBackPage, lbtnUp, lbtnNext, lbtnBack,lbtnOne, dlRevertInfo);
}
```

deleteInfo 方法用来根据指定的回复编号删除回复信息，其实现代码如下：

例程 35　代码位置：资源包\TM\03\EnterpriseWeb\User\LWordInfo.aspx.cs

```
private void deleteInfo(string revertid)
{
    revertoperate.ID = revertid;                              //获得回复编号
    revertoperate.DeleteRevert();                             //调用 DeleteRevert 方法删除回复信息
    Response.Write("<script>alert('已成功删除回复信息')</script>");
    Bind();
}
```

LWrodInfo.aspx 页面在加载时，首先设置页面标题和第三方组件 FreeTextBox 的字体，然后根据接收的留言编号，从数据库中查找其详细信息，并显示在相应的 Label 控件中，最后调用方法 Bind 显示该留言所对应的回复信息。LWrodInfo.aspx 页面的 Page_Load 事件代码如下：

例程 36　代码位置：资源包\TM\03\EnterpriseWeb\User\LeaveWord.aspx.cs

```
protected void Page_Load(object sender, EventArgs e)
{
    this.Title = "企业门户网——留言详细信息";                   //设置页面标题
    //初始化 FreeTextBox 组件的字体
    FreeTextBox1.FontFacesMenuList = dataoperate.strFont();
    if (!IsPostBack)                                          //判断页面是否首次运行
    {
        DataSet ds = null;                                   //创建一个 DataSet 数据集
        leavewordoperate.ID = Request["LWordID"].ToString(); //接收留言编号
         //根据留言编号查找其回复信息
        ds = leavewordoperate.FindLeaveWordByID("tb_LeaveWord");
         //将回复信息显示在相应的 Label 控件中
        labTitle.Text = ds.Tables[0].Rows[0][1].ToString();
        labHost.Text = ds.Tables[0].Rows[0][2].ToString();
        labTime.Text = ds.Tables[0].Rows[0][3].ToString();
        labContent.Text = ds.Tables[0].Rows[0][4].ToString();
        Bind();
    }
}
```

在 LWrodInfo.aspx 页面中单击"回复"按钮，首先判断回复内容是否为空，如果为空，则弹出信息提示，否则调用 RevertOperate 类中的 AddRevert 方法添加回复信息，同时调用自定义方法 Bind 重新显示最新的回复信息。"回复"按钮的 Click 事件代码如下：

例程 37　代码位置：资源包\TM\03\EnterpriseWeb\User\LeaveWord.aspx.cs

```
protected void btnSubmit_Click(object sender, EventArgs e)
{
    if (FreeTextBox1.Text == "")                             //判断回复内容是否为空
    {
        Response.Write("<script language=javascript>alert('回复内容不能为空！')</script>");
    }
    else
    {
```

```
DataSet ds = null;                              //创建一个 DataSet 数据集
ds = revertoperate.GetAllRevert("tb_Revert");   //获取所有回复信息
revertoperate.ID = dataoperate.getID("tb_Revert", ds);  //自动生成回复编号
revertoperate.LeaveID = Request["LWordID"].ToString();  //接收留言编号
if (Session["Name"] != null)                    //判断用户是否登录
{
    revertoperate.RevertUser = Session["Name"].ToString();
}
else
{
    revertoperate.RevertUser="匿名";
}
revertoperate.Content = FreeTextBox1.Text;      //设置回复内容
revertoperate.AddRevert();                      //调用 AddRevert 方法添加回复信息
FreeTextBox1.Text = string.Empty;
Bind();
}
}
```

在 LWrodInfo.aspx 页面中单击"删除"超级链接，首先判断用户是否登录，如果已经登录，则判断用户是不是该留言的版主或管理员，如果是，则调用自定义方法 deleteInfo 方法删除指定的回复信息。实现删除回复信息的主要代码如下：

例程 38 代码位置：资源包\TM\03\EnterpriseWeb\User\LeaveWord.aspx.cs

```
protected void dlRevertInfo_DeleteCommand(object source, DataListCommandEventArgs e)
{
    //获取当前 DataList 控件列
    string revertid = dlRevertInfo.DataKeys[e.Item.ItemIndex].ToString();
    if (Session["Name"]!= null)                 //判断用户是否登录
    {
        if (Session["Name"].ToString() == labHost.Text)  //判断登录用户是否留言人
        {
            deleteInfo(revertid);               //如果是，则可以删除回复信息
        }
    }
    else if (Session["POP"] != null)            //判断登录用户是不是管理员
    {
        deleteInfo(revertid);                   //如果是，则可以删除回复信息
    }
}
```

视频讲解

3.9 产品信息管理模块设计

3.9.1 产品信息管理模块概述

产品管理模块主要对公司的产品信息进行各种操作，其中主要包括添加产品信息、修改产品信息、删除产品信息和查询产品信息等操作。产品信息管理页面运行结果如图 3.22 所示。

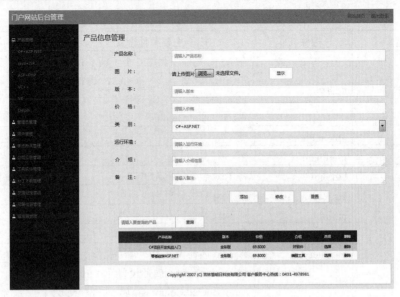

图 3.22　产品信息管理页面

3.9.2　产品信息管理模块技术分析

产品信息管理模块实现时，主要使用 ADO.NET 技术对产品信息进行添加、修改、删除和查询等操作，具体实现时，主要是通过调用 ProductOperate 类中的相关方法实现的。ProductOperate 类是用户自定义的一个产品操作类,其中封装了与产品相关的信息及各种操作方法,它的实现原理与 UserOperate 类（用户操作类）类似，都是建立在数据层（DataBase.cs 数据库操作类）的基础上。ProductOperate 类的实现代码请参见本书附带资源包中的源代码，这里不再详细讲解。

3.9.3　产品信息管理模块实现过程

> 本模块使用的数据表：tb_Product

产品信息管理模块的具体实现步骤如下：

（1）新建一个基于 MasterPage.master 母版页的 Web 页面，命名为 ProductManage.aspx，主要用于对产品信息进行添加、修改、删除和查询等操作，该页面中主要用到的控件如表 3.12 所示。

表 3.12　产品信息管理页面主要用到的控件

控 件 类 型	控件 ID	主要属性设置	用　途
TextBox	txtName	无	输入产品名称
	txtEdition	无	输入版本
	txtPrice	无	输入价格
	txtEnvironment	无	输入运行环境
	txtIntroduce	将 TextMode 属性设置为 "MultiLine"	输入介绍
	txtRemark	将 TextMode 属性设置为 "MultiLine"	输入备注
	txtCondition	无	输入查询条件

续表

控件类型	控件 ID	主要属性设置	用途
DropDownList	ddlType	在 Items 属性中添加 6 个子项，Text 文本分别设置为 "C#+ASP.NET"、"Java+JSP"、"ASP+PHP"、"VC++"、"VB" 和 "Delphi"	选择产品类别
FileUpload	uploadPhoto	无	选择要上传的产品图片
Image	imgPhoto	无	显示上传的产品图片
Button	btnShow	将 Text 属性设置为 "显示"	上传并显示产品图片
	btnAdd	将 Text 属性设置为 "添加"	添加产品信息
	btnEdit	将 Text 属性设置为 "修改"	修改产品信息
	btnCancel	将 Text 属性设置为 "取消"	清空文本框
	btnQuery	将 Text 属性设置为 "查询"	按指定条件查询产品信息
GridView	gvPInfo	将 AllowPaging 属性设置为 "true"，AutoGenerateColumns 属性设置为 "false"，在 ItemTemplate 模板中添加一个 LinkButton 控件，并将该 LinkButton 控件的 CommandName 属性设置为 "select"	显示产品基本信息

（2）在 ProductManage.aspx 页面中，首先创建公共类 DataOperate 和 ProductOperate 的对象，以便调用其中的方法，代码如下：

例程 39　代码位置：资源包\TM\03\EnterpriseWeb\Manager\ProductManage.aspx.cs

```
DataOperate dataoperate = new DataOperate();          //创建 DataOperate 对象
ProductOperate productoperate = new ProductOperate(); //创建 ProductOperate 对象
```

ProductManage.aspx 页面中自定义了一个 BindInfo 方法，该方法用来根据接收的类别编号和输入的查询条件获取指定的产品信息，并显示在 GridView 控件中。BindInfo 方法的实现代码如下：

例程 40　代码位置：资源包\TM\03\EnterpriseWeb\Manager\ProductManage.aspx.cs

```
private void BindInfo()
{
    DataSet ds = null;                              //创建一个 DataSet 数据集
    int intPID = Int32.Parse(Request["PID"]);       //接收产品类别编号
    switch (intPID)
    {
        case 0:
            productoperate.Type = "C#+ASP.NET";     //为 ProductOperate 类中的类别赋值
            ddlType.Text = "C#+ASP.NET";            //将下拉列表的选项设为指定类别
            break;                                  //跳出循环
        case 1:
            productoperate.Type = "Java+JSP";
            ddlType.Text = "Java+JSP";
            break;
```

```
                    case 2:
                        productoperate.Type = "ASP+PHP";
                        ddlType.Text = "ASP+PHP";
                        break;
                    case 3:
                        productoperate.Type = "VC++";
                        ddlType.Text = "VC++";
                        break;
                    case 4:
                        productoperate.Type = "VB";
                        ddlType.Text = "VB";
                        break;
                    case 5:
                        productoperate.Type = "Delphi";
                        ddlType.Text = "Delphi";
                        break;
                }
                if (txtCondition.Text == "")
                {
                    //根据类别获得所有产品信息
                    ds = productoperate.FindProductByType("tb_Prodcut");
                }
                else
                {
                    productoperate.Name = txtCondition.Text;          //为 ProductOperate 类中的名称赋值
                    //根据名称和类别获得产品信息
                    ds = productoperate.FindProductByNT("tb_Product");
                }
                gvPInfo.DataSource = ds;                              //设置 GridView 控件数据源
                gvPInfo.DataKeyNames = new string[] { "ID" };        //设置 GridView 控件绑定的主键名
                gvPInfo.DataBind();                                  //对 GridView 控件进行绑定
            }
```

ProductManage.aspx 页面加载时，调用自定义方法 BindInfo 在 GridView 控件中显示指定类别的产品信息，其实现代码如下：

例程 41　代码位置：资源包\TM\03\EnterpriseWeb\Manager\ProductManage.aspx.cs

```
protected void Page_Load(object sender, EventArgs e)
{
    if (!IsPostBack)                                    //判断页面是否首次执行
    {
        BindInfo();                                     //调用 BindInfo 方法显示产品信息
    }
}
```

单击"添加"按钮，首先判断输入的产品名称是否为空，如果为空，则弹出信息提示，否则调用 DataOperate 类中的 validateNum 方法判断"价格"文本框中输入的是否为数字，如果是数字，则调用 ProductOperate 类中的 AddProduct 方法将产品信息添加到数据库中。"添加"按钮的 Click 事件代码如下：

例程 42　代码位置：资源包\TM\03\EnterpriseWeb\Manager\ProductManage.aspx.cs

```
protected void btnAdd_Click(object sender, EventArgs e)
{
    if (txtName.Text == string.Empty)                        //判断产品名称是否为空
    {
        Response.Write("<script language=javascript>alert('产品名称不能为空！') </script>");
    }
    else if (!dataoperate.validateNum(txtPrice.Text))        //判断价格的输入格式是否正确
    {
        Response.Write("<script language=javascript>alert('价格输入必须为数字！')</script>");
    }
    else
    {
        productoperate.Name = txtName.Text;                  //获取产品名称
        int intPID = Int32.Parse(Request["PID"]);            //接收产品类别编号
        switch (intPID)
        {
            case 0:
                productoperate.Type = "C#+ASP.NET";          //为 ProductOperate 类中的类别赋值
                break;                                       //跳出循环
            case 1:
                productoperate.Type = "Java+JSP";
                break;
            case 2:
                productoperate.Type = "ASP+PHP";
                break;
            case 3:
                productoperate.Type = "VC++";
                break;
            case 4:
                productoperate.Type = "VB";
                break;
            case 5:
                productoperate.Type = "Delphi";
                break;
        }
        //根据产品名称和类别获得产品信息
        DataSet ds = productoperate.FindProductByNT("tb_Product");
        if (ds.Tables[0].Rows.Count > 0)                     //判断数据库是否已经存在该产品
        {
            Response.Write("<script language=javascript>alert('该产品已经存在！')</script>");
            txtName.Text = string.Empty;                     //清空"产品名称"文本框
            txtName.Focus();                                 //使"产品名称"文本框获得焦点
        }
        else
        {
            ds = null;                                       //清空 DataSet 数据集
            ds = productoperate.GetAllProduct("tb_Product"); //获得所有产品信息
                //自动生成产品编号
            productoperate.ID = dataoperate.getID("tb_Product", ds);
                //为 ProductOperate 类中的产品信息实体赋值
```

```
                productoperate.Name = txtName.Text;
                productoperate.Edition = txtEdition.Text;
                productoperate.Price = Convert.ToDecimal(txtPrice.Text);
                productoperate.Photo = imgPhoto.ImageUrl;
                productoperate.Type = ddlType.Text;
                productoperate.Environment = txtEnvionment.Text;
                productoperate.Introduce = txtIntroduce.Text;
                productoperate.Remark = txtRemark.Text;
                productoperate.AddProduct();                   //调用 AddProduct 方法添加产品
                Response.Write("<script language=javascript>alert('产品添加成功！') </script>");
                clearData();                                   //清空各文本框
                BindInfo();
            }
        }
    }
```

当在 GridView 控件中单击“选择”超级链接时，将选中的产品信息显示在相应的文本框中，实现代码如下：

例程 43　代码位置：资源包\TM\03\EnterpriseWeb\Manager\ProductManage.aspx.cs

```
protected void gvPInfo_SelectedIndexChanged(object sender, EventArgs e)
{
        DataSet ds = null;                                     //创建一个 DataSet 数据集
        //获得选择的行的产品编号
        productoperate.ID = gvPInfo.SelectedDataKey.Value.ToString();
        //使用 Session 记录选择的产品编号
        Session["id"] = gvPInfo.SelectedDataKey.Value.ToString();
        ds = productoperate.FindProductByID("tb_Product");     //根据产品编号获得其所有信息
        //将获得的产品信息显示在相应的文本框、下拉列表和 Image 控件中
        txtName.Text = ds.Tables[0].Rows[0][1].ToString();
        txtEdition.Text = ds.Tables[0].Rows[0][2].ToString();
        txtPrice.Text = ds.Tables[0].Rows[0][3].ToString();
        imgPhoto.ImageUrl = ds.Tables[0].Rows[0][6].ToString();
        ddlType.Text = ds.Tables[0].Rows[0][7].ToString();
        txtEnvionment.Text = ds.Tables[0].Rows[0][11].ToString();
        txtIntroduce.Text = ds.Tables[0].Rows[0][12].ToString();
        txtRemark.Text = ds.Tables[0].Rows[0][13].ToString();
        btnAdd.Enabled = false;                                //将“添加”按钮设置为可用状态
}
```

单击“修改”按钮，判断是否选中了要修改的产品，如果是，则调用 ProductOperate 类中的 UpdataProduct 方法修改指定的产品信息，否则弹出“请选择要修改的产品”信息提示。“修改”按钮的 Click 事件代码如下：

例程 44　代码位置：资源包\TM\03\EnterpriseWeb\Manager\ProductManage.aspx.cs

```
protected void btnEdit_Click(object sender, EventArgs e)
{
        if (Session["id"] != null)
        {
            if (txtName.Text == string.Empty)                  //判断产品名称是否为空
```

```
    {
        Response.Write("<script language=javascript>alert('产品名称不能为空！')</script>");
    }
    else if (!dataoperate.validateNum(txtPrice.Text))          //判断价格的输入格式是否合法
    {
        Response.Write("<script language=javascript>alert('价格输入必须为数字！')</script>");
    }
    else
    {
        productoperate.ID = Session["id"].ToString();          //获得选择的产品编号
        //为 ProductOperate 类中的产品信息实体赋值
        productoperate.Name = txtName.Text;
        productoperate.Edition = txtEdition.Text;
        productoperate.Price = Convert.ToDecimal(txtPrice.Text);
        productoperate.Photo = imgPhoto.ImageUrl;
        productoperate.Type = ddlType.Text;
        productoperate.Environment = txtEnvionment.Text;
        productoperate.Introduce = txtIntroduce.Text;
        productoperate.Remark = txtRemark.Text;
        productoperate.UpdateProduct();                        //调用 UpdateProduct 方法修改产品
        Response.Write("<script language=javascript>alert('产品信息修改成功！')</script>");
    }
}
else
{
    Response.Write("<script language=javascript>alert('请选择要修改的产品！')</script>");
}
BindInfo();
}
```

当在 GridView 控件中单击"删除"超级链接时，调用 ProductOperate 类中的 DeleteProduct 方法删除选中的产品信息，实现代码如下：

例程45　　代码位置：资源包\TM\03\EnterpriseWeb\Manager\ProductManage.aspx.cs

```
protected void gvPInfo_RowDeleting(object sender, GridViewDeleteEventArgs e)
{
    //获取要删除的产品编号
    productoperate.ID = gvPInfo.DataKeys[e.RowIndex].Value.ToString();
    productoperate.DeleteProduct();                            //调用 DeleteProduct 方法删除产品
    BindInfo();
}
```

单击"查询"按钮，调用自定义方法 BindInfo 按指定条件查询信息，并显示在 GridView 控件中。"查询"按钮的 Click 事件代码如下：

例程46　　代码位置：资源包\TM\03\EnterpriseWeb\Manager\ProductManage.aspx.cs

```
protected void btnQuery_Click(object sender, EventArgs e)
{
    BindInfo();                                               //根据指定条件查询产品信息
}
```

3.10 文件清单

为了帮助读者了解企业门户网站的文件构成，现以表格形式列出程序的文件清单，如表 3.13 所示。

表 3.13 程序文件清单

文 件 名	文 件 类 型	说 明
DataBase.cs	类文件	数据库操作类
DataOperate.cs	类文件	基础数据操作类
ASPProduct.ascx	用户控件文件	显示 ASP 相关产品
CallBoard.ascx	用户控件文件	显示公告列表
checkcode.aspx	网页文件	生成图片验证码
DelphiProduct.ascx	用户控件文件	显示 Delphi 相关产品
HotNews.ascx	用户控件文件	显示热点新闻列表
JavaProduct.ascx	用户控件文件	显示 Java 相关产品
LimitPop.aspx	网页文件	权限限制页
Link.ascx	用户控件文件	显示友情链接信息
Login.ascx	用户控件文件	用户登录
MasterPage.master	母版页文件	母版页（包含网站中的公共部分）
MendSort.ascx	用户控件文件	显示下载次数排行
NetProduct.ascx	用户控件文件	显示 NET 相关产品
ToolsSort.ascx	用户控件文件	显示工具列表
VBProduct.ascx	用户控件文件	显示 VB 相关产品
VCProduct.ascx	用户控件文件	显示 VC 相关产品
AdminManage.aspx	网页文件	管理员管理页面
BoardAndNewManage.aspx	网页文件	公告及新闻管理页面
EngageManage.aspx	网页文件	招聘信息管理页面
LinkManage.aspx	网页文件	友情链接管理页面
Login.aspx	网页文件	管理员登录页面
LWordInfo.aspx	网页文件	管理员回复留言信息页面
LwordManage.aspx	网页文件	留言管理页面
ProductManage.aspx	网页文件	产品管理页面
ToolsAndMendManage.aspx	网页文件	工具及下载管理页面
UserInfo.aspx	网页文件	用户详细信息页面
UserManage.aspx	网页文件	用户管理页面
CallBoardAndNews.aspx	网页文件	公告及新闻列表页面
CNInfo.aspx	网页文件	公告及新闻详细信息页面
EngageInfo.aspx	网页文件	招聘信息页面
GetPwd.aspx	网页文件	找回密码页面

续表

文 件 名	文 件 类 型	说　明
InName.aspx	网页文件	输入用户名页面
InResult.aspx	网页文件	输入问题答案页面
LeaveWord.aspx	网页文件	留言页面
LWordInfo.aspx	网页文件	查看留言及其回复信息页面
Register.aspx	网页文件	用户注册页面
RegPro.aspx	网页文件	注册协议页面
Sort.aspx	网页文件	查看产品详细信息页面
EnterpriseWeb.sln	解决方案资源文件	解决方案资源文件
Default.aspx	网页文件	主页面
licenses.licx	通行证文件	第三方控件通行证
CSS.css	css 样式文件	样式文件
Web.Config	配置文件	网页配置文件

3.11　开发技巧与难点分析

在开发企业门户网站过程中，笔者遇到了一些问题，现在将这些问题及其解析与读者分享，希望对读者的学习有一定的帮助。

3.11.1　如何生成图片验证码

目前，网站为了防止用户恶意注册、登录和灌水，一般都采用了验证码技术，所谓验证码，就是随机产生的一组字符串。

为了更好地维护网络安全，本企业门户网站中实现了图片验证码，其实现原理是，首先使用 Random 类随机生成一组字符串（包括数字和字母），然后使用 GDI+绘图技术将随机生成的字符串绘制成图片，输出到页面中。生成图片验证码的关键代码如下：

```
private string GenerateCheckCode()
{
    int number;
    char code;
    string checkCode = String.Empty;              //定义一个变量，存储验证码字符串
    System.Random random = new Random();          //创建 Random 对象
    for (int i = 0; i < 4; i++)
    {
        number = random.Next();                   //调用 Next 方法返回一个随机数
        //通过判断生成的随机数的奇偶性确定验证码字符串中的某一位是数字还是字母
        if (number % 2 == 0)
            code = (char)('0' + (char)(number % 10));
        else
```

```
                code = (char)('A' + (char)(number % 26));
            checkCode += code.ToString();              //组合新的验证码字符串
    }
    //使用 Cookie 记录生成的验证码字符串
    Response.Cookies.Add(new HttpCookie("CheckCode", checkCode));
    return checkCode;
}
private void CreateCheckCodeImage(string checkCode)
{
    //判断验证码是否为空
    if (checkCode == null || checkCode.Trim() == String.Empty)
        return;
    //根据验证码字符串的长度创建一个 Bitmap 对象
    System.Drawing.Bitmap image = new System.Drawing.Bitmap ((int)Math.Ceiling((checkCode.Length *
12.5)), 22);
    Graphics g = Graphics.FromImage(image);          //创建 Graphics 对象
    try
    {
        Random random = new Random();                //生成随机生成器
        g.Clear(Color.White);                        //清空图片背景色
        //画图片的背景噪音线
        for (int i = 0; i < 2; i++)
        {
            int x1 = random.Next(image.Width);
            int x2 = random.Next(image.Width);
            int y1 = random.Next(image.Height);
            int y2 = random.Next(image.Height);
            g.DrawLine(new Pen(Color.Black), x1, y1, x2, y2);
        }
        Font font = new System.Drawing.Font("Arial", 12, (System.Drawing.
FontStyle.Bold | System.Drawing.FontStyle.Italic));          //定义绘制图片的字体
        //定义绘制图片的画刷
        System.Drawing.Drawing2D.LinearGradientBrush brush = new System.
Drawing.Drawing2D.LinearGradientBrush(new Rectangle(0, 0,
image.Width, image.Height), Color.Blue, Color.DarkRed, 1.2f, true);
        g.DrawString(checkCode, font, brush, 2, 2);          //将验证码字符串绘制成图片
        //画图片的前景噪音点
        for (int i = 0; i < 100; i++)
        {
            int x = random.Next(image.Width);
            int y = random.Next(image.Height);
            image.SetPixel(x, y, Color.FromArgb(random.Next()));
        }
        //画图片的边框线
        g.DrawRectangle(new Pen(Color.Silver), 0, 0, image.Width - 1,image.Height - 1);
        System.IO.MemoryStream ms = new System.IO.MemoryStream();
//将验证码以 GIF 格式保存在内存数据流中
        image.Save(ms, System.Drawing.Imaging.ImageFormat.Gif);
        Response.ClearContent();                     //清空缓冲区的所有内容输出
        Response.ContentType = "image/Gif";          //设置输出流的 HTTP MIME 类型
        Response.BinaryWrite(ms.ToArray());          //将图片以二进制格式写入输出流中
```

```
        }
        finally
        {
            g.Dispose();                                //释放 Graphics 对象资源
            image.Dispose();                            //释放 Bitmap 对象资源
        }
    }
```

3.11.2 通过 DataList 分页显示信息

在企业门户网站的开发实现过程中，很多地方都用到了 DataList 分页技术。相对 GridView 中自带的分页功能来说，DataList 分页技术则需要开发人员通过手动编写代码的方式来实现，这使得开发人员在选择分页时更加自由，下面对 DataList 分页技术进行详细讲解。

DataList 控件的分页实现是借助 PagedDataSource 类实现的，该类封装了数据控件的分页属性，其常用属性及说明如下。

- ☑ AllowPaging：获取或设置是否启用分页。
- ☑ AllowCustomPaging：获取或设置是否启用自定义分页。
- ☑ CurrentPageIndex：获取或设置当前显示页的索引。
- ☑ DataSource：获取或设置用于填充控件中项的源数据。
- ☑ PageSize：获取或设置要在数据绑定控件的每页上显示的项数。
- ☑ PageCount：获取显示数据绑定控件中各项所需的总页数。
- ☑ FirstIndexPage：获取页中的第一个索引。
- ☑ IsFirstPage：获取一个值，该值指示当前页是否是首页。
- ☑ IsLastPage：获取一个值，该值指示当前页是否是最后一页。

本企业门户网站中的 DataList 分页实现封装在 DataOperate 类中，关键代码如下：

```
public void dlBind(int intCount,DataSet ds,Label labPage,Label
labTPage,LinkButton lbtnUp,LinkButton lbtnNext,LinkButton lbtnBack,LinkButton lbtnOne,DataList dl)
{
    int curpage = Convert.ToInt32(labPage.Text);     //获取当前页
    PagedDataSource ps = new PagedDataSource();       //创建 PagedDataSource 对象
    ps.DataSource = ds.Tables[0].DefaultView;         //为 PagedDataSource 对象指定数据源
    ps.AllowPaging = true;                            //是否可以分页
    ps.PageSize = intCount;                           //显示的数量
    ps.CurrentPageIndex = curpage - 1;                //取得当前页的页码
    lbtnUp.Enabled = true;
    lbtnNext.Enabled = true;
    lbtnBack.Enabled = true;
    lbtnOne.Enabled = true;
    if (curpage == 1)
    {
        lbtnOne.Enabled = false;                      //不显示"第一页"按钮
        lbtnUp.Enabled = false;                       //不显示"上一页"按钮
    }
    if (curpage == ps.PageCount)
```

```
{
    lbtnNext.Enabled = false;                    //不显示"下一页"按钮
    lbtnBack.Enabled = false;                    //不显示"最后一页"按钮
}
labTPage.Text = Convert.ToString(ps.PageCount);  //显示总页码
dl.DataSource = ps;                              //为 DataList 指定数据源
dl.DataKeyField = "ID";                          //指定 DataList 控件绑定的主键
dl.DataBind();                                   //DataList 绑定
}
```

3.12　本章总结

企业门户网站的后台使用了 IFrame 框架来布局页面，在使用 IFrame 框架布局页面时，需要设置以下属性。

☑　src：要在框架中显示页面的 URL。

☑　name：用来设置框架名，以标识该框架。

这里需要注意的是，虽然使用框架能够更方便地布局页面，但也不能滥用，框架的最常见用途就是导航。一组框架通常包括一个含有导航条的框架和另一个要显示主要内容页面的框架，如果框架使用恰当，则这些框架对于某些站点可能非常有用。

使用框架具有以下优点：

（1）访问者的浏览器不需要为每个页面重新加载与导航相关的图形。

（2）每个框架都具有自己的滚动条，因此访问者可以独立滚动这些框架。例如，当框架中的内容页面较长时，如果导航条位于不同的框架中，那么向下滚动到页面底部的访问者就不需要再滚动回顶部来使用导航条。

使用框架有许多优点，但同样地，它也存在缺点。使用框架主要有以下缺点：

（1）难以实现不同框架中各元素的精确图形对齐。

（2）对导航进行测试可能很耗时间。

（3）各个带有框架的页面的 URL 不显示在浏览器中，因此访问者可能难以将特定页面设为书签。

了解了使用框架的优缺点之后，在开发网站过程中，就可以根据对网站的利弊大小来确定是否需要使用框架技术。

第 **4** 章

图书馆管理系统

（ASP.NET 4.5+SQL Server 2014+三层架构实现）

随着网络技术的高速发展，计算机应用的普及，利用计算机对图书馆的日常工作进行管理势在必行。虽然目前很多大型的图书馆已经有一整套比较完善的管理系统，但是在一些中小型的图书馆中，大部分工作仍需由手工完成，工作起来效率比较低，管理员不能及时了解图书馆内各类图书的借阅情况，读者需要的图书难以在短时间内找到，不便于及时地调整图书结构。为了更好地适应当前读者的借阅需求，解决手工管理中存在的许多弊端，越来越多的中小型图书馆正在逐步向计算机信息化管理转变。

通过阅读本章，可以学习到：

▶▶ 了解如何对一个系统做需求分析及前期策划

▶▶ 掌握如何使用 SQL Server 2014 数据库

▶▶ 掌握三层架构开发技术

▶▶ 掌握图书馆管理系统的开发流程

▶▶ 了解网站的编译与发布

配置说明

视频讲解

4.1　开发背景

　　×××图书馆是吉林省一家私营的大型图书馆企业，本图书馆本着"读者就是上帝""为读者节省每一分钱"的服务宗旨，企业利润逐年提高，规模不断壮大，经营图书品种、数量也逐渐增多。在企业不断发展的同时，企业传统的人工方式管理暴露了一些问题。例如，读者想要借阅一本书，图书管理人员需要花费大量时间在茫茫的书海中苦苦"寻觅"，如果找到了读者想要借阅的图书还好，否则只能向读者苦笑着说"抱歉"了。企业为提高工作效率，同时摆脱图书管理人员在工作中出现的尴尬局面，现需要委托其他单位开发一个图书馆管理系统。

4.2　需求分析

　　长期以来，人们使用传统的人工方式管理图书馆的日常业务，其操作流程比较烦琐。在借书时，读者首先将要借的书和借阅证交给工作人员，工作人员然后将每本书的信息卡片和读者的借阅证放在一个小格栏中，最后在借阅证和每本书后的借阅条上填写借阅信息。还书时，读者首先将要还的书交给工作人员，工作人员然后根据图书信息找到相应的书卡和借阅证，并填好相应的还书信息。

　　从上述描述中可以发现传统的手工流程存在的不足，首先，处理借书、还书业务流程的效率很低；其次，处理能力比较低，一段时间内，所能服务的读者人数是有限的。为此，我们开发了一个图书馆管理系统，该系统需要为中小型图书馆解决上述问题，并提供快速的图书信息检索功能和方便的图书借阅、归还流程。

4.3　系统设计

4.3.1　系统目标

　　根据前面所做的需求分析可以得出，图书馆管理系统实施后，应达到以下目标。
- ☑　界面设计友好、美观。
- ☑　数据存储安全、可靠。
- ☑　信息分类清晰、准确。
- ☑　强大的查询功能，保证数据查询的灵活性。
- ☑　实现对图书借阅和归还过程的全程数据信息跟踪。
- ☑　提供图书借阅排行榜，为图书馆管理员提供了真实的数据信息。
- ☑　提供灵活、方便的权限设置功能，使整个系统的管理分工明确。
- ☑　具有易维护性和易操作性。

4.3.2　系统功能结构

根据图书馆管理系统的特点，可以将其分为系统设置、读者管理、图书管理、图书借还、系统查询和排行榜 6 个部分，其中各个部分及其包括的具体功能模块如图 4.1 所示。

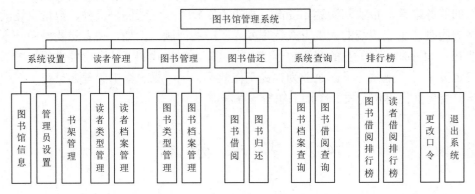

图 4.1　系统功能结构图

4.3.3　系统流程图

图书馆管理系统的系统流程如图 4.2 所示。

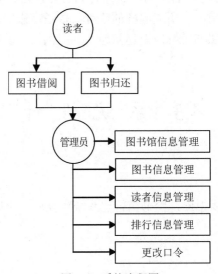

图 4.2　系统流程图

4.3.4　系统预览

图书馆管理系统由多个页面组成，下面仅列出几个典型页面，其他页面参见资源包中的源程序。

系统登录页面如图 4.3 所示，该页面用于实现管理员登录。主界面如图 4.4 所示，该页面用于实现显示系统导航、图书借阅排行和版权信息等功能。

图 4.3　系统登录页面（资源包\TM\04\···\Login.aspx）　　　　图 4.4　主界面（资源包\TM\04\···\Default.aspx）

　　图书借阅页面如图 4.5 所示，该页面用于实现图书借阅功能。图书借阅查询页面如图 4.6 所示，该页面用于实现按照各种条件查询图书借阅信息。

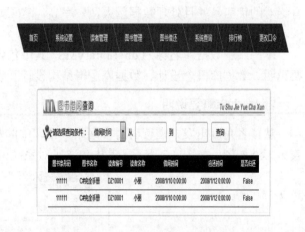

图 4.5　图书借阅页面

（资源包\TM\04\···\BorrowBook.aspx）

4.6　图书借阅查询页面

（资源包\TM\04\···\BorrowQuery.aspx）

4.3.5　构建开发环境

1. 网站开发环境

- ☑ 网站开发环境：Microsoft Visual Studio 2017。
- ☑ 网站开发语言：ASP.NET+C#。
- ☑ 网站后台数据库：SQL Server 2014。
- ☑ 开发环境运行平台：Windows 7/ Windows 10。

2．服务器端

- ☑ 操作系统：Windows 7。
- ☑ Web 服务器：IIS 6.0 以上版本。
- ☑ 数据库服务器：SQL Server 2014。
- ☑ 浏览器：Chrome 浏览器、Firefox 浏览器。
- ☑ 网站服务器运行环境：Microsoft .NET Framework SDK v4.5。

3．客户端

- ☑ 浏览器：Chrome 浏览器、Firefox 浏览器。
- ☑ 分辨率：最佳效果 1280×800 像素或更高像素。

4.3.6　数据库设计

1．数据库分析

由于本系统是为中小型的图书馆开发的程序，需要充分考虑到成本问题及用户需求（如跨平台）等问题，而 SQL Server 2014 作为目前较新的数据库，该数据库系统在安全性、准确性和运行速度方面有绝对的优势，并且处理数据量大、效率高，这正好满足了中小型企业的需求，所以本系统采用 SQL Server 2014 数据库。

本网站中数据库名称为 db_LibraryMS，其中包含 10 张数据表和两个视图。下面分别给出数据表概要说明、数据库概念设计、数据库逻辑结构设计及视图设计。

2．数据库概要说明

从读者角度出发，使读者对本网站数据库中的数据表有一个更清晰的认识，笔者在此设计了数据表树形结构图，如图 4.7 所示，其中包含了对系统中所有数据表的相关描述。

图 4.7　数据表树形结构图

3．数据库概念设计

根据以上各节对系统所做的需求分析、系统设计，规划出本系统中使用的数据库实体主要有图书馆信息实体、图书信息实体、读者信息实体、图书借还实体和管理员信息实体等。下面介绍几个主要实体的 E-R 图。

　　作为一个图书馆管理系统，首先需要有图书馆信息，为此需要创建一个图书馆信息实体，用来保存图书馆的详细信息。图书馆信息实体 E-R 图如图 4.8 所示。

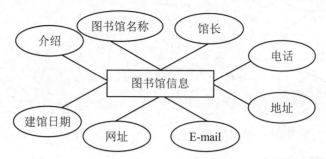

图 4.8　图书馆信息实体 E-R 图

　　图书馆管理系统中最重要的是要有图书，如果一个图书馆中连图书都没有，又何谈图书馆呢？这里创建了一个图书信息实体，用来保存图书馆中图书的详细信息。图书信息实体 E-R 图如图 4.9 所示。

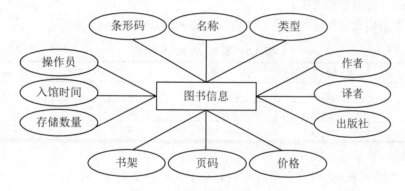

图 4.9　图书信息实体 E-R 图

　　读者是图书馆的重要组成部分，可以说如果没有读者，一个图书馆就无法生存下去，这里创建了一个读者信息实体，用来保存读者的详细信息。读者信息实体 E-R 图如图 4.10 所示。

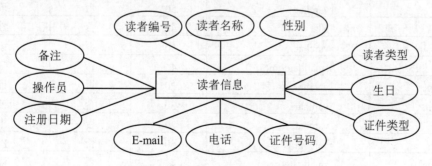

图 4.10　读者信息实体 E-R 图

　　图书借还是图书馆管理系统中的一项重要工作，办理图书馆管理系统的主要目的就是方便读者借阅和归还图书，因此需要创建一个图书借还实体，用来保存读者借阅和归还图书的详细信息。图书借还实体 E-R 图如图 4.11 所示。

为了增加系统的安全性，每个管理员只有在系统登录模块验证成功后才能进入主窗体。这时，就要在数据库中创建一个存储登录用户名和密码的管理员信息实体。管理员信息实体 E-R 图如图 4.12 所示。

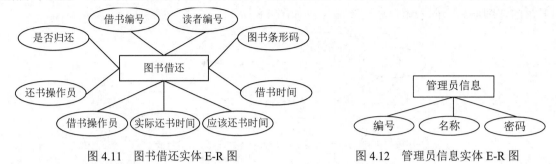

图 4.11　图书借还实体 E-R 图　　　　图 4.12　管理员信息实体 E-R 图

4．数据库逻辑结构设计

在设计完数据库实体 E-R 图之后，下面将根据实体 E-R 图设计数据表结构。由于篇幅有限，下面只将主要数据表的数据结构和用途分别列出来，其他数据表参见本书附带资源包。

（1）tb_admin（管理员信息表）

表 tb_admin 主要用来保存管理员的基本信息，该表的结构如表 4.1 所示。

表 4.1　表 tb_admin 的结构

字 段 名	数 据 类 型	长　度	主　键	描　述
Id	varchar	50	是	管理员编号
name	varchar	50	否	管理员名称
pwd	varchar	30	否	密码

（2）tb_reader（读者信息表）

表 tb_reader 主要用来保存读者的详细信息，该表的结构如表 4.2 所示。

表 4.2　表 tb_reader 的结构

字 段 名	数 据 类 型	长　度	主　键	描　述
id	varchar	30	是	读者编号
name	varchar	50	否	读者名称
sex	char	4	否	性别
type	varchar	50	否	读者类型
birthday	smalldatetime	4	否	生日
paperType	varchar	20	否	证件类型
paperNum	varchar	30	否	证件号码
tel	varchar	20	否	电话
email	varchar	50	否	E-mail
createDate	smalldatetime	4	否	注册日期
oper	varchar	30	否	操作员
remark	text	16	否	备注
borrownum	int	4	否	借阅次数

（3）tb_library（图书馆信息表）

表 tb_ library 主要用来保存图书馆详细信息，该表的结构如表 4.3 所示。

表 4.3　表 tb_ library 的结构

字　段　名	数　据　类　型	长　度	主　键	描　述
libraryname	varchar	50	否	图书馆名称
curator	varchar	20	否	馆长
tel	varchar	20	否	电话
address	varchar	40	否	地址
email	varchar	100	否	E-mail
url	varchar	100	否	网址
createDate	smalldatetime	4	否	建馆日期
introduce	text	16	否	介绍

（4）tb_bookinfo（图书信息表）

表 tb_ bookinfo 主要用来保存图书详细信息，该表的结构如表 4.4 所示。

表 4.4　表 tb_ bookinfo 的结构

字　段　名	数　据　类　型	长　度	主　键	描　述
bookcode	varchar	30	是	图书条形码
bookname	varchar	50	否	图书名称
type	varchar	50	否	图书类型
autor	varchar	50	否	作者
translator	varchar	50	否	译者
pubname	varchar	100	否	出版社
price	money	8	否	价格
page	int	4	否	页码
bcase	varchar	50	否	书架
storage	bigint	8	否	存储数量
inTime	smalldatetime	4	否	入馆时间
oper	varchar	30	否	操作员
borrownum	int	4	否	被借次数

（5）tb_borrowandback（图书借还表）

表 tb_ borrowandback 主要用来保存图书的借阅和归还信息，该表的结构如表 4.5 所示。

表 4.5　表 tb_ borrowandback 的结构

字　段　名	数　据　类　型	长　度	主　键	描　述
id	varchar	30	是	借书编号
readid	varchar	20	否	读者编号
bookcode	varchar	30	否	图书条形码
borrowTime	smalldatetime	4	否	借书时间

续表

字 段 名	数据类型	长 度	主 键	描 述
ygbackTime	smalldatetime	4	否	应该还书时间
sjbackTime	smalldatetime	4	否	实际还书时间
borrowoper	varchar	30	否	借书操作员
backoper	varchar	30	否	还书操作员
isback	bit	1	否	是否归还

（6）tb_purview（权限信息表）

表 tb_ purview 主要用来保存管理员的权限信息，该表中的 id 字段与管理员信息表（tb_admin）中的 id 字段相关联，该表的结构如表 4.6 所示。

表 4.6　表 tb_ purview 的结构

字 段 名	数据类型	长 度	主 键	描 述
id	varchar	50	是	管理员编号
sysset	bit	1	否	系统设置
readset	bit	1	否	读者管理
bookset	bit	1	否	图书管理
borrowback	bit	1	否	图书借还
sysquery	bit	1	否	系统查询

5．视图设计

视图是一种常用的数据库对象，使用时，可以把它看成虚拟表或存储在数据库中的查询，它为查询和存取数据提供了另外一种途径。与在表中查询数据相比，使用视图查询可以简化数据操作，并提供数据库的安全性。

本系统用到了两个视图，分别为 view_AdminPurview 和 view_BookBRInfo。下面对它们分别进行介绍。

（1）view_AdminPurview

视图 view_AdminPurview 主要用于保存管理员的权限信息，创建该视图的 SQL 代码如下：

```
CREATE VIEW [dbo].[view_AdminPurview]
AS
SELECT dbo.tb_admin.id,dbo.tb_admin.name,dbo.tb_purview.sysset,dbo.tb_purview.readset,dbo.tb_purview.bookset,dbo. tb_purview.borrowback, dbo.tb_purview.sysquery
FROM   dbo.tb_admin INNER JOIN dbo.tb_purview ON dbo.tb_admin.id = dbo.tb_purview.id
```

（2）view_ BookBRInfo

视图 view_ BookBRInfo 主要用于保存读者借书和还书的详细信息，创建该视图的 SQL 代码如下：

```
CREATE VIEW [dbo].[view_BookBRInfo]
AS
SELECT dbo.tb_borrowandback.id, dbo.tb_borrowandback.readerid, dbo.tb_borrowandback.bookcode, dbo.tb_bookinfo. bookname, dbo.tb_bookinfo.pubname,
```

dbo.tb_bookinfo.price, dbo.tb_bookinfo.bcase, dbo.tb_borrowandback.borrowTime, dbo.tb_borrowandback.
ygbackTime, dbo.tb_borrowandback.isback, dbo.tb_reader.name, dbo.tb_reader.id AS Expr1
FROM　　 dbo.tb_bookinfo INNER JOIN
　　 dbo.tb_borrowandback ON dbo.tb_bookinfo.bookcode = dbo.tb_borrowandback.bookcode INNER JOIN
　　 dbo.tb_reader ON dbo.tb_borrowandback.readerid = dbo.tb_reader.id

4.3.7　网站文件组织结构

编写代码之前，可以把系统中可能用到的文件夹先创建出来（例如，创建一个名为 images 的文件夹，用于保存网站中所使用的图片），这样不但可以方便以后的开发工作，也可以规范网站的整体架构。笔者在开发图书馆管理系统时，设计了如图 4.13 所示的文件夹架构图。在开发时，只需要将所创建的文件保存在相应的文件夹中即可。

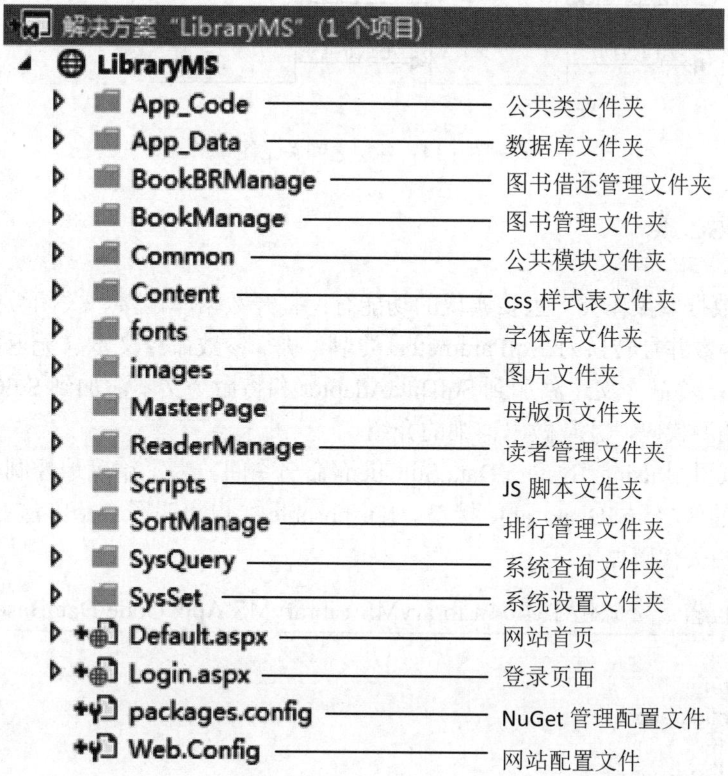

```
解决方案 "LibraryMS"（1 个项目）
⏷ ⬤ LibraryMS
  ▷ ▣ App_Code ————————————— 公共类文件夹
  ▷ ▣ App_Data ————————————— 数据库文件夹
  ▷ ▣ BookBRManage —————————— 图书借还管理文件夹
  ▷ ▣ BookManage —————————— 图书管理文件夹
  ▷ ▣ Common ——————————————— 公共模块文件夹
  ▷ ▣ Content —————————————— css 样式表文件夹
  ▷ ▣ fonts ———————————————— 字体库文件夹
  ▷ ▣ images ——————————————— 图片文件夹
  ▷ ▣ MasterPage ——————————— 母版页文件夹
  ▷ ▣ ReaderManage —————————— 读者管理文件夹
  ▷ ▣ Scripts —————————————— JS 脚本文件夹
  ▷ ▣ SortManage ——————————— 排行管理文件夹
  ▷ ▣ SysQuery ————————————— 系统查询文件夹
  ▷ ▣ SysSet ———————————————— 系统设置文件夹
  ▷ +🖻 Default.aspx ——————————— 网站首页
  ▷ +🖻 Login.aspx ———————————— 登录页面
    +📄 packages.config —————————— NuGet 管理配置文件
    +📄 Web.Config ——————————————— 网站配置文件
```

图 4.13　网站文件组织结构图

4.4　公共类设计

视频讲解

在网站开发项目中以类的形式来组织、封装一些常用的方法和事件，将会在编程过程中起到事半功倍的效果。本系统中创建了 13 个公共类文件，分别为 DataBase.cs（数据库操作类）、AdminManage.cs

（管理员功能模块类）、BookcaseManage.cs（书架管理功能模块类）、BookManage.cs（图书管理功能模块类）、BorrowandBackManage.cs（图书借还管理功能模块类）、BTypeManage.cs（图书类型管理功能模块类）、LibraryManage.cs（图书馆信息功能模块类）、PubManage.cs（出版社信息功能模块类）、PurviewManage.cs（管理员权限功能模块类）、ReaderManage.cs（读者管理功能模块类）、RTypeManage.cs（读者类型管理功能模块类）、OperatorClass.cs（基础数据操作类）和 ValidateClass.cs（数据验证类）。其中，数据库操作类主要用来访问 SQL Server 2014 数据库；各种功能模块类主要用于处理业务逻辑功能，透彻地说就是实现功能窗体（陈述层）与数据库操作（数据层）之间的业务功能；基础数据操作类用来根据当前日期获得星期几；数据验证类用来验证控件的输入。数据库操作类、功能模块类和功能窗体之间的理论关系图如图 4.14 所示。

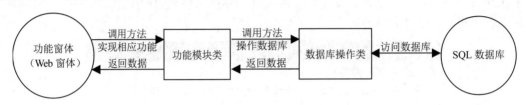

图 4.14　各层之间关系图

4.4.1　DataBase 类

DataBase 类（数据库操作类）主要实现的功能有：打开数据库连接、关闭数据库连接、释放数据库连接资源、传入参数并且转换为 SqlParameter 类型、执行参数命令文本（无返回值）、执行参数命令文本（有返回值）、将命令文本添加到 SqlDataAdapter 和将命令文本添加到 SqlCommand。下面给出所有的数据库操作类源代码，并且做出详细的介绍。

在命名空间区域引用 using System.Data.SqlClient 命名空间。为了精确地控制释放未托管资源，必须实现 DataBase 类的 System.IDisposable 接口。IDisposable 接口声明了一个方法 Dispose，该方法不带参数，返回 Void。相关代码如下：

例程 01　代码位置：资源包\TM\04\LibraryMS\LibraryMS\App_Code\DataBase.cs

```
using System;
using System.Data;
using System.Configuration;
using System.Web;
using System.Web.Security;
using System.Web.UI;
using System.Web.UI.WebControls;
using System.Web.UI.WebControls.WebParts;
using System.Web.UI.HtmlControls;
using System.Data.SqlClient;
///<summary>
///DataBase 的摘要说明
///</summary>
public class DataBase:IDisposable
{
    public DataBase()
```

```
    {
    }
    private SqlConnection con;    //创建连接对象
    ……
    ……下面编写相关的功能方法
    ……
}
```

建立数据的连接主要通过 SqlConnection 类实现，并初始化数据库连接字符串，然后通过 State 属性判断连接状态，如果数据库连接状态为关，则打开数据库连接。实现打开数据库连接 Open 方法的代码如下：

例程 02　代码位置：资源包\TM\04\LibraryMS\LibraryMS\App_Code\DataBase.cs

```csharp
#region    打开数据库连接
///<summary>
///打开数据库连接
///</summary>
private void Open()
{
    //打开数据库连接
    if (con == null)
    {
        //实例化 SqlConnection 对象
        con = new SqlConnection(ConfigurationManager.AppSettings["ConnectionString"]);
    }
    if (con.State == System.Data.ConnectionState.Closed)    //判断数据库连接状态
        con.Open();                                          //打开数据库连接
}
#endregion
```

关闭数据库连接主要通过 SqlConnection 对象的 Close 方法实现。自定义 Close 方法关闭数据库连接的代码如下：

例程 03　代码位置：资源包\TM\04\LibraryMS\LibraryMS\App_Code\DataBase.cs

```csharp
#region    关闭连接
///<summary>
///关闭数据库连接
///</summary>
public void Close()
{
    if (con != null)
        con.Close();                                         //关闭数据库连接
}
#endregion
```

因为 DataBase 类使用 System.IDisposable 接口，IDisposable 接口声明了一个方法 Dispose，所以在此应该完善 IDisposable 接口的 Dispose 方法，用来释放数据库连接资源。实现释放数据库连接资源的 Dispose 方法的代码如下：

例程 04　代码位置：资源包\TM\04\LibraryMS\LibraryMS\App_Code\DataBase.cs

```
#region  释放数据库连接资源
///<summary>
///释放资源
///</summary>
public void Dispose()
{
    //确认连接是否已经关闭
    if (con != null)
    {
        con.Dispose();
        con = null;
    }
}
#endregion
```

本系统向数据库中读写数据是以参数形式实现的。MakeInParam 方法用于传入参数，MakeParam 方法用于转换参数。实现 MakeInParam 方法和 MakeParam 方法的完整代码如下：

例程 05　代码位置：资源包\TM\04\LibraryMS\LibraryMS\App_Code\DataBase.cs

```
#region  传入参数并且转换为 SqlParameter 类型
///<summary>
///传入参数
///</summary>
///<param name="ParamName">存储过程名称或命令文本</param>
///<param name="DbType">参数类型</param></param>
///<param name="Size">参数大小</param>
///<param name="Value">参数值</param>
///<returns>新的 parameter 对象</returns>
public SqlParameter MakeInParam(string ParamName, SqlDbType DbType, int Size, object Value)
{
    return MakeParam(ParamName, DbType, Size, ParameterDirection.Input, Value);
}
///<summary>
///初始化参数值
///</summary>
///<param name="ParamName">存储过程名称或命令文本</param>
///<param name="DbType">参数类型</param>
///<param name="Size">参数大小</param>
///<param name="Direction">参数方向</param>
///<param name="Value">参数值</param>
///<returns>新的 parameter 对象</returns>
public SqlParameter MakeParam(string ParamName, SqlDbType DbType, Int32 Size, ParameterDirection
Direction, object Value)
{
    SqlParameter param;
    if (Size > 0)
        param = new SqlParameter(ParamName, DbType, Size);
    else
        param = new SqlParameter(ParamName, DbType);
```

```
            param.Direction = Direction;
            if (!(Direction == ParameterDirection.Output && Value == null))
                param.Value = Value;
        return param;
    }
    #endregion
```

RunProc 方法为可重载方法，功能为执行带参数 SqlParameter 的命令文本。RunProc(string procName, SqlParameter[] prams)方法主要用于执行添加、修改和删除；RunProc(string procName)方法用来直接执行 SQL 语句，如数据库备份与数据库恢复。实现可重载方法 RunProc 的完整代码如下：

例程 06　代码位置：资源包\TM\04\LibraryMS\LibraryMS\App_Code\DataBase.cs

```
#region　执行参数命令文本（无数据库中数据返回）
///<summary>
///执行命令
///</summary>
///<param name="procName">命令文本</param>
///<param name="prams">参数对象</param>
///<returns></returns>
public int RunProc(string procName, SqlParameter[] prams)
{
    SqlCommand cmd = CreateCommand(procName, prams);
    cmd.ExecuteNonQuery();
    this.Close();
    //得到执行成功返回值
    return (int)cmd.Parameters["ReturnValue"].Value;
}
///<summary>
///直接执行 SQL 语句
///</summary>
///<param name="procName">命令文本</param>
///<returns></returns>
public int RunProc(string procName)
{
    this.Open();
    SqlCommand cmd = new SqlCommand(procName, con);
    cmd.ExecuteNonQuery();
    this.Close();
    return 1;
}
#endregion
```

RunProcReturn 方法为可重载方法，返回值为 DataSet 类型。功能为执行带参数 SqlParameter 的命令文本。下面代码中 RunProcReturn(string procName, SqlParameter[] prams,string tbName)方法主要用于执行带参数 SqlParameter 的查询命令文本；RunProcReturn(string procName, string tbName)用于直接执行查询 SQL 语句。可重载方法 RunProcReturn 的完整代码如下：

例程 07　代码位置：资源包\TM\04\LibraryMS\LibraryMS\App_Code\DataBase.cs

```
#region　执行参数命令文本（有返回值）
```

```
///<summary>
///执行查询命令文本，并且返回 DataSet 数据集
///</summary>
///<param name="procName">命令文本</param>
///<param name="prams">参数对象</param>
///<param name="tbName">数据表名称</param>
///<returns></returns>
public DataSet RunProcReturn(string procName, SqlParameter[] prams,string tbName)
{
    SqlDataAdapter dap=CreateDataAdaper(procName, prams);
    DataSet ds = new DataSet();
    dap.Fill(ds,tbName);
    this.Close();
    //得到执行成功返回值
    return ds;
}
///<summary>
///执行命令文本，并且返回 DataSet 数据集
///</summary>
///<param name="procName">命令文本</param>
///<param name="tbName">数据表名称</param>
///<returns>DataSet</returns>
public DataSet RunProcReturn(string procName, string tbName)
{
    SqlDataAdapter dap = CreateDataAdaper(procName, null);
    DataSet ds = new DataSet();
    dap.Fill(ds, tbName);
    this.Close();
    //得到执行成功返回值
    return ds;
}
#endregion
```

CreateDataAdaper 方法将带参数 SqlParameter 的命令文本添加到 SqlDataAdapter 中，并执行命令文本。CreateDataAdaper 方法的完整代码如下：

例程 08　代码位置：资源包\TM\04\LibraryMS\LibraryMS\App_Code\DataBase.cs

```
#region    将命令文本添加到 SqlDataAdapter
///<summary>
///创建一个 SqlDataAdapter 对象以此来执行命令文本
///</summary>
///<param name="procName">命令文本</param>
///<param name="prams">参数对象</param>
///<returns></returns>
private SqlDataAdapter CreateDataAdaper(string procName, SqlParameter[] prams)
{
    this.Open();
    SqlDataAdapter dap = new SqlDataAdapter(procName,con);
    dap.SelectCommand.CommandType = CommandType.Text;            //执行类型：命令文本
    if (prams != null)
    {
```

```
        foreach (SqlParameter parameter in prams)
            dap.SelectCommand.Parameters.Add(parameter);
    }
    //加入返回参数
    dap.SelectCommand.Parameters.Add(new SqlParameter("ReturnValue", SqlDbType.Int, 4,
        ParameterDirection.ReturnValue, false, 0, 0,
        string.Empty, DataRowVersion.Default, null));
    return dap;
}
#endregion
```

CreateCommand 方法将带参数 SqlParameter 的命令文本添加到 SqlCommand 中，并执行命令文本。
CreateCommand 方法的完整代码如下：

例程 09　　代码位置：资源包\TM\04\LibraryMS\LibraryMS\App_Code\DataBase.cs

```
#region    将命令文本添加到 SqlCommand
///<summary>
///创建一个 SqlCommand 对象以此来执行命令文本
///</summary>
///<param name="procName">命令文本</param>
///<param name="prams"命令文本所需参数</param>
///<returns>返回 SqlCommand 对象</returns>
private SqlCommand CreateCommand(string procName, SqlParameter[] prams)
{
    //确认打开连接
    this.Open();
    SqlCommand cmd = new SqlCommand(procName, con);
    cmd.CommandType = CommandType.Text;                          //执行类型：命令文本
    //依次把参数传入命令文本
    if (prams != null)
    {
        foreach (SqlParameter parameter in prams)
            cmd.Parameters.Add(parameter);
    }
    //加入返回参数
    cmd.Parameters.Add(
        new SqlParameter("ReturnValue", SqlDbType.Int, 4,
        ParameterDirection.ReturnValue, false, 0, 0,
        string.Empty, DataRowVersion.Default, null));
    return cmd;
}
#endregion
```

4.4.2　AdminManage 类

AdminManage 类（管理员功能模块类）主要用来实现图书馆管理系统中管理员的添加、修改、删除、查询和登录等功能。由于篇幅有限，其他功能模块类的源代码可参见本书附带资源包。

管理员功能模块类中的方法主要提供给陈述层调用，从编码的角度出发，下面方法的实现建立在数据层（数据库操作类 DataBase.cs）的基础上，下面将详细介绍。

管理员功能模块类中，首先定义管理员信息的数据结构。代码如下：

例程 10　代码位置：资源包\TM\04\LibraryMS\LibraryMS\App_Code\AdminManage.cs

```
#region   定义管理员信息数据结构
private string id = "";
private string name = "";
private string pwd = "";
///<summary>
///管理员编号
///</summary>
public string ID
{
    get { return id; }
    set { id = value; }
}
///<summary>
///管理员名称
///</summary>
public string Name
{
    get { return name; }
    set { name = value; }
}
///<summary>
///管理员密码
///</summary>
public string Pwd
{
    get { return pwd; }
    set { pwd = value; }
}
#endregion
```

GetAdminID 方法主要根据数据库中已存在的记录自动生成管理员编号。代码如下：

例程 11　代码位置：资源包\TM\04\LibraryMS\LibraryMS\App_Code\AdminManage.cs

```
#region  自动生成管理员编号
///<summary>
///自动生成管理员编号
///</summary>
///<returns></returns>
public string GetAdminID()
{
    DataSet ds = GetAllAdmin("tb_admin");              //获得所有管理员信息
    string strAdminID = "";                            //存储管理员编号
    if (ds.Tables[0].Rows.Count == 0)                  //判断是否存在管理员
        strAdminID = "GLY1001";
    else
        strAdminID = "GLY" + (Convert.ToInt32(ds.Tables[0].Rows[ds.Tables[0].Rows.Count－1][0].ToString().
Substring(3, 4)) + 1);              //取出现有的管理员编号的最大值，然后加 1
        return strAdminID;
```

```
}
#endregion
```

AddAdmin 方法主要实现添加管理员信息功能，实现关键技术为：创建 SqlParameter 参数数组，通过数据库操作类中的 MakeInParam 方法将参数值转换为 SqlParameter 类型，存储在数组中，最后调用数据库操作类中的 RunProc 方法执行命令文本。代码如下：

例程 12　代码位置：资源包\TM\04\LibraryMS\LibraryMS\App_Code\AdminManage.cs

```
#region   添加管理员信息
///<summary>
///添加管理员信息
///</summary>
///<param name="adminmanage">管理员类对象</param>
///<returns>int 类型，表示是否执行成功</returns>
public int AddAdmin(AdminManage adminmanage)
{
    SqlParameter[] prams = {
        data.MakeInParam("@id",    SqlDbType.VarChar, 50, adminmanage.ID),
        data.MakeInParam("@name",   SqlDbType.VarChar, 50,adminmanage.Name),
        data.MakeInParam("@pwd",    SqlDbType.VarChar, 30, adminmanage.Pwd),
        };
    return (data.RunProc("INSERT INTO tb_admin (id,name,pwd) VALUES(@id,@name,@pwd)", prams));
}
#endregion
```

UpdateAdmin 方法主要实现修改管理员信息功能，其实现关键技术与 AddAdmin 方法类似。代码如下：

例程 13　代码位置：资源包\TM\04\LibraryMS\LibraryMS\App_Code\AdminManage.cs

```
#region   修改管理员信息
///<summary>
///修改管理员信息
///</summary>
///<param name="adminmanage">管理员类对象</param>
///<returns> int 类型，表示是否执行成功</returns>
public int UpdateAdmin(AdminManage adminmanage)
{
    SqlParameter[] prams = {
        data.MakeInParam("@name",   SqlDbType.VarChar, 50,adminmanage.Name),
        data.MakeInParam("@pwd",    SqlDbType.VarChar, 30, adminmanage.Pwd),
        };
    return (data.RunProc("update tb_admin set pwd=@pwd where name=@name", prams));
}
#endregion
```

DeleteAdmin 方法主要实现根据管理员名字删除管理员信息功能，其实现关键技术与 AddAdmin 方法类似。代码如下：

例程 14　代码位置：资源包\TM\04\LibraryMS\LibraryMS\App_Code\AdminManage.cs

```
#region   删除管理员信息
///<summary>
///删除管理员信息
///</summary>
///<param name="adminmanage">管理员类对象</param>
///<returns> int 类型，表示是否执行成功</returns>
public int DeleteAdmin(AdminManage adminmanage)
{
    SqlParameter[] prams = {
        data.MakeInParam("@name",   SqlDbType.VarChar, 50,adminmanage.Name),
        };
    return (data.RunProc("delete from tb_admin where name=@name", prams));
}
#endregion
```

Login 方法主要实现管理员登录图书馆管理系统功能，其实现关键技术与 AddAdmin 方法类似。代码如下：

例程 15   代码位置：资源包\TM\04\LibraryMS\LibraryMS\App_Code\AdminManage.cs

```
#region   管理员登录
///<summary>
///管理员登录
///</summary>
///<param name="adminmanage">管理员类对象</param>
///<returns>DataSet 数据集，用来存储查找到的结果</returns>
public DataSet Login(AdminManage adminmanage)
{
    SqlParameter[] prams = {
        data.MakeInParam("@name",   SqlDbType.VarChar, 50,adminmanage.Name),
        data.MakeInParam("@pwd",   SqlDbType.VarChar, 30, adminmanage.Pwd),
        };
    return (data.RunProcReturn("SELECT * FROM tb_admin WHERE (name = @name) AND (pwd = @pwd)",
prams, "tb_admin"));
}
#endregion
```

GetAllAdminByName 方法和 GetAllAdmin 方法分别用来实现根据管理员名字获取管理员信息和获取所有管理员信息的功能。代码如下：

例程 16   代码位置：资源包\TM\04\LibraryMS\LibraryMS\App_Code\AdminManage.cs

```
#region   查询管理员信息
///<summary>
///根据管理员名称得到管理员信息
///</summary>
///<param name="adminmanage">管理员类对象</param>
///<param name="tbName">数据表名</param>
///<returns> DataSet 数据集，用来存储查找到的结果</returns>
public DataSet GetAllAdminByName(AdminManage adminmanage, string tbName)
{
    SqlParameter[] prams = {
```

```
        data.MakeInParam("@name",    SqlDbType.VarChar, 50,adminmanage.Name +"%"),
    };
    return (data.RunProcReturn("select * from tb_admin where name like @name", prams, tbName));
}
///<summary>
///得到所有管理员信息
///</summary>
///<param name="tbName">数据表名</param>
///<returns> DataSet 数据集，用来存储查找到的结果</returns>
public DataSet GetAllAdmin(string tbName)
{
    return (data.RunProcReturn("select * from tb_admin ORDER BY id", tbName));
}
#endregion
```

4.4.3　OperatorClass 类

OperatorClass 类（基础数据操作类）主要用来根据当前日期获得星期几，下面对该类中的方法进行详细介绍。

方法 getWeek 用来判断当前日期为星期几，实现关键技术为：首先使用 DateTime.Now.DayOfWeek 属性获得英文的星期表示法，然后将获得的英文星期表示法转换为中文星期表示法。GetWeek 方法的实现代码如下：

例程 17　代码位置：资源包\TM\04\LibraryMS\LibraryMS\App_Code\OperatorClass.cs

```
#region　判断星期几
///<summary>
///判断星期几
///</summary>
///<returns></returns>
public string getWeek()
{
    string str = DateTime.Now.DayOfWeek.ToString();            //获得当前星期的英文表示形式
    string strWeek = "";
    switch (str)
    {
        case "Monday":
            strWeek = "星期一";
            break;
        case "Tuesday":
            strWeek = "星期二";
            break;
        case "Wednesday":
            strWeek = "星期三";
            break;
        case "Thursday":
            strWeek = "星期四";
            break;
```

```
        case "Friday":
            strWeek = "星期五";
            break;
        case "Saturday":
            strWeek = "星期六";
            break;
        case "Sunday":
            strWeek = "星期日";
            break;
    }
    return strWeek;
}
#endregion
```

4.4.4   ValidateClass 类

ValidateClass 类（数据验证类）主要用来对 TextBox 文本框中的输入字符串进行验证，下面对该类中的方法进行详细介绍。

validateNum 方法用来验证 TextBox 文本框中的输入字符串是否为数字，实现代码如下：

例程 18   代码位置：资源包\TM\04\LibraryMS\LibraryMS\App_Code\ValidateClass.cs

```
#region   验证输入为数字
///<summary>
///验证输入为数字
///</summary>
///<param name="str">要验证的字符串</param>
///<returns>bool 类型</returns>
public bool validateNum(string str)
{
return Regex.IsMatch(str, "^[0-9]*[1-9][0-9]*$");
}
#endregion
```

validatePCode 方法用来验证 TextBox 文本框中的输入字符串是否为邮政编码，实现代码如下：

例程 19   代码位置：资源包\TM\04\LibraryMS\LibraryMS\App_Code\ValidateClass.cs

```
#region   验证输入为邮编
///<summary>
///验证输入为邮编
///</summary>
///<param name="str">要验证的字符串</param>
///<returns> bool 类型</returns>
public bool validatePCode(string str)
{
    return Regex.IsMatch(str, @"\d{6}");
}
#endregion
```

validatePhone 方法用来验证 TextBox 文本框中的输入字符串是否为电话号码，实现代码如下：

例程 20　代码位置：资源包\TM\04\LibraryMS\LibraryMS\App_Code\ValidateClass.cs

```csharp
#region　验证输入为电话号码
///<summary>
///验证输入为电话号码
///</summary>
///<param name="str">要验证的字符串</param>
///<returns> bool 类型</returns>
public bool validatePhone(string str)
{
    return Regex.IsMatch(str, @"^(\d{3,4})-(\d{7,8})$");
}
#endregion
```

validateEmail 方法用来验证 TextBox 文本框中的输入字符串是否为 E-mail 地址格式，实现代码如下：

例程 21　代码位置：资源包\TM\04\LibraryMS\LibraryMS\App_Code\ValidateClass.cs

```csharp
#region　验证输入为 E-mail
///<summary>
///验证输入为 E-mail
///</summary>
///<param name="str">要验证的字符串</param>
///<returns> bool 类型</returns>
public bool validateEmail(string str)
{
    return Regex.IsMatch(str, @"\w+([-+.']\w+)*@\w+([-.]\w+)*\.\w+([-.]\w+)*");
}
#endregion
```

validateNAddress 方法用来验证 TextBox 文本框中的输入字符串是否为网络地址格式，实现代码如下：

例程 22　代码位置：资源包\TM\04\LibraryMS\LibraryMS\App_Code\ValidateClass.cs

```csharp
#region　验证输入为网址
///<summary>
///验证输入为网址
///</summary>
///<param name="str">要验证的字符串</param>
///<returns> bool 类型</returns>
public bool validateNAddress(string str)
{
    return Regex.IsMatch(str, @"http(s)?://([\w-]+\.)+[\w-]+(/[\w- ./?%&=]*)?");
}
#endregion
```

视频讲解

4.5 主页面设计

4.5.1 主页面概述

网站首页是关于网站的建设及形象宣传，它对网站生存和发展起着非常重要的作用。网站首页应该是一个信息含量较高，内容较丰富的宣传平台。图书馆管理系统主页面主要包含以下内容：

（1）系统菜单导航（包括首页、系统设置、读者管理、图书管理、图书借还、系统查询、排行榜、更改口令和退出系统等）。

（2）当前系统操作员和当前系统日期。

（3）图书借阅排行榜和读者借阅排行榜。

主页面运行效果如图 4.15 所示。

4.5.2 主页面技术分析

图书馆管理系统的主页和其他所有子页均使用了母版页技术。母版页的主要功能是为 ASP.NET 应用程序创建统一的用户界面和样式，它提供了共享的 HTML、控件和代码，可作为一个模板，供网站内所有页面使用，从而提升了整个程序开发的效率。本节将从以下几个方面来介绍母版页。

图 4.15 主页面运行效果

1．母版页的使用概述

使用母版页，可以为 ASP.NET 应用程序页面创建一个通用的外观。开发人员可以利用母版页创建一个单页布局，然后将其应用到多个内容页中。母版页具有以下优点：

（1）使用母版页可以集中处理页的通用功能，以便可以只在一个位置上进行更新，在很大程度上提高了工作效率。

（2）使用母版页可以方便地创建一组公共控件和代码，并将其应用于网站中所有引用该母版页的网页。例如，可以在母版页上使用控件来创建一个应用于所有页的功能菜单。

（3）可以通过控制母版页中的占位符 ContentPlaceHolder 对网页进行布局。

由内容页和母版页组成的对象模型，能够为应用程序提供一种高效、易用的实现方式，并且这种对象模型的执行效率比以前的处理方式有了很大的提高。

2．母版页与内容页介绍

（1）母版页介绍。

母版页是一个扩展名为.master（如 MyMaster.master）的 ASP.NET 页，它可以包含静态布局。母版页由特殊的@Master 指令识别，该指令的使用使母版页有别于内容页（关于内容页下文将讲到），且每个.master 文件只能包含一条@ Master 指令。

> **说明**　母版页其实是一种特殊的 ASP.NET 用户控件。这是因为母版页文件被编译成一个派生于 MasterPage 类的类，而 MasterPage 类又继承自 UserControl 类。

@Master 指令支持几个属性，然而它的大多数属性都与@Page 指令的属性相同。表 4.7 详细描述了对母版页有特殊含义的属性。

表 4.7　@Master 指令的属性

方　　法	说　　明
ClassName	指定为生成母版页而创建的类的名称。该值可以是任何一个有效的类名，但不用包括命名空间。默认情况下，simple.master 的类名是 ASP.simple_master
CodeFile	指明包含与母版页关联的任何源代码文件的 URL
Inherits	指定母版页要继承的代码隐藏类。这可以是任何一个派生于 MasterPage 的类
MasterPageFile	指定该母版页引用的母版页的名称。和使用网页来引用一个母版页的方法相同，一个母版页可以引用另一个母版页。如果设置了该属性，则会得到一个嵌套的母版页

除了开头的@Master 指令和一个或多个 ContentPlaceHolder 服务器控件外，母版页类似于普通的 ASP.NET 页。ContentPlaceHolder 服务器控件在母版页中定义了一个可以在派生页中进行定制的区域。

> **注意**　ContentPlaceHolder 服务器控件只能在母版页中使用。如果在平常的 Web 网页中发现这样一个控件，则会发生一个解析器错误。

（2）内容页介绍。

内容页与普通页基本相同。内容页主要包含页面中的非公共内容，每个内容页定义一个特定的 ASP.NET 页上每个区域的内容。通过创建各个内容页来定义母版页的占位符控件的内容，这些内容页为绑定到特定母版页的 ASP.NET 页（.aspx 文件以及可选的代码隐藏文件）。内容页的关键部分是 Content 控件，它是其他控件的容器。Content 控件只能与对应的 ContentPalceHolder 控件结合使用，它不是一个独立的控件。

注意 内容页（即绑定到一个母版页的网页）是一种特殊的网页类型，它只能包含<asp:Content> 控件。另外，它不允许在<asp:Content> 控件外部提供服务器控件。

3．母版页的配置

在 ASP.NET 4.5 中，母版页的配置有 3 种级别（页面指令级、应用程序级、文件夹级），分别介绍如下：

（1）页面指令级。

内容页通过@Page 指令的 MasterPageFile 属性绑定到母版页，代码如下：

```
<%@ Page Language="C#" MasterPageFile="MasterPage.master"%>
```

（2）应用程序级。

应用程序级可以指定应用程序中的所有网页绑定到相同的母版页。通过设置主要的 Web.config 配置文件的<Pages>元素的 Master 属性，配置这种行为的代码如下：

```
<configuration>
    <system.Web>
        <pages master="MasterPage.master">
    </system.Web>
</configuration>
```

（3）文件夹级。

类似于应用程序级的绑定，不同的是只需在一个文件夹的 Web.config 文件中进行设置，然后母版页绑定便会应用于该文件夹中的全部 ASP.NET 页。

4．创建母版页

在 ASP.NET 4.5 中，除了具有辨识意义的@Master 指令外，母版页与标准的 ASP.NET 页基本类似，唯一的重要区别就是 ContentPlaceHolder 服务器控件。但母版页中包含的是页面的公共部分，因此在创建母版页之前，必须判断哪些内容是页面的公共部分。

使用 Visual Studio 2017 创建母版页，具体操作步骤如下：

（1）打开 Visual Stuido 2017，新建一个 ASP.NET 页，编程语言采用 C#。

（2）在网站的解决方案下右击网站名称，在弹出的快捷菜单中选择"添加新项"命令。

（3）打开如图 4.16 所示的"添加新项"对话框，在其中选择"母版页"选项，默认名为 MasterPage.master。单击"添加"按钮，即可创建一个新的母版页。

5．创建内容页

在创建完母版页之后，接下来创建内容页。内容页的创建与母版页的创建类似，其创建步骤如下：

（1）在网站的解决方案下右击网站名称，在弹出的快捷菜单中选择"添加新项"命令。

图 4.16　"添加新项"对话框

（2）打开如图 4.17 所示的"添加新项"对话框，在其中选择"Web 窗体"选项并为其命名，同时选中"将代码放在单独的文件中"和"选择母版页"复选框。

图 4.17　创建内容页

（3）单击"添加"按钮，弹出如图 4.18 所示的"选择母版页"对话框，在其中选择一个母版页，单击"确定"按钮，即可创建一个新的内容页。

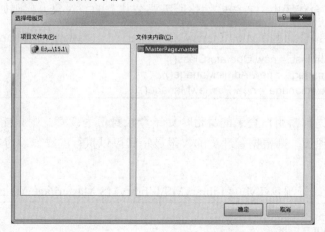

图 4.18　"选择母版页"对话框

注意

① 内容页中可以有多个 Content 服务器控件，但内容页中的 Content 服务器控件的 ContentPlace HolderID 属性值必须与母版页中的 ContentPlaceHolder 服务器控件的 ID 属性匹配。

② 由于母版页中定义了页面的标题 title 元素，不同的内容页显示的标题可能不同，此时需要在内容页中设置页面的标题，可以通过设置页面指令的 Title 属性定义。

③ 和母版页一样，Visual Studio 2017 支持对于内容页的可视化编辑，并且这种支持是建立在只读显示母版页内容基础上的。在编辑状态下，可以查看母版页和内容页组合后的页面外观，但是，母版页内容是只读的（呈现灰色部分），不可被编辑，而内容页则可以进行编辑。如果需要修改母版页内容，则必须打开母版页。

4.5.3 主页面实现过程

📋 本模块使用的数据表：tb_bookinfo、tb_reader

主页面主要由母版页和内容页组成，它主要用来实现系统菜单导航、查看图书借阅排行和读者借阅排行功能。主页面的具体实现步骤如下：

1．母版页

（1）新建一个母版页，命名为 MainMasterPage.master，主要用于系统的母版页。该页面中主要用到的控件如表 4.8 所示。

表 4.8　母版页主要用到的控件

控件类型	控件 ID	主要属性设置	用　　途
A Label	labAdmin	无	显示当前操作员
	labDate	无	显示当前日期
	labXQ	无	显示当前星期

（2）在母版页的后台代码中，首先实例化所需要公共类的类对象。代码如下：

例程 23　代码位置：资源包\TM\04\LibraryMS\LibraryMS\MasterPage\MainMasterPage.master.cs

```
OperatorClass operatorclass = new OperatorClass();
AdminManage adminmanage = new AdminManage();
PurviewManage purviewmanage = new PurviewManage();
```

母版页加载时，首先判断用户登录的身份，如果登录身份为读者，则只能实现图书借阅和归还功能；如果登录身份为管理员，则根据管理员的权限显示其可以执行的操作。母版页的 Page_Load 事件代码如下：

例程 24　代码位置：资源包\TM\04\LibraryMS\LibraryMS\MasterPage\MainMasterPage.master.cs

```
//定义各权限标记变量
protected bool IsReader = false;
protected bool sysset = true;
```

```csharp
protected bool readset = true;
protected bool bookset = true;
protected bool borrowback = true;
protected bool sysquery = true;
protected void Page_Load(object sender, EventArgs e)
{
    string CurrName = null;
    if (Session["Name"] == null || (CurrName = Session["Name"].ToString()) == "")
    {
        Response.Redirect("/Login.aspx"); //返回登录页
        return;
    }
    if (Session["role"] != null && Session["role"].ToString() == "Reader")
    {
        IsReader = true; //标记为读者
    }
    else
    {
        //设置首页显示信息
        labDate.Text = DateTime.Now.Year + "年" + DateTime.Now.Month + "月" + DateTime.Now.Day + "日";
        labXQ.Text = operatorclass.getWeek();
        labAdmin.Text = CurrName;
        adminmanage.Name = CurrName;
        //获取用户信息及权限
        DataSet adminds = adminmanage.GetAllAdminByName(adminmanage, "tb_admin");
        string strAdminID = adminds.Tables[0].Rows[0][0].ToString();
        purviewmanage.ID = strAdminID;
        DataSet pviewds = purviewmanage.FindPurviewByID(purviewmanage, "tb_purview");
        //标记响应的权限
        sysset = Convert.ToBoolean(pviewds.Tables[0].Rows[0][1].ToString());
        readset = Convert.ToBoolean(pviewds.Tables[0].Rows[0][2].ToString());
        bookset = Convert.ToBoolean(pviewds.Tables[0].Rows[0][3].ToString());
        borrowback = Convert.ToBoolean(pviewds.Tables[0].Rows[0][4].ToString());
        sysquery = Convert.ToBoolean(pviewds.Tables[0].Rows[0][5].ToString());
    }
}
```

单击"退出"按钮，页面将跳转到主登录页面。按钮事件的定义如下：

例程 25 代码位置：资源包\TM\04\LibraryMS\LibraryMS\MasterPage\MainMasterPage.master.cs

```csharp
protected void Button1_Click(object sender, EventArgs e)
{
    Session.Remove("Name");
    Session.Remove("readid");
    Session.Remove("role");
    Response.Redirect("/Login.aspx");
}
```

2．主页面

（1）新建一个基于 MainMasterPage.master 母版页的 Web 页面，命名为 Default.aspx（将原来新建

网站时默认的 Default.aspx 页面删除），并将其作为图书馆管理系统的主页面。该页面中主要用到的控件如表 4.9 所示。

表 4.9　主页面主要用到的控件

控件类型	控件 ID	主要属性设置	用　途
🅰 HyperLink	hpLinkBookSort	NavigateUrl 属性设置为 "~/SortManage/BookBorrowSort.aspx"	查看所有图书借阅排行
	hpLinkReaderSort	NavigateUrl 属性设置为 "~/SortManage/ReaderBorrowSort.aspx"	查看所有读者借阅排行
▦ GridView	gvBookSort	HorizontalAlign 属性设置为 Center	显示图书借阅排行
	gvReaderSort	Tongshang	显示读者借阅排行

（2）在 Default.aspx 页面的后台代码中，首先实例化所需要公共类的类对象。代码如下：

例程 26　代码位置：资源包\TM\04\LibraryMS\LibraryMS\Default.cs

```
BookManage bookmanage = new BookManage();
ReaderManage readermanage = new ReaderManage();
```

Default.aspx 页面加载时，调用公共类中的相应方法对显示图书借阅排行和读者借阅排行的 GridView 控件进行数据绑定。Default.aspx 页面的 Page_Load 事件代码如下：

例程 27　代码位置：资源包\TM\04\LibraryMS\LibraryMS\Default.cs

```
protected void Page_Load(object sender, EventArgs e)
{
    DataSet bookds = bookmanage.GetBookSort("tb_bookinfo");
                                            //得到图书排行信息，并填充到 DataSet 数据集
    gvBookSort.DataSource = bookds;         //指定显示图书排行 GridView 控件的数据源
    gvBookSort.DataBind();                  //对显示图书排行的 GridView 控件进行绑定
    DataSet readerds = readermanage.GetReaderSort("tb_reader");
                                            //得到读者排行信息，并填充到 DataSet 数据集
    gvReaderSort.DataSource = readerds;     //指定显示读者排行 GridView 控件的数据源
    gvReaderSort.DataBind();                //对显示读者排行的 GridView 控件进行绑定
}
```

在 GridView 控件中显示图书借阅排行和读者借阅排行时，需要为其进行编号，该功能主要是通过在 GridView 控件的 RowDataBound 事件中动态修改 GridView 控件中第一列的值实现的。GridView 控件的 RowDataBound 事件代码如下：

例程 28　代码位置：资源包\TM\04\LibraryMS\LibraryMS\Default.cs

```
protected void gvBookSort_RowDataBound(object sender, GridViewRowEventArgs e)
{
    if (e.Row.RowIndex != -1)
    {
        int id = e.Row.RowIndex + 1;            //存储排行编号
        e.Row.Cells[0].Text = id.ToString();    //在显示图书排行的 GridView 控件中添加排行编号
    }
}
```

```
protected void gvReaderSort_RowDataBound(object sender, GridViewRowEventArgs e)
{
    gvBookSort_RowDataBound(sender, e);
}
```

4.5.4　单元测试

开发完主页面后，为了保证程序正常运行，一定要对其进行单元测试。单元测试在程序开发中非常重要，只有通过单元测试才能发现模块中的不足之处，从而及时地弥补程序中出现的错误。下面对主页面中容易出现的错误进行分析。

操作员在从登录页面进入到主页面后，由于本系统可以同时让管理员和读者进行登录，而管理员和读者所拥有的权限肯定是不相同的，因此在主页面中需要判断用户的登录身份，从而区别登录者的操作权限。

4.6　图书馆信息模块设计

4.6.1　图书馆信息模块概述

图书馆信息模块主要用来显示图书馆的详细信息，管理员可以在这里修改图书馆信息。图书馆信息模块运行效果如图 4.19 所示。

图 4.19　图书馆信息模块运行效果

4.6.2　图书馆信息模块技术分析

开发图书馆信息模块时，主要用到了数据库的更新技术，下面进行详细介绍。

更新数据库中的记录时，主要用到了 UPDATE 运算符，其语法如下：

```
UPDATE<table_name | view_name>
SET <column_name>=<expression>
    [...,<last column_name>=<last expression>]
[WHERE<search_condition>]
```

语法中各参数的说明如表 4.10 所示。

表 4.10　参数说明

参　　数	描　　述
table_name	需要更新的数据表名
view_name	要更新视图的名称。通过 view_name 来引用的视图必须是可更新的。用 UPDATE 语句进行的修改，至多只能影响视图的 FROM 子句所引用的基表中的一个
SET	指定要更新的列或变量名称的列表
column_name	含有要更改数据的列的名称。column_name 必须驻留于 UPDATE 子句中所指定的表或视图中。标识列不能进行更新。如果指定了限定的列名称，限定符必须同 UPDATE 子句中的表或视图的名称相匹配
expression	变量、字面值、表达式或加上括号返回单个值的 subSELECT 语句。expression 返回的值将替换 column_name 中的现有值
WHERE	指定条件来限定所更新的行
<search_condition>	为更新行指定需满足的条件。搜索条件也可以是连接所基于的条件。对搜索条件中可以包含的谓词数量没有限制

注意 一定不要忽略 WHERE 子句，除非想要更新表中的所有行。

例如，下面 SQL 语句用来更新编号为 DZ10001 的读者信息。

```
Update tb_reader set name='王**',sex='男',type='普通读者', paperType='身份证',paperNum='14**343413',
tel='0431-8343**11',email='wang**2@163.com', oper='小**',remark='好人' where id='DZ10001'
```

4.6.3　图书馆信息模块实现过程

本模块使用的数据表：tb_library

图书馆信息模块的具体实现步骤如下：

（1）新建一个基于 MainMasterPage.master 母版页的 Web 页面，命名为 LibraryInfo.aspx，作为图书馆信息页面。该页面中主要用到的控件如表 4.11 所示。

表 4.11　图书馆信息页面主要用到的控件

控 件 类 型	控件 ID	主要属性设置	用　　途
abl TextBox	txtLibName	ReadOnly 属性设置为 True	图书馆名称
	txtCurator	无	馆长
	txtTel	无	联系电话
	txtAddress	无	地址
	txtEmail	无	E-mail 地址

续表

控 件 类 型	控件 ID	主要属性设置	用　途
	txtUrl	无	网址
	txtCDate	无	建馆时间
	txtIntroduce	TextMode 属性设置为 MultiLine	图书馆介绍
[ab] Button	btnSave	无	保存图书馆信息
	btnCancel	无	重新填写图书馆信息

（2）LibraryInfo.aspx 页面的后台代码中，首先实例化所需要公共类的类对象，代码如下：

例程 29　代码位置：资源包\TM\04\LibraryMS\LibraryMS\SysSet\LibraryInfo.aspx.cs

```
ValidateClass validate = new ValidateClass();
LibraryManage librarymanage = new LibraryManage();
```

LibraryInfo.aspx 页面加载时，将数据库中原有的图书馆信息显示在对应的 TextBox 文本框中。LibraryInfo.aspx 页面的 Page_Load 事件代码如下：

例程 30　代码位置：资源包\TM\04\LibraryMS\LibraryMS\SysSet\LibraryInfo.aspx.cs

```
protected void Page_Load(object sender, EventArgs e)
{
    this.Title = "图书馆信息页面";
    if (!IsPostBack)
    {
        DataSet ds = librarymanage.GetAllLib("tb_library");        //获取图书馆信息
        if (ds.Tables[0].Rows.Count > 0)                           //判断是否存在图书馆信息
        {
            txtLibName.Text = ds.Tables[0].Rows[0][0].ToString();  //显示图书馆名称
            txtCurator.Text = ds.Tables[0].Rows[0][1].ToString();  //显示图书馆馆长
            txtTel.Text = ds.Tables[0].Rows[0][2].ToString();      //显示图书馆电话
            txtAddress.Text = ds.Tables[0].Rows[0][3].ToString();  //显示图书馆地址
            txtEmail.Text = ds.Tables[0].Rows[0][4].ToString();    //显示图书馆 E-mail
            txtUrl.Text = ds.Tables[0].Rows[0][5].ToString();      //显示图书馆网址
            txtCDate.Text = ds.Tables[0].Rows[0][6].ToString();    //显示建馆日期
            txtIntroduce.Text = ds.Tables[0].Rows[0][7].ToString();//显示图书馆简介
            btnSave.Text = "保存";
            txtLibName.ReadOnly = true;
        }
        else
        {
            btnSave.Text = "添加";
            txtLibName.ReadOnly = false;
        }
    }
}
```

当需要修改图书馆信息时，在各 TextBox 文本框中输入相应内容，单击"保存"按钮，调用数据验证类中的相应方法判断输入的内容是否正确，如果正确，将输入的内容保存到数据库中；否则，弹出信息提示。"保存"按钮的 Click 事件代码如下：

例程 31　代码位置：资源包\TM\04\LibraryMS\LibraryMS\SysSet\LibraryInfo.aspx.cs

```csharp
protected void btnSave_Click(object sender, EventArgs e)
{
    if (txtLibName.Text == "")
    {
        Response.Write("<script>alert('图书馆名称不能为空！');location='javascript:history.go(-1)';</script>");
        return;
    }
    if (!validate.validateNum(txtTel.Text))
    {
        Response.Write("<script>alert('电话输入有误！');location='javascript:history.go(-1)';</script>");
        return;
    }
    if (!validate.validateEmail(txtEmail.Text))
    {
        Response.Write("<script>alert('E-mail 地址输入有误！');location='javascript:history.go(-1)';</script>");
        return;
    }
    if (!validate.validateNAddress(txtUrl.Text))
    {
        Response.Write("<script>alert('网址格式输入有误！');location='javascript:history.go(-1)';</script>");
        return;
    }
    librarymanage.LibraryName = txtLibName.Text;
    librarymanage.Curator = txtCurator.Text;
    librarymanage.Tel = txtTel.Text;
    librarymanage.Address = txtAddress.Text;
    librarymanage.Email = txtEmail.Text;
    librarymanage.URL = txtUrl.Text;
    librarymanage.CreateDate =
Convert.ToDateTime(Convert.ToDateTime(txtCDate.Text).ToShortDateString());
    librarymanage.Introduce = txtIntroduce.Text;
    if (btnSave.Text == "保存")
    {
        librarymanage.UpdateLib(librarymanage);                    //更新图书馆信息
        Response.Write("<script language=javascript>alert('图书馆信息保存成功！')</script>");
    }
    else if (btnSave.Text == "添加")
    {
        librarymanage.AddLib(librarymanage);                    //添加图书馆信息
        Response.Write("<script language=javascript>alert('图书馆信息添加成功！')</script>");
        btnSave.Text = "保存";
        txtLibName.ReadOnly = true;
    }
}
```

单击"取消"按钮，清空各 TextBox 文本框中的内容，并将"建馆时间"文本框中的初始值设置为当前日期。"取消"按钮的 Click 事件代码如下：

例程 32　代码位置：资源包\TM\04\LibraryMS\LibraryMS\SysSet\LibraryInfo.aspx.cs

```csharp
protected void btnCancel_Click(object sender, EventArgs e)
{
    txtCDate.Text = DateTime.Now.ToShortDateString();
    txtCurator.Text = txtTel.Text = txtAddress.Text = txtEmail.Text = txtUrl.Text = txtIntroduce.Text =
string.Empty;
}
```

4.7　图书信息管理模块设计

视频讲解

4.7.1　图书信息管理模块概述

图书信息管理模块主要分为图书档案管理页面和添加/修改图书信息页面，管理员可以在图书档案管理页面查看图书的基本信息，也可以通过单击"添加图书信息"超链接或 GridView 控件中的"详情"超链接跳转到添加/修改图书信息页面，并在该页面中添加或修改图书信息。图书档案管理页面运行效果如图 4.20 所示。

添加/修改图书信息页面运行效果如图 4.21 所示。

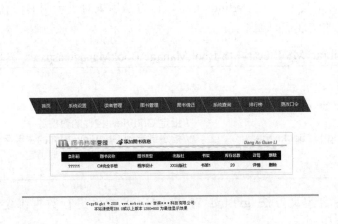

图 4.20　图书档案管理页面运行效果

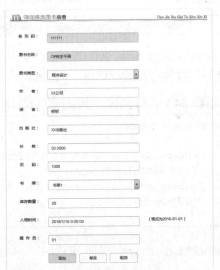

图 4.21　添加/修改图书信息页面运行效果

4.7.2　图书信息管理模块技术分析

图书信息管理模块实现时，主要使用了 ADO.NET 操作数据库技术。

使用 ADO.NET 技术操作数据库时，主要用到了 Connection、Command、DataAdapter 和 DataSet 4 个对象。其中，Connection 对象主要负责连接数据库；Command 对象主要负责生成并执行 SQL 语句；DataAdapter 对象主要负责在 Command 对象执行完 SQL 语句后生成并填充 DataSet 和 DataTable；DataSet 对象主要负责存取和更新数据。

4.7.3 图书信息管理模块实现过程

> 本模块使用的数据表：tb_bookinfo、tb_booktype、tb_bookcase

图书信息管理模块包含两个页面，分别用来查看图书信息和添加、修改图书信息。该模块的具体实现步骤如下。

1．查看图书信息页面

（1）新建一个基于 MainMasterPage.master 母版页的 Web 页面，命名为 BookManage.aspx，主要用于查看所有的图书信息。该页面中主要用到的控件如表 4.12 所示。

表 4.12　查看图书信息页面主要用到的控件

控 件 类 型	控件 ID	主要属性设置	用　途
A HyperLink	hpLinkAddBook	NavigateUrl 属性设置为 "~/BookManage/AddBook.aspx"	转到 "添加图书信息" 页面
GridView	gvBookInfo	AllowPaging 属性设置为 True，PageSize 属性设置为 5	显示图书信息

（2）在 BookManage.aspx 页面的后台代码中，首先实例化所需公共类的类对象，代码如下：

例程 33　代码位置：资源包\TM\04\LibraryMS\LibraryMS\BookManage\BookManage.aspx.cs

```
BookManage bookmanage = new BookManage();
```

BookManage.aspx 页面的后台代码中自定义了一个 gvBind 方法，该方法用来对显示图书信息的 GridView 控件进行数据绑定。gvBind 方法的实现代码如下：

例程 34　代码位置：资源包\TM\04\LibraryMS\LibraryMS\BookManage\BookManage.aspx.cs

```
private void gvBind()
{
    DataSet ds = bookmanage.GetAllBook("tb_bookinfo");        //获取所有图书信息
    gvBookInfo.DataSource = ds;                               //指定 GridView 控件的数据源
    gvBookInfo.DataKeyNames = new string[] { "bookcode" };    //指定绑定到 GridView 控件的主键字段
    gvBookInfo.DataBind();                                    //对 GridView 控件进行数据绑定
}
```

BookManage.aspx 页面加载时，调用自定义方法 gvBind 对 GridView 控件进行数据绑定。BookManage.aspx 页面的 Page_Load 事件代码如下：

例程 35　代码位置：资源包\TM\04\LibraryMS\LibraryMS\BookManage\BookManage.aspx.cs

```
protected void Page_Load(object sender, EventArgs e)
{
this.Title = "图书档案管理页面";
    if (!IsPostBack)
        gvBind();                                            //调用自定义方法显示图书信息
}
```

由于数据中的记录不确定，为了能够分页查看所有的图书信息，需要触发 GridView 控件的

PageIndexChanging 事件。实现代码如下：

例程 36　代码位置：资源包\TM\04\LibraryMS\LibraryMS\BookManage\BookManage.aspx.cs

```
protected void gvBookInfo_PageIndexChanging(object sender, GridViewPageEventArgs e)
{
    gvBookInfo.PageIndex = e.NewPageIndex;
    gvBind();
}
```

在 GridView 控件中单击"删除"按钮，删除选中行记录。GridView 控件的 RowDeleting 事件代码如下：

例程 37　代码位置：资源包\TM\04\LibraryMS\LibraryMS\BookManage\BookManage.aspx.cs

```
protected void gvBookInfo_RowDeleting(object sender, GridViewDeleteEventArgs e)
{
    bookmanage.BookCode = gvBookInfo.DataKeys[e.RowIndex].Value.ToString();    //指定要删除的图书编号
    bookmanage.DeleteBook(bookmanage);                                          //删除指定的图书信息
    Response.Write("<script>alert('图书信息删除成功')</script>");
    gvBind();
}
```

2．添加/修改图书信息页面

（1）新建一个基于 MainMasterPage.master 母版页的 Web 页面，命名为 AddBook.aspx，主要用于添加或修改图书信息。该页面中主要用到的控件如表 4.13 所示。

表 4.13　添加/修改图书信息页面主要用到的控件

控 件 类 型	控件 ID	主要属性设置	用　途
abl TextBox	txtBCode	无	图书条形码
	txtBName	无	图书名称
	txtAuthor	无	作者
	txtTranslator	无	译者
	txtPub	无	出版社
	txtPrice	无	价格
	txtPage	无	页码
	txtStorage	无	库存数量
	txtInTime	无	入馆时间
	txtOper	无	操作员
	txtRemark	TextMode 属性设置为 MultiLine	备注
DropDownList	ddlBType	无	选择图书类型
	DdlBCase	无	选择书架
Button	btnAdd	Enabled 属性设置为 False	添加图书信息
	btnSave	Enabled 属性设置为 False	修改图书信息
	btnCancel	无	重新输入图书信息

（2）在 AddBook.aspx 页面的后台代码中，首先实例化所需要公共类的类对象，代码如下：

例程 38 代码位置：资源包\TM\04\LibraryMS\LibraryMS\BookManage\AddBook.aspx.cs

```
ValidateClass validate=new ValidateClass();
BookcaseManage bookcasemanage = new BookcaseManage();
BTypeManage btypemanage = new BTypeManage();
BookManage bookmanage = new BookManage();
```

AddBook.aspx 页面的后台代码中自定义了一个 ValidateFun 方法，该方法用来对 TextBox 文本框中的输入字符串进行验证。ValidateFun 方法的实现代码如下：

例程 39 代码位置：资源包\TM\04\LibraryMS\LibraryMS\BookManage\AddBook.aspx.cs

```
protected void ValidateFun()
{
    if (txtBCode.Text == "")
    {
        Response.Write("<script>alert('图书条形码不能为空！');location='javascript:history.go(-1)';</script>");
        return;
    }
    if (txtBName.Text == "")
    {
        Response.Write("<script>alert('图书名称不能为空！');location='javascript:history.go(-1)';</script>");
        return;
    }
    if (!validate.validateNum(txtPrice.Text))
    {
        Response.Write("<script>alert('图书价格输入有误！');location='javascript:history.go(-1)';</script>");
        return;
    }
    if (!validate.validateNum(txtPage.Text))
    {
        Response.Write("<script>alert('图书页码输入有误！');location='javascript:history.go(-1)';</script>");
        return;
    }
    if (!validate.validateNum(txtStorage.Text))
    {
        Response.Write("<script>alert('图书库存量输入有误！');location='javascript:history.go(-1)';</script>");
        return;
    }
}
```

AddBook.aspx 页面加载时，首先对"图书类型"和"书架"下拉列表框进行数据绑定，然后在 TextBox 文本框中显示对应的图书信息。AddBook.aspx 页面的 Page_Load 事件代码如下：

例程 40 代码位置：资源包\TM\04\LibraryMS\LibraryMS\BookManage\AddBook.aspx.cs

```
protected void Page_Load(object sender, EventArgs e)
{
    this.Title = "添加/修改图书信息页面";
    if (!IsPostBack)
    {
```

```
        DataSet bcaseds = bookcasemanage.GetAllBCase("tb_bookcase");      //获取书架信息
        ddlBCase.DataSource = bcaseds;
        ddlBCase.DataTextField = "name";                                  //指定要绑定到下拉列表框的字段
        ddlBCase.DataBind();
        DataSet btypeds = btypemanage.GetAllBType("tb_booktype");         //获取图书类型信息
        ddlBType.DataSource = btypeds;
        ddlBType.DataTextField = "typename";                              //指定要绑定到下拉列表框的字段
        ddlBType.DataBind();
        if (Request["bookcode"] == null)
        {
            btnAdd.Enabled = true;
            txtInTime.Text = DateTime.Now.ToShortDateString();
        }
        else
        {
            btnSave.Enabled = true;
            txtBCode.Text = Request["bookcode"].ToString();
            //根据编号获得图书信息
            DataSet bookds = bookmanage.FindBookByCode(bookmanage,"tb_bookinfo");
            txtBName.Text = bookds.Tables[0].Rows[0][1].ToString();           //显示图书名称
            ddlBType.SelectedValue = bookds.Tables[0].Rows[0][2].ToString();  //显示图书类型
            txtAuthor.Text = bookds.Tables[0].Rows[0][3].ToString();          //显示图书作者
            txtTranslator.Text = bookds.Tables[0].Rows[0][4].ToString();      //显示图书译者
            txtPub.Text = bookds.Tables[0].Rows[0][5].ToString();             //显示出版社
            txtPrice.Text = bookds.Tables[0].Rows[0][6].ToString();           //显示图书价格
            txtPage.Text = bookds.Tables[0].Rows[0][7].ToString();            //显示图书页码
            ddlBCase.SelectedValue = bookds.Tables[0].Rows[0][8].ToString();  //显示图书所在书架
            txtStorage.Text = bookds.Tables[0].Rows[0][9].ToString();         //显示图书库存数量
            txtInTime.Text = bookds.Tables[0].Rows[0][10].ToString();         //显示图书入馆时间
            txtOper.Text = bookds.Tables[0].Rows[0][11].ToString();           //显示操作员
        }
    }
}
```

如果管理员是在图书档案管理页面中单击"添加图书信息"超链接进入添加/修改图书信息页面的，则该页面中各 TextBox 文本框内容为空，这时需要管理员输入相应的图书信息，然后单击"添加"按钮，调用 ValidateFun 自定义方法对 TextBox 文本框中输入的内容进行验证，如果验证成功，判断输入的图书是否已经存在，如果存在，弹出提示信息；否则，将 TextBox 文本框中输入的图书相关信息保存到数据库中。"添加"按钮的 Click 事件代码如下：

例程 41　代码位置：资源包\TM\04\LibraryMS\LibraryMS\BookManage\AddBook.aspx.cs

```
protected void btnAdd_Click(object sender, EventArgs e)
{
    ValidateFun();
    bookmanage.BookCode = txtBCode.Text;
    if (bookmanage.FindBookByCode(bookmanage, "tb_bookinfo").Tables[0].Rows.Count > 0)
    {
        Response.Write("<script>alert('该图书已经存在！')</script>");
        return;
    }
```

```
        bookmanage.BookName = txtBName.Text;
        bookmanage.Type = ddlBType.SelectedValue;
        bookmanage.Author = txtAuthor.Text;
        bookmanage.Translator = txtTranslator.Text;
        bookmanage.PubName = txtPub.Text;
        bookmanage.Price = Convert.ToDecimal(txtPrice.Text);
        bookmanage.Page = Convert.ToInt32(txtPage.Text);
        bookmanage.Bcase = ddlBCase.SelectedValue;
        bookmanage.Storage = Convert.ToInt32(txtStorage.Text);
        bookmanage.InTime = Convert.ToDateTime(txtInTime.Text);
        bookmanage.Oper = txtOper.Text;
        bookmanage.AddBook(bookmanage);                         //添加图书信息
        Response.Redirect("BookManage.aspx");                   //跳转到图书档案管理页面
}
```

如果管理员是在图书档案管理页面中单击 GridView 控件中的"详情"超链接进入添加/修改图书
信息页面的，则在该页面中的各 TextBox 文本框中显示选择的图书信息，这时如果管理员要修改图书
信息，可以对 TextBox 文本框中的内容进行编辑，然后单击"修改"按钮，调用自定义方法 ValidateFun
对 TextBox 文本框中输入的内容进行验证，如果验证成功，则将 TextBox 文本框中的图书相关信息保
存到数据库中。"修改"按钮的 Click 事件代码如下：

例程 42　代码位置：资源包\TM\04\LibraryMS\LibraryMS\BookManage\AddBook.aspx.cs

```
protected void btnSave_Click(object sender, EventArgs e)
{
        ValidateFun();
        bookmanage.BookCode = txtBCode.Text;
        bookmanage.BookName = txtBName.Text;
        bookmanage.Type = ddlBType.SelectedValue;
        bookmanage.Author = txtAuthor.Text;
        bookmanage.Translator = txtTranslator.Text;
        bookmanage.PubName = txtPub.Text;
        bookmanage.Price = Convert.ToDecimal(txtPrice.Text);
        bookmanage.Page = Convert.ToInt32(txtPage.Text);
        bookmanage.Bcase = ddlBCase.SelectedValue;
        bookmanage.Storage = Convert.ToInt32(txtStorage.Text);
        bookmanage.InTime = Convert.ToDateTime(txtInTime.Text);
        bookmanage.Oper = txtOper.Text;
        bookmanage.UpdateBook(bookmanage);                      //修改图书信息
        Response.Redirect("BookManage.aspx");                   //跳转到图书档案管理页面
}
```

单击"取消"按钮，清空各 TextBox 文本框内容，并将"入馆时间"文本框中的初始值设置为当
前日期。"取消"按钮的 Click 事件代码如下：

例程 43　代码位置：资源包\TM\04\LibraryMS\LibraryMS\BookManage\AddBook.aspx.cs

```
protected void btnCancel_Click(object sender, EventArgs e)
{
        txtInTime.Text = DateTime.Now.ToShortDateString();
        txtBName.Text = txtAuthor.Text = txtTranslator.Text = txtPub.Text = txtPrice.Text = txtPage.Text =
```

```
txtStorage.Text = txtOper.Text = string.Empty;
}
```

4.8　图书借还管理模块设计

视频讲解

4.8.1　图书借还管理模块概述

图书借还管理模块主要分为图书借阅页面和图书归还页面。在图书借阅页面中可以查看读者的图书借阅信息，并借阅图书；在图书归还页面中可以归还某读者所借图书。图书借阅页面运行效果如图 4.22 所示。图书归还页面运行效果如图 4.23 所示。

图 4.22　图书借阅页面运行效果

图 4.23　图书归还页面运行效果

4.8.2　图书借还管理模块技术分析

实现图书的借还功能时，主要用到了 GridView 模板列技术。下面介绍如何在 GridView 控件中添加模板列。具体步骤如下：

（1）选中要添加模板列的 GridView 控件，单击 GridView 控件上方的 ▶ 图标，在弹出的菜单中选择"编辑列"命令，弹出如图 4.24 所示的"字段"对话框。在该对话框的"可用字段"列表框中选择 TemplateField 选项，单击"添加"按钮，即可在 GridView 控件中添加一个模板列。

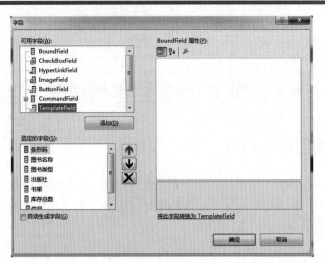

图 4.24　"字段"对话框

（2）单击"确定"按钮，关闭"字段"对话框，再次单击 GridView 控件上方的 ▶ 图标，在弹出的菜单中选择"编辑模板"命令，GridView 控件变换为如图 4.25 所示样式，这里可以编辑模板列，编辑完成后，单击鼠标右键，在弹出的快捷菜单中选择"结束模板编辑"命令，完成模板列的编辑。

图 4.25　编辑模板列样式

例如，在 GridView 控件的模板列中实现图书借阅功能的代码如下：

例程 44　代码位置：资源包\TM\04\LibraryMS\LibraryMS\BookBRManage\BorrowBook.aspx.cs

```
protected void gvBookInfo_RowUpdating(object sender, GridViewUpdateEventArgs e)
{
    if (Session["readerid"] == null)
    {
        Response.Write("<script>alert('请输入读者编号！')</script>");
    }
    else
    {
        borrowandbackmanage.ID = borrowandbackmanage.GetBorrowBookID();
        borrowandbackmanage.ReadID = Session["readerid"].ToString();
        borrowandbackmanage.BookCode = gvBookInfo.DataKeys[e.RowIndex].Value.ToString();
        borrowandbackmanage.BorrowTime = Convert.ToDateTime(DateTime.Now.ToShortDateString());
        btypemanage.TypeName = gvBookInfo.Rows[e.RowIndex].Cells[2].Text;
        int days = Convert.ToInt32(btypemanage.FindBTypeByName(btypemanage,
"tb_booktype").Tables[0]. Rows[0][2].ToString());              //获取可借天数
        TimeSpan tspan = TimeSpan.FromDays((double)days);       //将可借天数转换为相应的TimeSpan 时间段
        //设置图书应该归还时间
        borrowandbackmanage.YGBackTime = borrowandbackmanage.BorrowTime + tspan;
        borrowandbackmanage.BorrowOper = Session["Name"].ToString();
```

```
        borrowandbackmanage.AddBorrow(borrowandbackmanage);    //添加借书信息
        gvBRBookBind();
        bookmanage.BookCode = gvBookInfo.DataKeys[e.RowIndex].Value.ToString();
        DataSet bookds = bookmanage.FindBookByCode(bookmanage, "tb_bookinfo");
        bookmanage.BorrowNum = Convert.ToInt32(bookds.Tables[0].Rows[0][12].ToString()) + 1;
        bookmanage.UpdateBorrowNum(bookmanage);                //更新图书借阅次数
        readermanage.ID = Session["readerid"].ToString();
        DataSet readerds = readermanage.FindReaderByCode(readermanage, "tb_reader");
        readermanage.BorrowNum = Convert.ToInt32(readerds.Tables[0].Rows[0][12].ToString()) + 1;
        readermanage.UpdateBorrowNum(readermanage);            //更新读者借阅次数
    }
}
```

4.8.3 图书借还管理模块实现过程

本模块使用的数据表：tb_reader、tb_readertype、tb_bookinfo、tb_booktype、tb_borrowandback

图书借还管理模块包含两个页面，分别用来实现读者借阅图书和归还图书功能。该模块的具体实现步骤如下：

1. 图书借阅页面

（1）新建一个基于 MainMasterPage.master 母版页的 Web 页面，命名为 BorrowBook.aspx，主要用于实现读者借阅功能。该页面中主要用到的控件如表 4.14 所示。

表 4.14 图书借阅页面主要用到的控件

控 件 类 型	控件 ID	主要属性设置	用 途
TextBox	txtReaderID	无	输入读者编号
	txtReader	Readonly 属性设置为 True	显示读者姓名
	txtSex	Readonly 属性设置为 True	显示读者性别
	txtPaperType	Readonly 属性设置为 True	显示读者证件类型
	txtPaperNum	Readonly 属性设置为 True	显示读者证件号码
	txtRType	Readonly 属性设置为 True	显示读者类型
	txtBNum	Readonly 属性设置为 True	显示读者可借数量
Button	btnSure	无	根据读者编号获取读者信息
GridView	gvBookInfo	在其模板列中添加一个 Button 控件，并将该控件的 ID 和 Command 属性分别设置为 btnBorrow 和 Update	显示所有可借图书，读者可以选择借阅
	gvBorrowBook	AllowPaging 属性设置为 True，PageSize 属性设置为 5	显示读者借阅的图书

（2）在 BorrowBook.aspx 页面的后台代码中，首先实例化所需要公共类的类对象，代码如下：

例程 45 代码位置：资源包\TM\04\LibraryMS\LibraryMS\BookBRManage\BorrowBook.aspx.cs

```
ReaderManage readermanage = new ReaderManage();
RTypeManage rtypemanage = new RTypeManage();
BookManage bookmanage = new BookManage();
BTypeManage btypemanage = new BTypeManage();
BorrowandBackManage borrowandbackmanage = new BorrowandBackManage();
```

201

BorrowBook.aspx 页面的后台代码中自定义了两个方法，分别为 gvBInfoBind 和 gvBRBookBind，其中，gvBInfoBind 方法用来将数据库中的所有图书信息绑定到 GridView 控件上，gvBRBookBind 方法用来将指定读者所借的图书及基本信息绑定到 GridView 控件上。gvBInfoBind 和 gvBRBookBind 方法的实现代码如下：

例程 46　代码位置：资源包\TM\04\LibraryMS\LibraryMS\BookBRManage\BorrowBook.aspx.cs

```
//绑定所有图书信息
protected void gvBInfoBind()
{
    DataSet bookds = bookmanage.GetAllBook("tb_bookinfo");        //获取所有图书信息
    gvBookInfo.DataSource = bookds;
    gvBookInfo.DataKeyNames = new string[] { "bookcode" };        //指定要绑定到 GridView 控件的主键字段
    gvBookInfo.DataBind();
}
//绑定指定读者所借的图书信息
protected void gvBRBookBind()
{
    borrowandbackmanage.ReadID = txtReaderID.Text;               //指定读者编号
    //根据读者编号获取其所借图书信息
    DataSet brinfods = borrowandbackmanage.FindBoBaBookByRID(borrowandbackmanage,
"view_BookB RInfo");
    gvBorrowBook.DataSource = brinfods;
    gvBorrowBook.DataBind();
}
```

BorrowBook.aspx 页面加载时，判断用户的登录身份是管理员还是读者，如果是读者，则在页面初始化时，在"读者编号"文本框中显示登录的读者编号，同时将图书馆中的图书信息显示在页面中。BookManage.aspx 页面的 Page_Load 事件代码如下：

例程 47　代码位置：资源包\TM\04\LibraryMS\LibraryMS\BookBRManage\BorrowBook.aspx.cs

```
protected void Page_Load(object sender, EventArgs e)
{
    this.Title = "图书借阅页面";
    if (!IsPostBack)
    {
        if (Session["role"] == "Reader")                        //判断是不是读者登录
        {
            txtReaderID.Text = Session["readid"].ToString();    //显示读者编号
        }
        gvBInfoBind();
    }
}
```

单击"确定"按钮，判断"读者编号"文本框是否为空，如果是，弹出提示信息；否则，根据读者编号获得读者信息及其所借图书，并分别显示在 TextBox 文本框和 GridView 控件中。"确定"按钮的 Click 事件代码如下：

例程 48　代码位置：资源包\TM\04\LibraryMS\LibraryMS\BookBRManage\BorrowBook.aspx.cs

```
protected void btnSure_Click(object sender, EventArgs e)
{
    if (txtReaderID.Text == "")
    {
        Response.Write("<script>alert('读者编号不能为空！')</script>");
    }
    else
    {
        readermanage.ID = txtReaderID.Text;                              //指定读者编号
        //获取指定编号的读者信息
        DataSet readerds = readermanage.FindReaderByCode(readermanage, "tb_reader");
        if (readerds.Tables[0].Rows.Count > 0)
        {
            txtReader.Text = readerds.Tables[0].Rows[0][1].ToString();      //显示读者姓名
            txtSex.Text = readerds.Tables[0].Rows[0][2].ToString();        //显示读者性别
            txtPaperType.Text = readerds.Tables[0].Rows[0][5].ToString();  //显示读者所注册证件类型
            txtPaperNum.Text = readerds.Tables[0].Rows[0][6].ToString();   //显示读者所注册证件号码
            txtRType.Text = readerds.Tables[0].Rows[0][3].ToString();      //显示读者类型
        }
        else
        {
            Response.Write("<script>alert('该读者不存在！')</script>");
            return;
        }
        rtypemanage.Name = txtRType.Text;                               //指定读者类型名称
        //获取指定读者类型的相关信息
        DataSet rtypeds = rtypemanage.FindRTypeByName(rtypemanage, "tb_readertype");
        txtBNum.Text = rtypeds.Tables[0].Rows[0][2].ToString();         //显示可借数量
        gvBRBookBind();
        Session["readerid"] = txtReaderID.Text;                         //记录输入的读者编号
    }
}
```

由于图书馆中的图书数量和读者所借的图书数量不确定，为了能够分页查看这些信息，需要触发
GridView 控件的 PageIndexChanging 事件。实现代码如下：

例程 49　代码位置：资源包\TM\04\LibraryMS\LibraryMS\BookBRManage\BorrowBook.aspx.cs

```
protected void gvBookInfo_PageIndexChanging(object sender, GridViewPageEventArgs e)
{
    gvBookInfo.PageIndex = e.NewPageIndex;
    gvBInfoBind();
}
protected void gvBorrowBook_PageIndexChanging(object sender, GridViewPageEventArgs e)
{
    gvBorrowBook.PageIndex = e.NewPageIndex;
    gvBRBookBind();
}
```

当在显示所有图书的 GridView 控件中单击"借阅"按钮时，触发 GridView 控件的 RowUpdating

事件，将读者编号和选中的图书信息添加到图书借还表中。GridView 控件的 RowUpdating 事件代码如下：

例程50　　代码位置：资源包\TM\04\LibraryMS\LibraryMS\BookBRManage\BorrowBook.aspx.cs

```csharp
protected void gvBookInfo_RowUpdating(object sender, GridViewUpdateEventArgs e)
{
    if (Session["readerid"] == null)
    {
        Response.Write("<script>alert('请输入读者编号！')</script>");
    }
    else
    {
        borrowandbackmanage.ID = borrowandbackmanage.GetBorrowBookID();
        borrowandbackmanage.ReadID = Session["readerid"].ToString();
        borrowandbackmanage.BookCode = gvBookInfo.DataKeys[e.RowIndex].Value.ToString();
        borrowandbackmanage.BorrowTime = Convert.ToDateTime(DateTime.Now.ToShortDateString());
        btypemanage.TypeName = gvBookInfo.Rows[e.RowIndex].Cells[2].Text;
        int days = Convert.ToInt32(btypemanage.FindBTypeByName(btypemanage, "tb_booktype"). ables[0].
Rows[0][2].ToString());                                       //获取可借天数
        TimeSpan tspan = TimeSpan.FromDays((double)days);       //将可借天数转换为相应的 TimeSpan 时间段
        //设置图书应该归还时间
        borrowandbackmanage.YGBackTime = borrowandbackmanage.BorrowTime + tspan;
        borrowandbackmanage.BorrowOper = Session["Name"].ToString();
        borrowandbackmanage.AddBorrow(borrowandbackmanage);        //添加借书信息
        gvBRBookBind();
        bookmanage.BookCode = gvBookInfo.DataKeys[e.RowIndex].Value.ToString();
        DataSet bookds = bookmanage.FindBookByCode(bookmanage, "tb_bookinfo");
        bookmanage.BorrowNum = Convert.ToInt32(bookds.Tables[0].Rows[0][12].ToString()) + 1;
        bookmanage.UpdateBorrowNum(bookmanage);                 //更新图书借阅次数
        readermanage.ID = Session["readerid"].ToString();
        DataSet readerds = readermanage.FindReaderByCode(readermanage, "tb_reader");
        readermanage.BorrowNum = Convert.ToInt32(readerds.Tables[0].Rows[0][12].ToString()) + 1;
        readermanage.UpdateBorrowNum(readermanage);             //更新读者借阅次数
    }
}
```

2．图书归还页面

（1）新建一个基于 MainMasterPage.master 母版页的 Web 页面，命名为 ReturnBook.aspx，主要用于实现读者还书功能。该页面中主要用到的控件如表 4.15 所示。

表 4.15　图书归还页面主要用到的控件

控 件 类 型	控件 ID	主要属性设置	用　　途
TextBox	txtReaderID	无	输入读者编号
	txtReader	ReadOnly 属性设置为 True	显示读者姓名
	txtSex	ReadOnly 属性设置为 True	显示读者性别
	txtPaperType	ReadOnly 属性设置为 True	显示读者证件类型
	txtPaperNum	ReadOnly 属性设置为 True	显示读者证件号码
	txtRType	ReadOnly 属性设置为 True	显示读者类型
	txtBNum	ReadOnly 属性设置为 True	显示读者可借数量

控 件 类 型	控件 ID	主要属性设置	用　　途
`[ab] Button`	btnSure	无	根据读者编号获取读者信息
`GridView`	gvBorrowBook	在其模板列中添加一个 Button 控件，并将该控件的 ID 和 Command 属性分别设置为 btnBorrow 和 Update	显示读者借阅的图书，读者可以选择归还

（2）ReturnBook.aspx 页面加载时，判断用户的登录身份是管理员还是读者，如果是读者，则在页面初始化时，在"读者编号"文本框中显示登录的读者编号。BookManage.aspx 页面的 Page_Load 事件代码如下：

例程 51　代码位置：资源包\TM\04\LibraryMS\LibraryMS\BookBRManage\ReturnBook.aspx.cs

```
protected void Page_Load(object sender, EventArgs e)
{
    this.Title = "图书归还页面";
    if (!IsPostBack)
    {
        if (Session["role"] == "Reader")                        //判断是不是读者登录
        {
            txtReaderID.Text = Session["readid"].ToString();    //显示读者编号
        }
    }
}
```

单击"确定"按钮，判断"读者编号"文本框是否为空，如果是，弹出提示信息；否则，根据读者编号获得读者信息及其所借图书，并分别显示在 TextBox 文本框和 GridView 控件中。"确定"按钮的 Click 事件代码如下：

例程 52　代码位置：资源包\TM\04\LibraryMS\LibraryMS\BookBRManage\ReturnBook.aspx.cs

```
protected void btnSure_Click(object sender, EventArgs e)
{
    if (txtReaderID.Text == "")
    {
        Response.Write("<script>alert('读者编号不能为空！')</script>");
    }
    else
    {
        readermanage.ID = txtReaderID.Text;                     //指定读者编号
        //根据指定编号获得读者信息
        DataSet readerds = readermanage.FindReaderByCode(readermanage, "tb_reader");
        if (readerds.Tables[0].Rows.Count > 0)
        {
            txtReader.Text = readerds.Tables[0].Rows[0][1].ToString();     //显示读者姓名
            txtSex.Text = readerds.Tables[0].Rows[0][2].ToString();       //显示读者性别
            txtPaperType.Text = readerds.Tables[0].Rows[0][5].ToString(); //显示读者证件类型
            txtPaperNum.Text = readerds.Tables[0].Rows[0][6].ToString();  //显示读者证件号码
```

```
                txtRType.Text = readerds.Tables[0].Rows[0][3].ToString();                    //显示读者类型
        }
        else
        {
                Response.Write("<script>alert('该读者不存在！')</script>");
                return;
        }
        rtypemanage.Name = txtRType.Text;                                                      //指定读者类型名称
        //获取指定读者类型的相关信息
        DataSet rtypeds = rtypemanage.FindRTypeByName(rtypemanage, "tb_readertype");
        txtBNum.Text = rtypeds.Tables[0].Rows[0][2].ToString();                               //显示可借数量
        gvBRBookBind();
        Session["readerid"] = txtReaderID.Text;                                                //记录读者编号
    }
}
```

由于读者所借的图书数量不确定，为了能够分页查看这些信息，需要触发 GridView 控件的
PageIndexChanging 事件。实现代码如下：

例程 53　代码位置：资源包\TM\04\LibraryMS\LibraryMS\BookBRManage\ReturnBook.aspx.cs

```
protected void gvBorrowBook_PageIndexChanging(object sender, GridViewPageEventArgs e)
{
    gvBorrowBook.PageIndex = e.NewPageIndex;
    gvBRBookBind();
}
```

当在显示读者所借图书的 GridView 控件中单击"归还"按钮时，触发 GridView 控件的 RowUpdating
事件，将图书归还信息更新到图书借还表中。GridView 控件的 RowUpdating 事件代码如下：

例程 54　代码位置：资源包\TM\04\LibraryMS\LibraryMS\BookBRManage\ReturnBook.aspx.cs

```
protected void gvBorrowBook_RowUpdating(object sender, GridViewUpdateEventArgs e)
{
    if (Session["readerid"] == null)
    {
        Response.Write("<script>alert('请输入读者编号！')</script>");
    }
    else
    {
        //指定借书编号
        borrowandbackmanage.ID = gvBorrowBook.DataKeys[e.RowIndex].Value.ToString();
        borrowandbackmanage.SJBackTime = Convert.ToDateTime(DateTime.Now.ToShortDateString());
        borrowandbackmanage.BackOper = Session["Name"].ToString();
        borrowandbackmanage.IsBack = true;
        //更新借书信息
        borrowandbackmanage.UpdateBackBook(borrowandbackmanage);
        gvBRBookBind();
    }
}
```

4.8.4　单元测试

开发完图书借还管理模块后，为了保证程序正常运行，一定要对模块进行单元测试。

实现图书借还管理模块时，由于用到了 GridView 控件的模板列，单击模板列中的按钮时，需要执行借阅和归还操作，但模板列中的按钮并不能直接触发 Click 事件，因此需要在 GridView 控件的相关事件下编写代码。这时就需要设置模板列中按钮的 CommandName 命令属性，GridView 控件会识别 Cancel、Delete、Edit、Page、Select、Sort 和 Update 等命令名，并自动引发和处理控件的相应事件。例如，该模块将 GridView 控件的模板列中完成借阅和归还功能的 Button 控件的 CommandName 属性均设置为 Update，然后直接在 GridView 控件的 RowUpdating 事件下编写代码即可。

4.9　开发技巧与难点分析

4.9.1　如何验证输入字符串

在开发图书馆管理系统的过程中，需要对一些输入的字符串进行验证，如金额、电话号码、E-mail 和网址等，由于许多模块都需要用到这些验证，因此可以将其写入到一个公共类中，然后在其他的页面中直接调用即可。在 C#中对字符串进行验证时，可以使用 Regex 类，该类位于 System.Text.Regular Expressions 命名空间下，主要用来使用正则表达式验证输入的字符串。例如，验证输入的字符串是否为 E-mail 地址格式的方法实现代码如下：

例程 55　代码位置：资源包\TM\04\LibraryMS\LibraryMS\App_Code\ValidateClass.cs

```
#region   验证输入为 E-mail
///<summary>
///验证输入为 E-mail
///</summary>
///<param name="str"></param>
///<returns></returns>
public bool validateEmail(string str)
{
    return Regex.IsMatch(str, @"\w+([-+.']\w+)*@\w+([-.]\w+)*\.\w+([-.]\w+)*");
}
#endregion
```

4.9.2　如何自动计算图书归还日期

图书馆管理系统中会遇到这样的问题：在借阅图书时，需要自动计算图书的归还日期，而该日期并不是固定不变的，它是需要根据系统日期和数据表中保存的各类图书的最多借阅天数来计算，即图书归还日期＝"系统日期"＋"最多借阅天数"。

本系统中是这样解决该问题：首先获取系统时间，然后从数据表中查询出该类图书的最多借阅天数，最后计算归还日期。计算归还日期的方法如下。

首先取出所借图书的最多借阅天数，然后根据图书的最多借阅天数，使用 TimeSpan.FromDays 方法返回 TimeSpan（TimeSpan 表示一个时间间隔），最后使用当前时间与先前返回的 TimeSpan 时间间隔相加。

自动计算图书归还日期的关键代码如下：

例程 56　代码位置：资源包\TM\04\LibraryMS\LibraryMS\BookBRManage\BorrowBook.aspx.cs

```
int days = Convert.ToInt32(btypemanage.FindBTypeByName(btypemanage, "tb_booktype").Tables[0].Rows
[0][2]. ToString());                                     //获取可借天数
TimeSpan tspan = TimeSpan.FromDays((double)days);        //将可借天数转换为相应的 TimeSpan 时间段
//设置图书应该归还时间
borrowandbackmanage.YGBackTime = borrowandbackmanage.BorrowTime + tspan;
```

4.10　三层架构开发技术

4.10.1　三层架构的含义

所谓的三层开发就是将系统的整个业务应用划分为表示层、业务逻辑层、数据访问层，这样有利于系统的开发、维护、部署和扩展。如图 4.26 所示为三层架构示意图。

分层是为了实现"高内聚、低耦合"。采用"分而治之"的思想，把问题划分开来各个解决，易于控制、延展和分配资源。

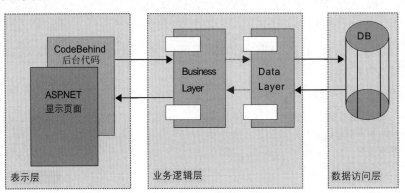

图 4.26　三层架构示意图

（1）表示层：负责直接跟用户进行交互，一般也就是指系统的界面，用于数据录入、数据显示等。意味着只做与外观显示相关的工作，不属于它的工作不需要做。

（2）业务逻辑层：用于做一些有效性验证的工作，以更好地保证程序运行的健壮性。如验证文本框是否可以为空数据格式、是否正确及数据类型是否符合等，通过以上的诸多判断以决定是否将操作继续向后传递，尽量保证程序的正常运行。

（3）数据访问层：顾名思义，就是用于专门和数据库进行交互，如执行数据的添加、删除、修改和显示等。需要强调的是，所有的数据对象只在这一层被引用，如 System.Data.SqlClient 等，除数据访问层之外的任何地方都不应该出现这样的引用。

ASP.NET 可以使用.NET 平台快速、方便地部署三层架构。ASP.NET 革命性的变化是在网页中使用基于事件的处理方式，并可以指定处理的后台代码文件，可以使用 C#、VB、C++和 J#作为后台代码的语言。NET 中可以方便地实现组件的装配，后台代码通过命名空间可以方便地使用自己定义的组件。显示层放在 ASPX 页面中，数据库操作和逻辑层用组件或封装类来实现，这样就非常方便地实现了三层架构。

4.10.2　使用三层架构的原因

对于一个简单的应用程序来说，在代码量不是很多的情况下，一层架构或二层架构开发完全够用，没有必要将其复杂化。如果对一个复杂的大型系统，设计为一层架构或二层架构开发，那么这样的设计存在很严重的缺陷。下面会具体介绍，分层开发其实是为大型系统服务的。

在开发过程中，初级程序人员出现相似的功能经常复制代码，那么同样的代码为什么要写那么多次？不但使程序变得冗长，而且更不利于维护，一个小小的修改或许会涉及很多页面，经常导致异常的产生，使程序不能正常运行。最主要的面向对象的思想没有得到丝毫的体现，打着面向对象的幌子却依然走着面向过程的道路。

意识到这样的问题，初级程序人员开始将程序中一些公用的处理程序写成公共方法，封装在类中，供其他程序调用。例如，写一个数据操作类，对数据操作进行合理封装，在数据库操作过程中，只要类中的相应方法（数据添加、修改、查询等）可以完成特定的数据操作，这就是数据访问层，不用每次操作数据库时都写那些重复性的数据库操作代码。在新的应用开发中，数据访问层可以直接拿来用。面向对象的三大特性之一的封装性在这里得到了很好的体现。读者现在似乎找到了面向对象的感觉，代码量较以前有了很大的减少，而且修改时也比较方便，也实现了代码的重用性。

下面举两个案例，解释一下为什么要使用三层架构，案例涉及的架构图如图 4.27 所示。

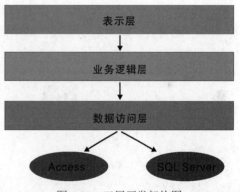

图 4.27　三层开发架构图

（1）案例一

数据库系统软件由于数据量的不断增加，数据库由 Access 变成了 SQL Server 数据库,这样原来的数据访问层失效了，数据操作对象发生了变化，并且页面中涉及数据对象的地方也要进行修改，因为原来可能会使用 OleDbDataReader 对象将数据传递给显示页面，现在都得换成 SqlDataReader 对象，而且 SQL Server 和 Access 支持的数据类型也不一致，在显示数据时进行的数据转换也要进行修改。

（2）案例二

由于特殊情况需要，把 Web 形式的项目改造成 Windows 应用，此时需要做多少修改呢？如果在 Aspx.cs 中占据了大量代码，或者还有部分代码存在于 ASPX 中,那么整个系统是否需要重新来开发呢？

总结以上情况是设计不合理造成。在上面的案例中是否体会到了没有分层开发模式的缺陷呢？是否碰到过这样的情况呢？其实，多层开发架构的出现很好地解决了这样的问题。通过程序架构进行合理的分层，将极大地提高程序的通用性。

4.10.3　使用三层架构开发的优点

使用三层架构开发有以下优点：

（1）从开发角度和应用角度来看，三层架构比二层架构或单层架构都有更大的优势。三层架构适合团队开发，每人可以有不同的分工，协同工作使效率倍增。开发二层或单层应用时，每个开发人员都应对系统有较深的理解，能力要求很高；开发三层应用时，则可以结合多方面的人才，只需少数人对系统全面了解，从一定程度降低了开发的难度。

（2）三层架构可以更好地支持分布式计算环境。逻辑层的应用程序可以在多个机器上运行，充分利用网络的计算功能。分布式计算的潜力巨大，远比升级 CPU 有效。美国人曾利用分式计算解密，几个月就破解了据称永远都破解不了的密码。

（3）三层架构的最大优点是它的安全性。用户只能通过逻辑层来访问数据层，减少了入口点，把很多危险的系统功能都屏蔽了。

4.10.4　三层架构的种类

目前，团队开发人员在开发项目时，大多都使用分层开发架构设计，最常见的就是三层架构，工作模式如图 4.28 所示，目的在于使各个层之间只能够被它相邻的层影响，但是这个限制常常在使用多层开发时被违反，这对系统的开发是有害的。三层架构按驱动模式划分为 3 种——数据层驱动模式、陈述层驱动模式、隔离驱动模式，其中隔离驱动模式开发最为重要。下面分别讲述这 3 种驱动模式。

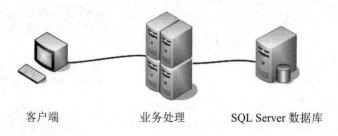

客户端　　　　　　　　业务处理　　　　　SQL Server 数据库

图 4.28　系统工作模式图

1. 数据层驱动模式

所谓的数据层驱动模式，就是先设计数据层，陈述层围绕数据层展开，一旦完成了数据层和陈述层，业务层就围绕数据层展开，因为陈述层是围绕数据层展开。这将会使陈述层中的约束不准确，并且限制了业务层的变更。由于业务层受到限制，一些简单变化可以通过 SQL 查询和存储过程来实现。数据层驱动模式设计图如图 4.29 所示。

这种模式非常普遍，它和传统的客户服务端开发相似，并且是围绕已经存在的数据库设计的。由于陈述层是围绕数据层设计，它常常是凭直觉模仿数据层的实际结构。

在陈述层到数据层之间常常存在一种额外的反馈循环，当在设计陈述层不容易实现时常常会去修改数据层，也就形成了这种反馈循环。开发者请求修改数据库方便陈述层的开发，但是对数据层的设计却是有害的。这种改变是人为的而没考虑到其他需求的限制。这种修改经常会违反至少损害数据的特有规则，导致不必要的数据冗余和数据的非标准化。

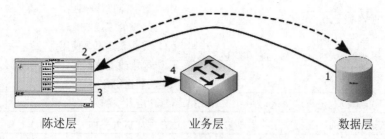

图 4.29　数据层驱动模式设计图

2. 陈述层驱动模式

陈述层驱动模式是数据层围绕陈述层展开。业务层的完成一般是通过简单的 SQL 查询和很少的变化或者隔离。由于数据库的设计是为了陈述层的方便，并非从数据层设计方面考虑，所以数据库的设计在性能上通常很低。陈述层驱动模式设计图如图 4.30 所示。

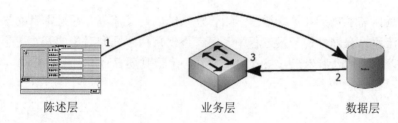

图 4.30　陈述层驱动模式设计图

3. 隔离驱动模式

隔离驱动模式用隔离驱动模式设计，陈述层和数据层被独立地开发，常常是平行开发。这两层在设计时没有任何的相互干扰，所以不会存在人为的约束和有害的设计元素。当两层都设计完成后，再设计业务层。业务层的责任就是在没有对数据层和陈述层的需求变化的基础上完成所有的转换。

因为现在陈述层和数据层是完全独立的，当业务层需求改变时，陈述层和数据层都可以作相应的修改而不影响对方。改变两个在物理上不相邻的层不会直接对其他层产生影响或发生冲突。这就允许数据层结构的调整或者陈述层根据用户的需求作相应的变化，而不需要系统做大的调整或者修改。隔离驱动模式设计图如图 4.31 所示。

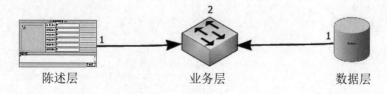

图 4.31　隔离驱动模式设计图

表 4.16 将对这 3 种驱动模式进行了对比。

表 4.16   3 种驱动模式对比

	数据层驱动模式	陈述层驱动模式	隔离驱动模式
数据库	（1）很容易设计； （2）产生负面影响； （3）很难改变数据层，因为它和陈述层紧密绑定	（1）数据库设计很糟； （2）严重的不规范化设计； （3）其他系统不易使用； （4）很难改变数据层，因为它跟陈述层紧密绑定	（1）优化设计； （2）集中设计数据库，陈述层对它影响很小
业务需求	常常不能适应业务需求变化	常常适应业务需求变化	适应需求变化
用户界面	是围绕数据层而不是围绕用户，不易修改	适合用户扩展界面	适合用户扩展界面
扩展性	通常可扩张，但是在页面中常常需要重复编写相同的代码以满足数据库的结构，同时数据库可能需要存储一些冗余的字段	完整性的扩张很难，常常只有通过"剪切、粘贴"函数来实现	很容易扩展

4.11　本章总结

　　本章从开发背景、需求分析开始介绍图书馆管理系统的开发流程。通过本章的学习，读者能够了解一般网站的开发流程。在网站的开发过程中，笔者不仅采用了面向对象的开发思想，而且采用了三层架构开发技术，该技术代表着未来开发方向的主流，希望对读者有所启发和帮助。

第 5 章

铭成在线考试系统

（WebForm +SQL Server 2014+JavaScript 实现）

　　传统考试要求老师打印试卷、安排考试、监考、收集试卷、评改试卷、讲评试卷和分析试卷。这是一个漫长而复杂的过程，已经越来越不适应现代教学的需要。在线考试系统是传统考场的延伸，它可以利用网络的无限广阔空间，随时随地对学生进行考试，加上数据库技术的利用，大大简化了传统考试的过程。因此在线考试系统是电子化教学不可缺少的一个重要环节。

　　通过阅读本章，读者可以学习到：

▶▶　验证不同身份的登录用户

▶▶　随机抽取试题

▶▶　如何实现考试计时功能

▶▶　如何实现试卷无刷新

▶▶　如何实现系统自动评分

▶▶　合理地创建后台管理

配置说明

视频讲解

5.1 开 发 背 景

近年来，计算机技术、Internet 技术的迅猛发展，给传统办学提出了新的模式。绝大部分大学和学院都已接入互联网并建成校园网，各校的硬件设施已经比较完善。通过设计和建设网络拓扑架构、网络安全系统、数据库基础结构、信息共享与管理、信息的发布与管理，从而方便管理者、老师和学生间信息发布、信息交流和信息共享。以现代计算机技术、网络技术为基础的数字化教学主要是朝着信息化、网络化、现代化的目标迈进。开发的无纸化在线考试系统，目的在于探索一种以互联网为基础的考试模式。通过这种新的模式，提高了考试工作效率和标准化水平，使学校管理者、教师和学生可以在任何时候、任何地点通过网络进行在线考试。

5.2 系 统 分 析

5.2.1 需求分析

在我国，虽然远程教育已经蓬勃地发展起来，但是目前学校与社会上的各种考试大都采用传统的考试方式。在此方式下，组织一次考试至少要经过 5 个步骤，即人工出题、考生考试、人工阅卷、成绩评估和试卷分析。

显然，随着考试类型的不断增加以及考试要求的不断提高，教师的工作量将会越来越大，并且其工作将是一件十分烦琐和非常容易出错的事情，可以说传统的考试方式已经不能适应现代考试的需要。随着计算机应用的迅猛发展，网络应用不断扩大，人们迫切要求利用这些技术来进行在线考试，以减轻教师的工作负担并提高工作效率，与此同时也提高了考试的质量，从而使考试更趋于公正、客观，更加激发学生的学习兴趣。

5.2.2 系统功能描述

为了保障整个系统的安全性，在线考试系统实现了分类验证的登录模块，通过此模块，可以对不同身份的登录用户进行验证，确保了不同身份的用户操作系统。在抽取试题上，系统使用随机抽取试题的方式，体现了考试的客观与公正。当考生答题完毕之后，提交试卷即可得知本次考试的得分，体现系统的高效性。在后台管理上，分后台管理员管理模块和试题管理模块。其分别适应不同的用户，前者只有系统的高级管理员才能进入，对整个系统进行管理；后者只允许教师登录，教师可以对自己任教的科目试题进行修改，并且可以查看所有参加过自己任教科目的学生成绩。

5.2.3 可行性分析

根据《计算机软件文档编制规范》（GB/T 8567−2006）中可行性分析的要求，制定可行性研究报告如下。

1. 引言

（1）编写目的

为了给学校的决策层提供是否进行项目实施的参考依据，现以文件的形式分析项目的风险、项目需要的投资与效益。

（2）背景

×××学院是一个以复合型教学为主的学院，该学院开设了许多科目，使每位在学院就读的学生在各个方面得到发展，以往对学生学习成绩考核都是通过传统的笔答方式，既消耗资源又浪费时间。为了防止这些弊端，学院现需要委托软件开发公司开发一个在线考试系统，项目名称为在线考试系统。

2. 可行性研究的前提

（1）要求

在线考试系统要求对考生登录系统进行验证、考生必须阅读考试规则、选择考试科目、随机抽取试题产生试卷、限制考生时间、交卷后自动评分，同时需为学院管理人员提供试卷管理及后台管理员管理。

（2）目标

网站的主要目标是为学院减少不必要的浪费，并且客观和公正地考核学生成绩。

（3）条件、假定和限制

项目需要在 3 个月内交付用户使用。系统分析人员需要 3 天内到位，用户需要 5 天时间确认需求分析文档。去除其中可能出现的问题，例如用户可能临时有事，占用 8 天时间确认需求分析。则程序开发人员需要在两个月零 20 天的时间内进行系统设计、程序编码、系统测试、程序调试和网站部署工作。期间还包括员工每周的休息时间。

（4）评价尺度

根据用户的要求，项目主要以在线考试为主，因此对于考生答题的结果能够准确地评分，并且能够对考试试题信息进行修改、删除等功能。此外，出于安全和国家法律方面的考虑，在线考试系统在遭受到黑客攻击时，应在 10 分钟内进行恢复；对于在线考试系统中涉及违反国家法律、法规的内容应能够及时删除。

3. 结论

根据上面的分析，在技术上不会存在问题，因此项目延期的可能性很小。在效益上公司投入 6 个人、3 个月的时间获利 7 万元，比较可观。在公司今后发展上可以储备在线考试系统开发的经验和资源。因此认为该项目可以开发。

5.2.4　编写项目计划书

根据《计算机软件文档编制规范》（GB/T 8567－2006）中的项目开发计划要求，结合单位实际情况，设计项目计划书如下。

1．引言

（1）编写目的

为了保证项目开发人员按时保质地完成预订目标，更好地了解项目实际情况，按照合理的顺序开展工作，现以书面的形式将项目开发生命周期中的项目任务范围、项目团队组织结构、团队成员的工作责任、团队内外沟通协作方式、开发进度、检查项目工作等内容描述出来，作为项目相关人员之间的共识和约定、项目生命周期内的所有项目活动的行动基础。

（2）背景

在线考试系统是由×××学院委托我公司开发的中型考试系统，主要功能是考核在校学生的学习成绩。项目周期为 3 个月。项目背景规划如表 5.1 所示。

表 5.1　项目背景规划

项 目 名 称	项目委托单位	任务提出者	项目承担部门
在线考试系统	×××学院	杨经理	研发部门、测试部门、集成部门

2．概述

（1）项目目标

项目目标应当符合 SMART 原则，把项目要完成的工作用清晰的语言描述出来。在线考试系统的项目目标如下：

在线考试系统主要针对 3 类人群，分别是教师、后台管理员和学生。对于教师，在线考试系统需要提供试题管理、考试结果查询等服务。对于后台管理员，在线考试系统需要提供试题信息管理、教师信息管理、考生信息管理、考试科目信息管理以及考试结果管理等服务。而对于学生，在线考试系统只需提供在线答题与自动评分即可。整个项目需要在 3 个月的时间内交付用户使用。

（2）产品目标与范围

当前社会，信息就是资本，信息就是财富。一方面在线考试系统能够节省大量人力资源，学校不再需要大量的教师组织学生考试，从而间接地为学校节约了人力和时间。另一方面，在线考试系统能够快速地进行考试和评分，而且还能体现出考试的客观与公正性。

（3）应交付成果

项目开发完毕后，项目名称为在线考试系统。使用 Microsoft SQL Server 2014 数据库存储所有数据，系统大体可以分为登录模块、随机抽取试题模块、试题管理模块和后台管理员模块。

（4）项目开发环境

在线考试系统可以在 Windows 7（SP1）/ Windows 8/Windows 10 下运行，使用 Microsoft Visual Studio 2017 开发，利用 Microsoft SQL Server 2014 数据库存储所有数据。

（5）项目验收方式与依据

项目验收分为内部验收和外部验收两种方式。在项目开发完成后，首先进行内部验收，由测试人员根据用户需求和项目目标进行验收。项目在通过内部验收后，交付用户由用户进行验收，验收的主要依据为需求规格说明书。

3．项目团队组织

（1）组织结构

为了完成在线考试系统项目开发，公司组建了一个临时的项目团队，由公司副经理、项目经理、系统分析员、软件工程师、网页设计师和测试人员构成，如图 5.1 所示。

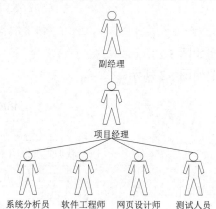

图 5.1　项目团队组织结构图

（2）人员分工

为了明确项目团队中每个人的任务分工，现制定人员分工表，如表 5.2 所示。

表 5.2　人员分工表

姓　名	技术水平	所属部门	角　色	工作描述
杨某	MBA	经理部	副经理	负责项目的审批、决策的实施
周某	MBA	项目开发部	项目经理	负责项目的前期分析、策划，项目开发进度的跟踪，项目质量的检查
刘某	高级系统分析员	项目开发部	系统分析员	负责系统功能分析、系统框架设计
杨某	高级软件工程师	项目开发部	软件工程师	负责软件设计与编码
吕某	高级美工设计师	设计部	网页设计师	负责网页风格的确定、网页图片的设计
刘某	初级系统测试工程师	项目开发部	测试人员	对软件进行测试、编写软件测试文档

5.3　系 统 设 计

5.3.1　系统目标

本系统属于小型的在线考试系统，可以从数据库中随机抽取试题，并且可以自动对考生的答案评分。本系统主要实现以下目标：

☑　系统采用人机交互的方式，界面美观友好，信息查询灵活、方便，数据存储安全可靠。

☑　实现从数据库中随机抽取试题。

☑ 对用户输入的数据，进行严格的数据检验，尽可能地避免人为错误。

☑ 实现对考试结果自动评分。

☑ 实现教师和后台管理员对试题信息单独管理。

☑ 系统最大限度地实现了易维护性和易操作性。

5.3.2 系统功能结构

在线考试系统前台功能结构图如图 5.2 所示。

在线考试系统后台功能结构图如图 5.3 所示。

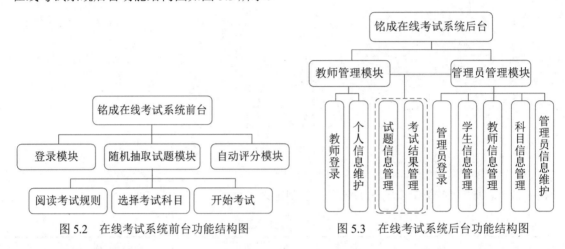

图 5.2 在线考试系统前台功能结构图　　图 5.3 在线考试系统后台功能结构图

5.3.3 业务流程图

在线考试系统的业务流程图如图 5.4 所示。

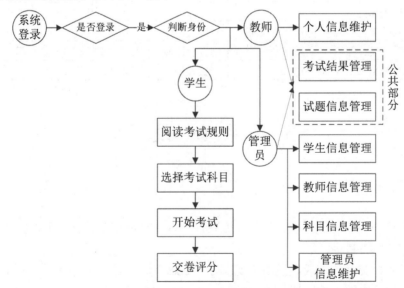

图 5.4 在线考试系统的业务流程图

5.3.4　构建开发环境

1．网站开发环境

☑　网站开发环境：Microsoft Visual Studio 2017。

☑　网站开发语言：ASP.NET+C#。

☑　网站后台数据库：SQL Server 2014。

☑　开发环境运行平台：Windows 7（SP1）/ Windows Server 8/Windows 10。

2．服务器端

☑　操作系统：Windows 7。

☑　Web 服务器：IIS 7.0 以上版本。

☑　数据库服务器：SQL Server 2014。

☑　网站服务器运行环境：Microsoft .NET Framework SDK v4.7。

3．客户端

☑　浏览器：Chrome 浏览器、Firefox 浏览器。

5.3.5　系统预览

在线考试系统由多个页面组成，下面仅列出几个典型页面，其他页面可参见资源包中的源程序。

考试界面如图 5.5 所示，主要实现考试系统的随机抽取试题、考生答卷、考试计时、限时自动交卷功能。后台管理员界面如图 5.6 所示，主要实现试题信息管理、教师信息管理、考生信息管理、考试科目信息管理以及考试结果管理。试题管理界面如图 5.7 所示，主要功能是教师对试题进行管理。考试评分界面如图 5.8 所示，主要功能是对考生答案进行评分。

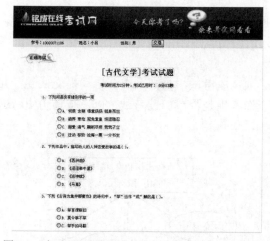

图 5.5　考试界面（资源包\…\student\StartExam.aspx）　　图 5.6　后台管理员界面（资源包\…\admin\AdminManage.aspx）

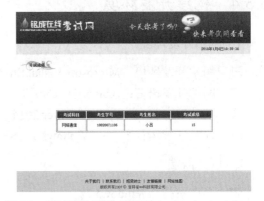

图 5.7　试题管理界面（资源包\···\teacher\TeacherManage.aspx）　　图 5.8　考试评分界面（资源包\···\student\result.aspx）

5.3.6　数据库设计

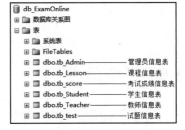

在开发在线考试系统之前，分析了系统的数据量，由于在线考试系统中试题及考生信息的数据量会很大，因此选择 Microsoft SQL Server 2014 数据库存储数据信息，数据库命名为 db_ExamOnline，在数据库中创建了 6 个数据表用于存储不同的信息，如图 5.9 所示。

5.3.7　数据库概念设计

图 5.9　在线考试系统中用到的数据表

开发在线考试系统时，为了灵活地维护系统，设计了后台管理员模块，通过后台管理员模块可以方便地对整个在线考试系统进行维护，这时必须建立一个数据表用于存储所有的管理员信息。管理员信息实体 E-R 图如图 5.10 所示。

当考生成功登录在线考试系统后，可以根据需要选择考试科目，考生不同可能选择的考试科目会不同，系统必须提供一些参加考试的科目供考生选择，这时在数据库中应该建立一个存储所有参加考试科目的数据表。考试科目信息实体 E-R 图如图 5.11 所示。

考生选择考试科目，开始在线考试。在规定时间内必须完成考试，否则系统会自动提交试卷，并且将考生的考试成绩保存在数据表中。这样，方便后期查询考生是否参加过考试，以及查询历史考试得分。考试记录信息实体 E-R 图如图 5.12 所示。

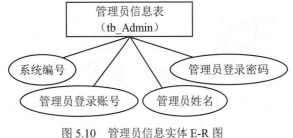

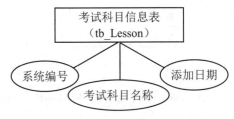

图 5.10　管理员信息实体 E-R 图　　　　　　　　图 5.11　考试科目信息实体 E-R 图

在数据库中建立一个用于存储考生各项信息的数据表，其中包括考生登录时的账号（考生编号或考生学号）及密码。若某个考生参加了考试，系统会将考生答卷的最后得分保存到此数据表中，以便教师或考生对考试历史记录进行查询。考生信息实体 E-R 图如图 5.13 所示。

图 5.12 考试记录信息实体 E-R 图

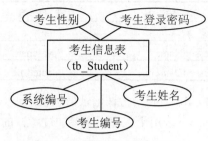

图 5.13 考生信息实体 E-R 图

为了方便教师对考试试题及考生考试结果进行管理，在数据库中必须建立一个数据表用于存储所有的教师信息，其中包括教师登录后台管理系统时需要的账号及密码，以及教师负责的科目名称。教师信息实体 E-R 图如图 5.14 所示。

在线考试系统中考试试题是通过对数据库中存储的所有试题随机抽取产生的，所以必须在数据库中建立一个数据表用于存储所有参与考试的试题信息，其中包括试题题目、试题的 4 个备选答案、正确答案以及所属的科目。试题信息实体 E-R 图如图 5.15 所示。

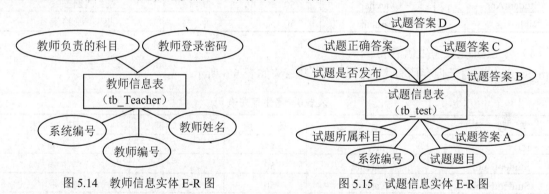

图 5.14 教师信息实体 E-R 图　　　　　图 5.15 试题信息实体 E-R 图

5.3.8 数据库逻辑结构设计

根据设计好的 E-R 图在数据库中创建各表，系统数据库中各表的结构如下。

（1）tb_Admin（管理员信息表）

tb_Admin 表用于保存所有管理员信息，该表的结构如表 5.3 所示。

表 5.3 管理员信息表

字　段　名	数　据　类　型	长　　度	主　　键	描　　述
ID	int	4	是	系统编号
AdminNum	varchar	50	否	管理员编号
AdminName	varchar	50	否	管理员姓名
AdminPwd	varchar	50	否	管理员登录密码

（2）tb_Lesson（考试科目信息表）

tb_Lesson 表用于保存所有考试科目信息，该表的结构如表 5.4 所示。

表 5.4　考试科目信息表

字　段　名	数 据 类 型	长　度	主　键	描　述
ID	int	4	是	系统编号
LessonName	varchar	50	否	考试科目名称
LessonDataTime	datetime	8	否	添加日期

（3）tb_score（考试记录信息表）

tb_score 表用于保存所有参加过考试的考生的考试记录，该表结构如表 5.5 所示。

表 5.5　考试记录信息表

字　段　名	数 据 类 型	长　度	主　键	描　述
ID	int	4	是	系统编号
StudentID	varchar	50	否	参加考试的考生编号
LessonName	varchar	50	否	考试科目名称
score	int	4	否	考生得分
StudentName	varchar	50	否	参加考试的考生姓名
StudentAns	varchar	50	否	考生试题答案
RightAns	varchar	50	否	试题正确答案

（4）tb_Student（考生信息表）

tb_Student 表用于保存所有考生信息，该表结构如表 5.6 所示。

表 5.6　考生信息表

字　段　名	数 据 类 型	长　度	主　键	描　述
ID	int	4	是	系统编号
StudentNum	varchar	50	否	考生编号
StudentName	varchar	50	否	考生姓名
StudentPwd	varchar	50	否	考生登录密码
StudentSex	varchar	50	否	考生性别

（5）tb_Teacher（教师信息表）

tb_Teacher 表用于保存所有教师信息，该表结构如表 5.7 所示。

表 5.7　教师信息表

字　段　名	数 据 类 型	长　度	主　键	描　述
ID	int	4	是	系统编号
TeacherNum	varchar	50	否	教师编号
TeacherName	varchar	50	否	教师姓名
TeacherPwd	varchar	50	否	教师登录密码
TeacherCourse	varchar	50	否	教师负责的科目

（6）tb_test（试题信息表）

tb_test 表用于保存所有考试试题信息，该表结构如表 5.8 所示。

表 5.8　试题信息表

字 段 名	数 据 类 型	长 度	主 键	描 述
ID	int	4	是	系统编号
testContent	varchar	200	否	试题题目
testAns1	varchar	50	否	试题备选答案 A
testAns2	varchar	50	否	试题备选答案 B
testAns3	varchar	50	否	试题备选答案 C
testAns4	varchar	50	否	试题备选答案 D
rightAns	varchar	50	否	试题正确答案
pub	int	4	否	试题是否发布
testCourse	varchar	50	否	试题所属科目

5.3.9　文件夹组织结构

图 5.16　网站文件夹组织结构

每个网站都会有相应的文件夹组织结构，如果网站中网页数量很多，可以将所有的网页及资源放在不同的文件夹中。如果网站中网页不是很多，可以将图片、公共类或者程序资源文件放在相应的文件夹中，而网页可以直接放在网站根目录下。在线考试系统就是按照前者的文件夹组织结构排列的，如图 5.16 所示。

5.4　公共类设计

视频讲解

在开发项目中以类的形式来组织、封装一些常用的方法和事件，不仅可以提高代码的重用率，也大大方便了代码的管理。本系统中创建了一个公共类 BaseClass，其中包含了 DBCon()、BindDG()、OperateData()、CheckStudent()、CheckTeacher()和 CheckAdmin()方法，分别用于连接数据库、绑定 GridView 控件、执行 SQL 语句、判断考生登录、判断教师登录和判断管理员登录。代码如下：

例程 01　代码位置：资源包\TM\05\ExamOnLine\App_Code\BaseClass.cs

```
public class BaseClass
{
    public static SqlConnection DBCon()                          //建立连接数据库的公共方法
    {
        return new SqlConnection("server=.;database=db_ExamOnline;uid=sa;pwd=");
    }
❶   public static void BindDG(GridView dg,string id, string strSql,string Tname)     //建立绑定 GridView 控件的
    方法
    {
        SqlConnection conn = DBCon();                            //连接数据库
```

```
            SqlDataAdapter sda = new SqlDataAdapter(strSql,conn);
            DataSet ds = new DataSet();
            sda.Fill(ds,Tname);
            dg.DataSource=ds.Tables[Tname];                               //设置绑定数据源
            dg.DataKeyNames = new string[] { id };
            dg.DataBind();                                                //绑定控件
        }
❷   public static void OperateData(string strsql)                        //建立一个执行 SQL 语句的方法
        {
            SqlConnection conn = DBCon();                                 //连接数据库
            conn.Open();                                                  //打开数据库
            SqlCommand cmd = new SqlCommand(strsql,conn);
            cmd.ExecuteNonQuery();
            conn.Close();                                                 //关闭连接
        }
❸   public static bool CheckStudent(string studentNum,string studentPwd) //检查是否是学生登录
        {
            SqlConnection conn = DBCon();                                 //连接数据库
            conn.Open();                                                  //打开数据库
            SqlCommand cmd = new SqlCommand("select count(*) from tb_Student where StudentNum=
'"+studentNum+"' and StudentPwd='"+studentPwd+"'",conn);
            int i = Convert.ToInt32(cmd.ExecuteScalar());                 //返回值
            if (i > 0)                                                    //判断返回值是否大于 0
            {
                return true;                                             //返回 true
            }
            else
            {
                return false;                                            //返回 false
            }
            conn.Close();
        }
❹   public static bool CheckTeacher(string teacherNum, string teacherPwd)  //检查是否是教师登录
        {
            SqlConnection conn = DBCon();                                 //连接数据库
            conn.Open();                                                  //打开数据库
            SqlCommand cmd = new SqlCommand("select count(*) from tb_Teacher where TeacherNum='" +
teacherNum + "' and TeacherPwd='" + teacherPwd + "'", conn);
            int i = Convert.ToInt32(cmd.ExecuteScalar());                 //返回值
            if (i > 0)                                                    //判断返回值是否大于 0
            {
                return true;                                             //返回 true
            }
            else
            {
                return false;                                            //返回 false
            }
            conn.Close();                                                //关闭连接
        }
❺   public static bool CheckAdmin(string adminNum, string adminPwd)       //判断是否是管理员登录
        {
```

```
SqlConnection conn = DBCon();                              //连接数据库
conn.Open();                                              //打开连接
SqlCommand cmd = new SqlCommand("select count(*) from tb_Admin where AdminNum='" +
adminNum + "' and adminPwd='" + adminPwd + "'", conn);
int i = Convert.ToInt32(cmd.ExecuteScalar());             //返回值
if (i > 0)                                                //返回值是否大于 0
{
    return true;                                          //返回 true
}
else
{
    return false;                                         //返回 false
}
conn.Close();                                             //关闭连接
}
}
```

📣 代码贴士

❶ BindDG()：该方法用于绑定 GridView 控件，其中参数分别代表 GridView 控件名称、数据表主键、SQL 语句和绑定表名称。

❷ OperateData()：该方法用于执行 SQL 语句，其中参数代表操作数据库的 SQL 语句。

❸ CheckStudent()：该方法用于检验是否是学生登录，其中参数代表学生登录账号和密码。

❹ CheckTeacher()：该方法用于检验是否是教师登录，其中参数代表教师登录账号和密码。

❺ CheckAdmin()：该方法用于检验是否是管理员登录，其中参数代表管理员登录账号和密码。

视频讲解

5.5　登录模块设计

5.5.1　登录模块概述

　　并不是任何人都可以参加在线考试，默认是不允许匿名登录，只有经过管理员分配的编号和密码才能登录在线考试系统参加考试，这时就需要通过登录模块验证登录用户的合法性。登录模块是在线考试系统的第一道安全屏障，登录模块运行结果如图 5.17 所示。

图 5.17　登录模块运行结果

5.5.2 登录模块技术分析

登录模块中使用了验证码技术，通过验证码可以防止利用机器人软件反复自动登录。登录模块中的验证码主要是通过 Random 类实现的，为了更好地理解其用法，下面进行详细讲解。

Random 类表示伪随机数生成器，一种能够产生满足某些随机性统计要求的数字序列的设备，Random 类中最常用的是 Random.Next() 方法。

Random.Next() 方法用于返回一个指定范围内的随机数。其语法格式如下：

```
public virtual int Next (int minValue,int maxValue)
```

参数说明

- ☑ minValue：返回随机数的下界。
- ☑ maxValue：返回随机数的上界，maxValue 必须大于或等于 minValue。
- ☑ 返回值：一个大于或等于 minValue 且小于 maxValue 的 32 位带符号整数，即返回值的范围包括 minValue 但不包括 maxValue。如果 minValue 等于 maxValue，则返回 minValue。

例如：

例程 02   代码位置：资源包\TM\05\ExamOnLine\Image.aspx.cs

```
string MaxNum = "";                                    //建立上界变量
string MinNum = "";                                    //建立下界变量
for (int i = 0; i < 5; i++)
{
    MaxNum = MaxNum + "5";                             //设置上界
}
MinNum = MaxNum.Remove(0, 1);                          //设置下界
Random rd = new Random();                              //实例化 Random
string VNum = Convert.ToString(rd.Next(Convert.ToInt32(MinNum), Convert.ToInt32(MaxNum)));
return VNum;
```

5.5.3 登录模块实现过程

📋 本模块使用的数据表：tb_Admin、tb_Student、tb_Teacher

登录模块的具体实现步骤如下：

（1）新建一个网页，命名为 Login.aspx，主要用于实现系统的登录功能。该页面中用到的主要控件如表 5.9 所示。

表 5.9   登录页面用到的主要控件

控 件 类 型	控件 ID	主要属性设置	用 途
TextBox	txtNum	无	输入登录用户名
	txtPwd	TextModed 属性设置为 Password	输入登录用户密码
	txtCode	无	输入验证码
DropDownList	ddlstatus	Items 属性中添加 3 项	选择登录身份
Image	Image1	ImageUrl 属性设置为~/Image.aspx	显示验证码
Button	btnlogin	Text 属性设置为"登录"	登录
	btnconcel	Text 属性设置为"取消"	取消

（2）输入账号和密码等信息无误后，单击"登录"按钮进行登录。程序首先会判断输入的验证码是否正确，如果正确，则根据选择的登录身份调用公共类中相应的方法验证账号和密码是否正确，如果登录的账号和密码正确，则会转向与登录身份相符的页面。代码如下：

例程03　代码位置：资源包\TM\05\ExamOnLine\Login.aspx.cs

```
if (txtCode.Text.Trim() != Session["verify"].ToString())
{
        Response.Write("<script>alert('验证码错误');location='Login.aspx'</script>");        //输入错误提示
}
 else
{
❶    if (this.ddlstatus.SelectedValue == "学生")                                            //如果登录身份为学生
    {
        if (BaseClass.CheckStudent(txtNum.Text.Trim(), txtPwd.Text.Trim()))                 //验证登录账号和密码
        {
            Session["ID"] = txtNum.Text.Trim();
            Response.Redirect("student/studentexam.aspx");                                  //转向考试界面
        }
        else
        {
            Response.Write("<script>alert('您不是学生或者用户名和密码错误
');location='Login.aspx'</script>");
        }
    }
❷    if (this.ddlstatus.SelectedValue == "教师")                                            //如果登录身份为教师
    {
        if (BaseClass.CheckTeacher(txtNum.Text.Trim(), txtPwd.Text.Trim()))                 //验证教师账号和密码
        {
            Session["teacher"] = txtNum.Text;
            Response.Redirect("teacher/TeacherManage.aspx");                                //转向试题管理模块
        }
        else
        {
            Response.Write("<script>alert('您不是教师或者用户名和密码错误
');location='Login.aspx'</script>");
        }
    }
❸    if (this.ddlstatus.SelectedValue == "管理员")                                          //如果登录身份为管理员
    {
        if (BaseClass.CheckAdmin(txtNum.Text.Trim(), txtPwd.Text.Trim()))                   //验证管理员账号和密码
        {
            Session["admin"] = txtNum.Text;
            Response.Redirect("admin/AdminManage.aspx");                                    //转向后台管理员模块
        }
        else
        {
            Response.Write("<script>alert('您不是管理员或者用户名和密码错误
');location='Login.aspx'</script>");
        }
    }
}
```

代码贴士

❶判断登录身份是否为"学生"，如果登录身份为"学生"，则通过公共类中验证是否为学生登录的 CheckStudent() 方法进行验证。

❷判断登录身份是否为"教师"，如果登录身份为"教师"，则通过公共类中验证是否为教师登录的 CheckTeacher() 方法进行验证。

❸判断登录身份是否为"管理员"，如果登录身份为"管理员"，则通过公共类中验证是否为管理员登录的 CheckAdmin()方法进行验证。

（3）单击"取消"按钮，关闭登录窗口。代码如下：

例程 04　代码位置：资源包\TM\05\ExamOnLine\Login.aspx.cs

```
protected void btnconcel_Click(object sender, EventArgs e)
{
    RegisterStartupScript("提示", "<script>window.close();</script>");
}
```

5.6　随机抽取试题模块设计

5.6.1　随机抽取试题模块概述

开发在线考试系统过程中，需要考虑的一点是如何将试题显示在页面上，如何将试题从数据库中读取出来。比较合理的做法是将所有试题信息存储在数据库中，然后随机抽取若干道试题，动态地显示在页面中。为了实现此功能，设计出随机抽取试题模块，运行结果如图 5.18 所示。

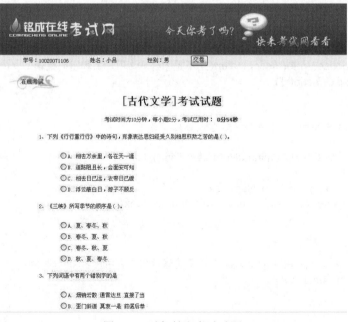

图 5.18　随机抽取考试试题

5.6.2　随机抽取试题模块技术分析

实现随机抽取试题模块的关键技术是 SQL Server 中的 newid()函数，通过此函数可以动态创建 uniqueidentifier 类型的值，即随机数，实现起来非常简单。有关 newid()函数的详细说明如下。

newid()函数的功能是创建 uniqueidentifier 类型的唯一值。其语法格式如下：

```
newid( )
```

返回类型：uniqueidentifier。

例如，对变量使用 newid()函数，使用 newid 对声明为 uniqueidentifier 数据类型的变量赋值。在测试该值前，将先打印 uniqueidentifier 数据类型变量的值。

```
-- Creating a local variable with DECLARE/SET syntax.
DECLARE @myid uniqueidentifier
SET @myid = NEWID()
PRINT 'Value of @myid is: '+ CONVERT(varchar(255), @myid)
```

下面是结果集：

```
Value of @myid is: 6F9619FF-8B86-D011-B42D-00C04FC964FF
```

例如，从数据表 tb_Test 中随机抽取 10 条数据，可以利用下面的代码实现：

```
Select top 10 * from tb_Test order by newid()
```

5.6.3　随机抽取试题模块实现过程

📇　本模块使用的数据表：tb_Lesson、tb_score、tb_test

随机抽取试题模块的具体实现步骤如下：

（1）在随机抽取试题之前，考生要选择考试的科目，然后根据选择的科目随机从数据库中抽取试题给考生。所以，考生选择考试科目是随机抽取试题的条件，其运行结果如图 5.19 所示。

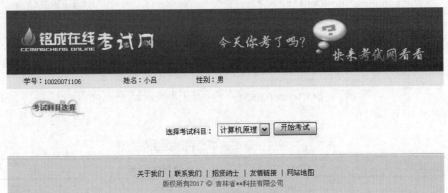

图 5.19　选择考试科目

程序首先根据考生选择的科目对数据库进行检索，查看数据库中是否有相关的试题。如果存在试题，则跳转到随机抽取试题页面；否则，提示考生选择的考试科目在数据库中没有试题。代码如下：

例程 05　代码位置：资源包\TM\05\ExamOnLine\student\studentexam.aspx.cs

```
protected void Button2_Click(object sender, EventArgs e)
{
    string StuID = Session["ID"].ToString();                              //考生的编号
    string StuKC = ddlKm.SelectedItem.Text;                              //选择的考试科目
    SqlConnection conn = BaseClass.DBCon();                              //连接数据库
    conn.Open();                                                          //打开连接
    SqlCommand cmd = new SqlCommand("select count(*) from tb_Score where StudentID='" + StuID + "'
and LessonName='" + StuKC + "'", conn);                                   //执行 SQL 语句
    int i = Convert.ToInt32(cmd.ExecuteScalar());                         //获取返回值
    if (i > 0)                                                            //如果返回值大于 0
    {
        MessageBox.Show("你已经参加过此科目的考试了");
    }
    else
    {
        cmd = new SqlCommand("select count(*) from tb_test where testCourse='"+StuKC+"'", conn);
        int N = Convert.ToInt32(cmd.ExecuteScalar());                    //获取返回值
        if (N >0)                                                        //如果返回值大于 0
        {
            cmd = new SqlCommand("insert into tb_Score(StudentID,LessonName,StudentName) values('"
+ StuID "','" + tuKC + "','" + lblName.Text + "')", conn);                //执行 SQL 语句
            cmd.ExecuteNonQuery();
            conn.Close();                                                //关闭连接
            Session["KM"] = StuKC;

Response.Write("<script>window.open('StartExam.aspx','newwindow','status=1,scrollbars=1,resizable=1')</script>");
            Response.Write("<script>window.opener=null;window.close();</script>");
        }
        else
        {
            MessageBox.Show("此科目没有考试题");                          //弹出提示信息
            return;
        }
    }
}
```

（2）新建一个网页，命名为 StartExam.aspx，作为随机抽取试题页面及考试页面。该页面中用到的主要控件如表 5.10 所示。

表 5.10　随机抽取试题页面用到的主要控件

控 件 类 型	控件 ID	主要属性设置	用　　途
A Label	lblStuNum	无	显示考生编号
	lblStuName	无	显示考生姓名
	lblStuSex	无	显示考生性别

续表

控 件 类 型	控件 ID	主要属性设置	用　　　途
	lblStuKM	无	显示考试科目
	lblEndtime	无	显示考试声明
	lbltime	无	显示考试用时时间
▣ Panel	Panel1	无	显示随机抽取的试题
[ab] Button	btnsubmit	无	提交试卷

（3）当页面加载时，根据考生选择的科目在数据库中随机抽取试题，并显示在 Panel 控件中。代码如下：

例程 06　代码位置：资源包\TM\05\ExamOnLine\student\StartExam.aspx.cs

```
public string Ans = null;                                          //建立存储正确答案的公共变量
public int tNUM;                                                    //记录考题数量
protected void Page_Load(object sender, EventArgs e)
{
    lblEndtime.Text = "考试时间为 10 分钟，每小题 2 分，考试已用时：";    //显示考试提示
    lblStuNum.Text = Session["ID"].ToString();                      //显示考生编号
    lblStuName.Text = Session["name"].ToString();                   //显示考生姓名
    lblStuSex.Text = Session["sex"].ToString();                     //显示考生性别
    lblStuKM.Text = "[" + Session["KM"].ToString() + "]" + "考试试题";  //显示考试科目
    int i=1;                                                         //初始化变量
    SqlConnection conn = BaseClass.DBCon();                         //连接数据库
    conn.Open();                                                     //打开连接
    SqlCommand cmd = new SqlCommand("select top 10 * from tb_test where testCourse='" + Session["KM"].
ToString() + "' order by newid()", conn);
    SqlDataReader sdr = cmd.ExecuteReader();                         //创建记录集
    while (sdr.Read())
    {
        Literal littxt = new Literal();                             //创建 Literal 控件
        Literal litti = new Literal();                              //创建 Literal 控件
        RadioButtonList cbk = new RadioButtonList();               //创建 RadioButtonList 控件
        cbk.ID = "cbk" + i.ToString();
        littxt.Text = i.ToString() + "、" + Server.HtmlEncode(sdr["testContent"].ToString()) + "<br>ckquote>";
        litti.Text = "</Blockquote>";
        cbk.Items.Add("A. " + Server.HtmlEncode(sdr["testAns1"].ToString()));    //添加选项 A
        cbk.Items.Add("B. " + Server.HtmlEncode(sdr["testAns2"].ToString()));    //添加选项 B
        cbk.Items.Add("C. " + Server.HtmlEncode(sdr["testAns3"].ToString()));    //添加选项 C
        cbk.Items.Add("D. " + Server.HtmlEncode(sdr["testAns4"].ToString()));    //添加选项 D
        cbk.Font.Size = 11;                                         //设置文字大小
        for (int j = 1; j <= 4; j++)
        {
            cbk.Items[j - 1].Value = j.ToString();
        }
        Ans += sdr[6].ToString();                                  //获取试题的正确答案
        if (Session["a"] == null)                                  //判断是否第一次加载
        {
            //如果第一次加载则将正确答案赋值给 Session["Ans"]
```

```
            Session["Ans"] = Ans;
        }
        Panel1.Controls.Add(littxt);                            //将控件添加到 Panel 中
        Panel1.Controls.Add(cbk);                               //将控件添加到 Panel 中
        Panel1.Controls.Add(litti);                             //将控件添加到 Panel 中
        i++;                                                    //使 i 递增
        tNUM++;                                                 //使 tNUM 递增
    }
    sdr.Close();
    conn. Close();                                              //关闭连接
    Session["a"] = 1;
}
```

（4）考生在规定的时间内进行考试，当考生答题完毕，单击"交卷"按钮提交试卷，此时系统会将该考生的答题结果提交给自动评分模块。代码如下：

例程 07　代码位置：资源包\TM\05\ExamOnLine\student\StartExam.aspx.cs

```
protected void btnsubmit_Click(object sender, EventArgs e)
{
    string msc = "";                                           //建立变量 msc 存储考生答案
    for (int i = 1; i <= 10; i++)
    {
        RadioButtonList list = (RadioButtonList)Panel1.FindControl("cbk" + i.ToString());
        if (list != null)
        {
            if (list.SelectedValue.ToString() != "")
                msc += list.SelectedValue.ToString();           //存储考生答案
            else
                msc += "0";                                     //如果没有选择则为 0

        }
    }
    Session["Sans"] = msc;                                      //考生答案
    //更新考试结果数据表
    string sql = "update tb_score set RigthAns='" + Ans + "' where StudentID='" + lblStuNum.Text + "'";
    BaseClass.OperateData(sql);
     //更新考试结果数据表
    string strsql = "update tb_score set StudentAns='" + msc + "' where StudentID='" + lblStuNum.Text + "'";
    BaseClass.OperateData(strsql);
    Response.Redirect("result.aspx?BInt=" + tNUM.ToString());
}
```

5.6.4　单元测试

设计完随机抽取试题模块之后，必须对模块进行单元测试，以检查是否出现不可预知的错误，通过本模块的单元测试，发现如果不对考生选择考试科目进行限制，无论考生选择哪一个科目都会随机抽取数据库中的所有试题信息，所以在考生选择考试科目时，必须首先根据考生选择的科目在试题信息表中查找是否存在与之相关的试题。代码如下：

例程 08　　代码位置：资源包\TM\05\ExamOnLine\student\studentexam.aspx.cs

```
string StuID = Session["ID"].ToString();                                    //考生编号
string StuKC = ddlKm.SelectedItem.Text;                                     //选择考试科目
SqlConnection conn = BaseClass.DBCon();                                     //连接数据库
conn.Open();                                                                //打开连接
SqlCommand cmd = new SqlCommand("select count(*) from tb_Score where StudentID='" + StuID +       "' and
LessonName='" + StuKC + "'", conn);
int i = Convert.ToInt32(cmd.ExecuteScalar());                               //获取返回值
if (i > 0)                                                                  //如果返回值大于 0
{
    MessageBox.Show("你已经参加过此科目的考试了");                          //提示已经参加过考试
}
else
{
    cmd = new SqlCommand("select count(*) from tb_test where testCourse='"+StuKC+"'", conn);
    int N = Convert.ToInt32(cmd.ExecuteScalar());                          //获取返回值
    if (N >0)                                                              //如果返回值大于 0
    {
        cmd = new SqlCommand("insert into tb_Score(StudentID,LessonName,StudentName) values('" +
StuIDStuKC + "','" + lblName.Text + "')", conn);
        cmd.ExecuteNonQuery();
        conn.Close();                                                     //关闭连接
        Session["KM"] = StuKC;
        //弹出新窗口，用于随机抽取考试题
Response.Write("<script>window.open('StartExam.aspx','newwindow','status=1,scrollbars=1,resizable=1')</scri
pt>");
        Response.Write("<script>window.opener=null;window.close();</script>");
    }
    else
    {
        MessageBox.Show("此科目没有考试题");                               //弹出提示信息
        return;
    }
}
```

5.7　自动评分模块设计

视频讲解

5.7.1　自动评分模块概述

　　在线考试系统和普通考试的流程是一样的，考生答卷完毕后要对考生的答案评分。根据实际需要，在线考试系统中加入了自动评分模块，当考生答题完毕提交试卷时，系统会根据考生选择的答案与正确答案进行比较，最后进行评分，运行结果如图 5.20 所示。

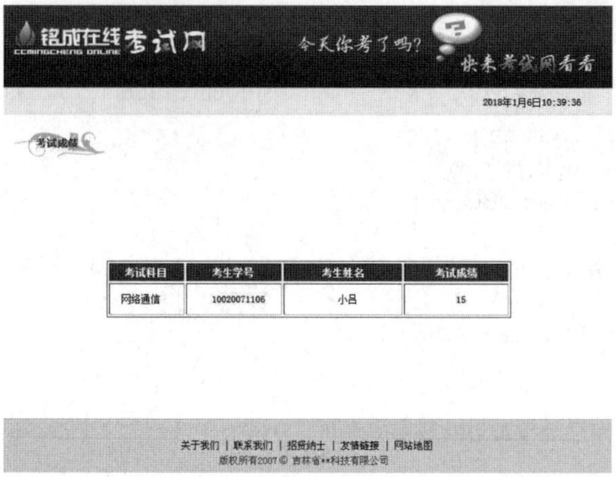

图 5.20　自动评分模块运行结果

5.7.2　自动评分模块技术分析

自动评分模块使用的基本技术是字符串的截取与比较，下面介绍使用 Substring() 和 Equals() 方法对字符串进行截取与比较。

1．截取字符串

功能：使用 Substring() 方法可以从指定字符串中截取子串。

语法格式如下：

```
public string Substring(int startIndex,int length)
```

参数说明

☑　startIndex：子字符串的起始位置的索引。

☑　length：子字符串中的字符数。

例如，将字符串"我们是社会主义新青年"截取为"社会主义新青年"。代码如下：

```
string str = "我们是社会主义新青年";
string str2 = str.Substring(3,str.Length-3);
Response.Write(str2);
```

2．比较字符串

功能：Equals() 方法用于确定两个 String 对象是否具有相同的值。

语法格式如下：

```
public bool Equals(string value)
```

例如，判断字符串 stra 和字符串 strb 是否相等。代码如下：

```
stra.Equals(strb)
```

如果 stra 的值与 strb 相同，则为 true；否则为 false。

5.7.3　自动评分模块实现过程

▦　**本模块使用的数据表：tb_score**

自动评分模块的具体实现步骤如下：

（1）新建一个网页，命名为 result.aspx，主要用于实现对考生提交的试题答案进行自动评分。该页面中用到的主要控件如表 5.11 所示。

表 5.11　自动评分模块用到的主要控件

控 件 类 型	控件 ID	主要属性设置	用　　途
A Label	lbldate	无	显示当前系统时间
	lblkm	无	显示考生考试科目
	lblnum	无	显示考生编号
	lblname	无	显示考生姓名
	lblResult	无	显示考试得分

（2）考生将试题答案提交到自动评分模块，自动评分模块对考生答案进行评分，并将考生的成绩添加到数据表 tb_score 中。代码如下：

例程 09　　代码位置：资源包\TM\05\ExamOnLine\student\result.aspx.cs

```
protected void Page_Load(object sender, EventArgs e)
{
    string Rans = Session["Ans"].ToString();                        //获取正确答案
    int j = Convert.ToInt32(Request.QueryString["BInt"]);           //获取试题数量
    string Sans = Session["Sans"].ToString();                       //获取考生答案
    int StuScore = 0;                                               //将考试成绩初始化为0
    for (int i = 0; i < j; i++)
    {
        if (Rans.Substring(i, 1).Equals(Sans.Substring(i, 1)))      //将考生答案与正确答案作比较
        {
            StuScore += 2;                                          //如果答案正确加 2 分
        }
    }
    this.lblResult.Text = StuScore.ToString();                      //显示考试成绩
    this.lblkm.Text = Session["KM"].ToString();                     //显示考试科目
    this.lblnum.Text = Session["ID"].ToString();                    //显示考生编号
    this.lblname.Text = Session["name"].ToString();                 //显示考生姓名
    //更新考试结果数据表
    string strsql = "update tb_score set score='" + StuScore.ToString() + "' where StudentID='" + Session["ID"].
ToString() + "' and LessonName='" + Session["KM"].ToString() + "'";
    BaseClass.OperateData(strsql);
}
```

5.8　试题管理模块设计

5.8.1　试题管理模块概述

　　试题管理模块在整个在线考试系统中占有非常重要的地位，它是专门为教师设计的。教师登录此模块后即可在后台对试题进行添加、修改和删除，并且可以查看考试结果。试题管理模块运行结果如图 5.21 所示。

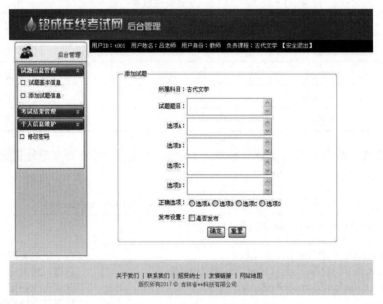

图 5.21　试题管理模块运行结果

5.8.2　试题管理模块技术分析

　　在开发试题管理模块时，主要应用了对数据库进行查询、添加、更新、删除以及模糊查询等技术，下面主要对模糊查询进行介绍。

　　在进行数据查询时，经常会使用模糊查询方式。模糊查询是指根据输入的条件进行模式匹配，即将输入的查询条件按照指定的通配符与数据表中的数据进行匹配，查找符合条件的数据。模糊查询一般应用在不能准确写出查询条件的情况。在设计模糊查询时，一般通过文本框获取查询条件，这样可以使查询更为灵活。模糊查询通常使用 LIKE 关键字来指定模式查询条件。

　　LIKE 关键字的语法格式如下：

```
match_expression [ NOT ] LIKE pattern [ ESCAPE escape_character ]
```

参数说明

　　☑　match_expression：任何字符串数据类型的有效 SQL Server 表达式。

☑　pattern：match_expression 中的搜索模式。

☑　escape_character：字符串数据类型分类中的所有数据类型的任何有效 SQL Server 表达式。
escape_character 没有默认值，且必须仅包含一个字符。

LIKE 查询条件需要使用通配符在字符串内查找指定的模式，LIKE 关键字中的通配符如表 5.12 所示。

表 5.12　LIKE 关键字中的通配符及其含义

通　配　符	说　　明
%	由 0 个或更多字符组成的任意字符串
_	任意单个字符
[ ]	用于指定范围，例如[A～F]，表示 A～F 范围内的任何单个字符
[^]	表示指定范围之外的，例如[＾A～F]范围以外的任何单个字符

1．"%" 通配符

"%" 通配符能匹配 0 个或更多个字符的任意长度的字符串。

在 SQL Server 语句中，可以在查询条件的任意位置放置一个 "%" 符号来代表任意长度的字符串。在设置查询条件时，也可以放置两个 "%"，但是最好不要连续出现两个 "%" 符号。

2．"_" 通配符

"_"号表示任意单个字符，该符号只能匹配一个字符，利用 "_"号可以作为通配符组成匹配模式进行查询。

"_"符号可以放在查询条件的任意位置，且只能代表一个字符。

3．"[ ]" 通配符

在模式查询中可以使用 "[ ]" 符号来查询一定范围内的数据。"[ ]" 符号用于表示一定范围内的任意单个字符，它包括两端数据。

例如，在 students 表中，查询电话号码以'3451'结尾并且开头数字位于 1～5 的学生信息。

4．"[^]" 通配符

在模式查询中可以使用 "[^]" 符号来查询不在指定范围内的数据。"[^]" 符号用于表示不在某范围内的任意单个字符，它包括两端数据。

例如：

```
protected void Page_Load(object sender, EventArgs e)
{
    SqlConnection myConn = new SqlConnection(ConfigurationManager.AppSettings["ConnectionString"].
ToString());
    string strSql = "select * from tb_Student where 学生姓名 like '王%'";
    SqlDataAdapter adapter = new SqlDataAdapter(strSql, myConn);
    DataSet ds = new DataSet();
    adapter.Fill(ds);
    this.GridView1.DataSource = ds.Tables[0].DefaultView;
```

```
        this.GridView1.DataBind();
        for (int i = 0; i <= this.GridView1.Rows.Count – 1; i++)
        {
            DataRowView drv=ds.Tables[0].DefaultView[i];
            this.GridView1.Rows[i].Cells[3].Text = Convert.ToDateTime(drv[3].ToString()).ToLongDateString();
        }
    }
```

5.8.3 试题管理模块实现过程

本模块使用的数据表：tb_Teacher、tb_test、tb_score

试题管理模块中具体包括试题基本信息、添加试题信息、考试结果和修改密码的功能。具体实现步骤如下：

教师通过登录模块成功登录后，系统会根据登录的账号对数据库进行检索，查找出该名教师的姓名和负责的课程。代码如下：

例程 10　代码位置：资源包\TM\05\ExamOnLine\teacher\TeacherManage.aspx.cs

```
protected void Page_Load(object sender, EventArgs e)
{
    if (Session["teacher"] == null)                              //禁止匿名登录
    {
        Response.Redirect("../Login.aspx");
    }
    else
    {
        lblwz.Text = Session["teacher"].ToString();              //教师编号
        SqlConnection conn = BaseClass.DBCon();                  //连接数据库
        conn.Open();                                            //打开连接
      SqlCommand cmd = new SqlCommand("select * from tb_Teacher where TeacherNum='" + lblwz.Text + "'",
conn);
        SqlDataReader sdr = cmd.ExecuteReader();                 //创建记录集
        sdr.Read();
        lblname.Text = sdr["TeacherName"].ToString();           //显示教师姓名
        int id = Convert.ToInt32(sdr["TeacherCourse"].ToString());  //获取教师的授课编号
        sdr.Close();
        cmd = new SqlCommand("select LessonName from tb_Lesson where ID="+id, conn);
        lblkc.Text = cmd.ExecuteScalar().ToString();            //获取教师授课科目名称
        Session["KCname"] = lblkc.Text;
        conn.Close();                                           //关闭连接
    }
}
```

1. 试题基本信息（TExaminationInfo.aspx）

新建一个网页，命名为 TExaminationInfo.aspx，主要用于实现浏览所有的试题信息。该页面中用到的主要控件如表 5.13 所示。

表 5.13　试题基本信息页面中用到的主要控件

控件类型	控件 ID	主要属性设置	用　途
TextBox	txtstkey	无	输入查询关键字
Button	btnserch	Text 属性设置为"查询"	查询
GridView	gvExaminationInfo	Columns 属性中添加 4 列	显示所有试题信息及查询结果

当此页面加载时，从数据库中检索出所有的试题信息，显示在 GridView 控件上。代码如下：

例程 11　代码位置：资源包\TM\05\ExamOnLine\teacher\TExaminationInfo.aspx.cs

```
protected void Page_Load(object sender, EventArgs e)
{
    if (Session["teacher"] == null)                                    //禁止匿名登录
    {
        Response.Redirect("../Login.aspx");
    }
    else
    {
        if (!IsPostBack)
        {
            string strsql = "select * from tb_test where testCourse='" + Session["KCname"].ToString() + "'";
            BaseClass.BindDG(gvExaminationInfo, "ID", strsql, "ExaminationInfo");
        }
    }
}
```

在 GridView 控件的 RowDeleting 事件中添加代码，执行对指定数据的删除操作。代码如下：

例程 12　代码位置：资源包\TM\05\ExamOnLine\teacher\TExaminationInfo.aspx.cs

```
protected void gvExaminationInfo_RowDeleting(object sender, GridViewDeleteEventArgs e)
{
    int id = (int)gvExaminationInfo.DataKeys[e.RowIndex].Value;         //获取欲删除信息的编号
    string sql = "delete from tb_test where ID=" + id;                  //执行删除操作的 SQL 语句
    BaseClass.OperateData(sql);
    string strsql = "select * from tb_test where testCourse='" + Session["KCname"].ToString() + "'";
    BaseClass.BindDG(gvExaminationInfo, "ID", strsql, "ExaminationInfo");
}
```

对 GridView 控件进行分页，要在其 PageIndexChanging 中添加分页绑定代码，才能在分页时正常显示数据。代码如下：

例程 13　代码位置：资源包\TM\05\ExamOnLine\teacher\TExaminationInfo.aspx.cs

```
protected void gvExaminationInfo_PageIndexChanging(object sender, GridViewPageEventArgs e)
{
    gvExaminationInfo.PageIndex = e.NewPageIndex;
    string strsql = "select * from tb_test where testCourse='" + Session["KCname"].ToString() + "'";
    BaseClass.BindDG(gvExaminationInfo, "ID", strsql, "ExaminationInfo");
}
```

当在"关键字"文本框中输入查询的关键字之后，单击"查询"按钮查询与关键字相关的数据。
代码如下：

例程 14　代码位置：资源包\TM\05\ExamOnLine\teacher\TExaminationInfo.aspx.cs

```
protected void btnserch_Click(object sender, EventArgs e)
{
    string strsql = "select * from tb_test where testContent like '%"+txtstkey.Text.Trim()+"%'";
    BaseClass.BindDG(gvExaminationInfo, "ID", strsql, "ExaminationInfo");
}
```

2．添加试题信息（TAddExamination.aspx）

新建一个网页，命名为 TAddExamination.aspx，主要用于实现添加试题信息。该页面中用到的主要
控件如表 5.14 所示。

表 5.14　添加试题页面中用到的主要控件

控 件 类 型	控件 ID	主要属性设置	用　　途
abl TextBox	txtsubject	TextMode 属性设置为 MultiLine	输入试题题目
	txtAnsA	TextMode 属性设置为 MultiLine	输入答案选项 A
	txtAnsB	TextMode 属性设置为 MultiLine	输入答案选项 B
	txtAnsC	TextMode 属性设置为 MultiLine	输入答案选项 C
	txtAnsD	TextMode 属性设置为 MultiLine	输入答案选项 D
ab Button	btnconfirm	Text 属性设置为"确定"	确定
	btnconcel	Text 属性设置为"重置"	重置
RadioButtonList	rblRightAns	Items 属性中添加 4 项	选择正确答案
CheckBox	cbFB	Text 属性设置为"是否发布"	设置是否发布
A Label	lblkmname	无	显示教师负责的课程

试题的所有信息输入完毕之后，单击"确定"按钮添加到数据库中。代码如下：

例程 15　代码位置：资源包\TM\05\ExamOnLine\teacher\TAddExamination.aspx.cs

```
protected void btnconfirm_Click(object sender, EventArgs e)
{
    //判断信息填写是否完整
    if (txtsubject.Text == "" || txtAnsA.Text == "" || txtAnsB.Text == "" || txtAnsC.Text == "" || txtAnsD.Text == "" )
    {
        MessageBox.Show("请将信息填写完整");                //弹出提示信息
        return;
    }
    else
    {
        string isfb = "";                                 //建立变量
        if (cbFB.Checked == true)                         //判断是否选择
            isfb = "1";                                    //如果选择赋值为 1
        else
            isfb = "0";                                    //否则赋值为 0
        string str = "insert into tb_testContent,testAns1,testAns2,testAns3,testAns4,rightAns,pub,testCourse)
```

```
values('" + txtsubject.Text.Trim() + "','" + nsA.Text.Trim() + "','" + txtAnsB.Text.Trim() + "','" + txtAnsC.Text.Trim()
+ "','" + txtAnsD.Text.Trim() + "','" + rblRigs.SelectedValue.ToString() + "','" + isfb + "','" +
Session["KCname"].ToString()+ "')";
        BaseClass.OperateData(str);                         //将数据插入数据库
        btnconcel_Click(sender, e);                         //清空所有输入的信息
    }
}
```

3. 考试结果（TExaminationResult.aspx）

新建一个网页，命名为 TExaminationResult.aspx，主要用于实现浏览所有考生考试记录。该页面中用到的主要控件如表 5.15 所示。

表 5.15　考试结果页面中用到的主要控件

控件类型	控件 ID	主要属性设置	用　途
TextBox	txtkey	无	输入查询关键字
Button	btnserch	Text 属性设置为"查询"	查询
GridView	gvExaminationresult	Columns 属性中添加 5 列	显示所有考生考试结果
DropDownList	ddltype	Items 属性中添加两项	选择查询的范围

选择查询范围，输入查询关键字，单击"查询"按钮查询与关键字相关的信息，并显示在 GridView 控件上。代码如下：

例程 16　代码位置：资源包\TM\05\ExamOnLine\teacher\TExaminationResult.aspx.cs

```
protected void btnserch_Click(object sender, EventArgs e)
{
    string type = ddltype.SelectedItem.Text;               //获取查询的范围
    if (type == "学号")                                     //如果选择"学号"
    {
        string resultstr = "select * from tb_score where StudentID like '%" + txtkey.Text.Trim() + "%' and
LessonName ='" + Session ["KCname"]. ToString() + "'";
        BaseClass.BindDG(gvExaminationresult, "ID", resultstr, "result");        //在学号范围内查找
        Session["num"] = "学号";
    }
    if (type == "姓名")                                     //如果选择"姓名"
    {
        string resultstr = "select * from tb_score where StudentName like '%" + txtkey.Text.Trim() + "%' and
LessonName='" + Session["KCname"].ToString() + "'";
        BaseClass.BindDG(gvExaminationresult, "ID", resultstr, "result");        //在姓名范围内查找
        Session["num"] = "姓名";
    }
}
```

单击"删除"按钮可以删除指定的信息，在 GridView 控件的 RowDeleting 事件中添加如下代码：

例程 17　代码位置：资源包\TM\05\ExamOnLine\teacher\TExaminationResult.aspx.cs

```
protected void gvExaminationInfo_RowDeleting(object sender, GridViewDeleteEventArgs e)
{
    int id = (int)gvExaminationresult.DataKeys[e.RowIndex].Value;                //获取欲删除信息的 id
```

```
        string strsql = "delete from tb_score where ID=" + id;                    //执行删除操作的 SQL 语句
        BaseClass.OperateData(strsql);
        if (Session["num"].ToString() == "学号")                                   //判断当前查询的范围
        {
            string resultstr = "select * from tb_score where StudentID like '%" + txtkey.Text.Trim() + "%' and
        LessonName='" + Session["KCname"].ToString() + "'";
            BaseClass.BindDG(gvExaminationresult, "ID", resultstr, "result");      //绑定控件
        }
        else
        {
            string resultstr = "select * from tb_score where StudentName like '%" + txtkey.Text.Trim() + "%' and
        LessonName='" + Session["KCname"].ToString() + "'";
            BaseClass.BindDG(gvExaminationresult, "ID", resultstr, "result");      //绑定控件
        }
    }
```

如果查询出的数据过多，可以对数据进行分页绑定，具体方法是在 GridView 控件的 PageIndex Changing 事件中添加如下代码：

例程 18　代码位置：资源包\TM\05\ExamOnLine\teacher\TExaminationResult.aspx.cs

```
protected void gvExaminationresult_PageIndexChanging(object sender, GridViewPageEventArgs e)
{
    if (Session["num"].ToString() == "学号")                                        //判断当前查询范围
    {
        gvExaminationresult.PageIndex = e.NewPageIndex;
        string resultstr = "select * from tb_score where StudentID like '%" + txtkey.Text.Trim() + "%' and
    LessonName='" + Session["KCname"].ToString() + "'";
        BaseClass.BindDG(gvExaminationresult, "ID", resultstr, "result");          //绑定控件
    }
    else
    {
        gvExaminationresult.PageIndex = e.NewPageIndex;
        string resultstr = "select * from tb_score where StudentName like '%" + txtkey.Text.Trim() + "%' and
    LessonName='" + Session["KCname"].ToString() + "'";
        BaseClass.BindDG(gvExaminationresult, "ID", resultstr, "result");          //绑定控件
    }
}
```

4．修改密码（TeacherChangePwd.aspx）

新建一个网页，命名为 TeacherChangePwd.aspx，主要用于实现教师修改密码。该页面中用到的主要控件如表 5.16 所示。

表 5.16　修改密码页面中用到的主要控件

控 件 类 型	控件 ID	主要属性设置	用　途
ab TextBox	txtOldPwd	无	输入旧密码
	txtNewPwd	无	输入新密码
	txtNewPwdA	无	再次输入新密码
ab Button	btnchange	Text 属性设置为"确定修改"	确定修改

所有数据输入完毕后，单击"确定修改"按钮完成密码的修改。代码如下：

例程 19　代码位置：资源包\TM\05\ExamOnLine\teacher\TeacherChangePwd.aspx.cs

```
protected void btnchange_Click(object sender, EventArgs e)
{
    if (txtNewPwd.Text == "" || txtNewPwdA.Text == "" || txtOldPwd.Text == "")   //检查信息输入是否完整
    {
        MessageBox.Show("请将信息填写完整");                          //弹出提示信息
        return;
    }
    else
    {
        //检查旧密码输入是否正确
        if (BaseClass.CheckTeacher(Session["teacher"].ToString(), txtOldPwd.Text.Trim()))
        {
            if (txtNewPwd.Text.Trim() != txtNewPwdA.Text.Trim())      //检查两次输入的新密码是否相等
            {
                MessageBox.Show("两次密码不一致");                    //弹出提示信息
                return;
            }
            else
            {
                string strsql = "update tb_Teacher set TeacherPwd='" + txtNewPwdA.Text.Trim() + "' where
TeacherNum='" + Session["teacher"].ToString() + "'";
                BaseClass.OperateData(strsql);                       //更新数据表
                MessageBox.Show("密码修改成功");
                txtNewPwd.Text = "";                                 //清空文本框
                txtNewPwdA.Text = "";                                //清空文本框
                txtOldPwd.Text = "";                                 //清空文本框
            }
        }
        else
        {
            MessageBox.Show("旧密码输入错误");                       //弹出提示信息
            return;
        }
    }
}
```

5.8.4　单元测试

开发完试题管理模块之后，必须对模块进行单元测试。通过此模块的单元测试，发现如果不对程序进行处理，当任何一个教师登录后，都会显示相同的管理内容。为了避免此错误的出现，通过修改程序实现当教师登录试题管理模块之后，只能管理此教师负责的科目试题。

在试题管理模块主界面，教师登录之后根据登录的账号，检索出教师的姓名及负责的课程名称。代码如下：

例程 20   代码位置：资源包\TM\05\ExamOnLine\teacher\TeacherManage.aspx.cs

```
protected void Page_Load(object sender, EventArgs e)
{
    if (Session["teacher"] == null)                                      //禁止匿名登录
    {
        Response.Redirect("../Login.aspx");
    }
    else
    {
        lblwz.Text = Session["teacher"].ToString();                      //显示教师编号
        SqlConnection conn = BaseClass.DBCon();                          //连接数据库
        conn.Open();                                                     //打开数据库
        SqlCommand cmd = new SqlCommand("select * from tb_Teacher where TeacherNum='" + lblwz.Text + "'",
conn);
        SqlDataReader sdr = cmd.ExecuteReader();
        sdr.Read();
        lblname.Text = sdr["TeacherName"].ToString();                    //显示教师姓名
        int id = Convert.ToInt32(sdr["TeacherCourse"].ToString());       //获取教师授课科目编号
        sdr.Close();
        cmd = new SqlCommand("select LessonName from tb_Lesson where ID="+id, conn);
        lblkc.Text = cmd.ExecuteScalar().ToString();                     //显示教师授课科目名称
        Session["KCname"] = lblkc.Text;
        conn.Close();                                                    //关闭连接
    }
}
```

当教师管理试题信息时，也是根据教师的登录账号检索出其负责的科目试题。代码如下：

例程 21   代码位置：资源包\TM\05\ExamOnLine\teacher\TExaminationInfo.aspx.cs

```
if (!IsPostBack)
{
    string strsql = "select * from tb_test where testCourse='" + Session["KCname"].ToString() + "'";
    BaseClass.BindDG(gvExaminationInfo, "ID", strsql, "ExaminationInfo");
}
```

视频讲解

5.9   后台管理员模块设计

5.9.1   后台管理员模块概述

在线考试系统中，后台管理员模块具有最高权限，管理员通过登录模块成功登录后台管理员模块之后，可以对试题信息、教师信息、考生信息、考试科目信息以及考试结果进行管理，使系统维护起来更方便、快捷。后台管理员模块运行结果如图 5.22 所示。

图 5.22　后台管理员模块运行结果

5.9.2　后台管理员模块技术分析

在开发后台管理员模块过程中，使用比较频繁的是使用 Eval()方法绑定数据。Eval()方法是一个静态方法，只能绑定到模板中的子控件的公共属性上。

Eval()方法的功能是将数据绑定到控件。其语法格式如下：

```
public static Object Eval(Object container,string expression)
```

参数说明

☑ container：表达式根据其进行计算的对象引用。此标识符必须是以页的指定语言表示的有效对象标识符。

☑ expression：从 container 到要放置在绑定控件属性中的公共属性值的导航路径。此路径必须是以点分隔的属性或字段名称字符串。

☑ 返回值：Object 是数据绑定表达式的计算结果。

例如，将字段名为 Price 中的数据绑定到控件上，可以使用下面的代码实现：

```
<%# DataBinder.Eval(Container.DataItem, "Price") %>
```

5.9.3　后台管理员模块实现过程

📊 本模块使用的数据表：tb_Admin、tb_Lesson、tb_score、tb_Student、tb_Teacher、tb_test

后台管理员模块实现的具体功能有管理学生基本信息、添加学生信息、管理教师基本信息、添加教师信息、试题基本信息管理、添加试题信息、考试科目设置、查询考试结果以及管理员信息维护。具体的实现步骤如下：

1. 管理学生基本信息（StudentInfo.aspx）

新建一个网页，命名为 StudentInfo.aspx，主要用于实现对学生基本信息的查询、修改和删除。该页面中用到的主要控件如表 5.17 所示。

表 5.17　学生基本信息页面中用到的主要控件

控 件 类 型	控件 ID	主要属性设置	用　途
abl TextBox	txtKey	无	输入查询关键字
ab Button	btnserch	Text 属性设置为"查看"	查询
GridView	gvStuInfo	Columns 属性中添加 6 列	显示所有学生信息
DropDownList	ddlType	Items 属性中添加两项	选择查询的范围

当此页面加载时，首先绑定 GridView 控件，显示所有学生信息。代码如下：

例程 22　代码位置：资源包\TM\05\ExamOnLine\admin\StudentInfo.aspx.cs

```
protected void Page_Load(object sender, EventArgs e)
{
    if (Session["admin"] == null)                                    //禁止匿名登录
    {
        Response.Redirect("../Login.aspx");
    }
    if (!IsPostBack)
    {
        string strsql = "select * from tb_Student order by ID desc";    //检索所有学生信息
        BaseClass.BindDG(gvStuInfo,"ID", strsql,"stuinfo");             //绑定控件
    }
}
```

要想查询学生信息，首先选择查询范围，然后在文本框中输入关键字，单击"查看"按钮进行查询。代码如下：

例程 23　代码位置：资源包\TM\05\ExamOnLine\admin\StudentInfo.aspx.cs

```
protected void btnserch_Click(object sender, EventArgs e)
{
    if (txtKey.Text == "")                                           //检查是否输入了关键字
    {
        string strsql = "select * from tb_Student order by ID desc";    //检索所有学生信息
        BaseClass.BindDG(gvStuInfo, "ID", strsql, "stuinfo");           //绑定控件
    }
    else
    {
        string stype = ddlType.SelectedItem.Text;                       //获取查询范围
        string strsql = "";
        switch (stype)
        {
            case "学号":                                               //如果查询范围是"学号"
                strsql = "select * from tb_Student where StudentNum like '%" + txtKey.Text.Trim() + "%'";
                BaseClass.BindDG(gvStuInfo, "ID", strsql, "stuinfo"); ;
                break;
```

```
                case "姓名":                                              //如果查询范围是"姓名"
                    strsql = "select * from tb_Student where StudentName like '%" + txtKey.Text.Trim() + "%'";
                    BaseClass.BindDG(gvStuInfo, "ID", strsql, "stuinfo");
                    break;
            }
        }
    }
```

2．添加学生信息（AddStudentInfo.aspx）

新建一个网页，命名为 AddStudentInfo.aspx，主要用于添加学生信息。该页面中用到的主要控件如表 5.18 所示。

表 5.18　添加学生信息页面中用到的主要控件

控 件 类 型	控件 ID	主要属性设置	用　途
abl TextBox	txtNum	无	输入学生编号
	txtName	无	输入学生名称
abl TextBox	txtPwd	无	输入新密码
ab Button	btnSubmit	Text 属性设置为"添加"	添加
	btnConcel	Text 属性设置为"重置"	重置
RadioButtonList	rblSex	Items 属性中添加两项	选择学生性别

确认输入的学生信息无误后，单击"添加"按钮，即可将学生信息添加到存储学生信息的数据表中。代码如下：

例程 24　代码位置：资源包\TM\05\ExamOnLine\admin\AddStudentInfo.aspx.cs

```
protected void btnSubmit_Click(object sender, EventArgs e)
{
    if (txtName.Text == "" || txtNum.Text == "" || txtPwd.Text == "")     //检查信息输入是否完整
    {
        MessageBox.Show("请将信息填写完整");                               //弹出提示信息
        return;
    }
    else
    {
        SqlConnection conn = BaseClass.DBCon();                           //连接数据库
        conn.Open();                                                      //打开连接
    SqlCommand cmd = new SqlCommand("select count(*) from tb_Student where StudentNum='" + txtNuxt + "'",
conn);
        int i = Convert.ToInt32(cmd.ExecuteScalar());                     //获取返回值
        if (i > 0)                                                        //如果返回值大于 0
        {
            MessageBox.Show("此学号已经存在");                            //提示学号已经存在
            return;
        }
        else
        {
            //将新增学生信息添加到数据库中
```

```
        cmd = new SqlCommand("insert into tb_Student(StudentNum,StudentName,StudentSex,
StudentPwd) values('" + txtNum.Text.Trim() + "','" + txtName.Text.Trim() + "','" + rblSex.SelectedValue.ToString()
+ "','" + txtPwd.Text. Trim() + "')", conn);
cmd.ExecuteNonQuery();
            conn.Close();                                   //关闭连接
            MessageBox.Show("添加成功");                      //提示添加成功
            btnConcel_Click(sender, e);
        }
    }
}
```

3．管理教师基本信息（TeacherInfo.aspx）

新建一个网页，命名为 TeacherInfo.aspx，主要用于浏览、删除和更改教师信息。此页只需要一个 GridView 控件，这里不作具体介绍，只给出关键代码。

当加载 TeacherInfo.aspx 页面时，需对 GridView 控件进行绑定，显示所有的教师信息。代码如下：

例程 25　代码位置：资源包\TM\05\ExamOnLine\admin\TeacherInfo.aspx.cs

```
protected void Page_Load(object sender, EventArgs e)
{
    if (Session["admin"] == null)                          //禁止匿名登录
    {
        Response.Redirect("../Login.aspx");
    }
    if (!IsPostBack)
    {
        string strsql = "select * from tb_Teacher order by ID desc";   //检索出所有教师信息
        BaseClass.BindDG(gvTeacher,"ID",strsql,"teacher");             //绑定控件
    }
}
```

当单击某位教师的编号时，会转向教师详细信息页面（TeacherXXinfo.aspx），在此可以浏览教师的详细信息以及对教师信息进行修改。实现步骤如下：

（1）新建一个网页，命名为 TeacherXXinfo.aspx，主要用于查看教师的详细信息及对教师信息进行修改。该页面中用到的主要控件如表 5.19 所示。

表 5.19　教师详细信息页面中用到的主要控件

控 件 类 型	控件 ID	主要属性设置	用　　途
abl TextBox	txtTNum	无	显示教师编号
	txtTName	无	输入/显示教师姓名
	txtTPwd	无	输入/显示教师登录密码
ab Button	btnSave	Text 属性设置为"保存"	保存修改
	btnConcel	Text 属性设置为"取消"	取消
RadioButtonList	ddlTKm	无	选择教师负责科目

（2）当此页面加载时，程序会以教师的编号作为查询条件，从数据库中检索出教师的其他信息并显示出来。代码如下：

例程 26 代码位置：资源包\TM\05\ExamOnLine\admin\TeacherXXinfo.aspx.cs

```
private static int id;                                         //建立公共变量
protected void Page_Load(object sender, EventArgs e)
{
    if (Session["admin"] == null)                             //禁止匿名登录
    {
        Response.Redirect("../Login.aspx");
    }
    if (!IsPostBack)
    {
        id = Convert.ToInt32(Request.QueryString["Tid"]);    //获取教师的系统编号
        SqlConnection conn = BaseClass.DBCon();              //连接数据库
        conn.Open();                                         //打开数据库
        SqlCommand cmd = new SqlCommand("select * from tb_Teacher where ID=" + id, conn);
        SqlDataReader sdr = cmd.ExecuteReader();
        sdr.Read();
        txtTName.Text = sdr["TeacherName"].ToString();       //显示教师姓名
        txtTNum.Text = sdr["TeacherNum"].ToString();         //显示教师登录账号
        txtTPwd.Text = sdr["TeacherPwd"].ToString();         //显示教师登录密码
        int kmid = Convert.ToInt32(sdr["TeacherCourse"].ToString()); //获取教师授课科目编号
        sdr.Close();
        cmd = new SqlCommand("select LessonName from tb_Lesson where ID=" + kmid, conn);
        string KmName = cmd.ExecuteScalar().ToString();      //显示科目名称
        cmd = new SqlCommand("select * from tb_Lesson", conn);
        sdr = cmd.ExecuteReader();
        ddlTKm.DataSource = sdr;                             //设置数据源
        ddlTKm.DataTextField = "LessonName";                //设置显示字段名称
        ddlTKm.DataValueField = "ID";
        ddlTKm.DataBind();
        ddlTKm.SelectedValue =kmid.ToString();
        conn.Close();
    }
}
```

（3）如果想修改教师信息，更改教师现有信息后，单击"保存"按钮对教师信息进行修改。代码如下：

例程 27 代码位置：资源包\TM\05\ExamOnLine\admin\TeacherXXinfo.aspx.cs

```
protected void btnSava_Click(object sender, EventArgs e)
{
    if (txtTName.Text == "" || txtTPwd.Text == "")            //检查信息是否输入完整
    {
        MessageBox.Show("请将信息填写完整");                    //弹出提示信息
        return;
    }
    else
    {
```

```
        string strsql="update tb_Teacher set TeacherName='" + txtTName.Text.Trim() + "',TeacherPwd='" +
txtTPwext. Trim() + "',TeacherCourse='"+ddlTKm.SelectedValue.ToString()+"' where ID="+id;
        BaseClass.OperateData(strsql);                          //执行更新教师信息表
        Response.Redirect("TeacherInfo.aspx");                  //转向教师基本信息
    }
}
```

4．添加教师信息（AddTeacherInfo.aspx）

新建一个网页，命名为 AddTeacherInfo.aspx，主要用于添加教师的详细信息。该页面中用到的主要控件如表 5.20 所示。

表 5.20　添加教师信息页面中用到的主要控件

控 件 类 型	控件 ID	主要属性设置	用　　途
TextBox	txtTeacherNum	无	输入教师编号
	txtTeacherName	无	输入教师姓名
	txtTeacherPwd	无	输入教师登录密码
Button	btnAdd	Text 属性设置为"添加"	添加
	btnconcel	Text 属性设置为"重置"	重置
RadioButtonList	ddlTeacherKm	无	选择教师负责科目

确认输入的教师信息无误后，单击"添加"按钮即可将新增教师信息添加到数据表中。代码如下：

例程 28　代码位置：资源包\TM\05\ExamOnLine\admin\AddTeacherInfo.aspx.cs

```
protected void btnAdd_Click(object sender, EventArgs e)
{
    //检查信息输入是否完整
    if (txtTeacherName.Text == "" || txtTeacherNum.Text == "" || txtTeacherPwd.Text == "")
    {
        MessageBox.Show("请将信息填写完整");                    //弹出提示信息
        return;
    }
    else
    {
        SqlConnection conn = BaseClass.DBCon();                //连接数据库
        conn.Open();                                           //打开数据库
        SqlCommand cmd = new SqlCommand("select count(*) from tb_Teacher where
Teachm='"+txtTeacherNum. Text. Trim()+"'", conn);
        int t = Convert.ToInt32(cmd.ExecuteScalar());          //获取返回值
        if (t > 0)                                             //判断返回值是否大于 0
        {
            MessageBox.Show("此教师编号已经存在");              //弹出提示信息
            return;
        }
        else
        {
            //将信息添加到数据库中
            string str = "insert into tb_Teacher(TeacherNum,TeacherName,TeacherPwd,TeacherCourse) values('"
```

```
+ txtTerNum.Text.Trim() + "','" + txtTeacherName.Text.Trim() + "','" + txtTeacherPwd.Text.Trim() + "','" +
ddlTeacherKm. SelectedValue.ToString() + "')";
            BaseClass.OperateData(str);
            MessageBox.Show("教师信息添加成功");                    //提示信息添加成功
            btnconcel_Click(sender, e);
        }
    }
}
```

5．试题基本信息（ExaminationInfo.aspx）

新建一个网页，命名为 ExaminationInfo.aspx，主要用于查看试题详细信息、查询试题以及对试题
进行删除和修改。该页面中用到的主要控件如表 5.21 所示。

表 5.21　试题基本信息页面中用到的主要控件

控 件 类 型	控件 ID	主要属性设置	用　　途
Button	btnSerch	Text 属性设置为"查看"	查询
GridView	gvExaminationInfo	Columns 属性中添加 4 列	显示试题题目信息及对试题的各项操作
DropDownList	ddlEkm	无	选择查询范围

ExaminationInfo.aspx 页面加载时，会将所有的试题信息绑定到 GridView 控件上显示出来，并且将
所有的科目名称绑定到 DropDownList 控件上。代码如下：

例程 29　代码位置：资源包\TM\05\ExamOnLine\admin\ExaminationInfo.aspx.cs

```
protected void Page_Load(object sender, EventArgs e)
{
    if (Session["admin"] == null)                                //禁止匿名登录
    {
        Response.Redirect("../Login.aspx");
    }
    if (!IsPostBack)
    {
        string strsql = "select * from tb_test order by ID desc";     //检索所有试题信息
        BaseClass.BindDG(gvExaminationInfo, "ID", strsql, "ExaminationInfo");  //绑定控件
        SqlConnection conn = BaseClass.DBCon();                  //连接数据库
        conn.Open();                                            //打开数据库
        SqlCommand cmd = new SqlCommand("select * from tb_Lesson", conn);
        SqlDataReader sdr = cmd.ExecuteReader();
        this.ddlEkm.DataSource = sdr;                           //设置数据源
        this.ddlEkm.DataTextField = "LessonName";              //设置显示字段
        this.ddlEkm.DataValueField = "ID";
        this.ddlEkm.DataBind();
        this.ddlEkm.SelectedIndex = 0;
        conn.Close();                                          //关闭连接
    }
}
```

单击每条试题信息的"详细信息"按钮，将弹出显示试题详细信息页面。实现显示试题详细信息

页面的方法如下：

（1）新建一个网页，命名为 ExaminationDetail.aspx，主要用于显示试题的详细信息以及更改试题信息。该页面中用到的主要控件如表 5.22 所示。

表 5.22　显示试题详细信息页面中用到的主要控件

控 件 类 型	控件 ID	主要属性设置	用　　途
abl TextBox	txtsubject	TextMode 属性设置为 MultiLine	输入/显示试题题目
	txtAnsA	TextMode 属性设置为 MultiLine	输入/显示答案选项 A
	txtAnsB	TextMode 属性设置为 MultiLine	输入/显示答案选项 B
	txtAnsC	TextMode 属性设置为 MultiLine	输入/显示答案选项 C
	txtAnsD	TextMode 属性设置为 MultiLine	输入/显示答案选项 D
ab Button	btnconfirm	Text 属性设置为"确定"	确定
	btnconcel	Text 属性设置为"取消"	取消
RadioButtonList	rblRightAns	Items 属性中添加 4 项	显示/选择正确答案
CheckBox	cbFB	Text 属性设置为"是否发布"	显示/设置是否发布
A Label	lblkm	无	显示教师负责的课程

（2）ExaminationDetail.aspx 页面加载时，程序根据试题的系统编号 id 查询出试题的其他信息并显示出来。关键代码如下：

例程 30　代码位置：资源包\TM\05\ExamOnLine\admin\ExaminationDetail.aspx.cs

```
private static int id;
protected void Page_Load(object sender, EventArgs e)
{
    if (Session["admin"] == null)                               //禁止匿名登录
    {
        Response.Redirect("../Login.aspx");
    }
    if (!IsPostBack)
    {
        id = Convert.ToInt32(Request.QueryString["Eid"]);       //获取试题的系统编号
        SqlConnection conn = BaseClass.DBCon();                 //连接数据库
        conn.Open();                                            //打开连接
        SqlCommand cmd = new SqlCommand("select * from tb_test where ID="+id, conn);
        SqlDataReader sdr = cmd.ExecuteReader();
        sdr.Read();
        txtsubject.Text = sdr["testContent"].ToString();        //显示试题题目
        txtAnsA.Text = sdr["testAns1"].ToString();              //显示试题选项 A
        txtAnsB.Text = sdr["testAns2"].ToString();              //显示试题选项 B
        txtAnsC.Text = sdr["testAns3"].ToString();              //显示试题选项 C
        txtAnsD.Text = sdr["testAns4"].ToString();              //显示试题选项 D
        rblRightAns.SelectedValue = sdr["rightAns"].ToString(); //显示正确答案
        string fb = sdr["pub"].ToString();                      //获取是否发布
        if (fb == "1")
            cbFB.Checked = true;
        else
```

```
            cbFB.Checked = false;
            lblkm.Text = sdr["testCourse"].ToString();                    //显示试题所属科目
            sdr.Close();
            conn.Close();                                                  //关闭连接
        }
    }
```

（3）如果想修改试题信息，在确认输入的修改信息无误后，单击"确定"按钮完成对试题信息的修改。代码如下：

例程 31　代码位置：资源包\TM\05\ExamOnLine\admin\ExaminationDetail.aspx.cs

```
protected void btnconfirm_Click(object sender, EventArgs e)
{
//检查输入信息是否完整
    if (txtsubject.Text == "" || txtAnsA.Text == "" || txtAnsB.Text == "" || txtAnsC.Text == "" || txtAnsD.Text == "" )
    {
        MessageBox.Show("请将信息填写完整");                             //弹出提示信息
        return;
    }
    else
    {
        string isfb = "";
        if (cbFB.Checked == true)                                        //判断是否选中
            isfb = "1";
        else
            isfb = "0";
                                                                         //更新数据库中试题信息表
        string str="update tb_test set testContent='" + txtsubject.Text.Trim() + "',testAns1='" +
txtAnsA.Text.Trim() + "', tens2='" + txtAnsB.Text.Trim() + "',testAns3='" + txtAnsC.Text.Trim() + "',testAns4='" +
txtAnsD.Text + "', rightAns='" + rblRtAns. SelectedValue.ToString() + "',pub='"+isfb+"' where ID=" + id;
        BaseClass.OperateData(str);                                      //执行 SQL 语句
        Response.Redirect("ExaminationInfo.aspx");
    }
}
```

6．添加试题信息（AddExamination.aspx）

新建一个网页，命名为 AddExamination.aspx，主要用于添加试题信息，由于该页面中用到的控件与显示试题详细信息页面中所需的控件基本相同，所以此处不作详细介绍，只给出关键代码。

确认输入的新增试题信息无误后，单击"确定"按钮将试题信息添加到试题信息表中。代码如下：

例程 32　代码位置：资源包\TM\05\ExamOnLine\admin\AddExamination.aspx.cs

```
protected void btnconfirm_Click(object sender, EventArgs e)
{
                                                                         //检查输入信息是否完整
    if (txtsubject.Text == "" || txtAnsA.Text == "" || txtAnsB.Text == "" || txtAnsC.Text == "" || txtAnsD.Text == "")
    {
        MessageBox.Show("请将信息填写完整");                             //弹出提示信息
        return;
    }
```

```
        else
        {
            string isfb = "";
            if (cbFB.Checked == true)                                    //判断是否选中
                isfb = "1";
            else
                isfb = "0";
            //将信息插入数据库中的试题信息表中
            string str = "insert into tb_test(testContent,testAns1,testAns2,testAns3,testAns4,rightAns,pub,testCourse)
values ('" + txtsubject. Text.Trim() + "','" + txtAnsA.Text.Trim() + "','" + txtAnsB.Text.Trim() + "','" +
txtAnsC.Text.Trim() + "','" + txtAnsD.Text.Trim() + "','" + rblRightAns.SelectedValue.ToString() + "','" + isfb + "','"
+ ddlkm.SelectedItem.Text + "')";
            BaseClass.OperateData(str);                                  //执行 SQL 语句
            btnconcel_Click(sender,e);
        }
    }
```

7. 考试科目设置（Subject.aspx）

新建一个网页，命名为 Subject.aspx，主要用于显示、添加和删除考试科目信息。该页面中用到的主要控件如表 5.23 所示。

表 5.23　考试科目设置页面中用到的主要控件

控件类型	控件 ID	主要属性设置	用途
ab Button	btnAdd	Text 属性设置为"添加"	添加
	btnDelete	Text 属性设置为"删除"	删除
abl TextBox	txtKCName	无	输入新增科目名称
ListBox	ListBox1	无	显示所有科目

页面加载时，程序将所有的科目信息检索出来显示在 ListBox 控件上。代码如下：

例程 33　代码位置：资源包\TM\05\ExamOnLine\admin\Subject.aspx.cs

```
protected void Page_Load(object sender, EventArgs e)
{
    if (Session["admin"] == null)                                        //禁止匿名登录
    {
        Response.Redirect("../Login.aspx");
    }
    if (!IsPostBack)
    {
        SqlConnection conn = BaseClass.DBCon();                          //连接数据库
        conn.Open();                                                     //打开连接
        SqlCommand cmd = new SqlCommand("select * from tb_Lesson", conn);
        SqlDataReader sdr = cmd.ExecuteReader();
        while (sdr.Read())
        {
            ListBox1.Items.Add(sdr["LessonName"].ToString());           //为 ListBox 添加项
```

```
        }
    }
}
```

输入新增科目信息后，单击"添加"按钮将信息添加到考试科目信息表（tb_Lesson）中。代码
如下：

例程 34　代码位置：资源包\TM\05\ExamOnLine\admin\Subject.aspx.cs

```
protected void btnAdd_Click(object sender, EventArgs e)
{
    if (txtKCName.Text == "")                              //判断是否输入课程名称
    {
        MessageBox.Show("请输入课程名称");                  //弹出提示信息
        return;
    }
    else
    {
        string systemTime = DateTime.Now.ToString();      //获取当前系统时间
        //将信息插入数据库的课程信息表中
        string strsql = "insert into tb_Lesson(LessonName,LessonDataTime) values('" + txtKCName.Text.Trim()
+ "','" + smTime + "')";
        BaseClass.OperateData(strsql);                    //执行 SQL 语句
        txtKCName.Text = "";
        Response.Write("<script>alert('添加成功');location='Subject.aspx'</script>");
    }
}
```

在 ListBox 控件中选择要删除的科目，单击"删除"按钮将科目删除。代码如下：

例程 35　代码位置：资源包\TM\05\ExamOnLine\admin\Subject.aspx.cs

```
protected void btnDelete_Click(object sender, EventArgs e)
{
    if (ListBox1.SelectedValue.ToString() == "")          //判断是否有选中项
    {
        MessageBox.Show("请选择删除项目后删除");             //弹出提示
        return;
    }
    else
    {
        //删除指定的信息
        string strsql = "delete from tb_Lesson where LessonName='" + ListBox1.SelectedItem.Text + "'";
        BaseClass.OperateData(strsql);                    //执行 SQL 语句
        Response.Write("<script>alert('删除成功');location='Subject.aspx'</script>");
    }
}
```

8．查询考试结果（ExaminationResult.aspx）

新建一个网页，命名为 ExaminationResult.aspx，主要用于显示考试记录信息，该页面中只使用了

GridView 控件，此处不作详细介绍，只给出关键代码。

此页面加载时，程序将所有考试记录检索出来显示在 GridView 控件上。代码如下：

例程 36 代码位置：资源包\TM\05\ExamOnLine\admin\ExaminationResult.aspx.cs

```
protected void Page_Load(object sender, EventArgs e)
{
    if (Session["admin"] == null)                                          //禁止匿名登录
    {
        Response.Redirect("../Login.aspx");
    }
    if (!IsPostBack)
    {
        string strsql = "select * from tb_score order by ID desc";         //检索所有考试结果信息
        BaseClass.BindDG(gvExaminationresult,"ID",strsql,"result");        //绑定控件
    }
}
```

如果想删除某条信息，可以单击与信息对应的"删除"按钮。代码如下：

例程 37 代码位置：资源包\TM\05\ExamOnLine\admin\ExaminationResult.aspx.cs

```
protected void gvExaminationInfo_RowDeleting(object sender, GridViewDeleteEventArgs e)
{
    int id = (int)gvExaminationresult.DataKeys[e.RowIndex].Value;          //获取欲删除的信息编号
    string strsql = "delete from tb_score where ID=" + id;                 //删除指定编号的信息
    BaseClass.OperateData(strsql);                                         //执行 SQL 语句
    string strsql1 = "select * from tb_score order by ID desc";            //检索所有考试结果信息
    BaseClass.BindDG(gvExaminationresult, "ID", strsql1, "result");        //绑定控件
}
```

9. 管理员信息维护（AdminChangePwd.aspx）

新建一个网页，命名为 AdminChangePwd.aspx，主要用于管理员修改密码。该页面中用到的主要控件如表 5.24 所示。

表 5.24 管理员信息维护页面中用到的主要控件

控 件 类 型	控件 ID	主要属性设置	用 途
abl TextBox	txtOldPwd	无	输入旧密码
	txtNewPwd	无	输入新密码
	txtNewPwdA	无	再输入一次新密码
ab Button	btnchange	Text 属性设置为"确定修改"	确定修改

如果要更改管理员密码，系统首先要求输入旧密码，然后再输入新密码，如果旧密码输入错误，系统会弹出提示框。代码如下：

例程 38 代码位置：资源包\TM\05\ExamOnLine\admin\AdminChangePwd.aspx.cs

```
protected void btnchange_Click(object sender, EventArgs e)
{
    //检查输入信息是否完整
```

```
        if (txtNewPwd.Text == "" || txtNewPwdA.Text == "" || txtOldPwd.Text == "")
        {
            MessageBox.Show("请将信息填写完整");                              //弹出提示信息
            return;
        }
        else
        {
            if (BaseClass.CheckAdmin(Session["admin"].ToString(), txtOldPwd.Text.Trim()))  //验证旧密码是否正确
            {
                if (txtNewPwd.Text.Trim() != txtNewPwdA.Text.Trim())          //检查两次输入是否一致
                {
                    MessageBox.Show("两次密码不一致");                          //弹出提示信息
                    return;
                }
                else
                {
                    //更新数据库中的管理员信息表
                    string strsql = "update tb_Admin set AdminPwd='" + txtNewPwdA.Text.Trim() + "' where
Admin='"+Session["admin"].ToString()+"'";
                    BaseClass.OperateData(strsql);                           //执行 SQL 语句
                    MessageBox.Show("密码修改成功");                           //弹出提示
                    txtNewPwd.Text = "";
                    txtNewPwdA.Text = "";
                    txtOldPwd.Text = "";
                }
            }
            else
            {
                MessageBox.Show("旧密码输入错误");                            //弹出提示
                return;
            }
        }
}
```

5.10　开发技巧与难点分析

开发在线考试系统过程中，总结出了一些技巧，通过这些技巧可以快速地实现预计的功能。例如，在制作在线考试系统随机抽取试题模块中，为了防止考生刷新考试页面后产生错误的考试结果，使用 JavaScript 脚本限制了鼠标右键、F5 刷新键及 Backspace 键，从而达到防止刷新的目的，使考试页面更加安全、合理。代码如下：

例程 39　代码位置：资源包\TM\05\ExamOnLine\student\StartExam.aspx

```
<script language=javascript>
    self.moveTo(0,0);
    self.resizeTo(screen.availWidth,screen.availHeight);              //设置打开窗口的大小
    function keydown()
    {
```

```
        if(event.keyCode==8)                                          //屏蔽 Backspace 键
        {
            event.keyCode=0;
            event.returnValue=false;
        }
        if(event.keyCode==13)                                         //屏蔽 Enter 键
        {
            event.keyCode=0;
            event.returnValue=false;
        }
        if(event.keyCode==116)                                        //屏蔽 F5 刷新键
        {
            event.keyCode=0;
            event.returnValue=false;
        }
    }
</script>
```

在<body>区域中添加如下代码，当按某个键时激发 keydown()函数，并且屏蔽右键和选择功能。

例程 40 代码位置：资源包\TM\05\ExamOnLine\student\StartExam.aspx

```
<body onkeydown="keydown()" oncontextmenu="return false" onselectstart="return false" >
```

在线考试系统通过 JavaScript 脚本实现考试计时功能，规定考生在指定时间内完成试卷；否则，达到限定时间后，系统会强行提交试卷，并对其进行评分。代码如下：

例程 41 代码位置：资源包\TM\05\ExamOnLine\student\StartExam.aspx

```
<script language="javascript">
    var sec = 0;
    var min = 0;
    var hou = 0;
    flag = 0;
    idt = window.setTimeout("countDown();", 1000);
    function countDown() {
        sec++;
        if (sec == 60) { sec = 0; min += 1; }
        if (min == 60) { min = 0; hou += 1; }
        document.getElementById("lbltime").innerText = min + "分 " + sec + " 秒";
        idt = window.setTimeout("countDown();", 1000);
        if (min == 10) {
            document.getElementById("btnsubmit").click();
        }
    }
</script>
```

5.11　GridView 控件应用

开发在线考试系统及其后台管理系统过程中，全部使用 GridView 控件显示数据。在 ASP.NET 中提供了许多工具用来在网格中显示数据，其中 GridView 控件使用起来简单快捷，而且可以显示、编辑和删除多种不同数据源中的数据。

1. 功能

GridView 控件可以显示带表格的数据，用户可使用该控件编辑和删除表格中的数据。GridView 控件如图 5.23 所示。

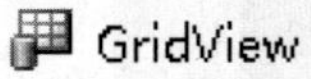

GridView

图 5.23　GridView 控件

2. 属性

GridView 控件的常用属性及说明如表 5.25 所示。

表 5.25　GridView 控件的常用属性及说明

属　　性	说　　明
AllowPaging	获取或设置一个值，该值指示是否启用分页功能
AllowSorting	获取或设置一个值，该值指示是否启用排序功能
Columns	获取表示 GridView 控件中列字段的 DataControlField 对象的集合
DataKeyNames	获取或设置一个数组，该数组包含了显示在 GridView 控件中项的主键字段的名称
DataKeys	获取一个 DataKey 对象集合，这些对象表示 GridView 控件中的每一行的数据键值
EditIndex	获取或设置要编辑的行的索引
HorizontalAlign	获取或设置 GridView 控件在页面上的水平对齐方式
PageCount	获取在 GridView 控件中显示数据源记录所需的页数
PageIndex	获取或设置当前显示页的索引
PageSize	获取或设置 GridView 控件在每页上所显示的记录的数目
Rows	获取表示 GridView 控件中数据行的 GridViewRow 对象的集合
SelectedIndex	获取或设置 GridView 控件中的选中行的索引

下面对比较重要的属性进行详细介绍。

（1）EditIndex 属性

EditIndex 属性用于获取或设置要编辑的行的索引。其语法格式如下：

```
public virtual int EditIndex { get; set; }
```

属性值：要编辑的行从 0 开始索引。默认值为-1，指示没有正在编辑的行。

例如，在 GridView 控件的 RowCancelingEdit 事件下，使用 EditIndex 属性取消对指定信息进行编辑。代码如下：

```
protected void GridView1_RowCancelingEdit(object sender, GridViewCancelEditEventArgs e)
{
```

259

```
        GridView1.EditIndex = -1;
        ClassBind();
}
```

（2）PageIndex 属性

PageIndex 属性用于获取或设置当前显示页的索引。其语法格式如下：

```
public virtual int PageIndex { get; set; }
```

属性值：当前显示页从 0 开始的索引。

例如，在实现 GridView 控件的分页功能时，使用 PageIndex 属性值，获取当前被选择页的索引值。代码如下：

```
protected void GridView1_PageIndexChanging(object sender, GridViewPageEventArgs e)
{
        GridView1.PageIndex = e.NewPageIndex;
        GridView1.DataBind();
}
```

（3）Rows 属性

Rows 属性用于获取或设置 GridView 控件中选中行的索引。其语法格式如下：

```
public virtual GridViewRowCollection Rows { get; }
```

属性值：GridView 控件中选中行从 0 开始的索引。默认值为-1，指示当前未选择行。

例如，使用 Rows 集合访问 GridView 控件中正在编辑的行，在行被更新之后，显示一条消息指示更新成功。代码如下：

```
protected void GridView1_RowUpdated(object sender, GridViewUpdatedEventArgs e)
{
        int index = GridView1.EditIndex;
        GridViewRow row=GridView1.Rows[index];
        Message.Text = "Updated record " + row.Cells[1].Text + ".";
}
```

（4）SelectedIndex 属性

SelectedIndex 属性用于获取表示 GridView 控件中数据行的 GridViewRow 对象的集合。其语法格式如下：

```
[BindableAttribute(true)]
public virtual int SelectedIndex { get; set; }
```

属性值：GridView 控件中的所有数据行。

例如，在 GridView 控件的 SelectedIndexChanged 事件下，编写如下代码，获取被选中行的数据键值。

```
protected void GridView1_SelectedIndexChanged(object sender, EventArgs e)
{
        int index = GridView1.SelectedIndex;
```

```
    TextBox1.Text = GridView1.DataKeys[index].Value.ToString();
}
```

3. 方法

GridView 控件的常用方法及说明如表 5.26 所示。

表 5.26　GridView 控件的常用方法及说明

方　　法	说　　明
DataBind()	将数据源绑定到 GridView 控件
DeleteRow()	从数据源中删除位于指定索引位置的记录
FindControl()	在当前的命名容器中搜索指定的服务器控件
Focus()	为控件设置输入焦点
GetHashCode()	用作特定类型的哈希函数
GetType()	获取当前实例的 Type
HasControls()	确定服务器控件是否包含任何子控件
IsBindableType()	确定指定的数据类型是否能绑定到 GridView 控件中的列
Sort()	根据指定的排序表达式和方向对 GridView 控件进行排序
ToString()	返回表示当前 Object 的 String
UpdateRow()	使用行的字段值更新位于指定行索引位置的记录

下面对比较重要的方法进行详细介绍。

（1）DeleteRow()方法

DeleteRow()方法用于从数据源中删除位于指定索引位置的记录。其语法格式如下：

```
public virtual void DeleteRow(int rowIndex)
```

rowIndex：要删除行的索引。

例如，在 GridView 控件中，删除行的索引值为 2 的数据信息。代码如下：

```
GridView1.DeleteRow(2);
```

（2）FindControl()方法

FindControl()方法用于在当前的命名容器中搜索带指定 id 参数的服务器控件。其语法格式如下：

```
public virtual Control FindControl(string id)
```

id：要查找的控件的标识符。

（3）Sort()方法

Sort()方法根据指定的排序表达式和方向对 GridView 控件进行排序。其语法格式如下：

```
public virtual void Sort(string sortExpression,SortDirection sortDirection)
```

参数说明

☑　sortExpression：对 GridView 控件进行排序时使用的排序表达式。

☑　sortDirection：Ascending（从小到大排序）或 Descending（从大到小排序）之一。

例如，在 Button 按钮的 Click 事件下，根据指定的排序表达式和方向对 GridView 控件进行排序。代码如下：

```
protected void    SortButton_Click(Object sender, EventArgs e)
{
    String expression = "";
    SortDirection direction;
    expression = SortList1.SelectedValue + "," + SortList2.SelectedValue;
    switch (DirectionList.SelectedValue)
    {
        case "Ascending":
            direction = SortDirection.Ascending;
            break;
        case "Descending":
            direction = SortDirection.Descending;
            break;
        default:
            direction = SortDirection.Ascending;
            break;
    }
    CustomersGridView.Sort(expression, direction);
}
```

（4）UpdateRow()方法

UpdateRow()方法使用行的字段值更新位于指定行索引位置的记录。其语法格式如下：

```
public virtual void UpdateRow(int rowIndex,bool causesValidation)
```

参数说明

☑   rowIndex：要更新行的索引。

☑   causesValidation：true 表示在调用此方法时，执行页面验证；否则为 false。

例如，在 Button 按钮的 Click 事件下，更新 GridView 控件中指定行的数据信息。代码如下：

```
protected    void UpdateRowButton_Click(Object sender, EventArgs e)
{
    GridView1.UpdateRow(GridView1.EditIndex, true);
}
```

5.12　本 章 总 结

通过开发在线考试系统，总结出在线考试系统最基本的是要具备登录、随机抽取试题、答卷和评分。可以说这 4 部分组成了在线考试系统，而其他一些功能或者模块都是间接地服务于这 4 部分。当然，完善的在线考试系统，也要具备优良的后台管理模块，只有将后台管理模块设计完善，才能使整个系统变得更加灵活和容易维护。只要能够理解本章涉及的知识点，便可自行开发出一套完善的在线考试系统。本章所讲模块及主要知识点如图 5.24 所示。

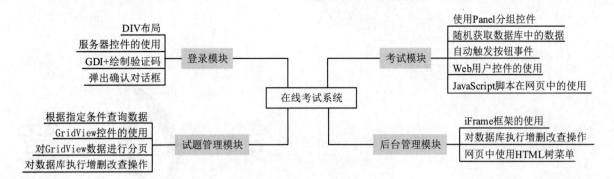

图 5.24 铭成在线考试系统总结

第 6 章

52 同城信息网

（ASP.NET 4.5+BootStrap 框架+SQL Server 2014 实现）

在全球知识经济和信息化高速发展的今天，信息化是决定企业成败的关键因素，也是企业实现跨地区、跨行业、跨所有制，特别是跨国经营的重要前提。而电子商务作为一种崭新的商务运作模式，越来越受到企业的重视。本章通过开发一个流行的电子商务网站——52 同城，介绍如何利用 ASP.NET 4.5+SQL Server 2014 快速开发一个电子商务平台。

通过阅读本章，可以学习到：

▶▶ 52 同城信息网站开发的基本过程

▶▶ 如何进行需求分析和编写项目计划书

▶▶ 系统设计的方法

▶▶ 如何分析并设计数据库

▶▶ 如何设计公共类

▶▶ 主要功能模块的实现方法

▶▶ 网站编译与发布

▶▶ SQL Server 2014 技术

▶▶ 面向对象的开发思想

▶▶ 分层开发模式

配置说明

视频讲解

6.1　开发背景

　　××信息科技有限公司是一家集数据通信、系统集成、电话增值服务于一体的高科技公司。公司为了扩大规模，增强企业的竞争力，决定向多元化发展，借助 Internet 在国内的快速发展，聚集部分资金投入网站建设，为企业和用户提供综合信息服务，以向企业提供有偿信息服务为盈利方式。例如，提供企业广告、发布招聘信息、寻求合作等服务方式。现需要委托其他单位开发一个信息网站。

6.2　系统分析

6.2.1　需求分析

　　对于信息网站来说，用户的访问量是至关重要。如果网站的访问量很低，就很少有企业会要求为其提供有偿服务，也就没有利润可言。因此，信息网站必须为用户提供大量的、免费的、有价值的信息才能够吸引用户。为此，网站不仅要为企业提供各种有偿服务，还需要额外为用户提供大量的无偿服务。通过与企业的实际接触和沟通，确定网站应包括招聘信息、求职信息、培训信息、公寓信息、家教信息、车辆信息、物品求购、物品出售、求兑出兑、寻求合作、企业广告等服务。

　　通过实际调查，要求 52 同城网具有以下功能。

　　由于用户的计算机知识普遍偏低，因此要求系统具有良好的人机界面。

　　方便的供求信息查询，支持多条件和模糊查询。

　　前台与后台设计明确，并保证后台的安全性。

　　供求信息显示格式清晰，达到一目了然的效果。

　　用户不需要注册，便可免费发布供求信息。

　　免费发布的供求信息，后台必须审核后才能正式发布，避免不良信息。

　　由于供求信息数据量大，后台应该随时清理数据。

6.2.2　可行性分析

　　根据《计算机软件文档编制规范》（GB/T 8567－2006）中可行性分析的要求，制定可行性研究报告如下。

1. 引言

　　（1）编写目的

　　为了给企业的决策层提供是否进行项目实施的参考依据，现以文件的形式分析项目的风险、项目需要的投资与效益。

　　（2）背景

　　××信息科技有限公司是一家以信息产业为主的高科技公司。公司为了扩展业务，需要一个 CTC（消费者与消费者之间的交易平台）和 BTC（企业为消费者提供的交易平台）业务平台，现需要委托其他公司开发一个提供供求信息的网站，项目名称为 52 同城网。

2. 可行性研究的前提

（1）要求

网站要求为用户提供求职信息、物品求购、培训信息、家教信息等服务，同时需为企业提供招聘信息、寻求合作和企业广告的服务。

（2）目标

网站的主要目标是为用户及时、准确地提供所需信息，为企业无偿和有偿提供服务。

（3）条件、假定和限制

项目需要在 3 个月内交付用户使用。系统分析人员需要 3 天内到位，用户需要 5 天时间确认需求分析文档。去除其中可能出现的问题，如用户可能临时有事，占用 8 天时间确认需求分析。那么程序开发人员需要在 2 个月零 20 天的时间内进行系统设计、程序编码、系统测试、程序调试和网站部署工作。其间，还包括了员工每周的休息时间。

（4）评价尺度

根据用户的要求，项目主要以企业服务功能为主（毕竟企业需要向用户付费），因此对于企业的招聘，广告业务需要及时、准确地发布，并且能够对这些信息进行修改。此外，出于安全和国家法律方面的考虑，网站在遭受到黑客攻击时，应在 10 分钟内进行恢复；对于网站中涉及违反国家法律、法规的内容应能够删除。由于网站的业务量比较大，网站应能够承受同时 5 万人的点击。

3. 投资及效益分析

（1）支出

由于网站的规模比较大，项目周期比较短，仅 3 个月，因此至少需要 13 个人投入其中。公司将为此支付 11 万元的工资及各种福利待遇。在项目安装及调试阶段，用户培训、员工出差等费用支出需要 2 万元。在项目维护阶段预计需要投入 3 万元的资金。累计项目投入需要 16 万元资金。

（2）收益

用户提供项目资金 40 万元。对于项目运行后进行的改动，采取协商的原则根据改动规模额外提供资金。因此从投资与收益的效益比上，公司可以获得 24 万元的利润。

项目完成后，会给公司提供资源储备，包括技术、经验的积累，其后再开发类似的项目时，可以极大地缩短项目开发周期。

4. 结论

根据上面的分析，在技术上不会存在问题，因此项目延期的可能性很小。在效益上公司投入 15 个人、3 个月的时间获利 24 万元，比较可观。在公司今后的发展方面，可以储备网站开发的经验和资源。因此认为该项目可以开发。

6.2.3 编写项目计划书

根据《计算机软件文档编制规范》（GB/T 8567－2006）中的项目开发计划要求，结合单位实际情况，设计项目计划书如下。

1. 引言

（1）编写目的

为了保证项目开发人员按时保质地完成预定目标，更好地了解项目实际情况，按照合理的顺序开展工作，现以书面的形式将项目开发生命周期中的项目任务范围、项目团队组织结构、团队成员的工作责任、团队内外沟通协作方式、开发进度、检查项目工作等内容描述出来，作为项目相关人员之间的共识和约定、项目生命周期内的所有项目活动的行动基础。

（2）背景

52 同程网是由××信息科技有限公司委托我公司开发的大型信息网站，主要功能是为用户无偿提供求职信息、物品求购、培训信息、家教信息等服务，为企业提供招聘信息、寻求合作和企业广告等有偿服务。项目周期为 3 个月。项目背景规划如表 6.1 所示。

表 6.1　项目背景规划

项 目 名 称	项目委托单位	任务提出者	项目承担部门
52 同城网	××信息科技有限公司	杨经理	研发部门 测试部门 集成部门

2. 概述

（1）项目目标

项目目标应当符合 SMART 原则，把项目要完成的工作用清晰的语言描述出来。52 同城网的项目目标如下：

52 同城网主要针对两类人群，一类是用户，另一类是企业。对于用户，供求信息网需要提供求职信息、公寓信息、物品求购信息、家教信息、物品出售、车辆信息等服务。对于企业，供求信息网需要提供寻求合作、企业广告、招聘信息、求兑出兑、培训信息等服务。项目实施后，能够为用户生活带来极大方便，提高企业知名度，为企业产品宣传节约大量成本。整个项目需要在 3 个月的时间内交付用户使用。

（2）产品目标

当今社会，信息就是资本，信息就是财富。一方面，52 同城网能够为企业节省大量人力资源，企业不再需要大量的业务人员去跑市场，从而间接地为企业节约了成本；另一方面，52 同城网能够收集大量供求信息，将会有大量用户访问网站，有助于提高企业形象。

（3）应交付成果

在项目开发完后，交付内容有编译后的 52 同城网站、网站数据库文件和网站使用说明书。

将开发的 52 同城网站发布到 Internet 上。

网站发布到 Internet 上后，进行网站无偿维护服务 6 个月，超过 6 个月进行网站有偿维护与服务。

（4）项目开发环境

操作系统为 Windows 7 或 Windows 10 均可，使用集成开发工具 Microsoft Visual Studio 2017，数据库采用 SQL Server 2014，项目运行服务为 Internet 信息服务（IIS）管理器。

（5）项目验收方式与依据

项目验收分为内部验收和外部验收两种方式。在项目开发完成后，首先进行内部验收，由测试人员根据用户需求和项目目标进行验收。项目在通过内部验收后，交给客户进行验收，验收的主要依据为需求规格说明书。

3．项目团队组织

（1）组织结构

为了完成 52 同城网的项目开发，公司组建了一个临时的项目团队，由公司副经理、项目经理、系统分析员、软件工程师、网页设计师和测试人员构成，如图 6.1 所示。

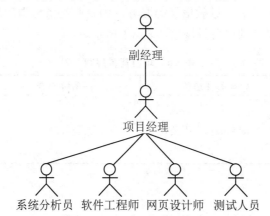

图 6.1　项目团队组织结构

（2）人员分工

为了明确项目团队中每个人的任务分工，现制定人员分工表，如表 6.2 所示。

表 6.2　人员分工

姓　　名	技 术 水 平	所 属 部 门	角　　色	工 作 描 述
杨某某	MBA	经理部	副经理	负责项目的审批、决策的实施
周某某	MBA	项目开发部	项目经理	负责项目的前期分析、策划、项目开发进度的跟踪、项目质量的检查
顾某某	高级系统分析员	项目开发部	系统分析员	负责系统功能分析、系统框架设计
张某某	中级系统分析员	项目开发部	系统分析员	负责系统功能分析、系统框架设计
赵某某	高级软件工程师	项目开发部	软件工程师	负责软件设计与编码
孙某某	高级软件工程师	项目开发部	软件工程师	负责软件设计与编码
李某某	中级软件工程师	项目开发部	软件工程师	负责软件设计与编码
周某某	初级软件工程师	项目开发部	软件工程师	负责软件编码
曲某某	初级软件工程师	项目开发部	软件工程师	负责软件编码
吕某某	高级美工设计师	设计部	网页设计师	负责网页风格的确定、网页图片的设计
夏某某	中级美工设计师	设计部	网页设计师	负责网页风格的确定、网页图片的设计
梁某某	中级系统测试工程师	项目开发部	测试人员	对软件进行测试、编写软件测试文档
江某某	初级系统测试工程师	项目开发部	测试人员	对软件进行测试、编写软件测试文档

6.3 　系 统 设 计

6.3.1 　系统目标

根据需求分析的描述以及与用户的沟通，现制定网站实现如下目标。

- ☑ 灵活、快速地填写供求信息，使信息传递更快捷。
- ☑ 系统采用人机对话方式，界面美观友好，信息查询灵活、方便，数据存储安全可靠。
- ☑ 实施强大的后台审核功能。
- ☑ 功能强大的月供求统计分析。
- ☑ 实现各种查询，如定位查询、模糊查询等。
- ☑ 强大的供求信息预警功能，尽可能地减少供求信息未审核现象。
- ☑ 对用户输入的数据，系统进行严格的数据检验，尽可能排除人为的错误。
- ☑ 网站最大限度地实现了易维护性和易操作性。
- ☑ 界面简洁、框架清晰、美观大方。
- ☑ 为充分展现网站的交互性，52 同城网采用动态网页技术实现用户信息在线发布。
- ☑ 充分体现用户对网站信息进行检举的权利。

6.3.2 　业务流程图

1. 网站业务流程图

52 同城网站业务流程图如图 6.2 所示。

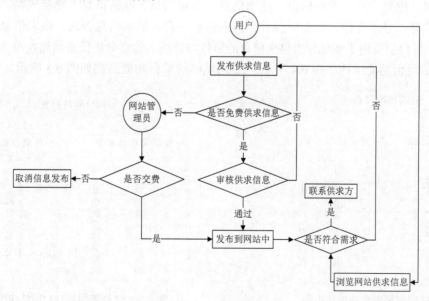

图 6.2　网站业务流程图

2．管理员登录 52 同城网操作流程

管理员登录 52 同城网时，需要执行以下步骤。

（1）身份验证。只有管理员用户名及密码正确，才可以登录网站后台。

（2）可根据需要浏览供求信息、审核供求信息、发布收费供求信息及管理供求信息等。

用 UML 绘制出管理员登录 52 同城网操作流程，如图 6.3 所示。

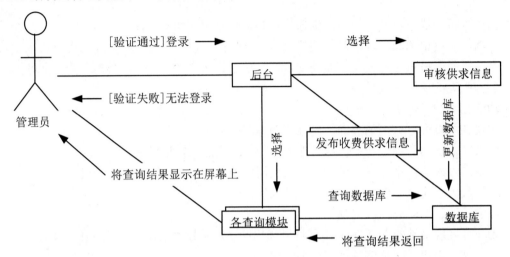

图 6.3　用 UML 协作图绘制的管理员登录 52 同城网的操作流程

6.3.3　网站功能结构

根据 52 同城网的特点，可以将其分为前台和后台两个部分设计。前台主要用于实现分类供求信息展示（主要类别：招聘信息、求职信息、培训信息、公寓信息、家教信息、物品求购、物品出售、求兑出兑、车辆信息、寻求合作、企业广告）、详细信息查看、供求信息查询、供求信息发布、推荐供求信息等功能；后台主要用于实现分类供求信息的审核与管理、收费分类供求信息发布与管理等功能。

52 同城网的前台功能结构如图 6.4 所示。52 同城网的后台功能结构如图 6.5 所示。

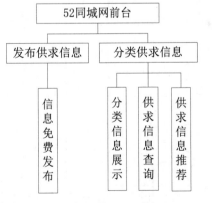

图 6.4　52 同城网前台功能结构图

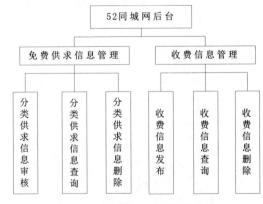

图 6.5　52 同城网后台功能结构图

6.3.4　系统预览

供求信息网由多个程序页面组成，下面仅列出几个典型页面，其他页面参见资源包中的源程序。

前台主页如图 6.6 所示，该页面用于实现分类供求信息展示、企业供求信息推荐、供求信息查询等功能。招聘信息页如图 6.7 所示，该页面用于实现企业招聘供求信息推荐、招聘供求信息查询。

图 6.6　前台主页（资源包\TM\06\SIS\SIS\Default.aspx）　　图 6.7　招聘信息页（资源包\TM\06\SIS\webZP.aspx）

免费供求信息发布页如图 6.8 所示，该页面用于实现各种类型的供求信息发布。后台主页如图 6.9 所示，该页面用于实现各种免费分类供求信息的审核与管理、收费供求信息的发布及管理。

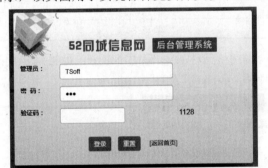

图 6.8　免费供求信息发布页
（资源包\TM\06\SIS\SIS\InfoAdd.aspx）

图 6.9　后台主页
（资源包\TM\06\SIS\SIS\BackGround\Default.aspx）

6.3.5　编码规则

1. 数据库建立命名规则

（1）数据库

数据库以字母"db"开头（小写）命名，后面加数据库相关英文单词或缩写。下面将举例说明，如表 6.3 所示。

表 6.3　数据库命名

数据库名称	描　　述
db_SIS	52 同城网站数据库
db_MIS	信息管理系统数据库

271

（2）数据表

数据表以字母"tb"开头（小写）命名，后面加数据库相关英文单词或缩写和数据表名。下面将举例说明，如表 6.4 所示。

表 6.4 数据表命名

数据表名称	描 述
tb_Power	网站的后台用户表
tb_info	供求信息表

（3）字段

字段一律采用英文单词或词组（可利用翻译软件）命名，如找不到专业的英文单词或词组，可以用相同意义的英文单词或词组代替。下面将举例说明，如表 6.5 所示。

表 6.5 字段名称

字 段 名 称	描 述
ID	流水号
title	信息标题
info	信息内容

如果字段是英文的，应在"描述"中加以解释；字段大小应该按照实际大小划分，如果确定数据类型字段长度，使用 char（也可以使用 varchar），否则使用 varchar，如图 6.10 所示。

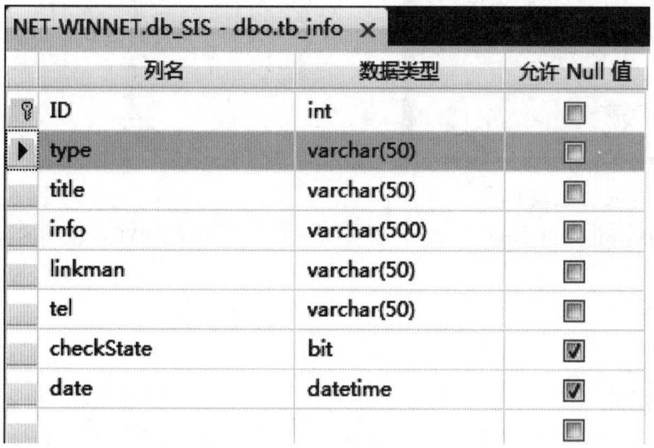

列名	数据类型	允许 Null 值
ID	int	☐
type	varchar(50)	☐
title	varchar(50)	☐
info	varchar(500)	☐
linkman	varchar(50)	☐
tel	varchar(50)	☐
checkState	bit	☑
date	datetime	☑
		☐

NET-WINNET.db_SIS - dbo.tb_info

图 6.10 英文字段描述

2. 网站编码命名规则

所有的对象名称都为自然名称的拼音简写，如表 6.6 所示，出现冲突可采用不同的简写规则。

表 6.6　窗体和控件命名规则

Vb 控件	缩写形式
Class	Cls_
Label（大量的标签不用命名）	Lbl_
Text	Txt
DataList	dl
GridView	gv
ListView	Lvw
TreeView	Tvw
Frame	Fam
Button	Btn
ImageButton	ImgBtn
DataSet	Ds
ListBox	Lb
DropDownList	Ddl
Picture	Pic
Image	Img
RadioButton	rdoBtn
LinkButton	lnkbtn
Check	Cek_
HyperLink	hpLink
FileUpLoad	Fup

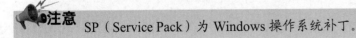

注意　变量名称及重要的代码要写出详细的注释，这样有利于系统的开发与维护。

6.3.6　构建开发环境

1. 网站开发环境

- ☑ 网站开发环境：Microsoft Visual Studio 2017。
- ☑ 网站开发语言：ASP.NET+C#。
- ☑ 网站后台数据库：SQL Server 2014。
- ☑ 开发环境运行平台：　Windows 7/Windows10。

注意　SP（Service Pack）为 Windows 操作系统补丁。

2. 服务器端

- ☑ 操作系统：Windows 7。

☑ Web 服务器：IIS 6.0 以上版本。

☑ 数据库服务器：SQL Server 2014。

☑ 浏览器：Chrome 浏览器、Firefox 浏览器。

☑ 网站服务器运行环境：.NET Framework V4.0 以上。

3．客户端

☑ 浏览器：Chrome 浏览器、Firefox 浏览器。

☑ 分辨率：最佳效果 1280x800 或更高像素。

6.3.7　数据库设计

一个成功的管理系统由 50%的业务+50%的软件组成，而 50%的成功软件又由 25%的数据库+25%的程序组成，数据库设计的好坏是一个关键。如果把企业的数据比作生命所必需的血液，那么数据库的设计就是应用中最重要的一部分。

本网站采用 SQL Server 2014 数据库，名称为 db_SIS，其中包含 4 张数据表。下面分别介绍数据表概要说明、数据库 E-R 图分析及数据表结构。

图 6.11　数据表树形结构图

1．数据表概要说明

从读者角度出发，为了使读者对本网站数据库中的数据表有一个更清晰的认识，笔者在此设计了数据表树形结构图，如图 6.11 所示，其中包含了对系统中所有数据表的相关描述。

2．数据库 E-R 图分析

根据以上章节对网站所做的需求分析、流程设计以及系统功能结构的确定，规划出满足用户需求的各种实体以及它们之间的关系图。本网站规划出的数据库实体对象分别为免费供求信息实体、收费供求信息实体、网站后台用户实体和网站后台用户登录日志实体。

免费供求信息实体 E-R 图如图 6.12 所示。

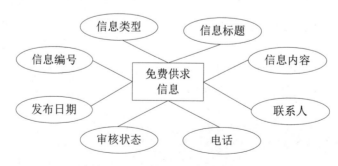

图 6.12　免费供求信息实体 E-R 图

收费供求信息实体 E-R 图如图 6.13 所示。

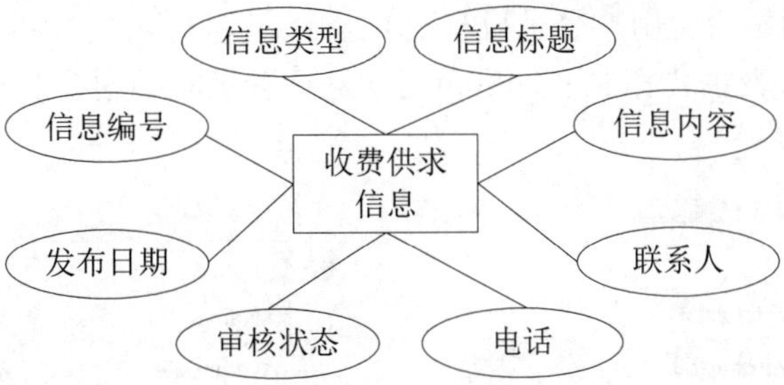

图 6.13　收费供求信息实体 E-R 图

网站后台用户实体 E-R 图如图 6.14 所示。

网站后台用户登录日志实体 E-R 图如图 6.15 所示。

图 6.14　网站后台用户实体 E-R 图

图 6.15　网站后台用户登录日志实体 E-R 图

3．数据表结构

在设计完数据库实体 E-R 图之后，下面将根据实体 E-R 图设计数据表结构。有关数据表的创建过程可参考 6.12.2 节。下面分别介绍 4 张数据表的数据结构和用途。

（1）tb_info（免费供求信息表）

免费供求信息表主要存储用户发布的免费供求信息。数据表结构如图 6.16 所示。

（2）tb_LeaguerInfo（收费供求信息表）

收费供求信息表主要存储收费供求信息和推荐供求信息。数据表结构如图 6.17 所示。

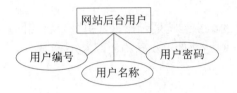

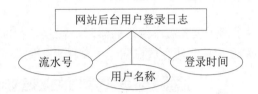

列名	数据类型	允许 Null 值
ID	int	☐
type	varchar(50)	☐
title	varchar(50)	☐
info	varchar(500)	☐
linkman	varchar(50)	☐
tel	varchar(50)	☐
checkState	bit	☑
date	datetime	☑
		☐

图 6.16　免费供求信息表数据结构

列名	数据类型	允许 Null 值
ID	int	☐
type	varchar(50)	☐
title	varchar(50)	☐
info	varchar(500)	☐
linkMan	varchar(50)	☐
tel	varchar(50)	☐
showday	datetime	☐
date	datetime	☐
CheckState	bit	☑
		☐

图 6.17　收费供求信息表数据结构

（3）tb_Power（网站后台用户表）

网站后台用户表主要存储网站后台用户的名称和密码。数据表结构如图 6.18 所示。

（4）tb_PowerLog（网站后台用户登录日志表）

网站后台用户登录日志表主要存储网站后台用户进行登录时的用户名称和登录时间。数据表结构如图6.19所示。

列名	数据类型	允许 Null 值
ID	int	☐
sysName	varchar(50)	☑
sysPwd	varchar(50)	☑
		☐

图6.18 网站后台用户表数据结构

列名	数据类型	允许 Null 值
ID	int	☐
sysName	varchar(50)	☑
sysLoginDate	varchar(50)	☑
		☐

图6.19 网站后台用户登录日志表数据结构

6.3.8 网站文件组织结构

为了便于读者对本网站的学习，在此笔者将网站文件的组织结构展示出来。另外，将相同功能类型的 Web 窗体文件存放在同一个文件夹，便于后期维护。网站文件组织结构如图6.20所示。

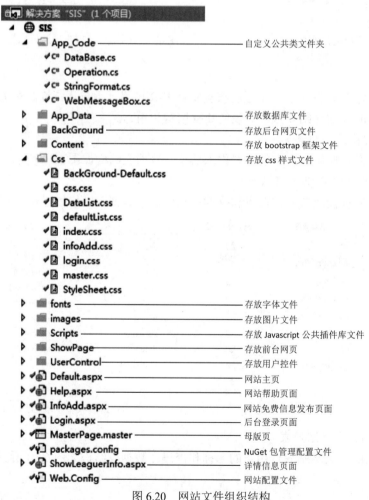

图6.20 网站文件组织结构

视频讲解

6.4　公共类设计

开发项目中以类的形式来组织、封装一些常用的方法和事件，不仅可以提高代码的重用率，也大大方便了代码的管理。

6.4.1　数据层功能设计

数据层设计主要实现逻辑业务层与 SQL Server 数据库建立一个连接访问桥。该层主要实现的功能方法为：打开/关闭数据库连接，执行数据的增、删、改、查等功能。

1．打开数据库连接的 Open 方法

建立数据库的连接，主要通过 SqlConnection 类实现，并初始化数据库连接字符串，然后通过 State 属性判断连接状态，如果数据库连接状态为关闭，则打开数据库连接。

实现打开数据库连接的 Open 方法的代码如下：

例程 01　代码位置：资源包\TM\06\SIS\SIS\App_Code\DataBase.cs

```
#region  打开数据库连接
///<summary>
///打开数据库连接
///</summary>
private void Open()
{
    //打开数据库连接
    if (con == null)
    {
❶        con = new SqlConnection("Data Source=(local);DataBase=db_CMS;User ID=sa;PWD=");
    }
❷    if (con.State == System.Data.ConnectionState.Closed)
❸    con.Open();
}
#endregion
```

📢》 代码贴士

❶ SqlConnection 类：表示 SQL Server 数据库一个打开的连接。

❷ State 属性：数据库连接状态。

❸ Open 方法：打开数据库连接。

2．关闭数据库连接的 Close 方法

关闭数据库连接主要通过 SqlConnection 对象的 Close 方法实现。自定义 Close 方法关闭数据库连接的代码如下：

例程 02　代码位置：资源包\TM\06\SIS\SIS\App_Code\DataBase.cs

```
#region  关闭连接
```

```
///<summary>
///关闭数据库连接
///</summary>
public void Close()
{
    if (con != null)                       //判断是否存在连接
        con.Close();
}
#endregion
```

3．释放数据库连接资源的 Dispose 方法

由于 DataBase 类使用 System.IDisposable 接口，IDisposable 接口声明了一个 Dispose 方法，所以应该完善 IDisposable 接口的 Dispose 方法，用来释放数据库连接资源。

实现释放数据库连接资源的 Dispose 方法代码如下：

例程 03　代码位置：资源包\TM\06\SIS\SIS\App_Code\DataBase.cs

```
#region   释放数据库连接资源
///<summary>
///释放资源
///</summary>
public void Dispose()
{
    //确认连接是否已经关闭
    if (con != null)
    {
        con.Dispose();
        con = null;
    }
}
#endregion
```

4．初始化 SqlParameter 参数值

本程序向数据库中读写数据是以参数形式实现的（与使用存储过程读写数据类似）。其中 MakeInParam 方法用于传入参数，MakeParam 方法用于转换参数。

实现 MakeInParam 和 MakeParam 方法的完整代码如下：

例程 04　代码位置：资源包\TM\06\SIS\SIS\App_Code\DataBase.cs

```
#region   传入参数并且转换为 SqlParameter 类型
///<summary>
///传入参数
///</summary>
///<param name="ParamName">存储过程名称或命令文本</param>
///<param name="DbType">参数类型</param></param>
///<param name="Size">参数大小</param>
///<param name="Value">参数值</param>
///<returns>新的 parameter 对象</returns>
public SqlParameter MakeInParam(string ParamName, SqlDbType DbType, int Size, object Value)
{
```

```
        return MakeParam(ParamName, DbType, Size, ParameterDirection.Input, Value);
    }
    ///<summary>
    ///初始化参数值
    ///</summary>
    ///<param name="ParamName">存储过程名称或命令文本</param>
    ///<param name="DbType">参数类型</param>
    ///<param name="Size">参数大小</param>
    ///<param name="Direction">参数方向</param>
    ///<param name="Value">参数值</param>
    ///<returns>新的  parameter  对象</returns>
    public SqlParameter MakeParam(string ParamName, SqlDbType DbType, Int32 Size, ParameterDirection Direction,
    object Value)
    {
        SqlParameter param;
        if (Size > 0)                              //判断数据类型大小
❶            param = new SqlParameter(ParamName, DbType, Size);
        else
            param = new SqlParameter(ParamName, DbType);
❷            param.Direction = Direction;
        if (!(Direction == ParameterDirection.Output && Value == null))
❸            param.Value = Value;
            return param;
    }
#endregion
```

📢 代码贴士

❶ SqlParameter 类：用参数名称、SqlDbType、大小和源列名称初始化 SqlParameter 类的新实例。

❷ Direction 属性：获取或设置一个值，该参数值为只可输入、只可输出、双向还是存储过程返回值参数。

❸ Value 属性：获取或设置该参数的值。

5．执行参数命令文本或 SQL 语句

　　RunProc 方法为可重载方法。其中，RunProc(string procName)方法主要用于执行简单的数据库添加、修改、删除等操作（如 SQL 语句）；RunProc(string procName, SqlParameter[] prams)方法主要用于执行复杂的数据库添加、修改、删除等操作（带参数 SqlParameter 的命令文本的 SQL 语句）。

　　实现可重载方法 RunProc 的完整代码如下：

例程 05　代码位置：资源包\TM\06\SIS\SIS\App_Code\DataBase.cs

```
#region  执行参数命令文本（无数据库中数据返回）
///<summary>
///执行命令
///</summary>
///<param name="procName">命令文本</param>
///<param name="prams">参数对象</param>
///<returns></returns>
public int RunProc(string procName, SqlParameter[] prams)
{
    SqlCommand cmd = CreateCommand(procName, prams);
❶    cmd.ExecuteNonQuery();
```

```
❷      this.Close();
       //得到执行成功返回值
       return (int)cmd.Parameters["ReturnValue"].Value;
}
///<summary>
///直接执行 SQL 语句
///</summary>
///<param name="procName">命令文本</param>
///<returns></returns>
public int RunProc(string procName)
{
       this.Open();
❸      SqlCommand cmd = new SqlCommand(procName, con);
       cmd.ExecuteNonQuery();
       this.Close();
       return 1;
}
#endregion
```

🔊 代码贴士

❶ ExecuteNonQuery 方法：对连接执行 Transact-SQL 语句并返回受影响的行数。

❷ this 关键字：引用类的当前实例。

❸ SqlCommand 类：表示要对 SQL Server 数据库执行的一个 Transact-SQL 语句或存储过程。

6. 执行查询命令文本，并且返回 DataSet 数据集

RunProcReturn 方法为可重载方法，返回值为 DataSet 类型。功能分别为执行带参数 SqlParameter 的命令文本，并返回查询 DataSet 结果集。下面代码中 RunProcReturn(string procName, SqlParameter[] prams,string tbName)方法主要用于执行带参数 SqlParameter 的查询命令文本；RunProcReturn(string procName, string tbName)方法用于直接执行查询 SQL 语句。

可重载方法 RunProcReturn 的完整代码如下：

例程06 代码位置：资源包\TM\06\SIS\SIS\App_Code\DataBase.cs

```
#region  执行参数命令文本（有返回值）
///<summary>
///执行查询命令文本，并且返回 DataSet 数据集
///</summary>
///<param name="procName">命令文本</param>
///<param name="prams">参数对象</param>
///<param name="tbName">数据表名称</param>
///<returns></returns>
public DataSet RunProcReturn(string procName, SqlParameter[] prams,string tbName)
{
       SqlDataAdapter dap=CreateDataAdaper(procName, prams);
       DataSet ds = new DataSet();
       dap.Fill(ds,tbName);
       this.Close();
       //得到执行成功返回值
       return ds;
}
```

```
///<summary>
///执行命令文本，并且返回 DataSet 数据集
///</summary>
///<param name="procName">命令文本</param>
///<param name="tbName">数据表名称</param>
///<returns>DataSet</returns>
public DataSet RunProcReturn(string procName, string tbName)
{
❶   SqlDataAdapter dap = CreateDataAdaper(procName, null);
    DataSet ds = new DataSet();
❷   dap.Fill(ds, tbName);
    this.Close();
    //得到执行成功返回值
    return ds;
}
#endregion
```

📢 代码贴士

❶ SqlDataAdapter 类：表示用于填充 DataSet 和更新 SQL Server 数据库的一组数据命令和一个数据库连接。

❷ Fill 方法：在 DataSet 中添加或刷新行以匹配使用 DataSet 和 DataTable 名称的数据源中的行。

7．将 SqlParameter 添加到 SqlDataAdapter 中

CreateDataAdaper 方法创建一个 SqlDataAdapter 对象，以此来执行命令文本。完整代码如下：

例程 07　代码位置：资源包\TM\06\SIS\SIS\App_Code\DataBase.cs

```
#region   将命令文本添加到 SqlDataAdapter
///<summary>
///创建一个 SqlDataAdapter 对象，以此来执行命令文本
///</summary>
///<param name="procName">命令文本</param>
///<param name="prams">参数对象</param>
///<returns></returns>
private SqlDataAdapter CreateDataAdaper(string procName, SqlParameter[] prams)
{
    this.Open();
    SqlDataAdapter dap = new SqlDataAdapter(procName,con);
❶   dap.SelectCommand.CommandType = CommandType.Text;   //执行类型：命令文本
    if (prams != null)
    {
        foreach (SqlParameter parameter in prams)
❷          dap.SelectCommand.Parameters.Add(parameter);
    }
    //加入返回参数
    dap.SelectCommand.Parameters.Add(new SqlParameter("ReturnValue", SqlDbType.Int, 4,
        ParameterDirection.ReturnValue, false, 0, 0,
        string.Empty, DataRowVersion.Default, null));
    return dap;
}
#endregion
```

代码贴士

❶ CommandType 属性：获取或设置要对数据源执行的 Transact-SQL 语句或存储过程。CommandType 属性值如下。

☑ StoredProcedure：存储过程的名称。

☑ TableDirect：表的名称。

☑ Text：SQL 文本命令（默认）。

❷ Add 方法：添加 SqlParameter 对象。

8．将 SqlParameter 添加到 SqlCommand 中

CreateCommand 方法创建一个 SqlCommand 对象，以此来执行命令文本。完整代码如下：

例程 08 代码位置：资源包\TM\06\SIS\SIS\App_Code\DataBase.cs

```
#region 将命令文本添加到 SqlCommand
///<summary>
///创建一个 SqlCommand 对象，以此来执行命令文本
///</summary>
///<param name="procName">命令文本</param>
///<param name="prams"命令文本所需参数</param>
///<returns>返回 SqlCommand 对象</returns>
private SqlCommand CreateCommand(string procName, SqlParameter[] prams)
{
    //确认打开连接
    this.Open();
    SqlCommand cmd = new SqlCommand(procName, con);
    cmd.CommandType = CommandType.Text;          //执行类型：命令文本
    //依次把参数传入命令文本
    if (prams != null)
    {
        foreach (SqlParameter parameter in prams)
            cmd.Parameters.Add(parameter);
    }
    //加入返回参数
    cmd.Parameters.Add(
        new SqlParameter("ReturnValue", SqlDbType.Int, 4,
        ParameterDirection.ReturnValue, false, 0, 0,
        string.Empty, DataRowVersion.Default, null));
    return cmd;
}
#endregion
```

6.4.2 网站逻辑业务功能设计

网站逻辑业务层是建立在数据层设计和表示层设计之上完成的。透彻地说，即处理功能 Web 窗体与数据库操作的业务功能。由于篇幅所限，只讲解部分典型的功能代码，其他源代码参见随书附带的资源包。

注意　网站逻辑业务层使用的方法，均在数据层中实现，方法的详细实现参见 6.4.1 节。

1. 添加供求信息

InsertInfo 方法主要用于将免费供求信息添加到数据库中。实现代码如下：

例程 09　代码位置：资源包\TM\06\SIS\SIS\App_Code\Operation.cs

```csharp
#region   添加供求信息
///<summary>
///添加供求信息
///</summary>
///<param name="type">信息类别</param>
///<param name="title">标题</param>
///<param name="info">内容</param>
///<param name="linkMan">联系人</param>
///<param name="tel">联系电话</param>
public void InsertInfo(string type, string title, string info, string linkMan, string tel)
{
    SqlParameter[] parms ={
        data.MakeInParam("@type",SqlDbType.VarChar,50,type),
        data.MakeInParam("@title",SqlDbType.VarChar,50,title),
        data.MakeInParam("@info",SqlDbType.VarChar,500,info),
        data.MakeInParam("@linkMan",SqlDbType.VarChar,50,linkMan),
        data.MakeInParam("@tel",SqlDbType.VarChar,50,tel),
    };
    int i = data.RunProc("INSERT INTO tb_info (type, title, info, linkman, tel) VALUES (@type,
        @title,@info,@linkMan, @tel)", parms);
}
#endregion
```

2. 修改供求信息

UpdateInfo 方法主要用于修改免费供求信息的审核状态。实现代码如下：

例程 10　代码位置：资源包\TM\06\SIS\SIS\App_Code\Operation.cs

```csharp
#region   修改供求信息
/// <summary>
/// 修改供求信息的审核状态
/// </summary>
/// <param name="id">信息 ID</param>
/// <param name="type">信息类型</param>
public void UpdateInfo(int id, bool type)
{
    if (type)
    {
        data.RunProc("UPDATE tb_info SET checkState = 0 WHERE (ID = " + id + ")");
    }
    else
    {
        data.RunProc("UPDATE tb_info SET checkState = 1 WHERE (ID = " + id + ")");
    }
}
#endregion
```

3．删除供求信息

DeleteInfo 方法主要用于删除免费供求信息，实现过程为调用数据层中的 RunProc 方法实现。实现代码如下：

例程 11　代码位置：资源包\TM\06\SIS\SIS\App_Code\Operation.cs

```csharp
#region 删除供求信息
///<summary>
///删除指定的供求信息
///</summary>
///<param name="id">供求信息 ID</param>
public void DeleteInfo(string id)
{
    int d = data.RunProc("Delete from tb_info where id='" + id + "'");
}
#endregion
```

4．查询供求信息

SelectInfo 方法为可重载方法，用于根据不同的条件查询免费供求信息，实现过程为调用数据层中的 RunProcReturn 方法来实现。实现代码如下：

例程 12　代码位置：资源包\TM\06\SIS\SIS\App_Code\Operation.cs

```csharp
#region 查询供求信息
/// <summary>
/// 按类型进行分页查询供求信息
/// </summary>
/// <param name="type">供求信息类型</param>
/// <returns>返回查询结果 DataSet 数据集</returns>
public DataSet SelectInfo(string type, int PageIndex, int PageSize)
{
    int StartIndex = ((PageIndex - 1) * PageSize) + 1;
    int EndIndex = PageIndex * PageSize;
    SqlParameter[] parms = { data.MakeInParam("@type", SqlDbType.VarChar, 50, type) };
    return data.RunProcReturn("select count(1) from tb_info where type=@type;select * from(SELECT ID, type,
title, info, linkman, tel, checkState, date,Row_Number() over(ORDER BY date DESC) as rowIndex FROM
tb_info where type=@type) as Tab where rowIndex between " + StartIndex + " and " + EndIndex, parms,
"tb_info");
}
/// <summary>
/// 按 ID 查询供求信息
/// </summary>
/// <param name="id">供求信息 I D</param>
/// <returns>返回查询结果 DataSet 数据集</returns>
public DataSet SelectInfo(int id)
{
    return data.RunProcReturn("SELECT ID, type, title, info, linkman, tel, checkState, date FROM tb_info
where ID=" + id + " ORDER BY date DESC", "tb_info1");
}
///<summary>
```

```
///供求信息快速检索
///</summary>
///<param name="type">信息类型</param>
///<param name="infoSearch">查询信息的关键字</param>
///<returns>返回查询结果 DataSet 数据集</returns>
public DataSet SelectInfo(string type, string infoSearch)
{
    SqlParameter[] pars ={
        data.MakeInParam("@type", SqlDbType.VarChar, 50, type) ,
        data.MakeInParam("@info",SqlDbType.VarChar,50,"%"+infoSearch+"%")
    };
    return data.RunProcReturn("select * from tb_info where (type=@type) and (info like @info)", pars,
"tb_info");
}
#endregion
```

5．添加收费供求信息

InsertLeaguerInfo 方法主要用于将收费供求信息添加到数据库中。实现代码如下：

例程 13　代码位置：资源包\TM\06\SIS\SIS\App_Code\Operation.cs

```
#region    添加收费供求信息
///<summary>
///添加收费供求信息
///</summary>
///<param name="type">信息类型</param>
///<param name="title">信息标题</param>
///<param name="info">信息内容</param>
///<param name="linkMan">联系人</param>
///<param name="tel">联系电话</param>
///<param name="sumDay">有效天数</param>
public void InsertLeaguerInfo(string type, string title, string info, string linkMan, string tel, DateTime sumDay,
bool checkState)
{
    SqlParameter[] parms ={
        data.MakeInParam("@type",SqlDbType.VarChar,50,type),
        data.MakeInParam("@title",SqlDbType.VarChar,50,title),
        data.MakeInParam("@info",SqlDbType.VarChar,500,info),
        data.MakeInParam("@linkMan",SqlDbType.VarChar,50,linkMan),
        data.MakeInParam("@tel",SqlDbType.VarChar,50,tel),
        data.MakeInParam("@showday",SqlDbType.DateTime,8,sumDay),
        data.MakeInParam("@CheckState",SqlDbType.Bit,8,checkState)
    };
    int i = data.RunProc("INSERT INTO tb_LeaguerInfo (type, title, info, linkman, tel,showday,checkState)
VALUES (@type, @title,@info,@linkMan, @tel,@showday,@CheckState)", parms);
}
#endregion
```

6．删除收费供求信息

DeleteLeaguerInfo 方法主要用于删除收费供求信息。实现代码如下：

例程 14 代码位置：资源包\TM\06\SIS\SIS\App_Code\Operation.cs

```
#region   删除收费供求信息
///<summary>
///删除收费供求信息
///</summary>
///<param name="id">要删除信息的 ID</param>
public void DeleteLeaguerInfo(string id)
{
    int d = data.RunProc("Delete from tb_LeaguerInfo where id='" + id + "'");
}
#endregion
```

7. 查询收费供求信息

SelectLeaguerInfo 方法为可重载方法，用于根据不同的条件查询收费供求信息。实现代码如下：

例程 15 代码位置：资源包\TM\06\SIS\SIS\App_Code\Operation.cs

```
#region   查询收费供求信息
/// <summary>
///  按指定过期条件和分页配置显示收费信息
/// </summary>
/// <returns>返回 DataSet 结果集</returns>
public DataSet SelectLeaguerInfo(int PageIndex, int PageSize, int ShowDayType)
{
    int StartIndex = ((PageIndex - 1) * PageSize) + 1;
    int EndIndex = PageIndex * PageSize;
    string where = "";
    if (ShowDayType == 1)
    {
        where = "where showday >= getdate()";
    }
    else if (ShowDayType == 2)
    {
        where = "where showday < getdate()";
    }
    return data.RunProcReturn("select count(1) from tb_LeaguerInfo " + where + ";select * from (Select
*,Row_Number() over(order by date desc) as RowIndex from tb_LeaguerInfo " + where + ") as tab where
RowIndex between " + StartIndex + " and " + EndIndex, "tb_LeaguerInfo");
}

///<summary>
///查询同类型收费到期和未到期供求信息
///</summary>
///<param name="all">True 显示未到期信息，False 显示到期信息</param>
///<param name="infoType">信息类型</param>
///<returns>返回 DataSet 结果集</returns>
public DataSet SelectLeaguerInfo(bool All, string infoType)
{
    if (All)//显示有效收费信息
        return data.RunProcReturn("Select * from tb_LeaguerInfo where type='" + infoType + "' and
```

```
showday >= getdate() order by date desc", "tb_LeaguerInfo");
        else   //显示过期收费信息
            return data.RunProcReturn("select * from tb_LeaguerInfo where type='" + infoType + "' and
showday<getdate() order by date desc", "tb_LeaguerInfo");
}
///<summary>
///查询显示"按类型未过期推荐信息"或"所有的未过期推荐信息"
///</summary>
///<param name="infoType">信息类型</param>
///<param name="checkState">True 按类型显示未过期推荐信息，False 显示所有未过期推荐信息</param>
///<returns></returns>
public DataSet SelectLeaguerInfo(string infoType,bool checkState)
{
    if (checkState)   //按类型显示未过期推荐信息
        return data.RunProcReturn("SELECT top 20 * FROM tb_LeaguerInfo WHERE (type = '" + infoType + "')
AND (showday >= GETDATE()) AND (CheckState = '" + checkState + "') ORDER BY date DESC",
"tb_LeaguerInfo");
        else   //显示未过期推荐信息
            return data.RunProcReturn("SELECT top 10 * FROM tb_LeaguerInfo WHERE
(showday >=GETDATE()) AND (CheckState = '" + !checkState + "') ORDER BY date DESC", "tb_LeaguerInfo");
}
///<summary>
///查询同类型收费到期和未到期供求信息（前 N 条信息）
///</summary>
///<param name="all">True 显示未到期信息，False 显示到期信息</param>
///<param name="infoType">信息类型</param>
///<param name="top">获取前 N 条信息</param>
///<returns></returns>
public DataSet SelectLeaguerInfo(bool All, string infoType, int top)
{
    if (All)//显示有效收费信息
        return data.RunProcReturn("Select top(" + top + ") * from tb_LeaguerInfo where type='" + infoType + "'
and showday >= getdate() order by date desc", "tb_LeaguerInfo");
        else   //显示过期收费信息
            return data.RunProcReturn("select top(" + top + ") * from tb_LeaguerInfo where type='" + infoType + "'
and showday<getdate() order by date desc", "tb_LeaguerInfo");
}
///<summary>
///根据 ID 查询收费供求信息
///</summary>
///<param name="id">供求信息 ID</param>
///<returns></returns>
public DataSet SelectLeaguerInfo(string id)
{
    return data.RunProcReturn("Select * from tb_LeaguerInfo where id='" + id + "' order by date desc",
"tb_LeaguerInfo");
}
/// <summary>
///  根据 ID 修改收费供求信息是否为推荐信息
/// </summary>
```

287

```
/// <param name="id">供求信息 ID</param>
public void UpdateLeaguerInfo(string id, bool CheckState)
{
    if (CheckState)
    {
        data.RunProcReturn("update tb_LeaguerInfo set CheckState=0 where id=" + id + "", "tb_LeaguerInfo");
    }
    else
    {
        data.RunProcReturn("update tb_LeaguerInfo set CheckState=1 where id=" + id + "", "tb_LeaguerInfo");
    }
}
#endregion
```

8. DataList 分页设置绑定

PageDataListBind 方法主要用于实现 DataList 分页设置绑定功能。实现代码如下：

例程 16　代码位置：资源包\TM\06\SIS\SIS\App_Code\Operation.Cs

```
#region  分页设置绑定
///<summary>
///绑定 DataList 控件，并且设置分页
///</summary>
///<param name="infoType">信息类型</param>
///<param name="infoKey">查询的关键字（如果为空，则查询所有）</param>
///<param name="currentPage">当前页</param>
///<param name="PageSize">每页显示数量</param>
///<returns>返回 PagedDataSource 对象</returns>
public PagedDataSource PageDataListBind(string infoType, string infoKey, int currentPage,int PageSize)
{
    PagedDataSource pds = new PagedDataSource();
    pds.DataSource = SelectInfo(infoType, infoKey).Tables[0].DefaultView;   //将查询结果绑定到分页数据源上
    pds.AllowPaging = true;                                                 //允许分页
    pds.PageSize = PageSize;                                                //设置每页显示的页数
    pds.CurrentPageIndex = currentPage - 1;                                 //设置当前页
    return pds;
}
#endregion
```

9. 后台登录

Logon 方法主要用于实现网站后台验证用户登录功能。实现代码如下：

例程 17　代码位置：资源包\TM\06\SIS\SIS\App_Code\Operation.cs

```
#region  后台登录
public DataSet Logon(string user, string pwd)
{
    SqlParameter[] parms ={
        data.MakeInParam("@sysName",SqlDbType.VarChar,20,user),
        data.MakeInParam("@sysPwd",SqlDbType.VarChar,20,pwd)
    };
```

```
return data.RunProcReturn("Select * from tb_Power where sysName=@sysName and
sysPwd=@sysPwd",parms, "tb_Power");
}
#endregion
```

视频讲解

6.5　网站主页设计（前台）

6.5.1　网站主页概述

　　网站主页是关于网站的建设及形象宣传，它对网站生存和发展起着非常重要的作用。网站主页应该是一个信息含量较大、内容较丰富的宣传平台。52 同城网主页如图 6.21 所示。主要包含以下内容：

图 6.21　供求信息网主页

　　（1）网站菜单导航（包括招聘信息、求职信息、培训信息、公寓信息、家教信息、车辆信息、物品求购、物品出售、求兑出兑、寻求合作、企业广告等）。

　　（2）供求信息的发布（包括招聘信息、求职信息、培训信息、公寓信息、家教信息、车辆信息、物品求购、物品出售、求兑出兑、寻求合作、企业广告等）。

　　（3）供求信息显示（包括招聘信息、求职信息、培训信息、公寓信息、家教信息、车辆信息、物品求购、物品出售、求兑出兑、寻求合作、企业广告等）。

　　（4）详细供求信息查看。

　　（5）供求信息快速查询。

　　（6）推荐供求显示，按时间先后顺序显示推荐供求信息。

　　（7）后台登录入口，即为管理员进入后台提供一个入口。

6.5.2　网站主页技术分析

52 同城网的主页和前台其他所有子页均使用了母版页技术。母版页的主要功能是为 ASP.NET 应用程序创建统一的用户界面和样式，它提供了共享的 HTML、控件和代码，可作为一个模板，供网站内所有页面使用，从而提升了整个程序开发的效率。本节将从以下几个方面来介绍母版页。

1．母版页的使用概述

使用母版页，可以为 ASP.NET 应用程序页面创建一个通用的外观。开发人员可以利用母版页创建一个单页布局，然后将其应用到多个内容页中。母版页具有如下优点：

（1）使用母版页可以集中处理网页的通用功能，以便可以只在一个位置上进行更新，在很大程度上提高了工作效率。

（2）使用母版页可以方便地创建一组公共控件和代码，并将其应用于网站中所有引用该母版页的网页。例如，可以在母版页上使用控件来创建一个应用于所有网页的功能菜单。

（3）可以通过控制母版页中的占位符 ContentPlaceHolder，对网页进行布局。

由内容页和母版页组成的对象模型，能够为应用程序提供一种高效、易用的实现方式，并且这种对象模型的执行效率比以前的处理方式有了很大的提高。

2．母版页与内容页介绍

（1）母版页

母版页是一个扩展名为.master（如 MyMaster.master）的 ASP.NET 页，它可以包含静态布局。母版页由特殊的@Master 指令识别，该指令的使用使母版页有别于内容页（关于内容页下文将讲到），且每个.master 文件只能包含一条@ Master 指令。

> **说明**　母版页其实是一种特殊的 ASP.NET 用户控件。这是因为母版页文件被编译成一个派生于 MasterPage 类的类，而 MasterPage 类又继承自 UserControl 类。

@Master 指令支持几个属性，然而它的大多数属性都与@Page 指令的属性相同。表 6.7 详细描述了对母版页有特殊含义的属性。

表 6.7　@Master 指令的属性

方　　法	说　　明
ClassName	指定为生成母版页而创建的类的名称。该值可以是任何一个有效的类名，但不用包括命名空间。默认情况下，simple.master 的类名是 ASP.simple_master
CodeFile	指明包含与母版页关联的任何源代码文件的 URL
Inherits	指定母版页要继承的代码隐藏类。这可以是任何一个派生于 MasterPage 的类
MasterPageFile	指定该母版页引用的母版页的名称。通过使用网页用来引用一个母版页的相同方法，一个母版页可以引用另一个母版页。如果设置了该属性，则会得到一个嵌套的母版页

除了开头的@Master 指令和一个或多个 ContentPlaceHolder 服务器控件外，母版页类似于普通的 ASP.NET 页。ContentPlaceHolder 服务器控件在母版页中定义一个可以在派生页中进行定制的区域。

注意 ContentPlaceHolder 服务器控件只能在母版页中使用。如果在平常的 Web 网页中发现这样一个控件，则会发生一个解析器错误。

（2）内容页

内容页与普通页基本相同。内容页主要包含页面中的非公共内容，每个内容页定义一个特定的 ASP.NET 页上每个区域的内容。通过创建各个内容页来定义母版页的占位符控件的内容，这些内容页为绑定到特定母版页的 ASP.NET 页（.aspx 文件以及可选的代码隐藏文件）。内容页的关键部分是 Content 控件，它是其他控件的容器。Content 控件只能与对应的 ContentPalceHolder 控件结合使用，它不是一个独立的控件。

注意 内容页（即绑定到一个母版页的网页）是一种特殊的网页类型，它只能包含<asp:Content>控件。另外，它不允许在<asp:Content>控件外部提供服务器控件。

3．母版页的配置

在 ASP.NET 中，母版页的配置有 3 种级别，即页面指令级、应用程序级和文件夹级。

（1）页面指令级

内容页通过@Page 指令的 MasterPageFile 属性绑定到母版页，代码如下：

```
<%@ Page Language="C#" MasterPageFile="MasterPage.master"%>
```

（2）应用程序级

应用程序级绑定可以指定应用程序中的所有网页绑定到相同的母版页。通过设置主要的 Web.config 配置文件的<Pages>元素的 Master 属性，配置这种行为的代码如下：

```
<configuration>
    <system.Web>
        <pages master="MasterPage.master">
    </system.Web>
</configuration>
```

（3）文件夹级

类似于应用程序级的绑定，不同的是只需在一个文件夹的 Web.config 文件中进行设置，然后母版页绑定便会应用于该文件夹中的全部 ASP.NET 页。

4．创建母版页

在 ASP.NET 中，除了具有辨识意义的@Master 指令外，母版页与标准的 ASP.NET 页基本类似，唯一的重要区别即 ContentPlaceHolder 服务器控件。但母版页中包含的是页面的公共部分，因此在创建母版页之前，必须判断哪些内容是页面的公共部分。

使用 Visual Studio 2017 创建母版页，具体操作步骤如下：

（1）打开 Visual Stuido 2017，新建一个 ASP.NET 页，编程语言采用 C#。

（2）在网站的解决方案下右击网站名称，在弹出的快捷菜单中选择"添加新项"命令。

（3）在打开的"添加新项"对话框中选择"母版页"选项，默认名为 MasterPage.master。单击"添加"按钮，即可创建一个新的母版页，如图 6.22 所示。

图 6.22　"添加新项"对话框

5．创建内容页

在创建完母版页之后，接下来创建内容页。内容页的创建与母版页的创建类似，其创建步骤如下：

（1）在网站的解决方案下右击网站名称，在弹出的快捷菜单中选择"添加新项"命令。

（2）在打开的"添加新项"对话框中选择"Web 窗体"选项，并为其命名，同时选中"将代码放在单独的文件中"和"选择母版页"复选框，如图 6.23 所示。

图 6.23　创建内容页

（3）单击"添加"按钮，弹出如图 6.24 所示的"选择母版页"对话框，在其中选择一个母版页，单击"确定"按钮，即可创建一个新的内容页。

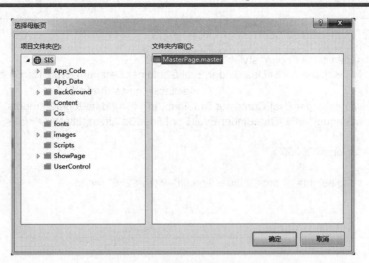

图 6.24 "选择母版页"对话框

注意

① 内容页中可以有多个 Content 服务器控件，但内容页里的 Content 服务器控件的 ContentPlaceHolderID 属性值必须与母版页中的 ContentPlaceHolder 服务器控件的 ID 属性匹配。

② 由于母版页里定义了页面的标题 title 元素，不同的内容页显示的标题可能不同，此时需要在内容页中设置页面的标题，可以通过设置页面指令的 Title 属性定义。

③ 和母版页一样，Visual Studio 2017 支持对于内容页的可视化编辑，并且这种支持是建立在只读显示母版页内容基础上的。在编辑状态下，可以查看母版页和内容页组合后的页面外观，但是，母版页内容是只读的（呈现灰色部分），不可被编辑，而内容页则可以进行编辑。如果需要修改母版页内容，则必须打开母版页。

6.5.3 网站主页实现过程

📖 本模块使用的数据表：tb_LeaguerInfo

1. 设计步骤

（1）在网站的根目录下新建一个 Web 窗体，默认名称为 Default.aspx，并且将其作为 MasterPage.master 母版页的内容页，Default.aspx 主要用于网站的主页。

（2）在 Web 窗体的 Content 区域添加通过使用 bootstrap 实现页面的布局。

（3）在 Web 窗体的 Content 区域内添加 6 个 DataList 数据服务器控件，主要用于显示各种类型的部分供求信息。

（4）在添加的 6 个 DataList 数据服务器控件中分别添加一个 Table，用于 DataList 控件的布局，并绑定相应的数据。在 ASPX 页中实现绑定代码如下：

例程 18 代码位置：资源包\TM\06\SIS\SIS\Default.aspx

```
<ItemTemplate>
    <table align="center" cellpadding="0" cellspacing="0" width="266">
```

```
            <tr>
                <td>
                    <span class="hong" style="color: #000000">
                        <span>『 <%#DataBinder.Eval(Container.DataItem,"type") %>』</span>
                                            <a class="huise" href="#"
onclick="SetID(<%#DataBinder.Eval(Container.DataItem,"id") %>)" data-toggle="modal"
data-target="#showLeaguer"><%#DataBinder.Eval(Container.DataItem,"title") %></a></span></td>
            </tr>
            <tr style="color: #000000">
                <td>
                    <img height="1" src="images/line.gif" width="266" /></td>
            </tr>
        </table>
</ItemTemplate>
```

2. 实现代码

在主页 Web 窗体的加载事件中将各种类型的部分供求信息绑定到 DataList 控件。实现代码如下：

例程 19 代码位置：资源包\TM\06\SIS\SIS\Default.aspx.cs

```
Operation operation = new Operation();    //声明网站业务类对象
protected void Page_Load(object sender, EventArgs e)
{
❶   if (!IsPostBack)    //!IsPostBack 避免重复刷新加载页面
    {
        //获取前 6 条分类供求信息
❷       dlZP.DataSource = operation.SelectLeaguerInfo(true, "招聘信息", 6);
        dlZP.DataBind();
        dlPX.DataSource = operation.SelectLeaguerInfo(true, "培训信息", 6);
        dlPX.DataBind();
        dlGY.DataSource = operation.SelectLeaguerInfo(true, "公寓信息", 6);
        dlGY.DataBind();
        dlJJ.DataSource = operation.SelectLeaguerInfo(true, "家教信息", 6);
        dlJJ.DataBind();
        dlWPQG.DataSource = operation.SelectLeaguerInfo(true, "物品求购", 6);
        dlWPQG.DataBind();
        dlWPCS.DataSource = operation.SelectLeaguerInfo(true, "物品出售", 6);
        dlWPCS.DataBind();
        dlQDCD.DataSource = operation.SelectLeaguerInfo(true, "求兑出兑", 6);
        dlQDCD.DataBind();
        dlCL.DataSource = operation.SelectLeaguerInfo(true, "车辆信息", 6);
        dlCL.DataBind();
    }
}
```

📢 代码贴士

❶ Page.IsPostBack 属性：获取一个值，该值指示该页是否正为响应客户端回发而加载，或者它是否正被首次加载和访问。如果是为响应客户端回发而加载该页，则为 true；否则为 false。

❷ SelectLeaguerInfo 方法：自定义业务层类中的方法，用于查询同类型收费到期和未到期供求信息（前 N 条信息），True 显示过期信息，False 显示未过期信息。

6.6 网站招聘信息页设计（前台）

6.6.1 网站招聘信息页概述

网站招聘信息页属于供求信息网的子页，主要显示企事业单位的招聘信息。根据企业的实际情况和网站的自身发展，招聘信息页主要分上、下两部分显示招聘。其中，上半部分显示收费招聘信息，下半部分显示免费招聘信息，如图 6.25 所示。

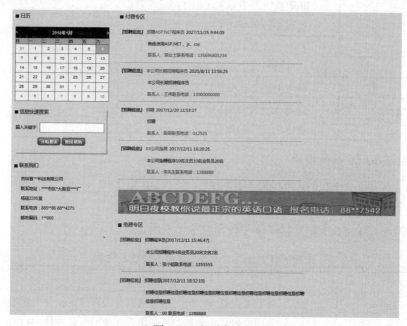

图 6.25 招聘信息页

注意 由于其他供求信息子页的实现方法与本页完全相同，本章只讲解招聘信息页。

6.6.2 网站招聘信息页技术分析

为了满足招聘信息特殊格式的显示，DataList 数据表格控件具有自定义布局显示方式，但其不具备 GridView 数据表格控件灵活的分页功能，而是需要程序开发人员使用 PagedDataSource 类来完成分页功能。技术的详细实现介绍如下。

1. DataList 控件的使用

DataList Web 服务器控件通过自定义的格式显示数据库行的信息。显示数据的格式在创建的模板中定义，可以为项、交替项、选定项和编辑项创建模板；标头、脚注和分隔符模板也用于自定义 DataList 的整体外观。

开发用到的 DataList 控件属性及说明如表 6.8 所示。

表 6.8　DataList 控件属性及说明

属　　性	说　　明
DataKeyField	获取或设置由 DataSource 属性指定的数据源中的键字段
DataKeys	获取 DataKeyCollection 对象，该对象存储数据列表控件中每个记录的键值
DataSource	获取或设置源，该源包含用于填充控件中项的值列表
EditItemIndex	获取或设置 DataList 控件中要编辑的选定项的索引号
Items	获取表示控件内单独项的 DataListItem 对象的集合
ItemTemplate	获取或设置 DataList 控件中项的模板
RepeatColumns	获取或设置要在 DataList 控件中显示的列数
RepeatDirection	获取或设置 DataList 控件是垂直显示还是水平显示
SelectedIndex	获取或设置 DataList 控件中选定项的索引
SelectedItem	获取 DataList 控件中的选定项
SelectedItemTemplate	获取或设置 DataList 控件中选定项的模板
SelectedValue	获取所选择的数据列表项的键字段的值

2．PagedDataSource 类的使用

PagedDataSource 类封装那些允许数据表格控件（如 DataList 控件）执行分页操作的属性。如果控件开发人员需对自定义数据绑定控件提供分页支持，即可使用此类。

开发用到的 PagedDataSource 类的属性及说明如表 6.9 所示。

表 6.9　PagedDataSource 类的属性及说明

名　　称	说　　明
AllowCustomPaging	获取或设置一个值，指示是否在数据绑定控件中启用自定义分页
AllowPaging	获取或设置一个值，指示是否在数据绑定控件中启用分页
AllowServerPaging	获取或设置一个值，指示是否启用服务器端分页
Count	获取要从数据源使用的项数
CurrentPageIndex	获取或设置当前页的索引
DataSource	获取或设置数据源
FirstIndexInPage	获取页面中显示的首条记录的索引
IsCustomPagingEnabled	获取一个值，该指示是否启用自定义分页
IsFirstPage	获取一个值，该值指示当前页是不是首页
IsLastPage	获取一个值，该值指示当前页是不是最后一页
IsPagingEnabled	获取一个值，该值指示是否启用分页
IsSynchronized	获取一个值，该值指示是否同步对数据源的访问（线程安全）
PageCount	获取显示数据源中的所有项所需要的总页数
PageSize	获取或设置要在单页上显示的项数

3. DataList 控件的分页实现

根据上面的介绍读者已经对 DataList 控件和 PagedDataSource 类有了一定的认识，接下来给出 DataList 控件实现分页功能的关键代码。代码如下：

```
public PagedDataSource PageDataListBind(string infoType, string infoKey, int currentPage,int PageSize)
{
    PagedDataSource pds = new PagedDataSource();
    pds.DataSource = SelectInfo(infoType, infoKey).Tables[0].DefaultView;        //将查询结果绑定到分页数据源上
    pds.AllowPaging = true;                                                      //允许分页
    pds.PageSize = PageSize;                                                     //设置每页显示的页数
    pds.CurrentPageIndex = currentPage - 1;                                      //设置当前页
    return pds;
}
```

分页代码完成后，需要绑定 DataList 控件。代码如下：

```
dlFree.DataSource = pds;                          //绑定数据源
dlFree.DataKeyField = "id";
dlFree.DataBind();
```

上面只给出分页功能的关键设置。关于 DataList 控件的翻页设置，可参见 1.6.3 节。

6.6.3　网站招聘信息页实现过程

📇 本模块使用的数据表：tb_info

1. 设计步骤

（1）在网站的根目录下创建 ShowPag 文件夹，用于存放显示分类信息 Web 窗体。

（2）在 ShowPag 文件夹中新建一个 Web 窗体，命名为 webZP.aspx，并且将其作为 MasterPage .master 母版页的内容页。webZP.aspx 主要用于网站的招聘信息页。

（3）在 Web 窗体的 Content 区域通过使用 bootstrap 实现页面的布局。

（4）在 Web 窗体的 Content 区域内添加两个 DataList 服务器控件，主要用于显示各种类型的部分供求信息。

（5）在 Web 窗体的 Content 区域的 bootstrap 中最后一行 div 内添加 4 个 LinkButton 服务器控件，主要用于翻页的操作（第一页、上一页、下一页、末一页）。

（6）在 Web 窗体的 Content 区域的 bootstrap 中最后一行 div 内添加两个 Label 服务器控件，主要用于实现分页的总页数和当前页码。

（7）在添加的 DataList 服务器控件中分别添加一个 Table，用于 DataList 服务器控件的列表布局，然后通过 P 标签布局文字显示位置，最后绑定相应的数据。DataList 服务器控件 ItemTemplate 模板中实现绑定代码如下：

例程 20　代码位置：资源包\TM\06\SIS\SIS\ShowPage\webZP.aspx

📢**注意**　添加两个 DataList 服务器控件绑定设置完全相同。

```
<ItemTemplate>
    <table align="center" cellpadding="0" cellspacing="0" width="800">
        <tr>
            <td>
                <p>
                    <span class="hongcu">『 <%# DataBinder.Eval(Container.DataItem,"type") %>』
</span>
                    <span class="chengse"><%# DataBinder.Eval(Container.DataItem,"title") %></span>
                                        <span
class="huise1"><%#DataBinder.Eval(Container.DataItem,"date") %></span>
                </p>
                <p class="custom-content-p">
                    <span class="shenlan"><%#DataBinder.Eval(Container.DataItem,"info") %></span>
                <p/>
                <p class="custom-content-p">
                    <span class="chengse">
                        联系人：<%#DataBinder.Eval(Container.DataItem,"linkMan") %>
                        联系电话：<%#DataBinder.Eval(Container.DataItem,"tel") %>
                    </span>
                <p/>
            </td>
        </tr>
        <tr style="color: #000000">
            <td><img height="1" src="images/longline.gif" width="525" /></td>
        </tr>
        <tr style="color: #000000">
            <td height="10"></td>
        </tr>
    </table>
</ItemTemplate>
```

2．实现代码

声明全局静态变量和类对象，用途参见代码中注释部分。在页面的加载事件中主要实现的功能：获取查询关键字信息，调用自定义方法 DataListBind 实现免费招聘信息分页显示，显示未过期的收费招聘信息。实现代码如下：

例程 21　代码位置：资源包\TM\06\SIS\SIS\ShowPage\webZP.aspx.cs

```
Operation operation = new Operation();                        //声明业务层类对象
static string infoType = "";                                  //声明供求信息类型对象
static string infoKey = "";                                   //声明查询信息关键字
static PagedDataSource pds = new PagedDataSource();           //声明页数据源
protected void Page_Load(object sender, EventArgs e)
{
    if (!IsPostBack)
    {
```

```
        infoType = "招聘信息";
        //infoKey 是指用户快速检索，如果值为空，显示所有招聘供求信息，否则显示查询内容
        infoKey = Convert.ToString(Session["key"]);
        this.DataListBind();
        //显示未过期收费信息
        dlCharge.DataSource = operation.SelectLeaguerInfo(true, infoType);
        dlCharge.DataBind();
    }
}
```

自定义 DataListBind 方法主要用于实现 DataList 控件（分页显示免费供求信息）绑定及分页功能。实现代码如下：

例程 22　代码位置：资源包\TM\06\SIS\SIS\ShowPage\webZP.aspx.cs

```
///<summary>
///将数据绑定到 DataList 控件，并且实现分页功能
///</summary>
public void DataListBind()
{
❶   pds = operation.PageDataListBind(infoType, infoKey, Convert.ToInt32(lblCurrentPage.Text), 10);
    lnkBtnFirst.Enabled = true;    //将实现翻页功能的 LinkButton 控件 Enabled 属性设置为 true（可以翻页）
    lnkBtnLast.Enabled = true;
    lnkBtnNext.Enabled = true;
    lnkBtnPrevious.Enabled = true;
    if (lblCurrentPage.Text == "1")        //如果当前显示第一页，"第一页"和"上一页"按钮不可用
    {
        lnkBtnPrevious.Enabled = false;
        lnkBtnFirst.Enabled = false;
    }
    //如果显示最后一页，"末一页"和"下一页"按钮不可用
❷   if (lblCurrentPage.Text == pds.PageCount.ToString())
    {
        lnkBtnNext.Enabled = false;
        lnkBtnLast.Enabled = false;
    }
    lblSumPage.Text = pds.PageCount.ToString();                        //实现总页数
    dlFree.DataSource = pds;                                           //绑定数据源
    dlFree.DataKeyField = "id";
    dlFree.DataBind();
}
```

📢 代码贴士

❶ PageDataListBind 方法：绑定 DataList 控件，并且设置分页。

❷ PagedDataSource.PageCount 属性：获取显示数据源中的所有项所需要的总页数。

单击"第一页"LinkButton 控件，主要将 DataList 控件显示的免费招聘信息跳转到第一页。实现代码如下：

例程 23　代码位置：资源包\TM\06\SIS\SIS\ShowPage\webZP.aspx.cs

```
protected void lnkBtnFirst_Click(object sender, EventArgs e)
{
```

```
        lblCurrentPage.Text = "1";                                            //第一页
        DataListBind();
    }
```

单击"上一页"LinkButton 控件，主要将 DataList 控件显示的免费招聘信息跳转到上一页。实现代码如下：

例程 24 代码位置：资源包\TM\06\SIS\SIS\ShowPage\webZP.Aspx.cs

```
protected void lnkBtnPrevious_Click(object sender, EventArgs e)
{
    lblCurrentPage.Text = (Convert.ToInt32(lblCurrentPage.Text) - 1).ToString();      //上一页
    DataListBind();
}
```

单击"下一页"LinkButton 控件，主要将 DataList 控件显示的免费招聘信息跳转到下一页。实现代码如下：

例程 25 代码位置：资源包\TM\06\SIS\SIS\ShowPage\webZP.Aspx.cs

```
protected void lnkBtnNext_Click(object sender, EventArgs e)
{
    lblCurrentPage.Text = (Convert.ToInt32(lblCurrentPage.Text) + 1).ToString();      //下一页
    DataListBind();
}
```

单击"末一页"LinkButton 控件，主要将 DataList 控件显示的免费招聘信息跳转到最后一页。实现代码如下：

例程 26 代码位置：资源包\TM\06\SIS\SIS\ShowPage\webZP.Aspx.cs

```
protected void lnkBtnLast_Click(object sender, EventArgs e)                            //末一页
{
    lblCurrentPage.Text = lblSumPage.Text;
    DataListBind();
}
```

视频讲解

6.7 免费供求信息发布页设计（前台）

6.7.1 免费供求信息发布页概述

免费供求信息发布页针对的对象为供求信息用户，是供求信息网站非常重要的功能，也是供求信息网站的核心功能。免费供求信息发布页如图 6.26 所示。用户可以根据自身需要将供求信息发布到相应的信息类别中（共包括 11 个信息类别：招聘信息、求职信息、培训信息、公寓信息、家教信息、车辆信息、物品求购、物品出售、求兑出兑、寻求合作、企业广告）。供求信息成功发布后，管理员需要在后台对发布的供求信息进行审核，如果审核通过，则显示在相应的信息类别网页中。

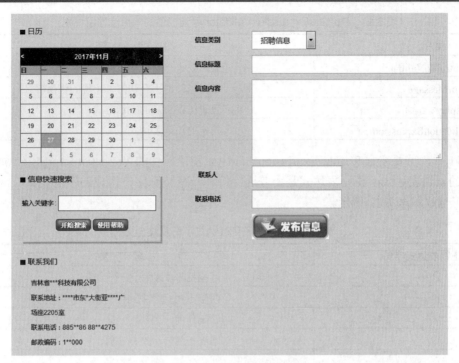

图 6.26　免费供求信息发布页

6.7.2　免费供求信息发布页技术分析

当用户发布供求信息时，需要通过程序进行合法数据验证，例如信息标题、信息内容、联系人和联系电话为必填项及联系电话必须填写规定的格式。如果供求信息的相关内容为空，或者电话号码错误，那么将无法联系到供方或求方。

1．RequiredFieldValidator 验证控件

RequiredFieldValidator 验证控件用于验证文本框中必须输入的信息，即不能为空。本程序需要使用该控件来验证"发布供求信息"的相关文本框不能为空。RequiredFieldValidator 验证控件常用属性及说明如表 6.10 所示。

表 6.10　RequiredFieldValidator 验证控件常用属性及说明

属　　性	说　　明
ControlToValidate	用户必须为其提供值的控件的 ID
ErrorMessage, Text, Display	用于指定在用户跳过控件时显示错误的文字内容和位置

2．RegularExpressionValidator 验证控件

RegularExpressionValidator 验证控件又称正则表达式验证控件，用户可以自定义或书写自己的验证表达式。本程序主要使用该验证控件验证电话号码是否正确。RegularExpressionValidator 验证控件的常用属性及说明如表 6.11 所示。

表 6.11　RegularExpressionValidator 验证控件的常用属性及说明

属　　性	说　　明
ControlToValidate	表示要进行验证的控件 ID
ErrorMessage	表示当验证不合法时，出现的错误信息
Display	设置错误信息的提示方式
ValidationExpression	指定的正则表达式

在表 6.11 中，需要注意 RegularExpressionValidator 验证控件的 ValidationExpression 属性，主要用来指定使用的正则表达式。正则表达式是由普通字符和一些特殊字符组成的字符模式。常用的正则表达式字符及其含义如表 6.12 所示。

表 6.12　常用的正则表达式字符及其含义

正则表达式字符	含　　义
[……]	匹配括号中的任何一个字符
[^……]	匹配不在括号中的任何一个字符
\w	匹配任何一个字符（a～z、A～Z 和 0～9）
\W	匹配任何一个空白字符
\s	匹配任何一个非空白字符
\S	与任何非单词字符匹配
\d	匹配任何一个数字（0～9）
\D	匹配任何一个非数字（^0～9）
[\b]	匹配一个退格键字母
{n,m}	最少匹配前面表达式 n 次，最大为 m 次
{n,}	最少匹配前面表达式 n 次
{n}	恰好匹配前面表达式为 n 次
?	匹配前面表达式 0 或 1 次{0,1}
+	至少匹配前面表达式 1 次{1,}
*	至少匹配前面表达式 0 次{0,}
		匹配前面表达式或后面表达式
(…)	在单元中组合项目
^	匹配字符串的开头
$	匹配字符串的结尾
\b	匹配字符边界
\B	匹配非字符边界的某个位置

下面列举几个常用的正则表达式。

（1）验证中国式电话号码（正确格式：区号可以是 3 位或 4 位，电话号码可以是 7 位或 8 位）

(\(\d{3,4}\)|\d{3,4}-)?\d{7,8}

注意　RegularExpressionValidator 验证控件提供的验证中国式电话号码已经不适应目前的格式。

（2）验证电子邮件

\w+([-+.]\w+)*@\w+([-.]\w+)*\.\w+([-.]\w+)*

或

\S+@\S+\. \S+

（3）验证网址为大写或小写字母

"HTTP://\S+\. \S+"
"http://\S+\. \S+"

（4）验证邮政编码（正确格式为 6 位数字）

\d{6}

（5）其他

① 表示 0～9 十个数字。

[0-9]

② 表示任意个数字。

\d*

③ 表示中国大陆的固定电话号码。

\d{3,4}-\d{7,8}

④ 验证由两位数字、一个连字符再加 5 位数字组成的 ID 号。

\d{2}-\d{5}

⑤ 匹配 HTML 标记。

<\s*(\S+)(\s[^>]*)?>[\s\S]*<\s*\/\l\s*>

6.7.3　免费供求信息发布页实现过程

📇　本模块使用的数据表：tb_info。

1. 设计步骤

（1）在网站的根目录下新建一个 Web 窗体，命名为 InfoAdd.aspx，并且将其作为 MasterPage.master 母版页的内容页。InfoAdd.aspx 主要用于网站的免费供求信息发布。

（2）在 Web 窗体的 Content 区域通过使用 bootstrap 实现页面的布局。

（3）在 Web 窗体的 Content 区域 bootstrap 布局标签内添加一个 DropDownList 和 4 个 TextBox 服务器控件，主要用于选择供求信息类型和输入供求信息的标题、内容、联系电话、联系人。

（4）在 Web 窗体的 Content 区域中添加一个 RegularExpressionValidator 和 4 个 RequiredField

303

Validator 验证控件，主要用于验证电话号码的输入格式和输入供求信息不能为空。

（5）在 Web 窗体的 Content 区域中添加一个 ImageButton 控件，用于发布供求信息。

2．实现代码

单击"发布信息"按钮，信息经验证无误后方可添加到数据库中。实现代码如下：

例程 28　代码位置：资源包\TM\06\SIS\SIS\InfoAdd.aspx.cs

```
Operation operation = new Operation();   //声明业务层类对象
protected void imgBtnAdd_Click(object sender, ImageClickEventArgs e)
{
    operation.InsertInfo(DropDownList1.Text, txtTitle.Text.Trim(), txtInfo.Text.Trim(), txtLinkMan.Text.Trim(),
    txtTel.Text.Trim());
    WebMessageBox.Show("信息发布成功！", "Default.aspx");
}
```

视频讲解

6.8　网站后台主页设计

6.8.1　网站后台主页概述

程序开发人员在设计网站后台主页时，主要是从后台管理人员对功能的易操作性、实用性、网站的易维护性考虑，与网站的前台相比美观性并不是很重要。供求信息网站后台主页运行效果如图 6.27 所示。

图 6.27　供求信息网站后台主页

6.8.2　网站后台主页技术分析

在开发网站后台主页时，经常会用到 iframe 框架。通过该框架将网站中各部分独立的网页重新组成一个完整的网页，即在网站的左边选择相关功能，而在右边显示功能页，如上图 6.27 所示。

1．iframe 框架概述

iframe 框架，又称内嵌框架。frame 框架与 iframe 框架两者可以实现的功能基本相同，不过 iframe 框架比 frame 框架具有更多的灵活性。

iframe 框架的标记为<iframe>（又叫浮动帧标记），可以用它将一个 HTML 文档嵌入在一个 HTML 中显示。它和<frame>标记的最大区别是在网页中嵌入的<iframe></iframe>所包含的内容与整个页面是一个整体，而<frame></frame>所包含的内容是一个独立的个体，是可以独立显示的。

设置 iframe 框架的 iframe 参数的代码如下：

```
<iframe id="iframe1" name="mainFrame" style="width: 802px; height: 596px" frameborder="0">        </iframe>
```

> **注意**　name 属性的设置是很重要的，在后期需要使用 name 属性，将子页显示到 iframe 框架中。

2．iframe 框架的应用

本网站后台页面布局规划中，页面的左边使用 TreeView 控件作为菜单导航功能，右边放置 iframe 框架，显示功能子页。因此，要在相应的位置编写 iframe 框架的代码，并且设置其 ID、name 等属性。

主要代码如下：

```
<iframe id="iframe1" name="mainFrame" style="width: 802px; height: 596px" frameborder="0">        </iframe>
```

iframe 框架的代码编写完后，就可以设置 TreeView 控件的相关属性，将功能子页显示在 iframe 框架中，主要设置 TreeView 控件节点的 NavigateUrl 属性（节点被选中时定位的链接）和 Target 属性（节点被选中时使用的定位目标）实现，属性的设置如图 6.28 所示。

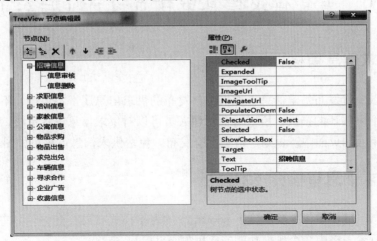

图 6.28　TreeView 控件节点的 NavigateUrl 属性和 Target 属性

6.8.3 网站后台主页实现过程

1. 设计步骤

（1）新建一个 Web 窗体，默认名称为 Default.aspx，主要用于网站后台首页的设计。

（2）在 Web 窗体中通过使用 bootstrap 实现页面的布局。

（3）在 Table 中添加一个 TreeView 控件，在节点编辑器中添加相应的节点和子节点，并且设置子节点的 NavigateUrl 属性主要用于后台功能菜单的导航。

（4）在页面的源视图中的相关位置，添加 iframe 框架代码，用于显示功能子页。代码如下：

```
<iframe id="iframe1" name="mainFrame" style="width: 802px; height: 596px" frameborder="0">    </iframe>
```

2. 实现过程

在页面的加载事件中，主要实现验证用户是否通过合理的程序登录，非法用户不能进入网站后台。代码如下：

例程 28　代码位置：资源包\TM\06\SIS\SIS\BackGround\Default.aspx.cs

```
protected void Page_Load(object sender, EventArgs e)
{
    try
    {
        if (Session["UserName"] == null)
        {
            WebMessageBox.Show("请登录后方可进入网站后台！ ", "../Login.aspx");
        }
    }
    catch { }
}
```

视频讲解

6.9　免费供求信息审核页设计（后台）

6.9.1　免费供求信息审核页概述

任何用户都可以免费发布供求信息，如果用户发布的供求信息属于不道德、不健康以及违法的信息，那么将会造成不可估计的损失。所以后台管理人员可以对供求信息进行审核，审核通过的供求信息可以显示在分类相应的页面中，否则，信息不能发布。免费供求信息审核页如图 6.29 所示。

6.9.2　免费供求信息审核页技术分析

在免费供求信息审核页中，主要用到了 bootstrap 的表格样式布局表格中应用的 3 个典型功能，在此对其进行技术分析。表格中 3 个典型功能的应用如下：

图 6.29　免费供求信息审核页

1．将 0 和 1 替换为未审核和已审核状态类型

由于在数据库中审核和未审核的供求信息是用数字表示（0 表示未审核，1 表示已经通过审核），但在显示时不能显示为 0 或者 1，要使软件达到人性化效果，必须将其转换成相应的汉字。

2．定义表格数据操作按钮功能

表格中的每一行数据都应该有相应的操作功能，例如，查看详细数据用于呈现表格中未能显示的数据，以及审核该条数据的控制按钮。

3．表格中高亮显示行

如果表格显示的数据行数在 3 行或 5 行之内，可以不用高亮显示行功能；如果数据量很大，行数在 10 或 20 行以上，时间长了用户很容易看串行，则需要使用高亮显示行。高亮显示行是当鼠标移动到某行时，该行显示特殊颜色，移开后颜色恢复。该功能已经集成在 bootstrap 框架表格样式中，如图 6.30 所示。

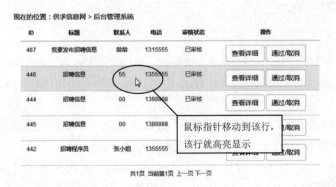

图 6.30　高亮显示行

实现代码如下：

例程 29　代码位置：资源包\TM\06\SIS\SIS\BackGround\CheckInfo.aspx

```
<table class="table table-hover">
    <thead><tr><th>ID</th><th>标题</th><th>联系人</th><th>电话</th><th>审核状态</th><th>操作
</th></tr></thead>
        <tbody>
            <%
                if (drs != null)
                {
                    foreach (System.Data.DataRow dr in drs)
                    {
            %>
                    <tr>
                        <td><%=dr["id"] %></td>
                        <td><%=dr["title"] %></td>
                        <td><%=dr["LinkMan"] %></td>
                        <td><%=dr["tel"] %></td>
                        <td><%=dr["checkState"].ToString()=="True"?"<font color='green'>已审核
</font>":"<font color='red'>未审核</font>" %></td>
                        <td>
                            <input type="submit" value="查看详细" class="btn btn-default"
onclick="setOpear(<%=dr["id"]%>)"/>
                            <input type="submit" value="通过/取消" class="btn btn-default"
onclick="setOpear(<%=dr["id"]%>,'<%=dr["checkState"] %>')"/>
                        </td>
                    </tr>
            <%
                    }
                }
            %>
        </tbody>
</table>
```

6.9.3　免费供求信息审核页实现过程

📋 **本模块使用的数据表：** tb_info。

1. 设计步骤

（1）在网站的根目录下创建 BackGround 文件夹，用于存放网站后台管理 Web 窗体。

（2）在 BackGround 文件夹中新建一个 Web 窗体，命名为 CheckInfo.aspx，主要用于免费供求信息的审核。

（3）在 Web 窗体中通过使用 bootstrap 框架的 container div 容器实现页面的布局。

（4）在 div 容器下添加 table 表格并指定样式为 table table-hover。

（5）表格定义完成之后，需要在后台定义 DataRowCollection 类型的全局变量用于绑定页面数据，注意，全局变量必须声明为 protected、internal 或 public 三种访问级别的一种，才能够在页面上进行访问。

2．实现代码

页面默认数据列表的加载以及操作控件的相关处理逻辑被定义在了 Page_Load 方法中。值得注意的是，供求信息网所有分类供求信息审核都是在 CheckInfo.aspx 页面实现的。页面的加载事件中实现代码如下：

例程 30　代码位置：资源包\TM\06\SIS\SIS\BackGround\CheckInfo.aspx.cs

```
string infoType = "";
    Operation operation = new Operation();                      //业务类对象
    protected DataRowCollection drs = null;                     //绑定页面数据的全局变量
    protected void Page_Load(object sender, EventArgs e)
    {
        infoType = Request.QueryString["id"];
        string opearID = null, opearCheckState = null;
        //验证成功表示用户点击了页面上的操作按钮
        if ((opearID = Request.Form["opearID"]) != null && opearID != "")
        {
            opearCheckState = Request.Form["opearCheckState"];
            if (opearCheckState != "")                          //验证成功表示用户点击了"审核/取消"按钮
            {
                ChangeCheckState(int.Parse(opearID), opearCheckState);   //更改审核状态
                if (infoType != null && infoType != "")
                {
                    //重新绑定页面数据
                    DataBind(infoType, Convert.ToInt32(this.CurPageIndex.Text));
                }
            }
            else
            {
                //表示用户点击了详细信息按钮，并执行了页面跳转操作
                Response.Redirect("DetailInfo.aspx?id=" + opearID);
            }
        }
        if (!IsPostBack)
        {
            if (infoType != null && infoType != "")
            {
                DataBind(infoType, 1);                          //页面第一次加载绑定页面数据
            }
        }
    }
```

自定义 DataBind 方法，用于查询相关类型的供求信息，并且将查询结果赋值给全局变量 drs。实现代码如下：

例程 31　代码位置：资源包\TM\06\SIS\SIS\BackGround\CheckInfo.aspx.cs

```
/// <summary>
// 绑定供求信息到 GridViev 控件
/// </summary>
/// <param name="type">供求信息类别</param>
```

```
private void DataBind(string type, int PageIndex)
{
    int PageSize = 10;//定义每页数据总数
    //查询数据
    DataSet ds = operation.SelectInfo(type, PageIndex, PageSize);
    if (ds != null && ds.Tables.Count > 0)
    {
        int Count = 0;
        int.TryParse(ds.Tables[0].Rows[0][0].ToString(), out Count);            //获取总数据条数
        drs = ds.Tables[1].Rows;
        //计算分页数据
        int GetTotalPageIndex = (Count / PageSize) + ((Count % PageSize) > 0 ? 1 : 0);
        this.TotalPageIndex.Text = GetTotalPageIndex.ToString();
        this.CurPageIndex.Text = PageIndex.ToString();
        if (PageIndex == 1 && PageIndex == GetTotalPageIndex)
        {
            SetPageState(0);//如果当前总页数共为 1 页时调用的样式
        }
        else if (PageIndex == 1)
        {
            SetPageState(1);//如果当前为第一页时调用的样式
        }
        else if (PageIndex == GetTotalPageIndex)
        {
            SetPageState(2);//如果当前为最后一页时调用的样式
        }
        else
        {
            SetPageState(3);//如果当前为除第一页和最后一页外的其他页数时调用的样式
        }
    }
}
```

当用户点击审核或取消审核按钮时，会在 Page_Load 中做出判断处理后调用更改审核状态的方法 ChangeCheckState，方法中根据当前审核状态在决定要调用的 Operation 公用方法。ChangeCheckState 方法代码如下：

例程 32　代码位置：资源包\TM\06\SIS\SIS\BackGround\CheckInfo.aspx.cs

```
protected void ChangeCheckState(int ChangeID, string CheckState)
{
    if (CheckState == "True")
    {
        operation.UpdateInfo(ChangeID, true);//更改为取消审核状态
    }
    else
    {
        operation.UpdateInfo(ChangeID, false);//更改为已审核状态
    }
}
```

当用户点击翻页按钮时，程序需要对应将新的页码中的数据计算并获取出来，上一页及下一页方法代码定义如下：

例程 33 代码位置：资源包\TM\06\SIS\SIS\BackGround\CheckInfo.aspx.cs

```csharp
/// <summary>
/// 上一页处理方法
/// </summary>
/// <param name="sender"></param>
/// <param name="e"></param>
protected void UpPage_Click(object sender, EventArgs e)
{
    //取出当前页码
    int CurIndex = Convert.ToInt32(this.CurPageIndex.Text);
    CurIndex--;                                    //将当前页码减 1
    DataBind(infoType, CurIndex);                  //绑定数据
}
/// <summary>
/// 下一页处理方法
/// </summary>
/// <param name="sender"></param>
/// <param name="e"></param>
protected void DownPage_Click(object sender, EventArgs e)
{
    //取出当前页码
    int CurIndex = Convert.ToInt32(this.CurPageIndex.Text);
    CurIndex++;                                    //将当前页码加 1
    DataBind(infoType, CurIndex);                  //绑定数据
}
```

数据绑定完成之后会设置相应分页样式，代码定义如下：

例程 34 代码位置：资源包\TM\06\SIS\SIS\BackGround\CheckInfo.aspx.cs

```csharp
/// <summary>
/// 设置分页样式
/// </summary>
/// <param name="SetIndex"></param>
public void SetPageState(int SetIndex)
{
    //根据不同的页码设置不同的样式
    if (SetIndex == 0)
    {
        this.UpPage.Enabled = false;
        this.DownPage.Enabled = false;
        this.UpPage.Style["color"] = "#808080";
        this.DownPage.Style["color"] = "#808080";
    }
    else if (SetIndex == 1)
    {
        this.UpPage.Enabled = false;
```

```
        this.DownPage.Enabled = true;
        this.UpPage.Style["color"] = "#808080";
        this.DownPage.Style["color"] = "#23527c";
    }
    else if (SetIndex == 2)
    {
        this.UpPage.Enabled = true;
        this.DownPage.Enabled = false;
        this.UpPage.Style["color"] = "#23527c";
        this.DownPage.Style["color"] = "#808080";
    }
    else
    {
        this.UpPage.Enabled = true;
        his.DownPage.Enabled = true;
        this.UpPage.Style["color"] = "#23527c";
        this.DownPage.Style["color"] = "#23527c";
    }
}
```

视频讲解

6.10　免费供求信息删除管理页设计（后台）

6.10.1　免费供求信息删除管理页概述

免费供求信息删除主要是删除没有通过审核的信息，网站后台管理员删除供求信息时，会提示一个确认消息框，防止用户误删除信息。程序运行结果如图 6.31 所示。

现在的位置：供求信息网 > 后台管理系统

ID	标题	联系人	电话	审核状态	操作	
467	我要发布招聘信息	嗒嗒	1315555	已审核	查看详细	删除信息
446	招聘信息	55	1355555	已审核	查看详细	删除信息
444	招聘信息	00	1388888	已审核	查看详细	删除信息
445	招聘信息	00	1388888	未审核	查看详细	删除信息
442	招聘程序员	张小姐	1355555	已审核	查看详细	删除信息

共1页 当前第1页 上一页 下一页

图 6.31　删除供求信息

6.10.2　免费供求信息删除管理技术分析

删除页面的列表绑定方式与供求信息审核页面的列表定义方式相同，但列表的操作按钮中没有了审核按钮，而是包含了一个删除按钮，用于提供删除信息的操作。

6.10.3　免费供求信息删除管理页实现过程

📊 本模块使用的数据表：tb_info

1．设计步骤

（1）在 BackGround 文件夹中新建一个 Web 窗体，默认名称 DeleteInfo.aspx，主要用于免费供求信息的删除管理。

（2）在 Web 窗体中使用 bootstrap 实现页面的布局。

（3）在页面中定义分页控件以及用于提交数据的隐藏域标签。

2．实现代码

首先，加载页面默认数据列表并赋值给全局变量。页面默认数据列表的加载以及操作控件的相关处理逻辑被定义在了 Page_Load 方法中。值得注意的是，供求信息网所有免费供求信息的删除管理都是在 DeleteInfo.aspx 页面实现的。页面的加载事件中实现代码如下：

例程 35　　代码位置：资源包\TM\06\SIS\SIS\BackGround\DeleteInfo.Aspx.cs

```
string infoType = "";
    Operation operation = new Operation();               //业务类对象
    protected DataRowCollection drs = null;              //绑定页面数据的全局变量
    protected void Page_Load(object sender, EventArgs e)
    {
        infoType = Request.QueryString["id"];
        string opearID = null, opearState = null;
        //验证成功表示用户点了页面上的操作按钮
        if ((opearID = Request.Form["opearID"]) != null && opearID != "")
        {
            opearState = Request.Form["opearState"];
            if (opearState == "2")                        //验证成功表示用户点击了"删除"按钮
            {
                DeleteInfo(int.Parse(opearID));           //删除信息
                if (infoType != null && infoType != "")
                {
                    DataBind(infoType, 1);                //重新绑定页面数据
                }
            }
            else
            {
                //表示用户点击了详细信息按钮，并执行了页面跳转操作
                Response.Redirect("DetailInfo.aspx?id=" + opearID);
            }
        }
```

```
        }
        if (!IsPostBack)
        {
            if (infoType != null && infoType != "")
            {
                DataBind(infoType, 1);                      //页面第一次加载绑定页面数据
            }
        }
    }
```

自定义 DataBind 方法，用于查询相关类型的供求信息，并且将查询结果显示在 GridView 表格控件中。实现代码如下：

例程36　代码位置：资源包\TM\06\SIS\SIS\BackGround\DeleteInfo.Aspx.cs

```
/// <summary>
/// 绑定供求信息到 GridViev 控件
/// </summary>
/// <param name="type">供求信息类别</param>
private void DataBind(string type, int PageIndex)
{
    int PageSize = 10;                                    //定义每页数据总数
    //查询数据
    DataSet ds = operation.SelectInfo(type, PageIndex, PageSize);
    if (ds != null && ds.Tables.Count > 0)
    {
        int Count = 0;
        int.TryParse(ds.Tables[0].Rows[0][0].ToString(), out Count);//获取总数据条数
        drs = ds.Tables[1].Rows;
        //计算分页数据
        int GetTotalPageIndex = (Count / PageSize) + ((Count % PageSize) > 0 ? 1 : 0);
        this.TotalPageIndex.Text = GetTotalPageIndex.ToString();
        this.CurPageIndex.Text = PageIndex.ToString();
        if (PageIndex == 1 && PageIndex == GetTotalPageIndex)
        {
            SetPageState(0);                             //如果当前总页数共为1页时调用的样式
        }
        else if (PageIndex == 1)
        {
            SetPageState(1);                             //如果当前为第一页时调用的样式
        }
        else if (PageIndex == GetTotalPageIndex)
        {
            SetPageState(2);                             //如果当前为最后一页时调用的样式
        }
        else
        {
            SetPageState(3);                   //如果当前为除第一页和最后一页外的其他页数时调用的样式
        }
    }
}
```

用于执行删除操作的方法定义如下：

例程 37　代码位置：资源包\TM\06\SIS\SIS\BackGround\DeleteInfo.Aspx.cs

```
/// <summary>
/// 删除数据
/// </summary>
/// <param name="delID"></param>
protected void DeleteInfo(int delID)
{
    operation.DeleteInfo(delID.ToString());            //执行删除数据
}
```

用户点击翻页按钮时，程序需要对应将新的页码中的数据计算并获取出来，上一页及下一页方法代码定义如下：

例程 38　代码位置：资源包\TM\06\SIS\SIS\BackGround\DeleteInfo.Aspx.cs

```
/// <summary>
/// 上一页处理方法
/// </summary>
/// <param name="sender"></param>
/// <param name="e"></param>
protected void UpPage_Click(object sender, EventArgs e)
{
    //取出当前页码
    int CurIndex = Convert.ToInt32(this.CurPageIndex.Text);
    CurIndex--;                                        //将当前页码减 1
    DataBind(infoType, CurIndex);                      //绑定数据
}
/// <summary>
/// 下一页处理方法
/// </summary>
/// <param name="sender"></param>
/// <param name="e"></param>
protected void DownPage_Click(object sender, EventArgs e)
{
    //取出当前页码
    int CurIndex = Convert.ToInt32(this.CurPageIndex.Text);
    CurIndex++;                                        //将当前页码加 1
    DataBind(infoType, CurIndex);                      //绑定数据
}
```

数据绑定完成之后会设置相应分页样式，代码定义如下：

例程 39　代码位置：资源包\TM\06\SIS\SIS\BackGround\DeleteInfo.Aspx.cs

```
/// <summary>
/// 设置分页样式
/// </summary>
/// <param name="SetIndex"></param>
public void SetPageState(int SetIndex)
{
```

```
//根据不同的页码设置不同的样式
if (SetIndex == 0)
{
    this.UpPage.Enabled = false;
    this.DownPage.Enabled = false;
    this.UpPage.Style["color"] = "#808080";
    this.DownPage.Style["color"] = "#808080";
}
else if (SetIndex == 1)
{
    this.UpPage.Enabled = false;
    this.DownPage.Enabled = true;
    this.UpPage.Style["color"] = "#808080";
    this.DownPage.Style["color"] = "#23527c";
}
else if (SetIndex == 2)
{
    this.UpPage.Enabled = true;
    this.DownPage.Enabled = false;
    this.UpPage.Style["color"] = "#23527c";
    this.DownPage.Style["color"] = "#808080";
}
else
{
    this.UpPage.Enabled = true;
    this.DownPage.Enabled = true;
    this.UpPage.Style["color"] = "#23527c";
    this.DownPage.Style["color"] = "#23527c";
}
}
```

6.11 网站文件清单

为了帮助读者了解供求信息网的文件构成，现以表格形式列出网站的文件清单，如表 6.13 所示。

表 6.13 网站文件清单

文件位置及名称	说　　明
SIS\App_Code\DataBase.cs	数据库操作类
SIS\App_Code\Operation.cs	业务流程类
SIS\App_Code\StringFormat.cs	字符串格式化类
SIS\App_Code\WebMessageBox.cs	网页对话框类
SIS\\App_Data\db_SIS.mdf	SQL Server 2014 数据库文件
SIS\\App_Data\db_SIS_log.ldf	SQL Server 2014 数据库日志文件
SIS\BackGround\CheckInfo.aspx	网站后台信息审核页

续表

文件位置及名称	说　明
SIS\BackGround\Default.aspx	网站后台主页
SIS\BackGround\DeleteInfo.aspx	网站后台信息删除页
SIS\BackGround\DetailInfo.aspx	网站后台查看免费信息详细信息页
SIS\BackGround\DetailLeaguerInfo.aspx	网站后台查看收费信息详细页
SIS\BackGround\LeaguerInfo.aspx	网站后台发布收费供求信息页
SIS\BackGround\LeaguerInfoDelete.aspx	网站后台收费信息删除页
SIS\ShowPage\webCL.aspx	网站前台车辆供求信息页
SIS\ShowPage\webGY.aspx	网站前台公寓供求信息页
SIS\ShowPage\webJJ.aspx	网站前台家教供求信息页
SIS\ShowPage\webPX.aspx	网站前台培训供求信息页
SIS\ShowPage\webQDCD.aspx	网站前台求兑出兑供求信息页
SIS\ShowPage\webQYGG.aspx	网站前台企业广告供求信息页
SIS\ShowPage\webQZ.aspx	网站前台求职供求信息页
SIS\ShowPage\webWPCS.aspx	网站前台物品出售供求信息页
SIS\ShowPage\webWPQG.aspx	网站前台物品求购供求信息页
SIS\ShowPage\webXQHZ.aspx	网站前台寻求合作供求信息页
SIS\ShowPage\webZP.aspx	网站前台招聘供求信息页
SIS\UserControl\InfoSearch.ascx	供求信息查询用户控件
SIS\UserControl\RecommendInfo.ascx	推荐供求信息用户控件
SIS\Default.aspx	供求信息网站主页
SIS\Help.aspx	网站搜索帮助页
SIS\InfoAdd.aspx	免费信息发布页
SIS\Logon.aspx	网站管理员后台登录
SIS\MasterPage.master	网站母版页
SIS\ShowLeaguerInfo.aspx	网站首页信息详细显示页

注意　上面的文件列表清单中，凡是与 ASPX 文件对应的都有一个 CS 文件，在此没有一一列出。

6.12　SQL Server 2014 数据库使用专题

　　SQL 即 Structured Query Language 的缩写，中文译为结构化查询语言。Server 中文译为服务器，而 2014 代表的是版本号。通过 SQL Server 2014，可以使用可缩放的混合数据库平台生成任务关键型智能应用程序。此平台内置了需要的所有功能，包括内存中性能、高级安全性和数据库内分析。SQL Server

2014 版本新增了安全功能、查询功能、Hadoop 和云集成、R 分析等功能，以及许多改进和增强功能。

新的"查询存储"在数据库中存储查询文本、执行计划和性能指标，以便于监视和排查性能问题。仪表板可显示耗时最长、占用内存或 CPU 资源最多的查询。

时态表是记录所有数据更改（包括更改日期和时间）的历史记录表。

SQL Server 中新增了内置 JSON 支持，可以支持 JSON 导入、导出、分析和存储。

支持最大 2TB 的表（之前为最大 256GB）。

6.12.1　安装合适的 SQL Server 2014 版本

根据应用程序的需要，安装要求会有所不同。不同版本的 SQL Server 能够满足单位和个人独特的性能、运行时以及价格要求。安装哪些 SQL Server 组件还取决于您的具体需要。下面各节将帮助您了解如何在 SQL Server 的不同版本和可用组件中做出最佳选择。

- ☑ Microsoft SQL Server 2014 Enterprise Edition（企业版）。
- ☑ Microsoft SQL Server 2014 Standard Edition（标准版）。
- ☑ Microsoft SQL Server 2014 Web Edition（Web 版本）。
- ☑ Microsoft SQL Server 2014 Developer Edition（开发版）。
- ☑ Microsoft SQL Server 2014 Express Edition（学习版）。

上面提到了 SQL Server 2014 为不同的人员提供了 5 个不同的版本，用户需要从中选择一个适合自己学习及应用的版本。下面逐一介绍这 5 个版本。

1．SQL Server 2014 Enterprise Edition（企业版）

作为高级版本，SQL Server Enterprise 版提供了全面的高端数据中心功能，性能极为快捷、虚拟化不受限制，还具有端到端的商业智能—— 可为关键任务工作负荷提供较高服务级别，支持最终用户访问深层数据。

2．SQL Server 2014 Standard Edition（标准版）

SQL Server Standard 版提供了基本数据管理和商业智能数据库，使部门和小型组织能够顺利运行其应用程序并支持将常用开发工具用于内部部署和云部署—— 有助于以最少的 IT 资源获得高效的数据库管理。

3．SQL Server 2014 WebEdition（Web 版）

对于为从小规模至大规模 Web 资产提供可伸缩性、经济性和可管理性功能的 Web 宿主和 Web VAP 来说，SQL Server Web 版本是一项总拥有成本较低的选择。

4．SQL Server 2014 Developer Edition（开发版）

SQL Server Developer 版支持开发人员基于 SQL Server 构建任意类型的应用程序。它包括 Enterprise 版的所有功能，但有许可限制，只能用作开发和测试系统，而不能用作生产服务器。SQL Server Developer 是构建 SQL Server 和测试应用程序人员的理想之选。

5．SQL Server 2014 Express Edition（学习版）

Express 版本是入门级的免费数据库，是学习和构建桌面及小型服务器数据驱动应用程序的理想选择。它是独立软件供应商、开发人员和热衷于构建客户端应用程序人员的最佳选择。如果需要使用更高级的数据库功能，则可以将 SQL Server Express 无缝升级到其他更高端的 SQL Server 版本。SQL Server Express LocalDB 是 Express 的一种轻型版本，该版本具备所有可编程性功能，但在用户模式下运行，并且具有快速的零配置安装和必备组件要求较少的特点。

6.12.2 建立数据库与数据表

在创建数据库和数据表时，其名称必须遵循 SQL Server 2014 的标识符命名规则。

名称的长度为 1～128。

名称的第一个字符必须是字母或者"_""@""#"中的任意一个字符。

在中文版 SQL Server 2014 中，可以直接使用中文名称。

名称中不能有空格，不允许使用 SQL Server 2014 的保留字。如系统数据库 model、msdb 和 master，这样的数据库名称都属于保留字。

1．建立数据库

在 SQL Server 2014 中，通过 SQL Server Management Studio 可以创建数据库，用于存储数据及其他对象（如视图、索引、存储过程和触发器等）。

下面将创建一个数据库 db_SIS，具体操作步骤如下：

（1）启动 SQL Server Management Studio，并连接到 SQL Server 2014 中的数据库，在"对象资源管理器"中右击"数据库"选项，在弹出的快捷菜单中选择"新建数据库"命令，如图 6.32 所示。

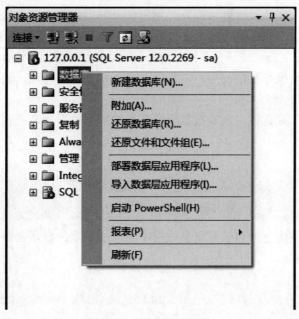

图 6.32　选择新建数据库

（2）进入"新建数据库"对话框，如图 6.33 所示。该对话框中包括"常规"、"选项"和"文件组" 3 个选项卡，通过这 3 个选项卡可以设置新创建的数据库。

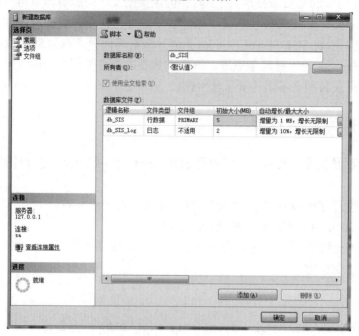

图 6.33   "常规"选项卡

①   "常规"选项卡：用于设置新建数据库的名称。

在"数据库名称"文本框中输入新建数据库的名称 db_SIS。数据库名称设置完成后，系统自动在"数据库文件"列表框中产生一个数据文件（初始大小为 3MB）和一个日志文件（初始大小为 1MB），同时显示文件组、自动增长和路径等默认设置，用户可以根据需要自行修改这些默认的设置，也可以单击右下角的"添加"按钮添加数据文件。这里数据文件和日志文件均采用默认设置。

单击"所有者"文本框右侧的"浏览"按钮 ，在弹出的对话框中选择数据库的所有者。数据库所有者是对数据库具有完全操作权限的用户，这里选择"默认值"选项，表示数据库所有者为用户登录 Windows 操作系统使用的管理员账户，如 Administrator。

选中"使用全文索引"复选框，表示数据库中变长的复杂数据类型列也可以建立索引。这里不选中该复选框。

注意   SQL Server 2014 数据库的数据文件分逻辑名称和物理名称。逻辑名称是在 SQL 语句中引用文件时所使用的名称；物理名称用于操作系统管理。

②   "选项"和"文件组"选项卡：定义数据库的一些选项，显示文件和文件组的统计信息。这里均采用默认设置。

注意   SQL Server 2014 默认创建了一个 PRIMARY 文件组，用于存放若干个数据文件。但日志文件没有文件组。

（3）设置完成后单击"确定"按钮，数据库 db_SIS 创建完成。

2．建立数据表

表定义为列的集合，创建表也就是定义表列的过程（如添加字段、设置字段的主键和索引等属性）。

下面以创建"供求信息表"为例，介绍如何通过 SQL Server Management Studio 创建数据表。表结构如图 6.34 所示。

下面创建客户信息表 tb_info，具体操作步骤如下：

（1）启动 SQL Server Management Studio，并连接到 SQL Server 2014 中的数据库。

图 6.34　供求信息表数据结构

（2）在"对象资源管理器"中展开"数据库"节点，展开指定的数据库"db_SIS"。

（3）右击"表"选项，在弹出的快捷菜单中选择"新建表"命令，如图 6.35 所示。

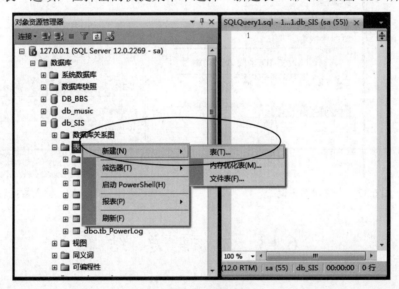

图 6.35　新建表

（4）进入"表设计器"界面，如图 6.36 所示。在该界面中，首先单击"列名"文本框输入列名 ID，然后单击"数据类型"下拉按钮，在弹出的下拉列表框中选择 int 选项，其他字段依此类推。

（5）设置主键和自动编号。右击字段 ID，在弹出的快捷菜单中选择"设置主键"命令，将 ID 设置为供求信息表的主键；选择 ID 字段，在"列属性"栏中，将"(是标识)"设置为"是"，"标识增量"和"标识种子"均设置为"1"，如图 6.37 所示。

（6）选择"文件"→"保存"命令，或者单击工具栏中的"保存"按钮 🔒，进入"选择名称"对话框，如图 6.38 所示。在"输入表名称"文本框中输入新建数据表的名称 tb_info，单击"确定"按钮，完成供求信息表 tb_info 的创建。

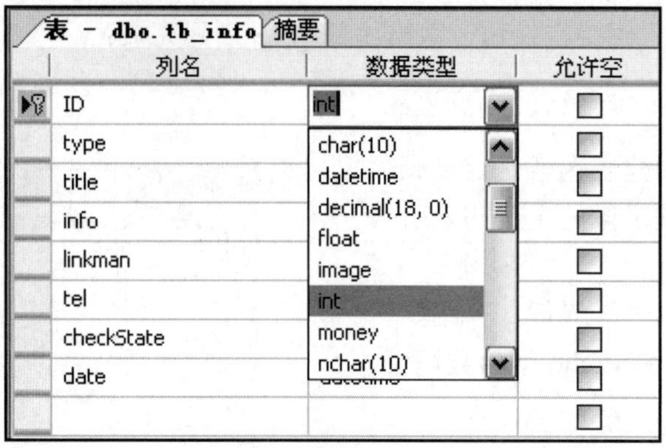

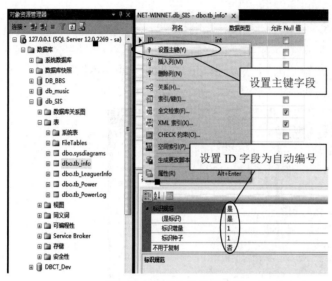

图 6.36　"表设计器"界面

图 6.37　设置表的主键

图 6.38　输入数据表名称

6.13　本章总结

　　本章从开发背景、需求分析开始逐步介绍供求信息网的开发流程。通过本章的学习，读者能够了解一般网站的开发流程。在网站的开发过程中，笔者不仅采用了面向对象的开发思想，而且采用了分层开发模式，代表着未来开发方向的主流，希望对读者有所启发和帮助。

第 **7** 章

Show——企业个性化展示平台

（JSON 数据解析+HTML5 + MySQL 实现）

Show——企业个性化展示平台，以下简称 Show 网站，是一个集制作和传播于一体的 H5 在线制作平台，本章主要使用 ASP.NET+jQuery+HTML5 技术开发该网站。

通过阅读本章，读者可以学习到：

▶▶ jQuery 基本应用

▶▶ 数据库基础操作

▶▶ HTML5 基本应用

▶▶ 数据库随机查询

▶▶ jQuery 插件编写

▶▶ 一般处理文件（.ashx）的使用

▶▶ JSON 数据的解析

配置说明

7.1 开发背景

Show 用户无须掌握复杂的编程技术，就能简单、轻松制作基于 HTML5 的精美手机幻灯片页面。同时与主流社会化媒体打通，让用户通过自身的社会化媒体账号就能进行传播，展示业务，收集潜在客户。Show 让用户随时了解传播效果，明确营销重点、优化营销策略。提供免费平台，用户零门槛就可以使用 Show 进行移动自营销，从而持续积累用户。Show 网站开发细节设计分为前台应用和后台维护，如图 7.1 和图 7.2 所示。

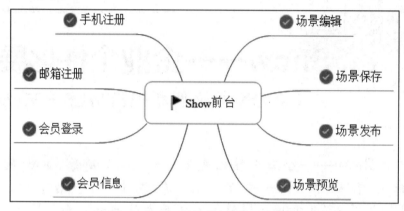

图 7.1　Show 网站前台相关开发细节

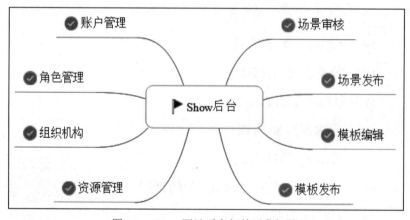

图 7.2　Show 网站后台相关开发细节

7.2 需求分析

长期以来，个人或企业在制作一些 H5 页面（比如制作自己生日、问卷调查或营销案例等）时，没有相应的技术与设计支持，不知如何下手制作。因此，现在市面上推出了一批 H5 平台，比如人人秀、易企秀、兔展等，这类 H5 平台的共同特征是有海量的 H5 模板，用户能够快速套用，而且制作方式完全傻瓜式操作，极大地方便了用户或企业的需求。本章将仿照易企秀开发一个 H5 平台，名称为 Show 网！

7.3　系统设计

7.3.1　系统目标

根据前面所做的需求分析可以得出，Show 网站应达到以下目标。

- ☑　界面设计友好、美观。
- ☑　数据存储安全、可靠。
- ☑　信息分类清晰、准确。
- ☑　方便的场景编辑、保存、发布等功能。
- ☑　响应式界面设计，适配多种终端。
- ☑　后台场景的审核功能。
- ☑　可以将场景分享到各大社交平台。
- ☑　具有易维护性和易操作性。

7.3.2　系统功能结构

Show 网站分为前台和后台，其中，前台主要是对会员和个人场景的管理，其功能结构图如图 7.3 所示。后台主要包括对账户、角色、资源和场景模板的管理，其功能结构图如图 7.4 所示。

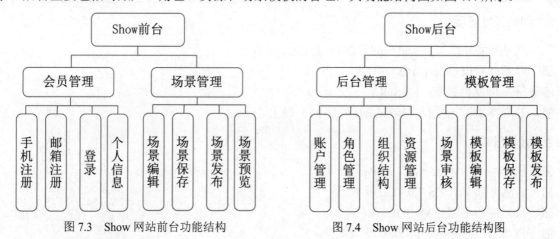

图 7.3　Show 网站前台功能结构　　　　　图 7.4　Show 网站后台功能结构图

7.3.3　系统业务流程

Show 网站的业务流程图如图 7.5 所示。

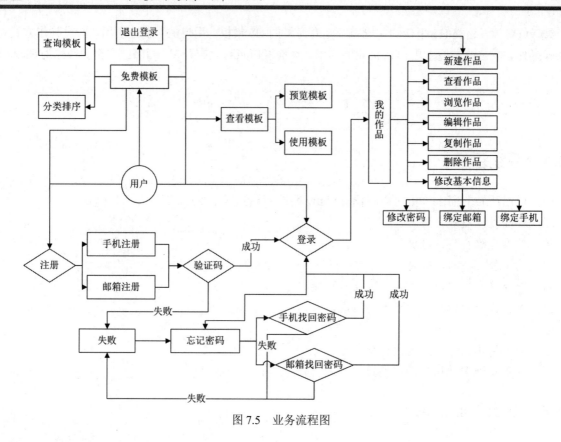

图 7.5　业务流程图

7.3.4　构建开发环境

1．网站开发环境

- ☑　网站开发环境：Visual Studio 2017 免费社区版。
- ☑　网站开发语言：ASP.NET+C#。
- ☑　网站后台数据库：MySQL。
- ☑　开发环境运行平台：Windows 7（SP1）以上。

2．服务器端

- ☑　操作系统：Windows 7（SP1）以上。
- ☑　Web 服务器：IIS 7.0 以上版本。
- ☑　数据库服务器：MySQL。
- ☑　浏览器：Chome、Firefox 等浏览器。
- ☑　网站服务器运行环境：.NET Framework v4.0 以上。

3．客户端

- ☑　浏览器：Chome、Firefox 等浏览器。
- ☑　分辨率：最佳效果 1280×720 像素（宽屏）。

7.3.5　系统预览

Show 网站由多个页面组成，下面仅列出几个典型页面，其他页面可参见资源包中的源程序。

Show 网站首页如图 7.6 所示，该页面中主要显示网站现有的模板，用户可以直接选择进行使用。

图 7.6　Show 网站首页

Show 网站登录页面如图 7.7 所示，注册页面如图 7.8 所示。

图 7.7　Show 网站登录页面

图 7.8　Show 网站注册页面

Show 网站的场景编辑页面如图 7.9 所示，该页面中，用户可以自己对场景页面进行编辑，比如创建页面、给页面添加文字、背景、图片等元素，另外，用户还可以保存场景、发布场景、预览场景。

图 7.9　场景编辑页面

在场景编辑页面编辑完场景后，可以预览编辑的场景，效果如图 7.10 所示；另外，用户可以将编辑的场景发布到各大社交平台，效果如图 7.11 所示。

图 7.10　预览场景页面

图 7.11　发布场景页面

7.3.6　项目目录结构预览

每个网站都会有相应的文件夹组织结构，如果网站中网页数量很多，可以将所有的网页及资源放在不同的文件夹中。如果网站中网页较少，可以将图片、公共类或者程序资源文件放在相应的文件夹中，而网页可以直接放在网站根目录下。Show 网站的目录结构如图 7.12 所示。

图 7.12　Show 网站的目录结构

视频讲解

7.4　数据库设计

7.4.1　数据库表结构预览

Show 网站存储数据使用的是 MySQL。MySQL 数据库小巧轻便，便于利用，本章的数据库名称为 db_show，数据表目录预览如图 7.13 所示。

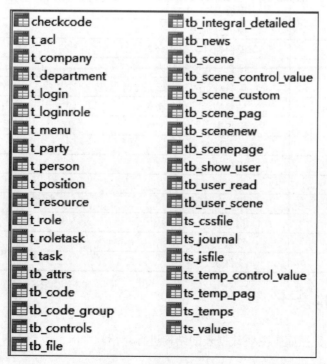

图 7.13　数据库表预览

框架基础数据表及说明如表 7.1 所示。

表 7.1　框架基础数据表及说明

数据表名称	描　　述
t_login	用户名
t_person	角色
t_party	部门
t_acl	权限
t_menu	菜单列表
t_loginrole	用户 ID 与角色 ID 关系表

业务表及说明如表 7.2 所示。

表 7.2　业务表及说明

数据表名称	描　　述
tb_code_group	基础信息类型表
tb_code	基础信息值表
tb_controls	基础控件表
tb_attrs	基础控件属性表
ts_values	基础控件属性值表
ts_jsfile	基础 js 引用库
ts_cssfile	基础 css 引用库
ts_temps	模板表
ts_temp_pag	模板分页表
ts_temp_control_value	模板控件，值集合表
tb_scene_custom	场景自定义类型表
tb_scene_pag	场景分页表
tb_scene_control_value	场景控件，值集合表
tb_show_user	用户表
tb_user_scene	用户场景对应表
tb_news	用户消息表
tb_user_read	用户消息已读表
tb_integral_detailed	用户积分明细
ts_journal	日志表
tb_scene	场景表
tb_File	文件表

7.4.2　数据表结构设计

本节将对 db_show 数据库中主要数据表的结构进行介绍。

1．ts_temps（模板信息表）

表 ts_temps 用于保存所有场景模板的详细信息，该表的结构如表 7.3 所示。

表 7.3 模板信息表（ts_temps）

字 段 名	英 文 名	数 据 类 型	长 度	主 键	描 述
主键	temp_id	int		Y	
模板编码	temp_code	varchar	50		唯一
模板名称	temp_name	varchar	50		
使用次数	use_num	int			
上线时间	addtime	datetime			
模板类型（行业）	type_code_id	int			（基础信息值表 id）
场景描述	des	varchar	2000		
正常/异常	state_code_id	int			（基础信息值表 id）
模板封面	cover	varchar	500		
jsFileid	js_file_id	int			
cssFileid	css_file_id	int			
收费金额	Money	dounble			0 为免费
是否审核	sh	int			0 表示是，1 表示否
翻页方式	movietype	int			（基础信息值表 id）
音乐链接	musicUrl	varhcar	500		
视频链接	videoUrl	varhcar	500		
是否推荐	tj	int			0 表示是，1 表示否
用户 id	author	varhcar	50		
二维码图片	qrCode	varhcar	500		
使用率	userNum	int			
单击率	MouseClick	int			
模板类型（场景）	sence_code_id	int			（基础信息值表 id）

2. ts_temp_pag（模板分页信息表）

表 ts_temp_pag 用于保存所有场景模板分页的详细信息，该表的结构如表 7.4 所示。

表 7.4 模板分页信息表（ts_temp_pag）

字 段 名	英 文 名	数 据 类 型	长 度	主 键	描 述
主键	pag_id	int		Y	
创建时间	addtime	datetime			
页面组件	content_text	longtext			该页面所有组件属性都存储在这里
模板编码	temp_code	varchar	50		唯一
模板 id	temp_id	int			
第几页	num	int			
翻页类型	type_code_id	int			（基础信息值表 id）

3. tb_scene_control_value（场景控件及对应值集合表）

表 tb_scene_control_value 用于所有场景中的控件及其对应值的详细信息，该表的结构如表 7.5 所示。

表 7.5　场景控件及对应值集合表（tb_scene_control_value）

字 段 名	英 文 名	数据类型	长　度	主　键	描　述
主键	scene_control_id	int		Y	
场景 id	scene_id	int			
场景分页 id	scene_pag_id	int			
控件 id	control_id	int			
属性 id	attr_id	int			
值 id	value_id	int			
值	value_text	varchar	500		
上级控件 id	up_scene_control_id	int			（0 为顶级）
正常/异常	state_code_id	int			（基础信息值表 id）

4．tb_scene（场景信息表）

表 tb_scene 用于保存所有场景的详细信息，该表的结构如表 7.6 所示。

表 7.6　场景信息表（tb_scene）

字 段 名	英 文 名	数据类型	长　度	主　键	描　述
主键	scene_id	int			
场景编码	scene_code	varchar	50		
场景名称	scene_name	varchar	500		
建设时间	addtime	datetime			
正常/异常	state_code_id	int			（基础信息值表 id）如果是 2，表示关键字违规
场景访问次数	visit_num	int			
场景其他用户使用次数	use_num	int			
访问权限	dic_code_id	int			（基础信息值表 id）
场景封面	cover	varchar	500		
场景类型表 id	scene_custom_id	int			
场景自定义类型 id	scene_typeid	int			
jsFileid	js_file_id	int			
cssFileid	css_file_id	int			
是否审核	sh	int			0 表示是，1 表示否
翻页方式	movietype	int			（基础信息值表 id）
音乐链接	musicUrl	varhcar	500		
视频链接	videoUrl	varhcar	500		
是否推荐	tj	int			0 表示是，1 表示否
用户 id	author	varhcar	50		
二维码图片	qrCode	varhcar	500		
使用率	userNum	int			
场景说明	des	varchar	500		

续表

字　段　名	英　文　名	数据类型	长　　度	主　　键	描　　述
是否已经生成模板	Modeled	int			1 表示已经生成
图片类型	fileType	varchar	100		
x 坐标	x	int			
y 坐标	y	int			
宽度	w	int			
高度	h	int			
单击率	MouseClick	int			

7.5　Show 网站首页设计

视频讲解

7.5.1　Show 网站首页概述

Show 网站的首页主要由页头、页体和页脚 3 部分构成，其中，页体由滚动图片、场景分类和模板构成，而模板主要显示网站现有的模板，用户单击某个模板，可以对其进行编辑或者预览。首页效果如图 7.14 所示。

图 7.14　Show 网站首页

7.5.2　Show 网站首页技术分析

Show 网站首页在进行前后台数据交互时，用到了$.ajax()方法，下面对该方法进行讲解。

$.ajax()方法用来执行异步 AJAX 请求。所有的 jQuery AJAX 方法都使用 ajax()方法，该方法通常用于其他方法不能完成的请求，其语法格式如下：

```
$.ajax({name:value, name:value, ... })
```

$.ajax()方法的参数及说明如表 7.7 所示。

表 7.7　$.ajax()方法的参数及说明

参　　数	说　　明
url	要求为 String 类型的参数，（默认为当前页地址）发送请求的地址
type	要求为 String 类型的参数，请求方式（post 或 get）默认为 get。注意其他 http 请求方法，例如 put 和 delete 也可以使用，但仅部分浏览器支持
timeout	要求为 Number 类型的参数，设置请求超时时间（毫秒）。此设置将覆盖$.ajaxSetup()方法的全局设置
async	要求为 Boolean 类型的参数，默认设置为 true，所有请求均为异步请求。如果需要发送同步请求，请将此选项设置为 false
cache	要求为 Boolean 类型的参数，默认为 true（当 dataType 为 script 时，默认为 false）。设置为 false 将不会从浏览器缓存中加载请求信息
data	要求为 Object 或 String 类型的参数，发送到服务器的数据。如果已经不是字符串，将自动转换为字符串格式。get 请求中将附加在 url 后。防止这种自动转换，可以查看 processData 选项。对象必须为 key/value 格式，例如{foo1:"bar1",foo2:"bar2"}转换为&foo1=bar1&foo2=bar2。如果是数组，JQuery 将自动为不同值对应同一个名称。例如{foo:["bar1","bar2"]}转换为&foo=bar1&foo=bar2
dataType	要求为 String 类型的参数，预期服务器返回的数据类型。如果不指定，JQuery 将自动根据 http 包 mime 信息返回 responseXML 或 responseText，并作为回调函数参数传递，可用的类型包括：xml、html、script、json、jsonp、text
beforeSend	要求为 Function 类型的参数，发送请求前可以修改 XMLHttpRequest 对象的函数，例如添加自定义 HTTP 头。在 beforeSend 中如果返回 false 可以取消本次 ajax 请求。XMLHttpRequest 对象是唯一的参数
complete	要求为 Function 类型的参数，请求完成后调用的回调函数（请求成功或失败时均调用）
success	要求为 Function 类型的参数，请求成功后调用的回调函数，有两个参数
error	要求为 Function 类型的参数，请求失败时被调用的函数，该函数有 3 个参数，即 XMLHttpRequest 对象、错误信息、捕获的错误对象（可选）
contentType	要求为 String 类型的参数，当发送信息至服务器时，内容编码类型默认为"application/x-www-form-urlencoded"
dataFilter	要求为 Function 类型的参数，给 Ajax 返回的原始数据进行预处理的函数，提供 data 和 type 两个参数。data 是 Ajax 返回的原始数据，type 是调用 jQuery.ajax 时提供的 dataType 参数
global	要求为 Boolean 类型的参数，默认为 true。表示是否触发全局 ajax 事件。设置为 false 将不会触发全局 ajax 事件，ajaxStart 或 ajaxStop 可用于控制各种 ajax 事件
ifModified	要求为 Boolean 类型的参数，默认为 false。仅在服务器数据改变时获取新数据。服务器数据改变判断的依据是 Last-Modified 头信息。默认值是 false，即忽略头信息
jsonp	要求为 String 类型的参数，在一个 jsonp 请求中重写回调函数的名字。该值用来替代在"callback=?"这种 GET 或 POST 请求中 URL 参数里的"callback"部分
username	要求为 String 类型的参数，用于响应 HTTP 访问认证请求的用户名
password	要求为 String 类型的参数，用于响应 HTTP 访问认证请求的密码

参　　数	说　　明
processData	要求为 Boolean 类型的参数，默认为 true。默认情况下，发送的数据将被转换为对象（从技术角度来讲并非字符串）以配合默认内容类型"application/x-www-form-urlencoded"。如果要发送 DOM 树信息或者其他不希望转换的信息，请设置为 false
scriptCharset	要求为 String 类型的参数，只有当请求时 dataType 为"jsonp"或者"script"，并且 type 是 GET 时才会用于强制修改字符集（charset）。通常在本地和远程的内容编码不同时使用

例如，下面代码使用$.ajax()方法获取模板的行业分类，并进行显示：

```
function GetIndustry(Industry) {
    var pd = { "t": "1", "Gid": "2" };
    $.ajax({
        type: "post",
        url: "Tools/Code.ashx",
        data: pd,
        dataType: "json",
        success: function (data) {
            if (data.status != "-1") {
                var dataobj = eval("(" + data.status + ")");
                $(Industry).empty();
                IndustryText = dataobj.root;
                $.each(dataobj.root, function (i, item) {
                    if (i == 8) {
                        return false;
                    }
                    var title = item.msg;              //显示文本
                    var values = item.code_id;         //值
                    $(Industry).append('<p style="padding:0 7px;" value="' + values + '"
onclick="IndustrySelect(this)">' + title + '</p>');
                });
                $('#hymore').show();
            }
        },
        error: function (XMLHttpRequest, textStatus, errorThrown) {
        }
    });
}
```

7.5.3　Show 网站首页实现过程

📖 本模块使用的数据表：ts_temps、ts_temp_pag、ts_temp_control_value、tb_scene_control_value、tb_scene

1. 配置数据库链接

打开 Web.config 文件，在其中配置连接 MySQL 数据库的语句，其中，server 为数据库的 ip 地址，uid 为此数据库的用户名，pwd 为数据库的密码。代码如下：

例程 01 代码位置：资源包\TM\07\Pro_show\web\web\Web.config

```
<connectionStrings>
<add name="connstr"
connectionString="server=192.168.1.107;uid=root;pwd=123456;database=db_show;allow zero datetime=true"
/>
</connectionStrings>
```

说明　　上面代码中的 server 的值需要修改为本机的 IP 地址，uid 的值修改为本机登录 MySQL 服务器的用户名，pwd 的值修改为本机登录 MySQL 服务器的密码（注意：不是计算机的登录密码）。

2. 按照行业和场景分类模板

在项目中创建一个 Tools 文件夹，该文件夹中创建一个 Code.ashx 一般处理程序文件，打开 Code.ashx 文件，首先使用 using 关键字引用必要的命名空间，以便调用其中的类及其所属方法，代码如下：

例程 02 代码位置：资源包\TM\07\Pro_show\web\web\Tools\Code.ashx.cs

```
using Bll;
using System.Data;
using System.Web;
```

在 Code.ashx 文件中的 ProcessRequest 方法中编写代码，实现将前台调用的方法定位到后台方法的功能，其中 HttpContext.Current.Request.Form 是为了获取前台 t 参数的值。ProcessRequest 方法完整代码如下：

例程 03 代码位置：资源包\TM\07\Pro_show\web\web\Tools\Code.ashx.cs

```
public void ProcessRequest(HttpContext context)
{
    string t = HttpContext.Current.Request.Form["t"];        //获取前台 t 参数值
    switch (t)
    {
        case "1":
            GetCode(context);                                //根据分组 id 获取字典信息
            break;
    }
}
```

上面的代码中用到了一个 GetCode 方法，该方法主要实现根据分组 id 调用后台代码获取字典信息，并将获取到的字典信息向前台返回数据的功能。GetCode 方法代码如下：

例程 04 代码位置：资源包\TM\07\Pro_show\web\web\Tools\Code.ashx.cs

```
/// <summary>
/// 根据分组 id 获取字典信息
/// </summary>
/// <param name="context"></param>
public void GetCode(HttpContext context)
{
```

```
string GID=HttpContext.Current.Request.Form["Gid"];          //获取前台传递过来的分组 id
CodeBll bll = new CodeBll();
DataTable dt=bll.GetTableByGroup(GID, 0);                     //根据分组 id 获取数据库里面的一组数据
if (dt == null)
{
    context.Response.Write("{\"status\":\"-1\"}");            //如果后台没有数据，就向前台传递-1
    return;
}
//格式化后台传递过来的列表
string json = f.ToJson(dt);
json = json.Replace("\"", "\\\"");
context.Response.Write("{\"status\":\"" + json + "\"}");
}
```

在 function.js 文件中定义一个 GetIndustry 函数，该函数主要实现获取所有行业分类，并将其显示到前台页面的功能。GetIndustry 函数代码如下：

例程 05　　代码位置：资源包\TM\07\Pro_show\web\web\js\function.js

```
//获取行业分类
function GetIndustry(Industry) {
    var pd = { "t": "1", "Gid": "2" };
    $.ajax({
        type: "post",
        url: "Tools/Code.ashx",
        data: pd,
        dataType: "json",
        success: function (data) {
            if (data.status != "-1") {
                var dataobj = eval("(" + data.status + ")");
                $(Industry).empty();
                IndustryText = dataobj.root;
                $.each(dataobj.root, function (i, item) {
                    if (i == 8) {
                        return false;
                    }
                    var title = item.msg;               //显示文本
                    var values = item.code_id;          //值
                    $(Industry).append('<p style="padding:0 7px;" value="' + values + '"
onclick="IndustrySelect(this)">' + title + '</p>');
                });
                $('#hymore').show();
            }
        },
        error: function (XMLHttpRequest, textStatus, errorThrown) {
        }
    });
}
```

在 function.js 文件中定义一个 GetSence 函数，该函数主要实现获取所有场景分类，并将其显示到前台页面的功能。GetSence 函数代码如下：

例程 06　代码位置：资源包\TM\07\Pro_show\web\web\js\function.js

```
//获取场景分类
function GetSence(Sence) {
    var pd = { "t": "1", "Gid": "3" };
    $.ajax({
        type: "post",
        url: "Tools/Code.ashx",
        data: pd,
        dataType: "json",
        success: function (data) {
            if (data.status != "-1") {
                var dataobj = eval("(" + data.status + ")");
                $(Sence).empty();
                SenceText = dataobj.root;
                $.each(dataobj.root, function (i, item) {
                    if (i == 8) {
                        return false;
                    }
                    var title = item.msg;              //显示文本
                    var values = item.code_id;         //值
                    $(Sence).append('<p style="padding:0 7px;" value="' + values + '"
onclick="SenceSelect(this)">' + title + '</p>');
                });
                $('#cjmore').show();
            }
        },
        error: function (XMLHttpRequest, textStatus, errorThrown) {
        }
    });
}
```

在 index.html 中找到$(function(){})函数，该函数中调用自定义的 GetIndustry 函数和 GetSence 函数显示行业和场景分类，关键代码如下：

例程 07　代码位置：资源包\TM\07\Pro_show\web\web\index.html

```
GetIndustry('#IndustryDiv');                          //获取行业
GetSence('#SenceDiv');                                //获取场景
```

上面代码中用到的 IndustryDiv'和 SenceDiv 是 HTML 中定义的两个标记，标记代码如下：

例程 08　代码位置：资源包\TM\07\Pro_show\web\web\index.html

```
<div style="background-color:white; width:1140px; margin:20px auto; border-radius:10px;">
    <!--行业-->
    <section id="listIndustryDiv" style="height:40px; position:relative; width:1120px; margin:0px auto; "
class="bennTitle">
        <div style="z-index:5; height:30px; width:100%; position:absolute; top:0;left:0; margin-top:10px;">
            <div id="fdbg" style="background-color:#f39800; height:30px; width:45px; position:absolute;
left:56px;"></div>
        </div>
        <p style="color:#666666; cursor:default;">行业</p>
```

```
            <p style="background-color:#f39800; width:40px; color:#fff; margin-right:30px; text-align:center;"
value="0" onclick="IndustrySelect(this)">全部</p>
                    <section style="float:left;" id="IndustryDiv" class="bennTitle">
                        <!--行业 title-->
                    </section>
                    <p id="hymore" style="float:right; margin-right:20px; display:none;"
onMouseOver="IndustryOverp(this)" onMouseOut="IndustryOutp(this)">更多+</p>
                    <section id="moreIn"></section>
            </section>
            <hr style="border:dashed 1px #CCC; clear:both; margin-top:10px; width:1090px; margin-left:auto;
margin-right:auto;" />
            <!--场景-->
            <section id="listSenceDiv" class="bennTitle" style="height:40px; padding-bottom:10px; position:relative;
width:1120px;  margin:0px auto;">
                    <div style="z-index:5; height:30px; width:100%; position:absolute; top:0;left:0; margin-top:10px;">
                        <div id="cjbg" style="background-color:#f39800; height:30px; width:45px; position:absolute;
left:56px;"></div>
                    </div>
                    <p style="color:#666666; cursor:default;">场景</p>
                    <p style="background-color:#f39800; width:40px;   color:#fff; margin-right:30px;" value="0"
onclick="SenceSelect(this)">全部</p>
                    <section style="float:left;" id="SenceDiv" class="bennTitle">
                        <!--场景 title-->
                    </section>
                    <p id="cjmore" style="float:right; margin-right:20px; display:none;"
onMouseOver="SenceOverp(this)" onMouseOut="SenceOutp(this)">更多+</p>
                    <section id="moreCen"></section>
            </section>
        </div>
```

按照行业和场景分类模板的效果如图 7.15 所示。

图 7.15　按照行业和场景分类模板

3．显示和查询现有模板

在 Tools 文件夹中创建一个 temp.ashx 一般处理程序文件，打开 temp.ashx 文件，首先使用 using 关键字引用必要的命名空间，以便调用其中的类及其所属方法。代码如下：

例程 09　代码位置：资源包\TM\07\Pro_show\web\web\Tools\temp.ashx.cs

```
using BII;
using System.Data;
using System.Web;
```

修改 temp 类的继承接口，使其继承 System.Web.SessionState.IRequiresSessionState 接口，以便使该类可以使用 Session 记录登录信息。代码如下：

例程 10 代码位置：资源包\TM\07\Pro_show\web\web\Tools\temp.ashx.cs

```
public class temp : IHttpHandler, System.Web.SessionState.IRequiresSessionState
```

在 temp.ashx 文件中定义一个 GetTemp 方法，该方法主要实现通过调用后台方法，并向后台方法传递数据之后获取模板基本信息的功能。代码如下：

例程 11 代码位置：资源包\TM\07\Pro_show\web\web\Tools\temp.ashx.cs

```
/// <summary>
/// 获取模板
/// </summary>
/// <param name="context"></param>
public void GetTemp(HttpContext context)
{
    string H = HttpContext.Current.Request.Form["H"];                         //行业
    string C = HttpContext.Current.Request.Form["C"];                         //场景
    //免费还是全部  全部为 0  免费为 1
    string orderByFree = HttpContext.Current.Request.Form["orderByFree"];
    //最新发布还是最受欢迎  1 为最新发布  0 为最受欢迎
    string OrderByNew = HttpContext.Current.Request.Form["OrderByNew"];
    string PageInt = HttpContext.Current.Request.Form["PageInt"];             //当前页
    string CountRow = HttpContext.Current.Request.Form["CountRow"];           //每页记录数
    string SerachStr = HttpContext.Current.Request.Form["SerachStr"];         //查询语句
    TempsBll BLL = new TempsBll();
    DataTable dt = BLL.GetTable(int.Parse(H), int.Parse(C), int.Parse(orderByFree), int.Parse(OrderByNew),
int.Parse(PageInt), int.Parse(CountRow), f.MyEncodeInputString(SerachStr));  //获取所有模板
    if (dt == null)
    {
        //如果没有查询到模板就向前台返回-1
        context.Response.Write("{\"status\":\"-1\"}");
        return;
    }
    //格式会查询到的内容，返回到前台
    string json = f.ToJson(dt);
    json = json.Replace("\"", "\\\"");
    context.Response.Write("{\"status\":\"" + json + "\"}");
}
```

显示和查询现有模板的效果如图 7.16 所示。

4．模板点击量的添加和计算

在 temp.ashx 文件中定义一个 AddMouseClick 方法，该方法主要通过调用增加点击次数的方法功能，具体实现时，首先获取前台页面传递过来的模板编号，然后调用 TempsBll 类的 AddNum 方法增加指定模板的点击次数，最后将值传递到前台，以便进行页面展示。AddMouseClick 方法代码如下：

例程 12 代码位置：资源包\TM\07\Pro_show\web\web\Tools\temp.ashx.cs

```
/// <summary>
/// 添加点击次数
/// </summary>
```

```
/// <param name="context"></param>
public void AddMouseClick(HttpContext context)
{
    //获取前台传递过来的模板编号
    string temp_code = HttpContext.Current.Request.Form["temp_code"];
    TempsBll bll = new TempsBll();
    bll.AddNum(temp_code);                          //添加点击次数
    context.Response.Write("{\"status\":\"0\"}");
    return;
}
```

显示模板点击量的效果如图 7.17 所示。

图 7.16　显示和查询现有模板

图 7.17　显示模板点击量

5．H5 场景的新建

在 Tools 文件夹中创建一个 User.ashx 一般处理程序文件，打开 User.ashx 文件，首先使用 using 关键字引用必要的命名空间，以便调用其中的类及其所属方法，代码如下：

例程 13　代码位置：资源包\TM\07\Pro_show\web\web\Tools\User.ashx.cs

```
using Bll;
using System.Collections.Generic;
using System.Web;
```

修改 User 类的继承接口，使其继承 System.Web.SessionState.IRequiresSessionState 接口，以便使该类可以使用 Session 记录登录信息，代码如下：

例程 14　代码位置：资源包\TM\07\Pro_show\web\web\Tools\User.ashx.cs

```
public class User : IHttpHandler, System.Web.SessionState.IRequiresSessionState
```

在 User.ashx 文件中定义一个 CheckUser 方法，该方法主要实现检查用户是否登录，并将验证之后的数据输出到前台的功能，代码如下：

例程 15　代码位置：资源包\TM\07\Pro_show\web\web\Tools\User.ashx.cs

```
/// <summary>
/// 检查用户是否登录
/// </summary>
/// <param name="context"></param>
public void CheckUser(HttpContext context)
{
    if (HttpContext.Current.Session["UserName"] == null)      //验证用户是否登录
    {
        context.Response.Write("{\"status\":\"-1\"}");         //返回没有登录的标识
        return;
    }
    else
    {
        context.Response.Write("{\"status\":\"0\"}");          //返回已经登录的标识
    }
}
```

通过上面代码判断用户登录成功后，在 Show 网页中单击空白模板，如图 7.18 所示，可以弹出新建场景选项。

下面对新建场景选项的关键代码进行介绍。新建场景页面是在 SelectHy.html 文件中实现，该页面中，主要需要选择场景的分类，该功能是通过 JavaScript 脚本函数实现的。在 SelectHy.html 文件中定义一个 GetHy 函数，该函数主要通过调用一般处理文件 Code.ashx 中实现显示下拉列表的 GetCode 方法，将设置好的参数传递到后台中，而后台会根据传递的参数，找到相应方法进行后台验证和保存等。GetHy 函数代码如下：

图 7.18　单击空白模板

例程 16　代码位置：资源包\TM\07\Pro_show\web\web\SelectHy.html

```
function GetHy() {                                             //显示下拉列表（分类）
    var pd = { "t": "1", "Gid": "2" };
```

```
$.ajax({                                            //调用后台方法
    type: "post",
    url: "Tools/Code.ashx",
    data: pd,
    dataType: "json",
    success: function (data) {
        if (data.status != "-1") {
            var dataobj = eval("(" + data.status + ")");   //格式化从后台传递过来的数据
             $.each(dataobj.root, function (i, item) {      //循环显示列表里的数据
                if (i == 8) {
                    return false;
                }
                var title = item.msg;                       //提取并显示文本
                var values = item.code_id;                  //显示值
                $('#hyselect').append('<option value="' + values + '">' + title + '</option>'); //添加内容
            });
        }
    },
    error: function (XMLHttpRequest, textStatus, errorThrown) {
    }
});
}
$(function () {
    GetHy();                                         //网页加载时即就调用方法
});
```

此时选择场景分类下拉列表就实现了，在选择场景页面中单击"选择分类"下拉列表，即可选择场景的分类，效果如图 7.19 所示。

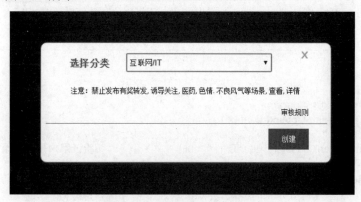

图 7.19　选择场景分类页面效果

选择完场景分类后，单击选择场景页面中的"创建"按钮，即可打开 H5 场景编辑页面，实现"创建"按钮功能主要是通过自定义一个 JavaScript 函数 Create 实现，该函数位于 SelectHy.html 文件中，它主要通过调用一般处理文件 temp.ashx 中实现创建场景的 CreateTemp 方法，首先获取下拉列表中选中的内容，之后把参数传递到后台进行验证，最后再将后台信息传递到前台，前台根据传递的值打开相应场景。Create 函数代码如下：

例程 17　代码位置：资源包\TM\07\Pro_show\web\web\SelectHy.html

```
function Create() {                                          //创建模板
    var hy = $('#hyselect').val();                          //获取类型
    var pd = { 't': '4', 'hyid': hy };                      //需要传的值
    $.ajax({                                                 //调用后台方法
        type: "post",
        url: 'Tools/temp.ashx',
        data: pd,
        dataType: "json",
        success: function (data) {
            if (data.status == '-1') {
                //打开登录
                window.parent.EjectIdent('LogIn.html', '欢迎光临，登录系统!', 500, 500);
                var close = $('#CloseCover', parent.document);      //关闭当前页
                $('#coverDiv', parent.document).remove();           //移出父页面控件
                $(close).parent().parent().remove();                //移出关闭按钮
            }
            else {
//跳转到编辑页面
                window.parent.location.href = "senceCreate/#/scene/create/" + data.status + "?pageId=1";
            }
        },
        error: function (XMLHttpRequest, textStatus, errorThrown) {
        }
    });
}
```

在 temp.ashx 一般处理文件中定义一个 CreateTemp 方法，该方法主要实现创建场景的功能，具体实现时，首先验证用户是否登录，如果登录，获取前台传递的值，并将其插入到数据库中，然后返回场景的 id。CreateTemp 方法代码如下：

例程 18　代码位置：资源包\TM\07\Pro_show\web\web\Tools\temp.ashx.cs

```
/// <summary>
/// 创建场景
/// </summary>
/// <param name="context"></param>
public void CreateTemp(HttpContext context)
{
    if (HttpContext.Current.Session["userID"] == null)              //验证用户是否登录
    {
        context.Response.Write("{\"status\":\"-1\"}");              //如果没有登录向前台返回-1
        return;
    }
    sceneBll bll = new sceneBll();
    string hyid = HttpContext.Current.Request.Form["hyid"];         //获取前台传过来的类型
    string userId = HttpContext.Current.Session["userID"].ToString();   //获取登录用户 id
    string sceneCode = Guid.NewGuid().ToString();                   //生成一个唯一 id
    bll.DefaultScene(userId, hyid, sceneCode);                      //创建默认场景
    bll.DefaultScenePage(sceneCode);                                //创建默认页面
    context.Response.Write("{\"status\":\"" + sceneCode + "\"}");   //向前台返回创建的唯一 id
}
```

单击选择场景页面中的"创建"按钮，打开的 H5 场景编辑页面效果如图 7.20 所示。

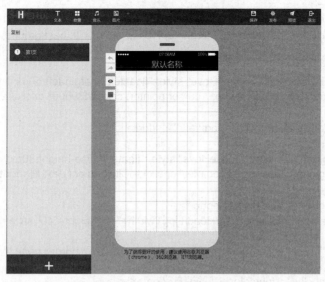

图 7.20　H5 场景编辑页面

6．自定义查询模板

创建 top.html 页面，该页面中，添加布局代码，以便在 Show 网站的 Bannder 中增加搜索栏，其中 section 是 html5 的标签，用来在每张图片上添加一个单击事件，另外，在 input 标签中有一个 placeholder 属性，这个属性用来设置在没有输入任何文字时显示的默认提示信息，代码如下：

例程 19　代码位置：资源包\TM\07\Pro_show\web\web\top.html

```
<!--整体布局-->
<section id="webtop" style="background-color:rgba(0,0,0,.5); width:100%; height:60px; min-width:1000px;   ">
    <!--网站 logo-->
    <section id="logo" style="float:left; font-weight:900; color:#4D4D4D; text-shadow:5px 2px 15px;
font-size:38px; line-height:60px; margin-left:5%;">
        <img src="sysImg/logo.png" onclick="gohome()" style="cursor:pointer;" />
    </section>
    <!--查询内容-->
    <section style="float:left; margin-left:15%; position:relative;">
        <img src="sysImg/图片 1.png" onclick="Serach()" style="width:25px; height:25px; position:absolute;
left:453px; top:15px; cursor:pointer;">
        <input id="serachText" onkeypress="getkey()" type="text" style="border:1px solid #fff;
border-radius:20px; background-color:rgba(255,255,255,.2); border-width:1px; height:40px; width:430px;
margin-top:8px; padding-left:10px; padding-right:50px; color:white;" placeholder="请输入标题模板关键字"
maxlength="21" />
    </section>
    <section id="ToprightSection" style="float:right; width:410px;">
        <!--显示免费模板-->
        p class="mouseHove" id="freeModel" style="float:left; cursor:pointer; " onclick="Rehref()">免费模板
</p>
        <!--显示我的作品-->
        <p class="mouseHove" style="float:left; margin-left:30px; cursor:pointer;    " onclick="Myprogect()">我
```

的作品</p>

```
<!--创作按钮-->
<input id="createBtn" type="button" value="创作" onclick="ClickCreate()" style="float:left; display:none;
margin-left:20px; width:80px; height:30px; margin-top:15px;    color:#fff; background-color:rgb(255, 134, 72);
border:none;" />
<!--登录按钮-->
<font id="loginBtn" class="mouseHove" style="float:left; margin-left:50px; line-height:30px; width:50px;
height:30px; margin-top:15px; border:none;    cursor:pointer; color:#f39800" onclick="ClickLogin()">登录</font>
<!--分割-->
<font id="sx" style="color:white; float:left; ">|</font>
<!--注册按钮-->
<font id="regionBtn" class="mouseHove" style="float:left; line-height:30px; width:50px; height:30px;
margin-top:15px; margin-left:20px; cursor:pointer" onclick="Clickregion()">注册</font>
<!--登录信息-->
<div id="headDiv" style="display:none;">
        <img id="headImg" src="userHead/t.jpg" width="40" height="40" style="border-radius:40px; " /><br
/>
        <div id="mylist" style="background-color:rgba(0,0,0,.5); border:none; border-radius:0px 0px 5px
5px; margin-top:1px;">
                <font class="fontcolor">我的消息</font><br />
                <font class="fontcolor" onclick="userCenter()">个人信息</font><br />
                <font id="out" class="fontcolor" onclick="out()">退出</font>
        </div>
</div>
<!---鼠标经过显示动画下拉-->
</section>
```
</section>

Show 网站的 Banner 效果如图 7.21 所示。

图 7.21　Show 网站的 Banner

　　Show 网站的 Banner 中的搜索框中输入查询的模板关键字，单击搜索图标，即可查询指定的模板，该功能是使用 JavaScript 函数实现的，另外，在实现查询模板信息时，需要将用户要查询的内容存储到 Cookie 中，这涉及 Cookie 的存取操作，因此在 top.html 文件中，定义 3 个函数，分别是 setCookie、getCookie 和 Serach，代码如下：

例程 20　代码位置：资源包\TM\07\Pro_show\web\web\top.html

```
//设置 Cookie
function setCookie(name, value) {
    var Days = 30;                                              //设置有效时间
    var exp = new Date();
    exp.setTime(exp.getTime() + Days * 24 * 60 * 60 * 1000);    //设置时间
    //设置 Cookie 内容
    document.cookie = name + "=" + escape(value) + ";expires=" + exp.toGMTString();
```

```
}
//获取 Cookie
function getCookie(name) {
    var arr, reg = new RegExp("(^| )" + name + "=([^;]*)(;|$)");
    if (arr = document.cookie.match(reg))
        return unescape(arr[2]);
    else
        return null;
}
//查询模板
function Serach() {
    var serachStr = $('#serachText').val();                         //获取查询内容
    if ($(window.parent.document).find('#ContentDiv').length == 1) {
        //证明这个是在有模板搜索的窗体的存入到 Cookie 中
        setCookie('serachStr', serachStr);
        window.parent.SerachStr = $('#serachText').val();           //设置父窗体查询内容
        window.parent.serach();                                     //执行父窗体方法
    }
    else {
        window.parent.document.location.href = "index.html";        //父窗体跳转页面
    }
}
```

定义完以上函数后，在 top.html 的页面 JavaScript 函数中调用上面的 3 个函数，实现查询模板信息的功能，代码如下：

例程 21　代码位置：资源包\TM\07\Pro_show\web\web\top.html

```
$(function () {
    $('#serachText').val(getCookie('serachStr'));                   //初始化检索
    setCookie('serachStr', '');                                     //设置浏览器缓存
    if ($('#serachText').val() != '') {                             //如果查询内容不为空
        window.parent.SerachStr = $('#serachText').val();           //设置查询内容
        window.parent.GetContext();                                 //运行父窗体的 GetContext 方法
    }
    //省略其他初始化代码
}
```

在图 7.21 所示的搜索框中输入要查询的关键字，按下<Enter>键或者单击搜索图标，即可查询包含指定关键字的模板信息。

7．退出登录功能的实现

用户登录后，将鼠标移动到用户头像上，在显示的快捷菜单中单击"退出"超链接，退出当前登录用户，并清空用户信息，该功能是在 out.html 文件中实现的，该文件中，通过 JavaScript 函数调用一般处理文件 User.ashx 中 Out 的方法实现用户退出的功能，代码如下：

例程 22　代码位置：资源包\TM\07\Pro_show\web\web\out.html

```
$(function () {
    var pd = { "t": "5" };
```

```
$.ajax({
    type: "post",
    url: "Tools/User.ashx",
    data: pd,
    dataType: "json",
    success: function (data) {
        window.parent.window.location.href = "index.html";
    },
    error: function (XMLHttpRequest, textStatus, errorThrown) {
    }
});
});
```

打开 User.ashx 文件，在其中定义一个 Out 方法，该方法主要实现清空用户名和 ID，并退出当前用户登录的功能，代码如下：

例程 23　代码位置：资源包\TM\07\Pro_show\web\web\Tools\User.ashx.cs

```
/// <summary>
/// 用户退出
/// </summary>
/// <param name="context"></param>
public void Out(HttpContext context)
{
    HttpContext.Current.Session["UserName"] = null;        //清空用户名
    HttpContext.Current.Session["userID"] = null;          //清空用户 id
    context.Response.Write("{\"status\":\"0\"}");           //返回退出成功
}
```

Show 网站的首页中，在用户登录状态下，将鼠标移动到个人头像上，出现快捷菜单，单击"退出"按钮，即可退出当前的用户登录状态，效果如图 7.22 所示。

8．动画的方式返回网页的顶部

在 Show 网站首页的右下角有一个"返回顶部"按钮，单击该按钮，可以实现返回到顶部的功能，该功能主要是通过 function.js 文件中的 GetTop 函数实现，该函数代码如下：

例程 24　代码位置：资源包\TM\07\Pro_show\web\web\js\function.js

```
function GetTop() {                                          //返回顶部
    $('body,html').animate({ scrollTop: 0 }, 600);
    return false;
}
```

定义完以上函数后，在 index.html 首页中设置"返回按钮"的 onclick 属性，将该属性设置为定义的 GetTop 函数，代码如下：

例程 25　代码位置：资源包\TM\07\Pro_show\web\web\index.html

```
<section class="asidDiv" onclick="GetTop()">
    返回<br />顶部
</section>
```

"返回顶部"效果如图 7.23 所示。

图 7.22　退出用户登录　　　　　　图 7.23　返回顶部

视频讲解

7.6　给首页添加特效

7.6.1　给首页添加特效模块概述

给网站首页添加模块主要包括 HTML5 轮播图效果、鼠标经过显示二维码、以层的方式显示页面、鼠标经过 div 的下拉动画等功能。例如，HTML5 轮播图效果如图 7.24 所示。

图 7.24　轮播图效果

7.6.2　给首页添加特效模块技术分析

给首页添加特效模块时，主要是通过 JavaScript 函数实现，下面对如何定义及使用 JavaScript 函数进行讲解。

在 JavaScript 中，可以使用 function 语句来定义一个函数。这种形式是由关键字 function、函数名加一组参数以及置于大括号中需要执行的一段代码构成。使用 function 语句定义函数的基本语法如下：

```
function  函数名([参数 1，参数 2,……]){
    语句
    [return  返回值]
}
```

☑ 函数名：必选，用于指定函数名。在同一个页面中，函数名必须是唯一的，并且区分大小写。

☑ 参数：可选，用于指定参数列表。当使用多个参数时，参数间使用逗号进行分隔。一个函数最多可以有 255 个参数。

☑ 语句：必选，是函数体，用于实现函数功能的语句。

☑ 返回值：可选，用于返回函数值。返回值可以是任意的表达式、变量或常量。

例如，本模块中定义了一个 JavaScript 函数，用来实现使弹出页面从上到下慢慢出现的动画效果，函数代码如下：

```
function anim(id, height, top) {                                    //窗体动画
    var defaulttop = -height;                                       //把窗体移动到可视窗口以外
    var aniva = window.parent.window.setInterval(function () {      //每 1 毫秒执行一次
        if (defaulttop >= top) {                                    //如果当前的位置是设置的位置
            $(id).css('top', top);                                  //设置新的位置
            window.parent.window.clearInterval(aniva);              //关闭每一段时间执行一次
        }
        $(id, parent.document).css('top', defaulttop);              //设置当前位置
        defaulttop = defaulttop + 50;                               //每次移动 50px
    }, 1);
}
```

定义完 JavaScript 函数后，如果想要使用该函数，需要使用<script>标记将 JavaScript 函数所在的 JS 文件添加到要使用的页面中，代码如下：

```
<script src="js/Exect.js"></script>
```

最后，在要使用的位置使用函数名调用即可。

7.6.3　给首页添加特效模块实现过程

1．HTML5 轮播图效果的实现

Show 网站首页 HTML5 轮播图效果是使用 JavaScript 脚本实现，在项目的 js 文件夹中找到 MethodIndex.js 文件，该文件中，首先定义轮播图相关的变量，代码如下：

例程 26　代码位置：资源包\TM\07\Pro_show\web\web\js\MethodIndex.js

```
var ctx = null;
var winWidth = 0;                         //画板宽度
var winheight = 0;                        //画板高度
var imgArr = new Array(4);                //广告轮播图片
var srcArr = new Array(4);                //轮播图片链接
var imgLinx = -100;                       //水平位移速度，负值为反方向
var imgDefaultLinx = -100;                //水平位移默认速度，负值为反方向
var Intertime = 10;                       //循环时间
var imgIndex = 0;                         //当前图片
var xlength = 0;                          //x 轴位移长度
var OutTime = 3000;                       //暂停时间（毫秒）
var OutDefauleTime = 3000;                //默认暂停时间
```

var isOut = false;	//是否暂停
var OutInt = OutTime / Intertime;	//暂停循环计算出来的次数

在 MethodIndex.js 文件中定义一个 init 函数，该函数的主要作用是初始化轮播图，具体实现时，首先设置画板的宽度和高度，并获取画板的环境，程序使用这个环境来绘制轮播图；然后设置需要轮播的图片和单击图片时跳转的链接。init 函数代码如下：

例程 27　代码位置：资源包\TM\07\Pro_show\web\web\js\MethodIndex.js

```
//初始化轮播图
function init() {
    winWidth = document.body.clientWidth;              //设置画板宽度
    if (winWidth < 1000) {                             //如果宽度大于 1000px 那么就设置成 1000px
        winWidth = 1000;                               //根据宽度设置高度
    }
    winheight = 300 * winWidth / 1024;                 //设置包裹画板的 div 高度
    $('#advDiv').css("height", winheight + "px");      //设置画板高度
    $('#canvas').attr("height", winheight);            //设置画板宽度
    winheight = $('#canvas').height();                 //设置画板高度
    var canvas = document.getElementById('canvas');    //获取画板
    ctx = canvas.getContext('2d');                     //获取画笔
    $('#canvas').attr('width', winWidth);              //设置画板宽度
    //设置图片路径
    imgArr[0] = 'sysOrderImg/show banner1.jpg';
    imgArr[1] = 'sysOrderImg/端午节 1.jpg';
    imgArr[2] = 'sysOrderImg/儿童节 2.jpg';
    imgArr[3] = 'sysOrderImg/父亲节 1.jpg';
    //设置链接
    srcArr[0] = '#';
    srcArr[1] = '#';
    srcArr[2] = '#';
    srcArr[3] = '#';
    window.setInterval(draw, Intertime);               //设置每一段时间就画一次图片内容
    //鼠标单击
    document.getElementById('canvas').onmouseup = function (e) {
        var url = '';
        if (imgLinx > 0) {
            if (e.offsetX < xlength) {
                url = srcArr[imgIndex == imgArr.length - 1 ? 0 : imgIndex + 1];
            }
            else {
                url = srcArr[imgIndex];
            }
        }
        if (imgLinx < 0) {
            if (e.offsetX < xlength + winWidth) {
                url = srcArr[imgIndex];
            }
            else {
                url = srcArr[imgIndex == imgArr.length - 1 ? 0 : imgIndex + 1];
            }
```

```
        }
        window.location.href = url;
    };
}
```

在 MethodIndex.js 文件中定义一个 draw 函数，该函数的主要作用是每隔一段时间就重新绘制一次图片内容，以便实现轮播效果，在具体绘制时，需要判断图片是否移出可视区域，如果移出，则显示下一张图片，否则显示当前图片。draw 函数代码如下：

例程 28　代码位置：资源包\TM\07\Pro_show\web\web\js\MethodIndex.js

```
//画图
function draw() {
    if (isOut) {
        if (OutInt > 0) {                                          //图片是否移出可视区域
            OutInt--;                                              //计数减一
            return;
        }
        else {                                                     //如果没有移出
            OutInt = OutTime / Intertime;
            isOut = false;
        }
    }
    ctx.clearRect(0, 0, winWidth, winheight);                       //清空画布
    //第一张图片
    var img1 = new Image();
    img1.src = imgArr[imgIndex];                                    //图片顺序
    clearDian();                                                    //清除点的效果
    $('#imgd' + imgIndex).css('background-color', 'rgba(0,0,0,.5)'); //设置当前点的效果
    //第二张图片
    var img2 = new Image();
    img2.src = imgArr[imgIndex == imgArr.length - 1 ? 0 : imgIndex + 1]; //图片地址
    ctx.drawImage(img2, 0, 0, winWidth, winheight);                 //下面的图片
    ctx.drawImage(img1, xlength, 0, winWidth, winheight);          //上面的图片
    xlength = xlength + imgLinx;                                    //计算滚动长度
    //如果图片已经滚动出去了
    if (xlength > Math.abs(winWidth) + imgLinx || xlength < -(Math.abs(winWidth) - imgLinx))
    {
        imgIndex++;                                                 //显示下一张图片
        xlength = 0;                                                //重置长度
        if (imgIndex >= imgArr.length) {                            //如果是最后一张图片
            imgIndex = 0;
        }
        isOut = true;
    }
}
```

打开 Show 网站首页时，首先显示第一张轮播图，如图 7.25 所示；每隔一定的时间，则依次显示下一张图片，效果如图 7.26 所示。

图 7.25　轮播图的第一张效果

图 7.26　轮播图的后面效果（此处为第二张）

2．鼠标经过显示二维码

实现鼠标经过显示二维码的功能时，需要使用 qrcode.min.js 插件，将该插件放到项目的 js 文件夹中，然后在 js 文件夹下的 function.js 脚本文件的 GetContext 方法中，通过调用该插件实现显示二维码的功能，代码如下：

例程 29　代码位置：资源包\TM\07\Pro_show\web\web\js\function.js

```
var qrcode = new QRCode(document.getElementById("qr" + item.temp_code), {
    width: 180,                                              //设置宽
    height: 180                                             //设置高
});
qrcode.makeCode('http://' + window.location.host + '/senceCreate/view.html?c=view&id=' + item.scene_code +
'&preview=preview');                                       //生成二维码
```

首页中的场景模板默认效果如图 7.27 所示，鼠标经过场景模板时显示二维码的效果如图 7.28 所示。

图 7.27　场景模板默认效果　　　　图 7.28　鼠标经过场景模板时显示二维码

3. 以层的方式显示页面

弹出层分为在本页弹出页面和在父页面弹出页面，此处以在父页面中弹出层页面为例进行介绍。以层的方式显示页面功能是使用 JavaScript 脚本函数控制，打开 js 文件夹下的 Exect.js 文件，其中定义一个 Eject 函数，该函数主要实现在父页面中弹出页面集合的功能，该函数中有 3 个参数，其中，htmlSrc 表示 html 页面路径，width 表示弹出页面的宽度，height 表示弹出页面的高度。Eject 函数代码如下：

例程 30　代码位置：资源包\TM\07\Pro_show\web\web\js\Exect.js

```
//弹出页面方法集合 htmlSrc 为 html 页面路径 向父窗体
function Eject(htmlSrc, title, width, height) {
    var winHeight = $(window.parent).height();                    //获取浏览器高度
    var winWidth = $(window.parent).width();                      //获取浏览器宽度
    var top = ((winHeight - height) / 2) + $(document).scrollTop();  //计算上部分高度
    var left = (winWidth - width) / 2;                            //计算左部分宽度
    var CoverHtml = '<div id="coverDiv" style="background-color:rgba(0,0,0,.9); width:' +
(window.parent.document.body.scrollWidth + 10) + 'px; height:' + (window.parent.document.body.scrollHeight +
10) + 'px; position:absolute; top:0px; left:0px; z-index:200;"></div>';         //添加遮盖层
    //添加内容
    var ContentHtml = '<div id="tdiv" class="tdiv" style="position:absolute; top:-' + (height + top) + 'px; left:' + left
+ 'px; background-color:white; border:solid 1PX #C4C4C4; box-shadow:1px 1px 10px; border-radius:10px;
onverflow:hidden; text-overflow:clip; overflow:hidden; width:' + width + 'px; height:' + height + 'px;
z-index:200;">';
    ContentHtml += '<div style="width:100%; height:0px; border-radius:2PX 2PX 0PX 0PX; position:relative;
">';
    ContentHtml += '<div id="CloseCover" style=" cursor:pointer; position:absolute;    width:30px; height:30px;
text-align:center; line-height:30px; top:5px; right:30px; border-radius:5px 5px 0px 0px; color:rgb(200,200,200);"
onclick="Cover(this)" title="点击我就关闭了！">X</div>';
    ContentHtml += '</div>';
    ContentHtml += '<iframe scrolling="no" src="' + htmlSrc + '" width="' + width + '" height="' + height + '"
style="border:none;"></iframe>';
    ContentHtml += '</div>';
    $(window.parent.document.body).append(CoverHtml + ContentHtml);
    $(window.parent.document.body).css('overflow', 'hidden');
```

```
anim('#tdiv', winHeight - $(document).scrollTop(), top);
}
```

在 Exect.js 文件中定义一个 anim 函数，该函数主要实现使弹出页面从上到下慢慢出现的功能，该函数中有 3 个参数：其中，id 表示要设置的 html 页面；width 表示弹出页面的移动高度；top 表示弹出页面的位置。在该函数中用到了一个 setInterval 方法，该方法用来设置每隔一段时间执行一次指定操作。anim 函数代码如下：

例程 31　代码位置：资源包\TM\07\Pro_show\web\web\js\Exect.js

```
//窗体动画
function anim(id, height, top) {
    var defaulttop = -height;                                    //把窗体移动到可视窗口以外
    var aniva = window.parent.window.setInterval(function () {   //每 1 毫秒执行一次
        if (defaulttop >= top) {                                 //如果当前的位置是设置的位置
            $(id).css('top', top);                               //设置新的位置
            window.parent.window.clearInterval(aniva);           //关闭每一段时间执行一次
        }
        $(id, parent.document).css('top', defaulttop);           //设置当前位置
        defaulttop = defaulttop + 50;                            //每次移动 50px
    }, 1);
}
```

例如，在 Show 网站首页单击某个场景模板，即可在弹出的页面中查看其详细信息，弹出的页面是以层的方式覆盖了原有页面进行显示，效果如图 7.29 所示。

图 7.29　以层的方式显示页面

4. 鼠标经过 div 的下拉动画

Show 网站首页中用到了鼠标经过 div 时，显示下拉动画的效果，例如，如果一个用户登录成功，其头像的默认效果如图 7.30 所示，当鼠标经过登录用户的头像时，会显示相应操作的下拉动画，效果如图 7.31 所示。

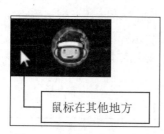

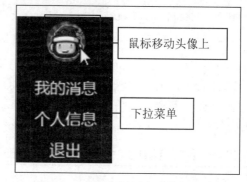

图 7.30　用户头像默认效果　　　　图 7.31　鼠标经过用户头像时的效果

这里以鼠标经过用户头像 div 时的下拉动画为例进行讲解，首先在 top.html 文件中定义用户头像的 div，代码如下：

例程 32　代码位置：资源包\TM\07\Pro_show\web\web\top.html

```
<!--登录信息-->
<div id="headDiv" style="display:none;">
    <img id="headImg" src="userHead/t.jpg" width="40" height="40" style="border-radius:40px; " /><br />
    <div id="mylist" style="background-color:rgba(0,0,0,.5); border:none; border-radius:0px 0px 5px 5px;
margin-top:1px;">
        <font class="fontcolor">我的消息</font><br />
        <font class="fontcolor" onclick="userCenter()">个人信息</font><br />
        <font id="out" class="fontcolor" onclick="out()">退出</font>
    </div>
</div>
```

上面代码中用到了 headDiv，它是一个 css 样式，主要用来控制用户头像默认样式和鼠标经过时的样式，具体代码如下：

例程 33　代码位置：资源包\TM\07\Pro_show\web\web\top.html

```
/*头部样式*/
#headDiv {
    width: 100px;                /*宽度*/
    height: 40px;                /*高度*/
    float: right;                /*位置*/
    margin-right: 20px;          /*距离右面的距离*/
    margin-top: 10px;            /*距离顶部的距离*/
    border-radius: 5px;          /*圆角样式*/
    transition: all 0.4s;        /*动画样式*/
    overflow: hidden;            /*隐藏滚动条*/
    text-overflow: clip;         /*隐藏文字*/
    color: white;                /*文字颜色*/
    text-align: center;          /*文字对齐样式*/
    font-size: 16px;             /*字体大小*/
    line-height: 31px;           /*行高*/
}
/*鼠标经过头部样式*/
#headDiv:hover {
```

```
height: 150px;
background-position-x: 10px;
}
```

7.7　场景编辑页面设计

视频讲解

7.7.1　场景编辑页面概述

在 Show 网站首页中单击空白模板，即可进入场景编辑页面，该页面中，用户可以自己对场景页面进行编辑，比如创建页面、给页面添加文字、背景、图片等元素，另外，用户还可以保存场景、发布场景、预览场景。场景编辑页面效果如图 7.32 所示。

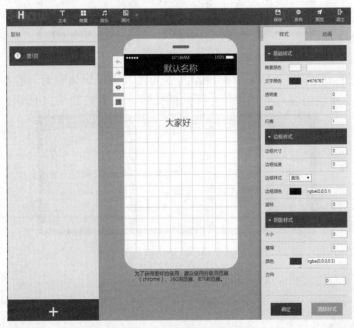

图 7.32　场景编辑页面效果

说明　场景编辑页面中的效果主要是使用 HTML5 技术实现的，本节对其中的主要功能讲解时，主要讲解后台代码，关于页面效果的代码，请参考资源包中的源代码。

7.7.2　场景编辑页面技术分析

场景编辑页面是使用 HTML5 进行响应式布局的，下面对响应式网页设计进行讲解。

响应式设计针对 PC、iPhone、Android 和 iPad，实现了在智能手机和平板电脑等多种智能移动终端浏览效果的流畅，防止页面变形，能够使页面自动切换分辨率、图片尺寸及相关脚本功能等，以适应不同设备，并可在不同浏览终端进行网站数据的同步更新，可以为不同终端的用户提供更加舒适的界面和更好的用户体验。

对页面进行响应式的设计实现，需要对相同内容进行不同宽度的布局设计，通常有两种方式：桌面 PC 端优先（即从桌面 PC 端开始设计），移动端优先（首先从移动端开始设计）。无论以哪种方式的设计，要兼容所有设备，都不可避免地需要对内容布局做一些变化调整。有模块内容不变和模块内容改变两种方式，下面详细介绍。

☑ 模块内容不变，即页面中整体模块内容不发生变化，通过调整模块的宽度，可以将模块内容从挤压调整到拉伸，从平铺调整到换行。效果如图 7.33 所示。

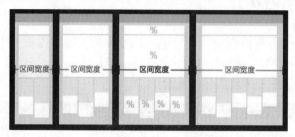

图 7.33　模块内容不变

☑ 模块内容改变，即页面中整体模块内容发生变化，通过媒体查询，检测当前设备的宽度，动态隐藏或显示模块内容，增加或减少模块的数量。效果如图 7.34 所示。

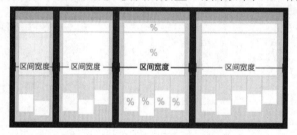

图 7.34　模块内容改变

例如，场景预览页面使用响应式设计的代码如下：

```
<!DOCTYPE html>
<html lang="en"><head>
    <meta charset="utf-8" />
    <meta name="baidu-site-verification" content="2MKKT6mbuL" />
    <title>场景预览</title>
    <META HTTP-EQUIV="pragma" CONTENT="no-cache">
    <META HTTP-EQUIV="Cache-Control" CONTENT="no-store, must-revalidate">
    <META HTTP-EQUIV="expires" CONTENT="Wed, 26 Feb 1997 08:21:57 GMT">
    <META HTTP-EQUIV="expires" CONTENT="0">
    <meta id="eqMobileViewport" name="viewport" content="width=320, initial-scale=1, maximum-scale=1,
user-scalable=no" servergenerated="true">
    <link rel="stylesheet" href="view/css/eqShow-4.2.2.css"/>
    <link rel="stylesheet" href="Public/css/my52.css"/>
    <link rel="stylesheet" href="view/ditu_view.css"/>
    <link rel="stylesheet" href="view/lycc.css" />
</head>
<body>
```

```
<div id="ppitest" style="width:1in;visible:hidden;padding:0px"></div>
<div class="p-index main phoneBox" id="con" style="display: none;">
    <div class="top"></div>
    <div class="phone_menubar"></div>
    <div class="scene_title_baner" style="display: none">
        <div class="scene_title">{$confinfo2[title]}</div>
    </div>
    <div class="nr" id="nr">
        <div id="audio_btn" class="off">
            <div id="yinfu"></div>
            <audio loop src="" id="media" autoplay="" preload></audio>
        </div>
        <div id="loading" class="loading">
            <div class="loadbox">
                <div class="loadlogo" style="background-image:
url('/Uploads/<php>if($sceneinfo[loadinglogo]):</php>{$sceneinfo[loadinglogo]}<php>else:</php>{$confinfo2[im
gsrc]} <php>endif;</php>');"></div>
                <div class="loadbg" ></div>
            </div>
        </div>

    </div>
    <div class="bottom"></div>
</div>
</body>
<script src="Public/css/waiwan/jquery.min.js"></script>
<script >
 (function (window, $) {
    window.PREFIX_URL = "http://"+window.location.host+"/Tools/interface.ashx";
    window.PREFIX_S1_URL =    "http://"+window.location.host+"/";//"/json/";
    window.PREFIX_S2_URL ="http://"+window.location.host+"/index.php";
    window.PREFIX_HOST = "http://"+window.location.host+"/index.php";
    window.PREFIX_HOST1 = "http://"+window.location.host+"/index.php";
    window.PREFIX_FILE_HOST = "http://"+window.location.host+"/";
    window.CLIENT_CDN ="http://"+window.location.host+"/senceCreate/";
    window.clientWidth = document.documentElement.clientWidth;
    window.clientHeight = document.documentElement.clientHeight;
})(window, jQuery)
</script>
 <script type="text/javascript" src="Public/eq/4.2/eqShow-4.2.2_view.js"></script>
<script>
    //var scene = {id:8831289,code:"U705UCE43R",pageMode:0,cover:""};
    eqShow.bootstrap();
</script>
</html>
```

7.7.3　场景编辑页面实现过程

　　■　本模块使用的数据表：tb_code、tb_controls、tb_attrs、ts_values、ts_jsfile、ts_cssfile、ts_temps、ts_temp_pag、ts_temp_control_value、tb_scene_custom、tb_scene_pag、tb_scene_control_value、tb_user_scene、tb_scene

1. 创建页面

在 Tools 文件夹中创建一个 interface.ashx 一般处理程序文件，该文件中定义一个 createPage 方法，该方法主要用来实现创建页面功能，具体实现时，首先获取前台页面传递的值，然后通过后台方法来验证和插入，并创建页面，最后把 JSON 字符串传递到前台，前台通过解析 JSON，来获取信息。createPage 方法代码如下：

例程 34　代码位置：资源包\TM\07\Pro_show\web\web\Tools\interface.ashx.cs

```
/// <summary>
/// 创建页面
/// </summary>
/// <param name="context"></param>
public void createPage(HttpContext context)
{
    string id = HttpContext.Current.Request["id"];
    sceneBll bll = new sceneBll();
    string sceneCode = bll.AddUpdate(id);                    //获取场景编码
    Model.scene sm = bll.GetModel(sceneCode.Split('|')[0]);  //获取场景信息
    if (sceneCode != "")
    {
        string sucStr = @"{
            'success': true,
            'code': '200',
            'msg': 'success',
            'obj': {
                'id': " + id + @",
                'sceneId': '" + sceneCode.Split('|')[0] + @"',
                'num': '" + sceneCode.Split('|')[1] + @"',
                'name': null,
                'properties': null,
                'elements': null,
                'scene': {
                    'id': '" + sceneCode.Split('|')[0] + @"',
                    'name': '" + sm.scene_name + @"',
                    'createUser': '" + sm.author + @"',
                    'createTime': '" + sm.addtime + @"',
                    'type': '" + sm.scene_typeid + @"',
                    'pageMode': '" + sm.movietype + @"',
                    'isTpl': '0',
                    'isPromotion': '0',
                    'status': '1',
                    'openLimit': '0',
                    'submitLimit': '0',
                    'startDate': null,
                    'endDate': null,
                    'accessCode': null,
                    'thirdCode': null,
                    'updateTime': '1426039827000',
                    'publishTime': '1426039827000',
                    'applyTemplate': '0',
```

```
                    'applyPromotion': '0',
                    'sourceId': null,
                    'code': 'U705UCE43R',
                    'description': ",
                    'sort': '0',
                    'pageCount': '0',
                    'dataCount': '0',
                    'showCount': '0',
                    'userLoginName': null,
                    'userName': null
                }
            },
            'map': null,
            'list': null,
            'iscopy':'false'
        }";
        context.Response.Write(MentStr(sucStr));
    }
    else
    {
        string failStr = @" {
            'success': false,
            'code': '403',
            'msg': '创建新页面失败',
            'obj': null,
            'map': null,
            'list': null
        }";
        context.Response.Write(MentStr(failStr));
    }
}
```

在场景编辑页面中的左侧单击"＋"按钮，效果如图 7.35 所示，即可创建一个新页面，如图 7.36所示。

图 7.35　单击"＋"按钮

图 7.36　显示新创建的页面

2．删除页面

在 interface.ashx 文件中定义一个 delPage 方法，该方法主要用来实现删除页面功能，具体实现时，首先获取前台页面传递过来的页面 id，然后通过调用 DeletePage 方法删除这个页面，最后生成 JSON 字符串，并传递到前台页面，供前台解析。delPage 方法代码如下：

例程 35 代码位置：资源包\TM\07\Pro_show\web\web\Tools\interface.ashx.cs

```
/// <summary>
/// 删除页面
/// </summary>
/// <param name="context"></param>
public void delPage(HttpContext context)
{
    string id = HttpContext.Current.Request["id"];
    sceneBll bll = new sceneBll();
    string sceneCode = bll.DeletePage(id);               //获取场景编码
    if (sceneCode != "")
    {
        string msg = @"{
        'success': true,
        'code': '200',
        'msg': '删除成功',
        'obj': null,
        'map': null,
        'list': null}";
        context.Response.Write(MentStr(msg));
    }
    else
    {
        string msg = @"{
            'success': false,
            'code': '403',
            'msg': '创建新页面失败',
            'obj': null,
            'map': null,
            'list': null
        }";
        context.Response.Write(MentStr(msg));
    }
}
```

在场景编辑页面中的左侧选中要删除的页面，单击"删除"按钮，如图 7.37 所示，即可删除选中的页面。

3．复制页面

在 interface.ashx 文件中定义一个 copyPage 方法，该方法主要用来实现复制页面功能，具体实现时，首先获取前台页面传递过来的页面 id，然后通过调用 CopyPage 方法

图 7.37 单击"删除"按钮删除选中页面

复制这个页面，最后生成 JSON 字符串，并传递到前台页面，供前台解析。copyPage 方法代码如下：

例程 36　代码位置：资源包\TM\07\Pro_show\web\web\Tools\interface.ashx.cs

```
/// <summary>
/// 复制页面
/// </summary>
/// <param name="context"></param>
public void copyPage(HttpContext context)
{
    string id = HttpContext.Current.Request["id"];                    //获取场景编码
    sceneBll bll = new sceneBll();
    string sceneCode = bll.CopyPage(id);                              //复制场景
    Model.scene sm = bll.GetModel(sceneCode.Split('|')[0]);          //获取场景信息
    if (sceneCode != "")
    {
        string msg = @"{
            'success': true,
            'code': '200',
            'msg': 'success',
            'obj': {
                'id': '" + id + @"',
                'sceneId': '" + sceneCode.Split('|')[0] + @"',
                'num': '" + sceneCode.Split('|')[1] + @"',
                'name': '" + sceneCode.Split('|')[2] + @"',
                'properties': null,
                'elements': null,
                'scene': {
                    'id': '" + sceneCode.Split('|')[0] + @"',
                    'name': '" + sm.scene_name + @"',
                    'createUser': '" + sm.author + @"',
                    'createTime': '" + sm.addtime + @"',
                    'type': '" + sm.scene_typeid + @"',
                    'pageMode': '" + sm.movietype + @"',
                    'isTpl': '0',
                    'isPromotion': '0',
                    'status': '1',
                    'openLimit': '0',
                    'submitLimit': '0',
                    'startDate': null,
                    'endDate': null,
                    'accessCode': null,
                    'thirdCode': null,
                    'updateTime': '1426039827000',
                    'publishTime': '1426039827000',
                    'applyTemplate': '0',
                    'applyPromotion': '0',
                    'sourceId': null,
                    'code': 'U705UCE43R',
                    'description': ',
```

```
                    'sort': '0',
                    'pageCount': '0',
                    'dataCount': '0',
                    'showCount': '0',
                    'userLoginName': null,
                    'userName': null
                }
            },
            'map': null,
            'list': null,
            'iscopy':'true'
        }";
        context.Response.Write(MentStr(msg));
    }
    else
    {
        string msg = @"{
            'success': false,
            'code': '403',
            'msg': '创建新页面失败',
            'obj': null,
            'map': null,
            'list': null
        }";
        context.Response.Write(MentStr(msg));
    }
}
```

在场景编辑页面中的左侧选中要复制的页面，如图7.38所示。

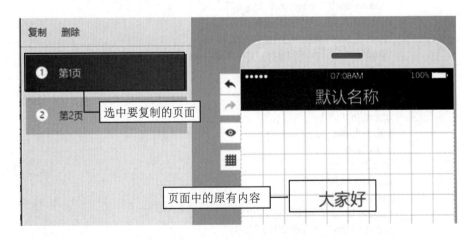

图7.38　选中要复制的页面

单击"复制"按钮，即可复制一个与选中页面相同的页面，如图7.39所示。

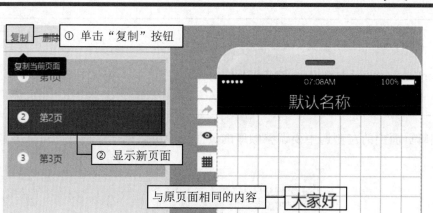

图 7.39　单击"复制"按钮复制页面

4．调整页面顺序

在 interface.ashx 文件中定义一个 pageSort 方法，该方法主要用来实现调整页面顺序的功能，具体实现时，首先获取前台的页面 id 和要变动的页面顺序，然后通过调用 UpdateSize 方法调整指定的页面顺序，最后生成 JSON 字符串，并传递到前台页面，供前台解析。pageSort 方法代码如下：

例程 37　代码位置：资源包\TM\07\Pro_show\web\web\Tools\interface.ashx.cs

```
/// <summary>
/// 调整页面顺序
/// </summary>
/// <param name="context"></param>
public void pageSort(HttpContext context)
{
    string pageid = HttpContext.Current.Request["pageid"];      //获取页面 id
    string num = HttpContext.Current.Request["num"];            //获取页面顺序
    sceneBll bll = new sceneBll();
    if (bll.UpdateSize(int.Parse(pageid), int.Parse(num)))      //修改页面顺序
    {
        string sucStr = @" {
            'success': true,
            'code': '200',
            'msg': '操作成功',
            'obj': null,
            'map': null,
            'list': null
        }";
        context.Response.Write(MentStr(sucStr));
    }
    else
    {
        string failStr = @"  {
            'success': false,
            'code': '403',
            'msg': '页面顺序调整失败',
            'obj': null,
```

```
            'map': null,
            'list': null
        }";
        context.Response.Write(MentStr(failStr));
    }
}
```

在场景编辑页面中的左侧选中要调整顺序的页面，使用鼠标随意拖拽即可调整其顺序，效果如图 7.40 所示。

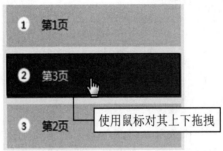

① 第1页

② 第3页

使用鼠标对其上下拖拽

③ 第2页

图 7.40　调整页面顺序

5．保存页面信息

在 interface.ashx 文件中定义一个 savePage 方法，该方法主要用来实现保存页面信息的功能，具体实现时，首先获取前台页面传递过来的页面 id，并把这些值插入到模板中，然后将模板传递到后台，通过后台的验证和插入来完成保存页面信息的功能。savePage 方法代码如下：

例程 38　代码位置：资源包\TM\07\Pro_show\web\web\Tools\interface.ashx.cs

```
/// <summary>
/// 保存页面信息
/// </summary>
/// <param name="context"></param>
public void savePage(HttpContext context)
{
    string msg = "";
    string id = HttpContext.Current.Request["id"];                      //获取页面 id
    string content_text = HttpContext.Current.Request["elements"];       //获取页面内容
    string scene_code = HttpContext.Current.Request["sceneId"];          //获取场景 id
    string pageName = HttpContext.Current.Request["name"];               //获取页面名称
    string num = HttpContext.Current.Request["num"];                     //获取页面页码
    string bgAudio = HttpContext.Current.Request["bgAudio"];             //获取背景音乐
    sceneBll bll = new sceneBll();
    Model.scene_pag mp = new Model.scene_pag();
    mp.scene_pag_id = id;                                                //设置 id
    mp.content_text = content_text;                                      //设置页面内容
    mp.scene_code = scene_code;                                          //设置场景 id
    mp.pageName = pageName;                                              //设置页面内容
    mp.num = num;                                                        //设置页面页码
    mp.bgAudio = bgAudio;                                                //设置背景音乐
    if (bll.SavePage(mp))                                                //保存页面信息
```

```
    {
        msg = @"
        {
            'success': true,
            'code': '200',
            'msg': 'success',
            'obj': null,
            'map': null,
            'list': null}";
    }
    else
    {
        msg = @"{
            'success': false,
            'code': '403',
            'msg': '保存失败',
            'obj': null,
            'map': null,
            'list': null
        }";
    }
    context.Response.Write(MentStr(msg));
}
```

在场景编辑页面中编辑完场景页面后，单击"保存"按钮，如图 7.41 所示，即可保存编辑的页面。

6．设置场景封面

在 interface.ashx 文件中定义一个 uploadCoverImg 方法，该方法主要用来实现为场景模板设置封面的功

图 7.41　单击"保存"按钮保存编辑的页面

能，具体实现时，首先获取前台传递的图片路径、图片类型、截图 X 坐标、截图 Y 坐标等信息，然后到后台进行查询和插入，最后把组成的 JSON 字符串传递到前台，供前台解析。uploadCoverImg 方法代码如下：

例程 39　代码位置：资源包\TM\07\Pro_show\web\web\Tools\interface.ashx.cs

```
/// <summary>
// 设置封面
// </summary>
// <param name="context"></param>
public void uploadCoverImg(HttpContext context)
{
    string src = HttpContext.Current.Request["src"];          //图片路径
    string fileType = HttpContext.Current.Request["fileType"]; //图片类型
    string x = HttpContext.Current.Request["x"];              //截图 X 坐标
    string y = HttpContext.Current.Request["y"];              //截图 Y 坐标
    string w = HttpContext.Current.Request["w"];              //截图宽度
    string h = HttpContext.Current.Request["h"];              //截图高度
    string id = HttpContext.Current.Request["id"];            //图片 id
    sceneBll bll = new sceneBll();
```

```
//修改封面
if (bll.UpdateCover(src, fileType, int.Parse(x), int.Parse(y), int.Parse(w), int.Parse(h), id))
{
    string msg = @"{
        'success':true,
        'code':200,
        'msg':'操作成功',
        'obj':'" + src + @"',
        'map': {
            'id':25467357,
            'path':'" + src + @"',
            'src':'" + src + @"',
            'y':'" + y + @"',
            'w':'" + w + @"',
            'h':'" + h + @"',
            'x':'" + x + @"',
            'index':'',
            'fileType':'" + fileType + @"'
        },
        'list':null
    }";
    context.Response.Write(MentStr(msg));
}
else
{
    string msg = @"{
        'success': false,
        'code': 403,
        'msg': '上传缩略图失败',
        'obj': null,
        'map': null,
        'list': null
    }";
    context.Response.Write(MentStr(msg));
}
}
```

在场景编辑页面中编辑完场景的所有页面后，单击"发布"按钮，显示发布页面，该页面中单击"更换封面"图片，如图 7.42 所示。

图 7.42　单击"更换封面"图片

弹出"素材管理"对话框，在该对话框的左侧选择分类，然后右侧选择要作为封面的图片，单击"确定"按钮，如图 7.43 所示。

图 7.43　"素材管理"对话框

弹出"图片裁切"对话框，如图 7.44 所示，该对话框中用鼠标拖动图片到适当位置，单击"确定"按钮，即可将指定的场景封面替换为设置的图片，如图 7.45 所示。

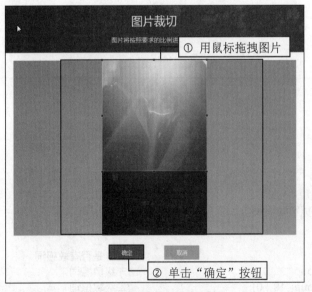

图 7.44　"图片裁切"对话框

图 7.45　更换后的场景封面

7．预览场景

在 interface.ashx 文件中定义一个 preview 方法，该方法主要用来实现预览场景的功能，具体实现时，首先获取要预览的场景 id，然后通过调用 GetModel 方法获取指定场景的详细信息，最后循环遍历获取到的场景信息，将其添加到 JSON 字符串中，并传递到前台页面，供前台解析。preview 方法代码如下：

例程 40　代码位置：资源包\TM\07\Pro_show\web\web\Tools\interface.ashx.cs

```
/// <summary>
/// 预览场景
/// </summary>
/// <param name="context"></param>
public void preview(HttpContext context)
{
    string id = HttpContext.Current.Request["id"];                      //获取场景 id
    sceneBll bll = new sceneBll();
    Model.scene sm = bll.GetModel(id);                                  //获取场景信息
    if (sm.author != null)
    {
        List<Model.scene_pag> mplist = bll.GetPageListBySceneCode(id);  //场景页面
        StringBuilder pStr = new StringBuilder();
        foreach (Model.scene_pag m in mplist)
        {
            //添加场景内容
            pStr.Append(@"{'id': " + m.scene_pag_id + @",
            'sceneId': '" + id + @"',
            'num': '" + m.num + @"',
            'name': '" + m.pageName + @"',
            'properties': null,
            'elements': " + (m.content_text == "" ? "[]" : m.content_text) + @" ,
            'scene': null},");
        }
        //检查是否可以预览的状态
        string status = bll.GetStatus(id);
        if (status == "" || status == "2")
        {
            string Statusmsg = @" {
                    'success': false,
                    'code': '403',
                    'msg': '预览失败',
                    'obj': null,
                    'map': null,
                    'list': null
                }";
            context.Response.Write(MentStr(Statusmsg));
            return;
        }
        CodeBll cbll = new CodeBll();                                   //检查是否有敏感词
        DataTable dt1 = cbll.GetTableByGroup("9", 0);                  //一级敏感词
        DataTable dt2 = cbll.GetTableByGroup("10", 0);                 //二级敏感词
        foreach (DataRow dr in dt2.Rows)                               //查询有没有二级敏感词
        {
            string gjc = dr["msg"].ToString();                         //敏感词
            string checkStr = pStr.ToString();                         //待检测的字符串
            if (checkStr.Contains(gjc))
            {
                //存在敏感词停用账户，更改状态
                bll.SetUserAndStatus(id);
```

```
            break;
        }
    }
    //查询有没有一级敏感词
    foreach (DataRow dr in dt1.Rows)
    {
        string gjc = dr["msg"].ToString();                      //敏感词
        string checkStr = pStr.ToString();                      //待检测的字符串
        if (checkStr.Contains(gjc))
        {
            //存在敏感词，停用账户，更改状态
            bll.SetSenceStatus(id);
            break;
        }
    }
    //操作成功
    string msg = @"{
'success': true,
'code': '200',
'msg': '操作成功',
'obj': {
    'id': '" + id + @"',
    'name': '" + sm.scene_name + @"',
    'createUser': '" + sm.author + @"',
    'type':'" + sm.scene_custom_id + @"',
    'pageMode': '" + sm.movietype + @"',
    'cover': '" + sm.cover + @"',
    'bgAudio':" + (sm.musicUrl == "" ? "''" : sm.musicUrl) + @",
    'code': '" + id + @"',
    'description': '" + sm.des + @"',
    'updateTime': '" + sm.addtime + @"',
    'createTime': '" + sm.addtime + @"',
    'publishTime': '" + sm.addtime + @"',
    'property':{'triggerLoop':true,'eqAdType':1,'hideEqAd':false}
},
'map': null,
'list': [
    " + pStr.ToString().Trim(',') + @"
]
}";                                                              //向前台显示操作成功
    context.Response.Write(MentStr(msg));
}
else
{
    TempsBll tbll = new TempsBll();
    Model.temp tmodel = tbll.GetModelTemp(id);                  //模板信息
    if (tmodel.author == null)
    {
        string msg = @" {
                'success': false,
                'code': '403',
```

```
                                'msg': '预览失败',
                                'obj': null,
                                'map': null,
                                'list': null
                    }";
                context.Response.Write(MentStr(msg));
            }
            else
            {
                List<Model.temp_pag> mplist = tbll.GetPageListByTempCode(id);        //场景页面
                StringBuilder pStr = new StringBuilder();
                foreach (Model.temp_pag m in mplist)
                {
                    pStr.Append(@"{'id': " + m.pag_id + @",
                            'sceneId': '" + id + @"',
                            'num': '" + m.num + @"',
                            'name': '" + m.pageName + @"',
                            'properties': null,
                            'elements': " + (m.content_text == "" ? "[]" : m.content_text) + @" ,
                            'scene': null},");
                }
                string msg = @"{
                            'success': true,
                            'code': '200',
                            'msg': '操作成功',
                            'obj': {
                                'id': '" + id + @"',
                                'name': '" + tmodel.temp_name + @"',
                                'createUser': '" + tmodel.author + @"',
                                'type':'" + tmodel.scene_custom_id + @"',
                                'pageMode': '" + tmodel.movietype + @"',
                                'cover': '" + tmodel.cover + @"',
                                'bgAudio':'" + (tmodel.musicUrl == "" ? "'" : tmodel.musicUrl) + @"',
'code': '" + id + @"',
                                'description': '" + tmodel.des + @"',
                                'updateTime': '" + tmodel.addtime + @"',
                                'createTime': '" + tmodel.addtime + @"',
                                'publishTime': '" + tmodel.addtime + @"',
                                'property':{'triggerLoop':true,'eqAdType':1,'hideEqAd':false}
                            },
                            'map': null,
                            'list': [
                                " + pStr.ToString().Trim(',') + @"
                            ]
                    }";
                context.Response.Write(MentStr(msg));
            }
        }
    }
}
```

在场景编辑页面中编辑完场景的所有页面后，单击"预览"按钮，即可预览编辑的场景，效果如图 7.46 所示。

图 7.46　预览场景

8. 发布场景

在 interface.ashx 文件中定义一个 publish 方法，该方法主要用来实现发布设计好的场景的功能，具体实现时，首先接收前台传递的场景 id、场景名称、创建人、场景类型、创建时间、封面、场景编号和说明等信息，然后通过调用 sceneBll 类中的 publish 方法发布指定的场景，最后生成 JSON 字符串，并传递到前台页面，供前台解析。publish 方法代码如下：

例程 41　代码位置：资源包\TM\07\Pro_show\web\web\Tools\interface.ashx.cs

```
/// <summary>
/// 发布场景
/// </summary>
/// <param name="context"></param>
public void publish(HttpContext context)
{
    string id = HttpContext.Current.Request["id"];                      //场景 id
    string name = HttpContext.Current.Request["name"];                  //场景名称
    string createUser = HttpContext.Current.Request["createUser"];      //创建人
    string type = HttpContext.Current.Request["type"];                  //场景类型
    string createTime = HttpContext.Current.Request["createTime"];      //创建时间
    string cover = HttpContext.Current.Request["cover"];                //封面
    string code = HttpContext.Current.Request["code"];                  //场景编号
    string description = HttpContext.Current.Request["description"];    //说明
    sceneBll bll = new sceneBll();
    //发布场景
```

```
if (bll.publish(id, name, createUser, type, createTime, cover, code, description) != "")
{
    string msg = @" {
        'success': true,
        'code': 200,
        'msg': 'success',
        'obj': null,
        'map': null,
        'list': null
    }";
    context.Response.Write(MentStr(msg));
}
else
{
    string msg = @" {
        'success': false,
        'code': 403,
        'msg': '发布失败',
        'obj': null,
        'map': null,
        'list': null
    }";
    context.Response.Write(MentStr(msg));
}
}
```

在场景编辑页面中编辑完场景的所有页面后，单击"发布"按钮，显示发布页面，如图 7.47 所示。

图 7.47　场景发布页面

在场景发布页面中编辑完信息后，单击"发布"按钮，即可发布该场景，同事可以选择将其分享到指定的社交软件，效果如图 7.48 所示。

图 7.48 场景发布完成并选择分享

7.8 开发技巧与难点分析

实现公众号/APP 后台接口通用管理平台时，用到了一般处理程序文件（.ashx），那么，为什么要使用该文件呢？下面进行介绍。

（1）什么时候用

虽然通过标准的方式可以创建处理程序，但是实现的步骤比较复杂，为了方便网站开发中对处理程序的应用，ASP.NET 提供了称为一般处理程序的处理程序，允许开发人员使用比较简单的方式定义扩展名为 ashx 的专用处理程序。

对于 ASP.NET 网站来说，生成网页的工作通常使用扩展名为 aspx 的 Web 窗体来完成的。对于处理结果不是 HTML 的请求，都可以通过一般处理程序完成，例如生成 RSS Feed、XML、图片等。

一般处理程序是 ASP.NET 网站中最为简单、高效的处理程序，在处理返回类型不是 HTML 的请求中有着重要的作用。

（2）优点

通常是实现 IHttpHandler 接口，因为不必继承自 Page 类，所以不需要处理太多的事件，也就不必消耗太多资源，所以性能方面要比 aspx 高。

（3）简单实现机制

.ashx 文件用于编写 WEB Handler 的。.ashx 文件与.aspx 文件类似，可以通过它来调用 HttpHandler 类，免去了普通.aspx 页面的控件解析以及页面处理的过程。.ashx 文件适合产生供浏览器处理的、不需要回发处理的数据格式，例如，用于生成动态图片、动态文本等内容。

7.9　本章总结

本章开发了一个 Show 网站，通过该网站，用户可以很方便地编辑相应场景，并将其发布到各大社交平台。在开发过程中，页面布局采用了响应式布局方式，使其能够完美适配各个终端；而在实现功能逻辑时，通过使用.ashx 一般处理程序与 AJAX 技术，与前台进行交互。本章所讲模块及主要知识点如图 7.49 所示。

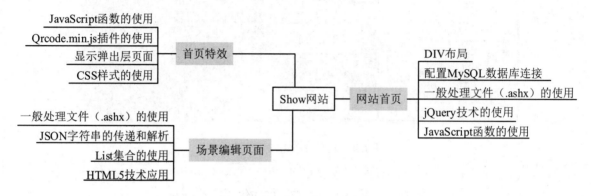

图 7.49　Show 网站总结

第 8 章

物流信息管理平台

（ASP.NET 4.5+SQL Server 2014+Jmail 邮件实现）

随着国内信息化步伐的加快，加上物流企业对行业信息的需求越来越大，促使物流信息平台迅速发展，以保证物流信息平台信息的及时性、准确性，在最大限度上满足国内物流企业对行业信息的要求，以适应物流行业的市场变化，使之成为国内物流企业信息的主要来源。本章主要介绍如何利用 ASP.NET 4.5 +SQL Server 2014 快速开发一个对物流信息进行发布和管理的操作平台。

通过阅读本章，可以学习到：

▶▶ 物流信息管理平台开发的基本过程

▶▶ 如何设计公共类

▶▶ 发布信息模块的实现方法

▶▶ 管理信息模块的实现方法

▶▶ SQL Server 2014 数据库在物流信息管理平台中的应用

▶▶ 面向对象的开发思想

▶▶ 分层开发模式

▶▶ 第三方控件在网站开发中的应用

▶▶ 电子邮件的发送

配置说明

视频讲解

8.1 开发背景

随着经济全球化进程的加快，现代企业的专业分工和协作，对现代物流提出了越来越高的要求，信息化、自动化、网络化、智能化已成为现代物流的鲜明特征。随着物流行业的发展壮大，物流的信息化日益被从业者和信息系统提供商所重视。同时，现代企业的供应链也时刻提醒我们，若想在激烈的市场竞争中占据绝对优势，企业必须及时、准确地掌握客户的需求，同时对客户的需求做出快速的反应，在最短的时间内最大限度地挖掘和优化物流资源来满足客户的需求，从而建立高效的数字化物流经济。

8.2 需求分析

随着物流业在我国的蓬勃发展及物流市场的激烈竞争，现代物流信息逐步从定性转变为更精确的定量要求，这就需要物流信息管理平台提供大量准确、及时的信息数据，以帮助企业了解市场的变化，以及调整企业发展策略。所以，物流信息管理平台最基本的功能就是保证浏览者查看到准确的信息、最新的信息。

8.3 系统设计

8.3.1 系统目标

物流信息管理平台是针对中小型物流企业设计的。主要实现如下目标。

- ☑ 操作简单方便、界面简洁美观。
- ☑ 网站整体结构和操作流程合理顺畅，实现人性化设计。
- ☑ 注册功能。提供两种注册途径：一种是个人用户注册；另一种是企业用户注册。
- ☑ 货源信息的发布和浏览功能。
- ☑ 车源信息的发布和浏览功能。
- ☑ 专线信息的发布和浏览功能。
- ☑ 仓储信息的发布和浏览功能。
- ☑ 招聘信息的发布和浏览功能。
- ☑ 管理网站会员信息。
- ☑ 系统最大限度地实现易安装性、易维护性和易操作性。
- ☑ 系统运行稳定、安全可靠。

8.3.2 系统业务流程图

物流信息管理平台业务流程图如图 8.1 所示。

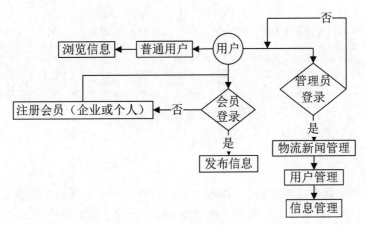

图 8.1 业务流程图

8.3.3 系统功能结构

根据物流信息管理平台的特点，可以将其分为前台和后台两个部分设计。前台主要实现功能为浏览信息（货源信息、车源信息、招聘信息、企业信息、专线信息、仓储信息）、发布信息（个人用户发布信息、企业用户发布信息）、搜索功能、用户注册（个人用户注册、企业用户注册）。后台主要实现功能为物流新闻管理（发布新闻、管理新闻）、信息管理（车源信息管理、货源信息管理、专线信息管理、招聘信息管理、仓储信息管理）、用户管理（个人用户管理、企业用户管理）。

物流信息管理平台的前台系统功能结构图如图 8.2 所示。物流信息管理平台的后台系统功能结构图如图 8.3 所示。

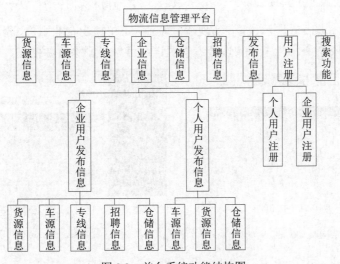

图 8.2 前台系统功能结构图

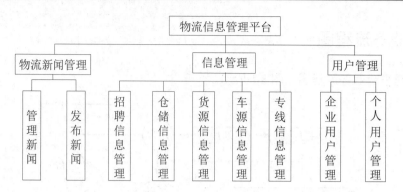

图 8.3　后台系统功能结构图

8.3.4　系统预览

物流信息管理平台由多个页面组成，下面仅列出几个典型页面，其他页面参见资源包中的源程序。

系统首页如图 8.4 所示，主要实现显示导航、最新物流信息、物流新闻、物流招聘和登录及搜索功能。发布信息页面如图 8.5 所示，主要实现企业或个人用户发布物流信息功能。

图 8.4　首页（资源包\…\index.aspx）

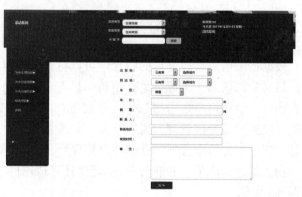

图 8.5　发布信息页面（资源包\…\issuanceFreight.aspx）

企业用户管理页面如图 8.6 所示，主要实现删除企业用户、锁定企业用户、查看企业用户详细信息。货源信息管理页面如图 8.7 所示，主要实现查看货源详细信息、删除货源信息、审核货源信息。

图 8.6　企业用户管理页面

（资源包\…\manage_qyUser.aspx）

图 8.7　货源信息管理页面

（资源包\…\manage_Freight.aspx）

> **说明**　由于路径太长，因此省略了部分路径，图 8.4 和图 8.5 省略的路径为
> "TM\08\WuLiu\WuLiu"。图 8.6 和图 8.7 省略的路径为 "TM\08\WuLiu\WuLiu\Manage"。

8.3.5　构建开发环境

1．网站开发环境

- ☑ 网站开发环境：Microsoft Visual Studio 2017。
- ☑ 网站开发语言：ASP.NET+C#。
- ☑ 网站后台数据库：SQL Server 2014。
- ☑ 开发环境运行平台：Windows 7/ Windows 10。

2．服务器端

- ☑ 操作系统：Windows 7。
- ☑ Web 服务器：IIS 6.0 以上版本。
- ☑ 数据库服务器：SQL Server 2014。
- ☑ 浏览器：Chrome 浏览器、Firefox 浏览器。
- ☑ 网站服务器运行环境：Microsoft .NET Framework SDK v4.5。

3．客户端

- ☑ 浏览器：Chrome 浏览器、Firefox 浏览器。
- ☑ 分辨率：最佳效果 1280×800 像素或更高分辨率。

8.3.6　数据库设计

本网站采用 SQL Server 2014 作为后台数据库，数据库名称为 db_WL，其中包含 10 个数据表，下面将分别介绍。

1．数据库概要说明

为了使读者对本程序系统后台数据库中的数据表有一个更清晰的认识，在此给出了数据库的结构图，该结构图包括系统所有的数据表，如图 8.8 所示。

2．数据库 E-R 图分析

物流信息化的一个重要步骤就是建立稳固的物流信息平台，通过物流信息平台了解到及时、有效的物流信息。因此，对物流信息平台的合理化设计尤为重要，而建立物流信息平台的一个关键问题是数据库的设计。

通过对网站进行的需求分析、网站流程设计以及系统功能结构的确定，规划出系统中使用的数据库实体对象分别为物流新闻、货源信息、仓储信息、企业用户信息、招聘信息和搜索功能。

物流新闻为浏览者提供物流行业的最新动态。物流新闻实体 E-R 图如图 8.9 所示。

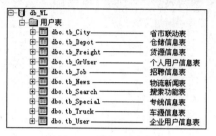

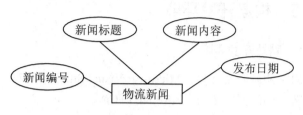

图 8.8　数据库结构　　　　　　　　　　图 8.9　物流新闻实体 E-R 图

浏览者通过货源信息可以了解到用户需要运送货物的详细信息。货源信息实体 E-R 图如图 8.10 所示。

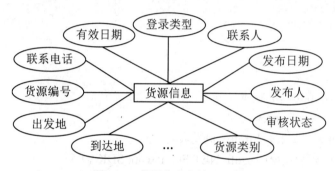

图 8.10　货源信息实体 E-R 图

浏览者可以通过仓储信息了解到某地出租的仓库信息。仓储信息实体 E-R 图如图 8.11 所示。

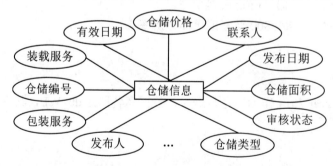

图 8.11　仓储信息实体 E-R 图

企业用户在注册时需要提供企业的详细信息，并提供给浏览者来增强企业的信誉度。企业用户信息实体 E-R 图如图 8.12 所示。

企业用户可以通过发布招聘信息为本企业招贤纳士，浏览者可以通过招聘信息寻求到符合自身条件的工作信息。招聘信息实体 E-R 图如图 8.13 所示。

搜索功能可以使浏览者快速、有效地查找到需要的信息。搜索功能实体 E-R 图如图 8.14 所示。

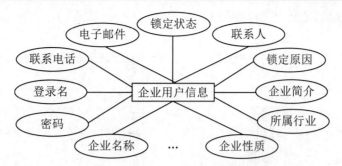

图 8.12 企业用户信息实体 E-R 图

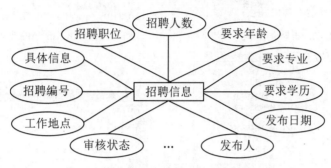

图 8.13 招聘信息实体 E-R 图

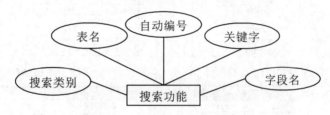

图 8.14 搜索功能实体 E-R 图

3．数据表结构

数据库实体 E-R 图设计完毕之后，就要根据实体 E-R 图设计数据表结构。下面将主要的数据表的数据结构和用途分别列出来，其他数据表参见本书附带资源包。

（1）tb_Depot（仓储信息表）

仓储信息表主要存储仓储详细信息，tb_Depot 表的结构如图 8.15 所示。

（2）tb_Freight（货源信息表）

货源信息表主要存储货源的详细信息，tb_Freight 表的结构如图 8.16 所示。

（3）tb_User（企业用户信息表）

企业用户信息表主要存储企业用户的详细信息，tb_User 表的结构如图 8.17 所示。

（4）tb_Job（招聘信息表）

招聘信息表主要存储招聘的详细信息，tb_Job 表的结构如图 8.18 所示。

（5）tb_News（物流新闻表）

物流新闻表主要存储物流新闻信息，tb_News 表的结构如图 8.19 所示。

列名	数据类型	默认值	允许空	描述
ID	int			仓储编号
UserName	varchar			发布人
DepotType	varchar			仓储类型
DepotCity	varchar			仓储所在城市
DepotSite	varchar		✓	仓储所在地点
DepotAcreage	int			仓储面积
DepotSum	int		✓	仓储间数
DepotPrice	int		✓	仓储价格
Loading	int		✓	装载服务
Packing	int		✓	包装服务
Send	int		✓	陪送服务
Linkman	varchar			联系人
Phone	varchar			联系电话
Term	datetime			有效日期
Content	varchar		✓	详细信息
FBDate	datetime		✓	发布日期
userType	char			登录类型
Auditing	bit	(0)		审核状态

图 8.15　tb_Depot 表的结构

列名	数据类型	默认值	允许空	描述
ID	int			货源编号
UserName	varchar			发布人
Start	varchar			出发地
Terminal	varchar			到达地
FreightType	varchar			货源类别
FreightWeight	int		✓	货源重量
WeightUnit	char		✓	重量单位
Linkman	varchar			联系人
Phone	varchar			联系电话
Term	datetime			有效日期
Content	varchar		✓	备注
FBDate	datetime		✓	发布日期
userType	char			登录类型
Auditing	bit	(0)		审核状态

图 8.16　tb_Freight 表的结构

列名	数据类型	默认值	允许空	描述
ID	int			用户编号
UserName	varchar			登录名
UserPass	varchar			密码
PassQuestion	varchar			密码提示问题
PassSolution	varchar		✓	密码提示答案
Linkman	varchar			联系人
CompanyName	varchar		✓	企业名称
Kind	varchar		✓	企业性质
Calling	varchar		✓	所属行业
LicenceNumber	varchar			营业执照号
Address	varchar		✓	地址
Phone	varchar		✓	联系电话
Fax	varchar		✓	传真
Email	varchar			电子邮件
NetworkIP	varchar		✓	网址
Content	varchar			企业简介
Lock	bit	(0)		锁定状态
LockCause	varchar		✓	锁定原因

图 8.17　tb_User 表的结构

列名	数据类型	默认值	允许空	描述
JobID	int			招聘编号
Job	varchar			招聘职位
Number	char		✓	招聘人数
Sex	char		✓	要求性别
Age	char		✓	要求年龄
Knowledge	varchar		✓	要求学历
Specialty	varchar		✓	要求专业
Experience	varchar		✓	工作经验
City	varchar		✓	工作地点
Pay	char		✓	月薪
ParticularInfo	varchar		✓	具体信息
FBDate	datetime			发布日期
UserName	varchar			发布人
Auditing	bit			审核状态

图 8.18　tb_Job 表的结构

列名	数据类型	默认值	允许空	描述
ID	int			新闻编号
NewsTitle	varchar			新闻标题
NewsContent	varchar			新闻内容
FBDate	datetime			发布日期

图 8.19　tb_News 表的结构

（6）tb_Search（搜索功能表）

搜索功能表主要存储各表名和字段名，tb_Search 表的结构如图 8.20 所示。

列名	数据类型	默认值	允许空	描述
ID	int			自动编号
searchType	varchar		✓	搜索类别
type	varchar		✓	表名
searchKey	varchar		✓	关键字
keyword	varchar		✓	字段名

图 8.20　tb_Search 表的结构

8.3.7　文件夹组织结构

为了便于读者对本网站的学习，在此笔者将网站文件的组织结构展示出来。文件组织结构如图 8.21 所示。

解决方案 "WuLiu"（1 个项目）		
WuLiu		
App_Code	——	公共类文件夹
App_Data	——	数据库文件夹
Bin	——	动态库文件夹
Content	——	资源文件夹
css	——	自定义 css 样式表文件夹
fonts	——	字体库文件夹
images	——	图片文件夹
Manage	——	后台管理文件夹
Scripts	——	Js 脚本文件夹
swf	——	用于存放.swf 文件如果需要
companyInfo.aspx	——	企业详细信息页
companyList.aspx	——	企业信息列表页
depotInfo.aspx	——	仓储详细信息页
depotList.aspx	——	仓储信息列表页
EditInfo.aspx	——	企业信息修改页
entry.ascx	——	登录用户控件
freightInfo.aspx	——	资源详细信息页
freightList.aspx	——	资源信息列表页
grLeft.aspx	——	信息发布导航框架
index.aspx	——	网站首页
issuanceDepot.aspx	——	发布仓储信息页
issuanceFreight.aspx	——	资源信息列表页
issuanceInfo.aspx	——	发布信息主页
issuanceJob.aspx	——	发布招聘信息页
issuanceSpecial.aspx	——	发布专线信息页
issuanceTruck.aspx	——	发布车源信息
jobInfo.aspx	——	招聘详细信息页
jobList.aspx	——	招聘信息列表页
login.aspx	——	注册页面
manageEntry.aspx	——	管理员登录页
MasterPage.master	——	母版页文件
newPass.aspx	——	修改个人信息页
news.aspx	——	物流信息详细页
packages.config	——	NuGet 管理配置文件
qyLeft.aspx	——	企业信息发布导航框架
search.ascx	——	搜索用户控件
searchList.aspx	——	搜索详细信息页
specialInfo.aspx	——	专线详细信息页
specialList.aspx	——	专线信息列表页
truckInfo.aspx	——	车源详细信息页
truckList.aspx	——	车源信息列表页
Web.Config	——	网站配置文件

图 8.21　文件组织结构

8.4　公共类设计

视频讲解

　　数据库操作类用来完成数据库的连接操作以及数据库的查询、添加、删除和修改操作。将这几种操作编写到一个公共类中，可以减少重复代码的编写，有利于代码的维护。在 dataOperate 类中一共定义了 5 个方法，下面分别对这几个方法进行讲解。

1. createCon 方法

createCon 方法返回的类型为 SqlConnection，主要用来构造数据库的连接。代码如下：

例程 01　　代码位置：资源包\TM\08\WuLiu\WuLiu\App_Code\dataOperate.cs

```
public static SqlConnection createCon()
{
    //生成 SqlConnection 的一个对象用于连接数据库
    SqlConnection con = new SqlConnection("server=.;database=db_WL;uid=sa;pwd=;");
    return con;
}
```

2. execSQL 方法

execSQL(string sql)方法用来添加、插入和删除数据。该方法返回一个布尔值，用来表示添加、插入和删除数据是否成功，执行成功返回 true，否则返回 false。调用该方法时应传入一个 string 类型的参数，此参数表示所要执行的 SQL 语句。代码如下：

例程 02　代码位置：资源包\TM\08\WuLiu\WuLiu\App_Code\dataOperate.cs

```
public static bool execSQL(string sql)
{
    SqlConnection con = createCon();                    //创建连接对象
    con.Open();
    SqlCommand com = new SqlCommand(sql, con);
    try
    {
        com.ExecuteNonQuery();                          //执行 SQL 语句
        con.Close();                                    //关闭连接对象
    }
    catch (Exception e)
    {
        con.Close();
        return false;                                   //执行失败返回 false
    }
    return true;                                        //执行成功返回 true
}
```

3. seleSQL 方法

seleSQL(string sql)方法用来查找数据是否存在。该方法返回一个布尔型值，用来表示是否查找到数据，如查找到数据则返回 true，否则返回 false。调用该方法时应传入一个 string 类型的参数，此参数表示所要执行的 SQL 语句。代码如下：

例程 03　代码位置：资源包\TM\08\WuLiu\WuLiu\App_Code\dataOperate.cs

```
public static bool seleSQL(string sql)
{
    int i;
    SqlConnection con = createCon();                    //创建连接对象
    con.Open();
    SqlCommand com = new SqlCommand(sql, con);
    try
    {
        i =Convert.ToInt32(com.ExecuteScalar());        //执行 SQL 语句返回第一行第一列值
        con.Close();                                    //关闭连接
    }
    catch (Exception e)
    {
        con.Close();                                    //关闭连接
        return false;
    }
    if (i > 0)                                          //判断是否大于 0, 大于返回 true, 否则返回 false
    {
        return true;
```

```
        }
        else
        {
            return false;
        }
    }
```

4. getDataset 方法

getDataset(string sql, string table)方法用来查找并返回多行数据。该方法返回一个 DataSet 数据集。在调用该方法时应传入两个 string 类型的参数，第一个参数表示要执行的 SQL 语句，第二个参数表示表名。代码如下：

例程 04　代码位置：资源包\TM\08\WuLiu\WuLiu\App_Code\dataOperate.cs

```
public static DataSet getDataset(string sql,string table)
{
    SqlConnection con = createCon();                    //创建数据库连接对象
    con.Open();                                         //打开连接
    SqlDataAdapter sda = new SqlDataAdapter(sql, con);  //执行 SQL 语句
    DataSet ds = new DataSet();                         //创建数据集
    sda.Fill(ds, table);                                //填充数据集
    return ds;                                          //返回数据集
}
```

5. getRow 方法

getRow (string sql)方法用来查找并返回一行数据。该方法返回一个 SqlCommand 对象。在调用该方法时应传入一个 string 类型的参数，此参数表示所要执行的 SQL 语句。代码如下：

例程 05　代码位置：资源包\TM\08\WuLiu\WuLiu\App_Code\dataOperate.cs

```
public static SqlDataReader getRow(string sql)
{
    SqlConnection con = createCon();
    con.Open();                                         //打开数据库连接
    SqlCommand com = new SqlCommand(sql, con);
    return   com.ExecuteReader();
}
```

8.5　网站首页设计

视频讲解

8.5.1　网站首页概述

在网站的首页中把网站的主要功能都显示出来，以方便访问者使用，使浏览者通过首页对本网站有一个全面的了解，并在第一时间浏览到本站的最新信息。首页中主要包括以下模块：

- ☑　网站导航。
- ☑　搜索功能。

☑ 企业推荐。

☑ 用户登录。

☑ 物流新闻。

☑ 招聘职位。

☑ 最新货源信息。

☑ 最新车源信息。

☑ 最新专线信息。

☑ 最新仓储信息。

网站首页的运行效果如图 8.22 所示。

图 8.22　物流信息管理平台首页

8.5.2　网站首页技术分析

在货源信息模块中，可以通过 GridView 控件中的 DataFormatString 属性来实现有效日期列的显示格式。

DataFormatString 属性语法如下：

{A:B}

冒号前的值 A 指定在从零开始的参数列表中的参数索引。此值只能设置为 0。

冒号后的值 B 指定值 A 所显示的格式。常用的数值格式如表 8.1 所示。

表 8.1　常用的数值格式

格式字符	说　　明	输　入　数　值	输　出　格　式
C	以货币格式显示数值	12345.6789	$12,345.68
D	以十进制格式显示数值	12345	12345
E	以科学记数法（指数）格式显示数值	12345.6789	1234568E+004
F	以固定格式显示数值	12345.6789	12345.68
G	以常规格式显示数值	12345.6789	12345.6789
N	以数字格式显示数值	12345.6789	12,345.68

常用的日期时间格式如表 8.2 所示。

表 8.2　常用的日期时间格式

格 式 字 符	说　　明	输　出　格　式
d	精简日期格式	yyyy-MM-dd
D	详细日期格式	yyyy 年 MM 月 dd 日
f	完整格式	yyyy 年 MM 月 dd 日 HH:mm
F	完整日期时间格式	yyyy 年 MM 月 dd 日 HH:mm:ss
g	一般格式	MM/dd/yyyy HH:mm
G	一般格式	MM/dd/yyyy HH:mm:ss
s	适中日期时间格式	yyyy-MM-dd HH:mm:ss
t	精简时间格式	HH:mm
T	详细时间格式	HH:mm:ss

还可以直接输入时间格式，如{0:yyyy-MM-dd}将显示与{0:d}相同的格式。需要注意的是，MM 必须是大写，因为 MM 表示的是月份，而 mm 表示的是时间里的分钟。

注意　把需要设置字段的 HtmlEncode 属性设置为 False，才能显示出所设置的格式。

8.5.3　网站首页实现过程

📋 本模块使用的数据表：tb_Freight、tb_Truck、tb_Special、tb_Depot

1. 设计步骤

（1）在该网站中新建一个 Web 窗体，将其命名为 index.aspx，用于显示网站首页。

（2）在 Web 窗体中通过定义 div 标签用于页面的布局。

（3）在页面中添加相关的服务器控件，控件的属性设置及用途如表 8.3 所示。

表 8.3　各控件的名称、属性设置及用途

控 件 类 型	控 件 名 称	主要属性设置	控 件 用 途
🔲母版页	MasterPage.master	均为默认值	显示导航、登录信息等

续表

控 件 类 型	控 件 名 称	主要属性设置	控 件 用 途
GridView	gvNews	均为默认值	显示物流新闻
	gvJob	均为默认值	显示招聘职位
	gvFreight	均为默认值	显示货源信息
	gvTruck	均为默认值	显示车源信息
	gvSpecial	均为默认值	显示专线信息
	gvDepot	均为默认值	显示仓储信息

由于篇幅有限，这里只给出显示货源信息的 GridView 控件的前台绑定代码。

例程 06 代码位置：资源包\TM\08\WuLiu\WuLiu\index.aspx

```
<asp:GridView ID="gvFreight" runat="server" Width="80%" AutoGenerateColumns="False" CssClass="grid"
CellPadding="4" ForeColor="#333333" GridLines="None" HorizontalAlign="Center">
        <AlternatingRowStyle BackColor="White" ForeColor="#284775" />
        <Columns>
            <asp:BoundField DataField="Start" HeaderText="出发地" />
            <asp:BoundField DataField="Terminal" HeaderText="到达地" />
            <asp:BoundField DataField="FreightType" HeaderText="货物种类" />
            <asp:TemplateField HeaderText="重量">
                <ItemTemplate>
                    <%#Eval("ID")%>
                    <%#Eval("ID")%>
                </ItemTemplate>
            </asp:TemplateField>
            <asp:BoundField DataField="FBDate" DataFormatString="{0:yy-MM-dd}" HeaderText="发布
日期"
                HtmlEncode="False" />
            <asp:TemplateField HeaderText="详细信息">
                <ItemTemplate>
                    <a href="freightInfo.aspx?ID=<%#Eval("ID")%>">详细信息</a>
                </ItemTemplate>
            </asp:TemplateField>
        </Columns>
        <EditRowStyle BackColor="#999999" />
        <FooterStyle BackColor="#EC005F" Font-Bold="True" ForeColor="White" />
        <HeaderStyle BackColor="#EC005F" Font-Bold="True" ForeColor="White" Height="30px" />
        <PagerStyle BackColor="#284775" ForeColor="White" HorizontalAlign="Center" />
        <RowStyle BackColor="#F7F6F3" ForeColor="#333333" Height="20px" />
        <SelectedRowStyle BackColor="#E2DED6" Font-Bold="True" ForeColor="#333333" />
        <SortedAscendingCellStyle BackColor="#E9E7E2" />
        <SortedAscendingHeaderStyle BackColor="#506C8C" />
        <SortedDescendingCellStyle BackColor="#FFFDF8" />
        <SortedDescendingHeaderStyle BackColor="#6F8DAE" />
    </asp:GridView>
```

2. 实现代码

在主页 Web 窗体的加载事件中调用各个功能绑定到 DataList 控件上的方法。实现代码如下：

例程 07　代码位置：资源包\TM\08\WuLiu\WuLiu\index.aspx.cs

```
protected void Page_Load(object sender, EventArgs e)
{
    bindFreight();                                    //自定义方法绑定货源信息
    bindTruck();                                      //自定义方法绑定车源信息
    bindSpecial();                                    //自定义方法绑定专线信息
    bindCompany();                                    //自定义方法绑定公司信息
    bindDepot();                                      //自定义方法绑定仓储信息
}
```

　　物流新闻、招聘职位、最新车源信息、最新货源信息、最新专线信息、最新仓储信息和企业推荐这几个信息的显示都是通过 GridView 控件实现的。由于以上几个信息绑定的方法类似，这里主要介绍最新货源信息的绑定。最新货源信息通过自定义方法 bindFreight 将数据源绑定到 GridView 控件上。代码如下：

例程 08　代码位置：资源包\TM\08\WuLiu\WuLiu\index.aspx.cs

```
protected void bindFreight()
{
    string sql = "select * from tb_Freight where FBDate >='" + day + "'";
    //调用数据库操作类 getDataset 方法，将其返回值绑定到 GridView 控件上
❶   gvFreight.DataSource = dataOperate.getDataset(sql, "tb_Freight");
❷   gvFreight.DataBind();
}
```

📢 代码贴士

❶ gvFreight.DataSource 属性：表示数据源的对象，数据绑定控件从该对象中检索其数据。

❷ gvFreight.DataBind：将数据源绑定到 GridView 控件。

　　由于最新货源信息量比较大，这里使用了 GridView 控件的分页功能。在 GridView 控件的 PageIndexChanging 事件中设置当前索引并重新绑定数据源。主要代码如下：

例程 09　代码位置：资源包\TM\08\WuLiu\WuLiu\index.aspx.cs

```
protected void gvFreight_PageIndexChanging(object sender, GridViewPageEventArgs e)
{
    gvFreight.PageIndex = e.NewPageIndex;             //设置当前索引
    gvTruck.DataBind();                               //重新绑定 GridView 控件
}
```

8.6　用户注册页设计

视频讲解

8.6.1　用户注册页概述

　　浏览者可以通过用户注册功能注册成为本网站的会员。用户注册有两种注册方式，一种为个人用户注册，另一种为企业用户注册。之所以分为两种注册方式，主要考虑到用户的发布信息不一样，企业用户可以发布专线信息和招聘信息，而个人用户不可以发布这些信息。用户注册页面如图 8.23 所示。

用户注册

| 个人会员注册 | 企业会员注册 |

会员注册

用户名：

密　码：

确认密码：

密码提示问题：

密码提示答案：

下一步

图 8.23　用户注册页面

8.6.2　用户注册页技术分析

在用户注册模块中，用户的注册主要使用 Insert 语句将用户的注册信息添加到数据库中。Insert 语句用于向现有数据库中添加新的数据。

语法如下：

```
INSERT[INTO]
  {table_name WITH(<table_hint_limited>[...n])
|view_name
|rowset_function_limited
}
{[(column_list)]
  {VALUES
    ({DEFAULT|NULL|expression}[...n])
    |derived_table
    |execute_statement
  }
}
    |DEFAULT VALUES
```

Insert 语句的参数说明如表 8.4 所示。

表 8.4　Insert 语句的参数说明

参　　数	参　数　说　明
[INTO]	一个可选的关键字，可以将它用在 INSERT 和目标表之前
table_name	将要接收数据的表或 table 变量的名称
view_name	视图的名称及可选的别名。通过 view_name 来引用的视图必须是可更新的
(column_list)	要在其中插入数据的一列或多列的列表。必须用圆括号将 clumn_list 括起来，并且用逗号进行分隔

续表

参　　数	参　数　说　明
VALUES	引入要插入的数据值的列表。对于 column_list（如果已指定）中或者表中的每个列，都必须有一个数据值。必须用圆括号将值列表括起来。如果 VALUES 列表中的值与表中列的顺序不相同，或者未包含表中所有列的值，那么必须使用 column_list 明确地指定存储每个传入值的列
DEFAULT	强制 SQL Server 装载为列定义的默认值。如果对于某列并不存在默认值，并且该列允许 NULL，就插入 NULL
expression	一个常量、变量或表达式。表达式不能包含 SELECT 或 EXECUTE 语句
derived_table	任何有效的 SELECT 语句，它返回将装载到表中的数据行

用户在使用 INSERT 语句插入数据时，必须注意以下几点。

☑　插入项的顺序和数据类型必须与表或视图中列的顺序和数据类型相对应。

☑　如果表中某列定义为不允许 NULL，插入数据时，该列必须存在合法值。

☑　如果某列是字符型或日期型数据类型，插入的数据应该加上单引号。

例如，使用 SQL 语句向用户信息表中插入一条记录，代码如下：

```
insert into  用户信息表  values(需要添加的字段)
```

INSERT 语句还可以一次给数据表添加多条记录，即将某一查询结果插入到指定的表中，这也是 INSERT 语句的第二种用法——批量插入。VALUES 子句指定的是一个 SELECT 子查询的结果集。INSERT 语句的第二种用法的语法如下：

```
Insert Into table_name Select {* | fieldname1 [,fieldname2…]}} From table_source [Where search_condition ]
```

参数说明如下。

☑　Insert Into：关键字。

☑　table_name：存储数据的数据表，该数据表必须已经存在。

☑　Select：表示其后是一个查询语句。

例如，将货源信息表中的数据添加到车源信息表中，代码如下：

```
insert into  车源信息表  select * from  货源信息表
```

注意　　在批量插入时如果不给出列名，则必须保证两个表中的列数相同。

8.6.3　用户注册页实现过程

本模块使用的数据表：tb_User、tb_GrUser

1．设计步骤

（1）在该网站中新建一个 Web 窗体，将其命名为 login.aspx，用于实现用户注册。

（2）在 Web 窗体中定义 div 标签用于页面的布局。

（3）在页面中添加相关的服务器控件，控件的属性设置及用途如表 8.5 所示。

表 8.5　各控件的名称、属性设置及用途

控 件 类 型	控 件 名 称	主要属性设置	控 件 用 途
sbl TextBox	txtName	均为默认值	用户注册输入用户名
	txtPass	均为默认值	用户注册输入密码
	txtQrPass	均为默认值	用户注册输入确认密码
	txtPassQuestion	均为默认值	用户注册输入密码提示问题
	txtPassSolution	均为默认值	用户注册输入密码提示答案
	txtGrLinkman	均为默认值	用户注册输入个人用户联系人
	txtGrPhone	均为默认值	用户注册输入个人用户联系电话
	txtGrAddress	均为默认值	用户注册输入个人用户所在地
	txtLinkman	均为默认值	用户注册输入企业用户联系人
	txtCompanyName	均为默认值	用户注册输入企业名称
	txtCalling	均为默认值	用户注册输入企业所属行业
	txtLicenceNumber	均为默认值	用户注册输入企业营业执照号
	txtAddress	均为默认值	用户注册输入企业地址
	txtPhone	均为默认值	用户注册输入企业用户联系电话
	txtFax	均为默认值	用户注册输入企业传真
	txtEmail	均为默认值	用户注册输入企业电子邮件
	txtNetworkIP	均为默认值	用户注册输入企业网址
	txtContent	将 TextMode 属性设置为 MultiLine（设置文本框模式）	用户注册输入企业简介

续表

控 件 类 型	控 件 名 称	主要属性设置	控 件 用 途
Web 用户控件	dh.ascx	均为默认值	用于导航
Panel	pelDaohan	均为默认值	导航会员注册方式
	pelBase	均为默认值	显示基本信息
	pelGrInfo	均为默认值	显示个人详细信息
	pelQyInfo	均为默认值	显示企业详细信息
Button	btnNext	均为默认值	"下一步"按钮
	btnQyLogin	均为默认值	企业用户注册按钮
	btnGrLogin	均为默认值	个人用户注册按钮
RequiredFieldValidator	RequiredFieldValidatorName	将 ControlToValidate 属性设置为 txtName（要验证控件的 ID）	验证注册用户是否输入用户名
	RequiredFieldValidatorPass	将 ControlToValidate 属性设置为 txtPass（要验证控件的 ID）	验证注册用户是否输入密码
	RequiredFieldValidatorEmail	将 ControlToValidate 属性设置为 txtEmail（要验证控件的 ID）	验证注册用户是否输入电子邮件
CompareValidator	CompareValidatorQpass	将 ControlToCompare 属性设置为 txtPass（用于比较控件的 ID），将 ControlToValidate 属性设置为 txtQpass（要验证控件的 ID）	验证注册用户输入的两次密码是否一致
RegularExpressionValidator	RegularExpressionValidatorEamil	将 ValidationExpression 属性设置为 "\w+([-+.']\w+)*@\w+([-.]\w+)*\.\w+([-.]\w+)*"（用来设置正则表达式）	验证用户输入的电子邮件地址是否正确

2．实现代码

在用户注册页面中，选择不同的注册方式进入相应的注册详细信息页面来进行不同级别的会员注册。在页面加载事件中，使用 Panel 控件显示导航选择会员注册方式。实现代码如下：

例程 10 代码位置：资源包\TM\08\WuLiu\WuLiu\login.aspx.cs

```
protected void Page_Load(object sender, EventArgs e)
{
    pelBase.Visible = false;                //用户基本注册信息
    pelQyInfo.Visible = false;              //企业用户注册详细信息
    pelGrInfo.Visible = false;              //个人用户注册详细信息
}
```

当用户单击"企业用户注册"按钮时，在此按钮的 Click 事件中将注册方式记录下来，并通过 Panel 控件显示输入基本信息的页面。实现代码如下：

例程 11　代码位置：资源包\TM\08\WuLiu\WuLiu\login.aspx.cs

```
protected void LinkButton2_Click(object sender, EventArgs e)
{
    loginType = 1;                              //记录注册方式是企业用户注册
    pelBase.Visible = true;                     //显示基本注册信息
    pelQyInfo.Visible = false;                  //不显示个人注册详细信息
    pelGrInfo.Visible = false;                  //不显示企业注册详细信息
}
```

用户输入完基本信息后，单击"下一步"按钮，在此按钮的 Click 事件中将用户注册的基本信息存储下来，再根据记录的用户注册方式检测用户名是否存在，如果存在，将显示企业会员注册的详细信息页面；如果不存在，将给出相应的提示信息。实现代码如下：

例程 12　代码位置：资源包\TM\08\WuLiu\WuLiu\login.aspx.cs

```
protected void Button1_Click(object sender, EventArgs e)
{
    name = this.txtName.Text;                           //存储用户名
    pass = this.txtPass.Text;                           //存储密码
    passQuestion = this.txtPassQuestion.Text;           //存储密码提示问题
    passSolution = this.txtPassSolution.Text;           //存储密码提示答案
    string QySql = "select * from tb_User where UserName='" + name + "'";//查询企业用户名是否存在 SQL 语句
    string GrSql = "select * from tb_GrUser where Name='" + name + "'";  //查询个人用户名是否存在 SQL 语句
    if (loginType == 0)                                 //判断会员注册方式
    {
        if (!dataOperate.seleSQL(GrSql))                /判断个人用户名是否存在
        {
            pelBase.Visible = false;                    //不显示基本注册信息
            pelQyInfo.Visible = false;                  //不显示企业注册详细信息
            pelGrInfo.Visible = true;                   //显示个人注册详细信息
        }
        else
            RegisterStartupScript("false", "<script>alert('用户名已经此在')</script>");
    }
    else
    {
        if (!dataOperate.seleSQL(QySql))                //判断个人用户名是否存在
        {
            pelBase.Visible = false;                    //不显示基本注册信息
            pelQyInfo.Visible = true;                   //显示企业注册详细信息
            pelGrInfo.Visible = false;                  //不显示个人注册详细信息
        }
        else
            RegisterStartupScript("false", "<script>alert('用户名已经此在')</script>");
    }
}
```

用户输入完企业注册的详细信息后，单击"注册"按钮，通过 SQL 语句利用数据库操作类中的

execSQL 方法将企业注册信息添加到数据库中。实现代码如下：

例程 13　代码位置：资源包\TM\08\WuLiu\WuLiu\login.aspx.cs

```
protected void Button2_Click(object sender, EventArgs e)
{
    string linkman = this.txtLinkman.Text;              //存储联系人
    string companyName = this.txtCompanyName.Text;      //存储企业名称
    string ddlKind = this.ddlKind.SelectedValue;        //存储企业性质
    string calling = this.txtCalling.Text;              //存储所属行业
    string licenceNumber = this.txtLicenceNumber.Text;  //存储营业执照号
    string address = this.txtAddress.Text;              //存储公司地址
    string phone = this.txtPhone.Text;                  //存储联系电话
    string fax = this.txtFax.Text;                      //存储传真
    string email = this.txtEmail.Text;                  //存储电子邮件
    string networkIP = this.txtNetworkIP.Text;          //存储公司网址
    string content = this.txtContent.Text;              //存储内容简介
    string adSql = "insert into tb_User values('" + name + "','" + pass + "','" + passQuestion + "','" + passSolution + "','"
+ linkman + "','" + companyName + "','" + ddlKind + "','" + calling + "','" + licenceNumber + "','" + address + "','" +
phone + "','" + fax + "','"
        email + "','" + networkIP + "','" + content + "') ";
    if (dataOperate.execSQL(adSql))                     //判断是否添加成功
    {
        bindEmail();                                   //自定义方法将用户的登录名和密码发送到 E-mail 中
        Response.Write("<script>alert('添加成功！')</script>");
    }
    else
    {
        RegisterStartupScript("false", "<script>alert('添加失败！')</script>");
    }
}
```

8.7　搜索信息功能

8.7.1　搜索信息功能概述

搜索功能可以使浏览者快速、有效地查找到需要的信息。搜索功能可以按不同的信息类型进行搜索，如图 8.24 所示。

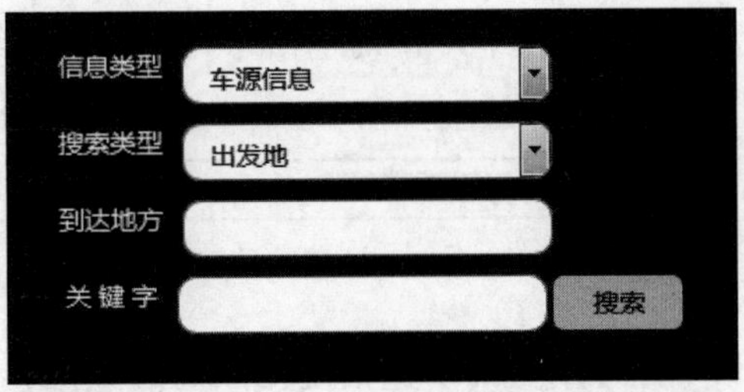

图 8.24　搜索信息功能

8.7.2 搜索信息功能技术分析

搜索信息功能主要使用了 SQL 语句中的 LIKE 模糊查询。在对要查询的数据表中的数据了解得不全面的情况下，可以使用 LIKE 模糊查询。例如不能确定所要查询人的姓名，只知道姓李；查询某个人的联系方式只知道是以"3451"结尾等，这时都可以使用 LIKE 进行模糊查询。LIKE 关键字需要使用通配符在字符串内查找指定的模式，所以读者需要了解通配符及其含义。通配符的含义如表 8.6 所示。

表 8.6　LIKE 关键字中的通配符及其含义

通　配　符	说　　　明
%	由零个或更多字符组成的任意字符串
_	任意单个字符
[ ]	用于指定范围，例如[A～F]，表示 A～F 范围内的任何单个字符
[^]	表示指定范围之外的，例如[^ A～F]，表示 A～F 范围以外的任何单个字符

1．"%"通配符

"%"通配符能匹配零个或更多个字符的任意长度的字符串。

例如，在货源信息表"出发地"字段中，查询第一个字为"天"的记录。SQL 语句如下：

```
select * from tb_Freight where start like '天%'
```

2．"_"通配符

"_"通配符表示任意单个字符，该符号只能匹配一个字符，利用"_"号可以作为通配符组成匹配模式进行查询。

例如，在货源信息表"货源类别"字段中，查询只有两个字但第一个字必须是"汽"的记录。SQL 语句如下：

```
select * from tb_Freight where FreightType like '汽_'
```

3．"[ ]"通配符

在模糊查询中可以使用"[ ]"符号来查询一定范围内的数据。"[ ]"符号用于表示一定范围内的任意单个字符，它包括两端数据。

例如，在货源信息表"联系电话"字段中，查询电话号码以"23"结尾并且开头数字位于 1～5 的记录。SQL 语句如下：

```
select * from tb_Freight where Phone like '[1-5]23'
```

4．"[^]"通配符

在模糊查询中可以使用"[^]"符号来查询不在指定范围内的数据。"[^]"符号用于表示不在某范围内的任意单个字符，它包括两端数据。

例如，在货源信息表"联系电话"字段中，查询电话号码以"23"结尾，但不以 1 开头的记录。SQL 语句如下：

```
select * from tb_Freight where Phone like '[^1]23'
```

8.7.3　搜索信息功能实现过程

📋　本模块使用的数据表：tb_Search

1．设计步骤

（1）在该网站中新建一个 Web 用户控件，将其命名为 search.ascx，用于实现搜索功能。

（2）在 Web 窗体中定义 div 标签用于页面的布局。

（3）在页面中添加相关的服务器控件，控件的属性设置及用途如表 8.7 所示。

表 8.7　各控件的名称、属性设置及用途

控 件 类 型	控 件 名 称	主要属性设置及用途	控 件 用 途
DropDownList	ddlSearchType	均为默认值	选择信息类型
	ddlKeyType	均为默认值	关键字类型
TextBox	txtKey	均为默认值	输入关键字
	txtTerminal	将 Visible 属性设置为 False	输入到达地
Button	btnSearch	均为默认值	"搜索"按钮
Label	labTerminal	均为默认值	显示到达地关键字

2．实现代码

在搜索功能的加载事件中调用自定义方法 bindSearchType，将 DropDownList 控件的数据源进行绑定。实现代码如下：

例程 14　代码位置：资源包\TM\08\WuLiu\WuLiu\search.ascx.cs

```
protected void Page_Load(object sender, EventArgs e)
{
    if (!IsPostBack)                          //判断是不是首次加载页面
    {
        bindSearchType();
    }
}
```

自定义方法 bindSearchType 将显示信息类别的 DropDownList 控件进行绑定，并初始化显示关键字类型的 DropDownList 控件。实现代码如下：

例程 15　代码位置：资源包\TM\08\WuLiu\WuLiu\search.ascx.cs

```
public void bindSearchType()
{
```

```
        string sql = "select distinct searchType,type from tb_Search";      //调用数据库操作类中的 getDataset 方法
        //绑定显示信息类别的 DropDownList 控件的数据源
        DataSet ds = dataOperate.getDataset(sql, "tb_Search");
❶       dlSearchType.DataSource = ds.Tables["tb_Search"].DefaultView;
❷       ddlSearchType.DataTextField = "searchType";
❸       ddlSearchType.DataValueField = "type";
        ddlSearchType.DataBind();
        bindKey();                                                            //自定义方法绑定关键字类型
}
```

🔊 代码贴士

❶ DataSource 属性：数据源的对象，数据绑定控件从该对象中检索其数据。

❷ DataTextField 属性：设置显示文本的字段名。

❸ DataValueField 属性：设置值的字段名。

自定义方法 bindKey 将显示关键字类型的 DropDownList 控件进行绑定。实现代码如下：

例程 16　代码位置：资源包\TM\08\WuLiu\WuLiu\search.Ascx.cs

```
public void bindKey()
{
        //获取当前选择的信息类型的表名
❶       string type = ddlSearchType.SelectedValue.ToString();
        string sql = "select searchKey,keyword from tb_Search where type='" + type + "'";
        //调用数据库操作类中的 getDataset 方法并获取返回的数据集
        DataSet ds = dataOperate.getDataset(sql, "tb_Search");
        //绑定关键字类别的 DropDownList 控件的数据源
        ddlKeyType.DataSource = ds.Tables["tb_Search"].DefaultView;
        //绑定关键字类别的 DropDownList 控件文本的字段名
        ddlKeyType.DataTextField = "searchKey";
        //绑定关键字类别的 DropDownList 控件值的字段名
        ddlKeyType.DataValueField = "keyword";
        ddlKeyType.DataBind();
        //调用自定义方法是否显示到达地文本框
        bindTerminal();
}
```

🔊 代码贴士

❶ SelectedValue 属性：获取当前选择项的值。

自定义方法 bindTerminal 主要用来判断关键字类型是否选择出发地类型，如果选择出发地类型将显示到达地文本框，否则不显示。实现代码如下：

例程 17　代码位置：资源包\TM\08\WuLiu\WuLiu\search.Ascx.cs

```
public void bindTerminal()
{
        //判断关键字类型是否选择了出发地
        if (ddlKeyType.SelectedValue.ToString() == "Start")
        {
```

```
        txtTerminal.Text = "";    //清空"到达地"文本框
        Label1.Visible = true;
        txtTerminal.Visible = true;
    }
    else
    {
        Label1.Visible = false;
        txtTerminal.Visible = false;
    }
}
```

当浏览者添加完需要搜索的信息后单击"搜索"按钮，将浏览者添加的搜索信息转换成 SQL 语句存储到 Session 中，并跳转到搜索的详细信息页面。实现代码如下：

例程 18 代码位置：资源包\TM\08\WuLiu\WuLiu\search.ascx.cs

```
protected void Button1_Click(object sender, EventArgs e)
{
    string table = ddlSearchType.SelectedValue.ToString();         //获取表名
    string keyType = ddlKeyType.SelectedValue.ToString();          //获取字断名
    string keys = txtKey.Text;                                     //获取关键字
    string sql;
    if (txtTerminal.Text != "")
    {
        sql = "select * from " + table + " where " + keyType + " like '%" + keys + "%' and   terminal like '%" +
txtTerminal.Text + "%'";
    }
    else
    {
        sql = "select * from " + table + " where " + keyType + " like '%" + keys + "%'";
    }
    Session["searchSql"] = sql;                                    //将 SQL 语句保存到 Session 中
    Session["searchType"] = ddlSearchType.SelectedValue.ToString();   //将表名保存到 Session 中
    Response.Redirect("searchList.aspx");
}
```

视频讲解

8.8 发布信息页设计

8.8.1 发布信息页概述

会员通过发布信息模块发布信息。根据用户的登录方式不同发布的信息内容也不同，以个人方式登录的用户能发布货源信息、车源信息、仓储信息，如图 8.25 所示。

以企业方式登录的用户能发布货源信息、车源信息、仓储信息、专线信息、招聘信息，如图 8.26 所示。

图 8.25　个人用户发布信息页

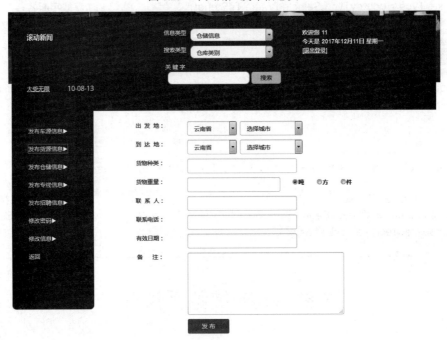

图 8.26　企业用户发布信息页

8.8.2　发布信息页技术分析

在添加货源出发地时使用了省与城市之间的联动功能。省市联动功能主要使用两个 DropDownList 控件绑定数据库中的省和市的详细信息。创建自定义方法将显示出发地的省和到达地的省的 DropDownList 控件进行绑定。实现代码如下：

例程 19　代码位置：资源包\TM\08\WuLiu\WuLiu\issuanceFreight.aspx.cs

```
public void bindSf()
{
    string sql="select distinct sf from tb_City";
     //调用数据库操作类中的 getDataset 方法并接受返回的数据集
    DataSet ds=dataOperate.getDataset(sql, "tb_City");
     //绑定出发省的数据源
    this.ddlcSf.DataSource = ds.Tables["tb_City"].DefaultView;
     //绑定到达省的数据源
    this.ddldSf.DataSource = ds.Tables["tb_City"].DefaultView;
     //绑定出发省 DropDownList 控件的文本值
    ddlcSf.DataTextField = "sf";
     //绑定出发省 DropDownList 控件的值
    ddlcSf.DataValueField = "sf";
    ddldSf.DataTextField = "sf";
    ddldSf.DataValueField = "sf";
    this.ddlcSf.DataBind();
    this.ddldSf.DataBind();
}
```

当用户改变出发省的选项时，显示城市的 DropDownList 控件的列表也随之改变，这个功能主要通过显示省的 DropDownList 控件中的 SelectedIndexChanged 事件来实现。实现代码如下：

例程 20　代码位置：资源包\TM\08\WuLiu\WuLiu\issuanceFreight.aspx.cs

```
protected void ddlcSf_SelectedIndexChanged(object sender, EventArgs e)
{
    //获取所选择省的值
    string sf = ddlcSf.SelectedValue.ToString();
    string sql = "select cs from tb_City where sf='" + sf+"'";
    //调用数据库操作类中的 getDataset 方法并接受返回的数据集
    DataSet ds = dataOperate.getDataset(sql, "tb_City");
    this.ddlcCs.DataSource = ds.Tables["tb_City"].DefaultView;
    //绑定出发市 DropDownList 控件的文本值
    ddlcCs.DataTextField = "cs";
    //绑定出发市 DropDownList 控件的值
    ddlcCs.DataValueField = "cs";
    this.ddlcCs.DataBind();
}
```

8.8.3　发布信息页实现过程

📋 本模块使用的数据表：tb_Freight

1．设计步骤

（1）在该网站中新建一个 Web 窗体，将其命名为 issuanceFreight.aspx，用于实现发布货源信息功能。

（2）在 Web 窗体中定义 div 标签用于页面的布局。

（3）在页面中添加相关的服务器控件，控件的属性设置及用途如表 8.8 所示。

表 8.8　各控件的名称、属性设置及用途

控件类型	控件名称	主要属性设置	用途
TextBox	txtFreightType	均为默认值	输入货物种类
	txtFreightWeight	均为默认值	输入货物重量
	txtLinkman	均为默认值	输入发布货物联系人
	txtPhone	均为默认值	输入发布货物人联系电话
	txtTerm	均为默认值	输入货物信息有效日期
	txtContent	将 TextMode 属性设置为 MultiLine（设置文本框模式）	输入货物信息备注
RadioButton	rdibtnDun	Checked 设置为 true（控件已选中状态），GrupName 设置为 weighte（单选按钮所属的组）	选择货物重量单位吨
	rdibtnFan	GrupName 设置为 weighte（单选按钮所属的组）	选择货物重量单位方
	rdibtnJian	GrupName 设置为 weighte（单选按钮所属的组）	选择货物重量单位件
DropDownList	ddlcSf	将 AutoPostBack 属性设置为 True（自动回传到服务器）	选择货物出发地的省
	ddlcCs	将 AutoPostBack 属性设置为 True（自动回传到服务器）	选择货物出发地的市
	ddldSf	将 AutoPostBack 属性设置为 True（自动回传到服务器）	选择货物到达地的省
	ddldCs	将 AutoPostBack 属性设置为 True（自动回传到服务器）	选择货物到达地的市
Button	btnIssuance	均为默认值	发布货物信息按钮

2. 实现代码

发布各种信息的实现过程类似，这里主要讲解如何发布货源信息。当用户单击"发布"按钮时，在此按钮的 Click 事件中，将用户添加的货源信息通过 SQL 语句使用数据库操作类中的 execSQL 方法存储到数据库中。实现代码如下：

例程 21　代码位置：资源包\TM\08\WuLiu\WuLiu\issuanceFreight.aspx.cs

```
protected void Button1_Click(object sender, EventArgs e)
{
    string UserName = Session["UserName"].ToString();                               //存储用户登录名
    string Start = ddlcSf.SelectedValue.ToString() + ddlcCs.SelectedValue.ToString();   //存储出发地
    tring Terminal = ddldSf.SelectedValue.ToString() + ddldCs.SelectedValue.ToString();//存储到达地
    string FreightType = this.txtFreightType.Text;                                  //存储货物类型
    string FreightWeight = this.txtFreightWeight.Text;                              //存储货物重量
    string WeightUnit;                                                             //用于存储重量单位
    if (rdibtnDun.Checked)                                                          //判断重量单位类型
    {
        WeightUnit = "吨";
    }
    else
        if (rdibtnFan.Checked)
        {
            WeightUnit = "方";
        }
    else
        {
            WeightUnit = "件";
        }
```

```
string Linkman = this.txtLinkman.Text;                          //存储联系人
string Phone = this.txtPhone.Text;                              //存储联系电话
string Term = this.txtTerm.Text;                                //存储有效日期
string Content = this.txtContent.Text;                          //存储详细信息
string FBDate=DateTime.Now.ToString();                          //存储发布日期
string UserType = Session["UserType"].ToString();
string sql = "insert into tb_Freight values('" + UserName + "','" + Start + "','" + Terminal + "','" + FreightType + "',
'" +
        FreightWeight + "','" + WeightUnit + "','" + Linkman + "','" + Phone + "','" + Term + "','" + Content + "','" +
FBDate + "','" + UserType + "',')";
            //判断货物信息是否插入
    if (dataOperate.execSQL(sql))
    {
        RegisterStartupScript("true", "<script>alert('发布成功！')</script>");
    }
    else
    {
        RegisterStartupScript("false", "<script>alert('发布失败！')</script>");
    }
}
```

8.8.4 单元测试

在编写完程序后需要对程序进行调试，而断点是调试的核心，它是.NET 的一个指令，能够使代码运行到指定的行，然后停下来等待用户检查应用程序当前的状态。断点模式可以看作是一种超时，所有元素（如函数、变量和对象）都保留在内存中，但它们的移动和活动被挂起了。在中断模式下，可以检查它们的位置和状态，以查看是否存在冲突或 bug。可以在中断模式下对程序进行调整，如果没有这个功能，调试大的程序几乎是不可能的。

（1）设置断点

添加一个断点，当遇到该断点所在的代码时，就中断执行。单击该代码左边的灰色区域，或者右击该代码行，选择"断点"→"插入断点"命令，断点在该行的旁边显示为一个红色的圆，该行代码也突出显示，如图 8.27 所示。

（2）断点窗口

使用断点窗口可以查看文件中的断点信息。使用以下任何一种方法均可显示断点窗口。

☑ 按 Ctrl+Alt+B 组合键。

☑ 选择菜单栏中的"调试"→"窗口"→"断点"命令。

☑ 在调试工具栏中单击"即时"下拉图标，选择"断点"选项。

"断点"窗口如图 8.28 所示。通过选择"断点"窗口中对应的复选框，能够启用或禁用所有断点。

在该窗口中，可以禁用断点（删除描述信息左边的记号；禁用的断点用填充为红色的圆圈来表示）、删除断点、编辑断点的属性。该窗口中还显示了"条件"和"命中次数"两个可用属性，它们是非常有用的。右击"断点"，在弹出的快捷菜单中选择相应的命令，可对其进行编辑。

（3）断点属性

为提供更大的灵活性，通过 Visual Studio 调试器能够设置属性以修改断点的行为。通过属性菜单可对它们进行设置。右击断点轮廓左边缘，弹出断点属性菜单，如图 8.29 所示。

在属性菜单中，前两个命令可删除或者禁用所选中断点。当选择"禁用断点"命令时，该命令会发生切换，断点图标将显示为一个空心圆。

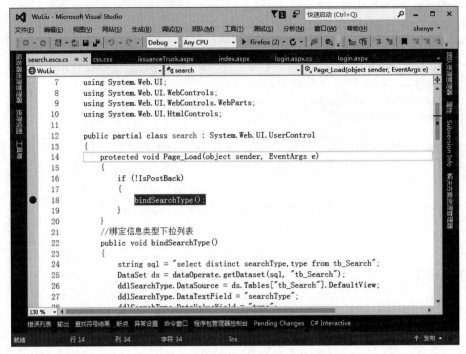

图 8.27　设置断点

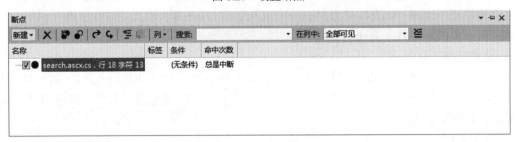

图 8.28　"断点"窗口

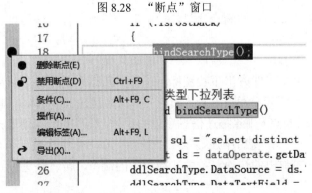

图 8.29　断点属性

8.9　货源信息页设计

8.9.1　货源信息页概述

货源信息页面主要显示所有用户发布的货源信息，浏览者可以通过该页浏览到自己需要的货源信息。货源信息页的运行效果如图 8.30 所示。

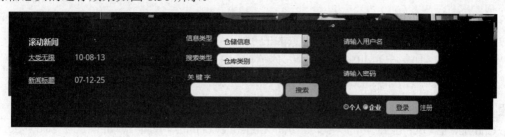

图 8.30　货源信息页的运行效果

8.9.2　货源信息页技术分析

在货源信息页面中，主要通过 DataSet 对象将其绑定到 GridView 控件上，将所有的货源信息显示出来，下面主要介绍 DataSet 对象。

DataSet（数据集）对象相当于内存中的数据库，在命名空间 System.Data 中定义。DataSet 是一个完整的数据集。在 DataSet 内部，主要可以存储 5 种对象，如表 8.9 所示。

表 8.9　DataSet 的对象

属　　性	说　　明
DataTable	使用行、列形式来组织的一个矩形数据集
DataColumn	一个规则的集合，描述决定将什么数据存储到一个 DataRow 中
DataRow	由单行数据库数据构成的一个数据集合，该对象是实际的数据存储
Constraint	决定能进入 DataTable 的数据
DataRelation	描述了不同的 DataTable 之间如何关联

在 DataSet 内部是一个或多个 DataTable 的集合。在每个 DataTable 的集合中都包括 DataRow 对象、DataColumn 对象和 Constraint 集合以及 DataRelation 集合。DataTable 和其内部的 DataRelation 集合对应于父关系和子关系，二者建立了 DataTable 之间的连接。DataSet 内部的 DataRelation 集合是所有 DataTable 集合中的一个聚合视图。

显示货源信息的 GridView 控件将数据库操作类中 getDataset 方法返回的 DataSet 对象绑定到数据

源上，将所有货源信息显示出来。代码如下：

```
gvFreight.DataSource = dataOperate.getDataset(sql, "tb_Freight");
```

8.9.3 货源信息页实现过程

本模块使用的数据表：tb_Freight

1. 设计步骤

（1）在该网站中新建一个 Web 窗体，将其命名为 freightList.aspx，用于实现显示所有货源信息。

（2）在 Web 窗体中定义 div 标签用于页面的布局。

（3）在页面中添加一个 GridView 控件，该控件用于显示所有货源信息。

这里给出显示货源信息的 GridView 控件前台绑定代码。实现代码如下：

例程 22　代码位置：资源包\TM\08\WuLiu\WuLiu\freightList.aspx

```
<asp:GridView ID="gvFreight" runat="server" AutoGenerateColumns="False" Width="80%" AllowPaging="True"
OnPageIndexChanging="gvFreight_PageIndexChanging" CssClass="grid" CellPadding="4"
ForeColor="#333333" GridLines="None" HorizontalAlign="Center">
                <AlternatingRowStyle BackColor="White" ForeColor="#284775" />
                <Columns>
                    <asp:BoundField DataField="Start" HeaderText="出发地" />
                    <asp:BoundField DataField="Terminal" HeaderText="到达地" />
                    <asp:BoundField DataField="FreightType" HeaderText="货物种类" />
                    <asp:TemplateField HeaderText="重量">
                        <ItemTemplate>
                            <%#Eval("FreightWeight") %>
                            <%#Eval("WeightUnit")%>
                        </ItemTemplate>
                    </asp:TemplateField>
                    <asp:BoundField DataField="FBDate" DataFormatString="{0:yy-MM-dd}" HeaderText="发布
日期"
                        HtmlEncode="False" />
                    <asp:TemplateField HeaderText="详细信息">
                        <ItemTemplate>
                            <a href="freightInfo.aspx?ID=<%#Eval("ID")%>">详细信息</a>
                        </ItemTemplate>
                    </asp:TemplateField>
                </Columns>
                <EditRowStyle BackColor="#999999" />
                <FooterStyle BackColor="#EC005F" Font-Bold="True" ForeColor="White" />
                <HeaderStyle BackColor="#EC005F" Font-Bold="True" ForeColor="White" Height="30px" />
                <PagerStyle BackColor="#284775" ForeColor="White" HorizontalAlign="Center" />
                <RowStyle BackColor="#F7F6F3" ForeColor="#333333" Height="20px" />
                <SelectedRowStyle BackColor="#E2DED6" Font-Bold="True" ForeColor="#333333" />
                <SortedAscendingCellStyle BackColor="#E9E7E2" />
                <SortedAscendingHeaderStyle BackColor="#506C8C" />
                <SortedDescendingCellStyle BackColor="#FFFDF8" />
                <SortedDescendingHeaderStyle BackColor="#6F8DAE" />
            </asp:GridView>
```

2. 实现代码

在 Web 窗体的加载事件中调用 bindFreight 自定义方法将货源信息绑定到 GridView 控件上。实现代码如下：

例程 23　代码位置：资源包\TM\08\WuLiu\WuLiu\freightList.aspx.cs

```
protected void Page_Load(object sender, EventArgs e)
{
    bindFreight();                              //自定义方法
}
```

bindFreight 自定义方法通过 SQL 语句利用数据库操作类中的 getDataset 方法，将数据源绑定到 GridView 控件上将所有货源信息显示出来。实现代码如下：

例程 24　代码位置：资源包\TM\08\WuLiu\WuLiu\freightList.aspx.cs

```
protected void bindFreight()
{
    string sql = "select * from tb_Freight order by ID DESC";
    //调用 getDataset 方法将返回值绑定到 GridView 上
    gvFreight.DataSource = dataOperate.getDataset(sql, "tb_Freight");
    gvFreight.DataBind();
}
```

由于货源信息量很大，为了页面的美观和浏览方便，使用了 GridView 控件自带的分页功能。在 GridView 控件的 PageIndexChanging 事件中设置当前页的索引并重新绑定 GridView 控件。实现代码如下：

例程 25　代码位置：资源包\TM\08\WuLiu\WuLiu\freightList.aspx.cs

```
protected void gvFreight_PageIndexChanging(object sender, GridViewPageEventArgs e)
{
❶  gvFreight.PageIndex = e.NewPageIndex;       //设置当前页索引
    gvFreight.DataBind();                       //重新绑定 GridView 控件
}
```

◀》 代码贴士

❶ NewPageIndex属性：获取或设置新页的索引。

视频讲解

8.10　货源详细信息页设计

8.10.1　货源详细信息页概述

当浏览者在货源信息页面单击某条信息的"详细信息"链接按钮时，将进入一个新的页面，在该页面中显示此条货源的详细信息，如图 8.31 所示。

出 发 地：　吉林省长春市

到 达 地：　北京市北京市

货物种类：　大麦

货物重量：　500吨

联 系 人：　再超

联系电话：　13111111111

有效时间：　2018年1月1日

发布日期：　2017年8月13日

备　注：　货急

图 8.31　货源详细信息页

8.10.2　货源详细信息页技术分析

在货源详细信息页面中，主要使用 DataReader 对象将货源信息表中的各个字段显示在页面上。下面介绍 DataReader 对象。

DataReader 对象主要用来读取数据结果，使用它读取记录通常比使用 DataSet 更快。DataReader 类有 3 种：SqlDataReader、OleDbDataReader 和 OdbcDataReader。DataReader 对象使用 Commmand 对象从数据库中读取记录，每次只能返回一条记录保存到内存中，从而避免了使用大量内存，大大提高了性能。DataReader 离不开与数据库的连接，它是与底层数据库紧密联系在一起。需要注意的是，DataReader 对象返回的结果是一个只读的且仅向前的数据流。DataReader 对象的常用属性及说明如表 8.10 所示。

表 8.10　DataReader 对象的常用属性及说明

属　　性	说　　明
Depth	设置阅读器的深度
FieldCount	返回当前指定行的列数
IsClosed	返回当前对象是否关闭
Item	指定字段的值
RecordsAffected	返回影响的记录数

注意　IsClosed 和 RecordsAffected 是在一个已经关闭的 DataReader 对象上可以调用的唯一属性。

DataReader 对象的常用方法及说明如表 8.11 所示。

表 8.11 DataReader 对象的常用方法及说明

方　　法	说　　明
Close	关闭 DataReader 对象
GetBoolean	返回所获取的布尔型值
GetByte	返回所获取的 Byte 类型值
GetChar	返回所获取的 Char 类型值
GetDataTypeName	返回指定列的数据类型
GetDateTime	返回所获取的 DateTime 对象
GetInt32	返回所获取的 Int 类型值
GetName	返回指定列数的列名
GetString	返回所获取的 String 类型值
GetType	返回当前对象的 Type 对象
GetValue	以本机格式返回指定字段的值
GetValues	返回包含指定列的数据的对象，该对象的类型为指定列的原始类型和格式
NextResult	读取批处理 SQL 语句的结果时，移动到下一个结果
Read	从数据源中读取一个或多个记录集，返回值为 True，表示仍有记录未读取；否则表示已经读取到最后一条记录

例如，使用 SqlDataReader 对象获取货源信息表中编号等于 1 的记录，并将该记录中的出发地信息显示在文本框中。代码如下：

```
SqlConnection con = new SqlConnection("server=.;database=db_WL;uid=sa;pwd=;")
con.Open();
string sql = "select * from tb_Freight where ID=1;
SqlCommand com = new SqlCommand(sql, con);
SqlDataReader sdr   com.ExecuteReader();
 sdr.Read();                                              //读取下条记录
txtStart.Text = sdr["start"].ToString();
```

8.10.3 货源详细信息页实现过程

🔳 本模块使用的数据表: tb_Freight

1. 设计步骤

（1）在该网站中新建一个 Web 窗体，将其命名为 freightInfo.aspx，用于实现显示货源详细信息。

（2）在 Web 窗体中定义 div 标签用于页面的布局。

（3）在页面中添加相关的服务器控件，控件的属性设置及用途如表 8.12 所示。

表 8.12　各控件名称、属性设置及用途

控件类型	控件名称	主要属性设置	用途
abl TextBox	txtFreightType	将 ReadOnly 属性设置为 True（设置文本为只读，不可以更改文本）	显示货物种类
	txtFreightWeight	将 ReadOnly 属性设置为 True（设置文本为只读，不可以更改文本）	显示货物重量
	txtLinkman	将 ReadOnly 属性设置为 True（设置文本为只读，不可以更改文本）	显示联系人
	txtPhone	将 ReadOnly 属性设置为 True（设置文本为只读，不可以更改文本）	显示联系电话
	txtTerm	将 ReadOnly 属性设置为 True（设置文本为只读，不可以更改文本）	显示有效时间
	txtContent	将 ReadOnly 属性设置为 True（设置文本为只读，不可以更改文本）	显示公司
	txtFBDate	将 ReadOnly 属性设置为 True（设置文本为只读，不可以更改文本）	显示发布日期
	txtStart	将 ReadOnly 属性设置为 True（设置文本为只读，不可以更改文本）	显示出发地
	txtTerminal	将 ReadOnly 属性设置为 True（设置文本为只读，不可以更改文本）	显示到达地
Input (Button)	btnClose	均为默认值	关闭页面按钮

2. 实现代码

在 Web 窗体页面的加载事件中调用 bindFreightInfo 自定义方法将货源的详细信息显示出来。实现代码如下：

例程 26　代码位置：资源包\TM\08\WuLiu\WuLiu\freightInfo.aspx.cs

```
protected void Page_Load(object sender, EventArgs e)
{
    bindFreightInfo();
}
```

在 bindFreightInfo 自定义方法中通过货源信息页面传入的编号，在数据库中查找符合该编号的货源详细信息并显示出来。实现代码如下：

例程 27　代码位置：资源包\TM\08\WuLiu\WuLiu\freightInfo.aspx.cs

```
protected void bindFreightInfo()
{
    string ID = Request.QueryString["ID"].ToString();
    string sql = "select * from tb_Freight where ID=" + ID;
    //通过数据库操作类中的 getRow 方法找到此条货源详细信息
    SqlDataReader sdr = dataOperate.getRow(sql);
    sdr.Read();                                          //读取下条记录
    //获取货源详细信息
```

```
txtStart.Text = sdr["start"].ToString();
txtTerminal.Text = sdr["Terminal"].ToString();
txtFreightType.Text = sdr["FreightType"].ToString();
txtFreightWeight.Text = sdr["FreightWeight"].ToString() + sdr["WeightUnit"].ToString();
txtLinkman.Text = sdr["Linkman"].ToString();
txtPhone.Text = sdr["Phone"].ToString();
txtTerm.Text = Convert.ToDateTime(sdr["Term"]).ToLongDateString();
txtContent.Text = sdr["Content"].ToString();
txtFBDate.Text = Convert.ToDateTime(sdr["FBDate"]).ToLongDateString();
}
```

8.11 货源信息管理页设计

视频讲解

8.11.1 货源信息管理页概述

管理员通过货源信息管理模块对货源信息进行审核、查看详细信息和将过期信息删除。货源信息管理页如图 8.32 所示。

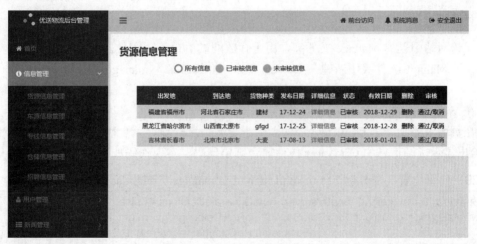

图 8.32 货源信息管理页

8.11.2 货源信息管理页技术分析

信息的有效性尤为重要，如果信息已经过期就需要管理员将其删除。为了方便管理员查阅，将过期的信息以特殊颜色显示出来。可以在 GridView 控件中的 RowDataBound 事件中实现该功能，在该事件中先将当天的日期获取，再将此条信息的有效日期获取，如果有效日期小于当前日期，说明此条信息已经过期，并通过 ForeColor 属性改变此条信息的颜色。改变颜色通过 Color 类实现，Color 类需要引用命名空间 System.Drawing。实现代码如下：

例程 28 代码位置：资源包\TM\08\WuLiu\WuLiu\manage_Freight.aspx.cs

```
protected void gvFreight_RowDataBound(object sender, GridViewRowEventArgs e)
```

```
    {
        if (e.Row.RowType == DataControlRowType.DataRow)
        {
❶          DateTime term = Convert.ToDateTime(e.Row.Cells[6].Text);      //获取有效日期
❷          DateTime nowDate =DateTime.Now.Date;                          //获取当前日期
            if (term < nowDate)                                          //判断是否过期
            {
                e.Row.ForeColor = Color.Green;
            }
        }
    }
}
```

📢)) 代码贴士

❶ Convert：将一种基本数据类型转换成另一种基本数据类型。

❷ DateTime.Now.Date：获取本地时间的日期部分。

8.11.3 货源信息管理页实现过程

▦ 本模块使用的数据表：tb_Freight

1．设计步骤

（1）在该网站中创建 Manage 文件夹，用于存放网站后台管理窗体。

（2）在该 Manage 文件夹下新建一个 Web 窗体，将其命名为 manage_Freight.aspx，用于货源信息管理。

（3）在 Web 窗体中定义 div 用于页面的布局。

（4）在页面中添加一个 GridView 控件，用于货源信息管理。

这里给出显示货源信息的 GridView 控件前台绑定代码。实现代码如下：

例程 29　代码位置：资源包\TM\08\WuLiu\WuLiu\manage_Freight.aspx

```
<asp:GridView ID="gvFreight" runat="server" AutoGenerateColumns="False"
OnRowDataBound="gvFreight_RowDataBound" OnRowDeleting="gvFreight_RowDeleting"
                        OnSelectedIndexChanging="gvFreight_SelectedIndexChanging"
Font-Size="10pt" AllowPaging="True" OnPageIndexChanging="gvFreight_PageIndexChanging"
                        CellPadding="4" ForeColor="#333333" GridLines="None"
HorizontalAlign="Center" Width="90%" CssClass="grid">
                        <AlternatingRowStyle BackColor="White" />
                        <Columns>
                            <asp:BoundField DataField="Start" HeaderText="出发地" />
                            <asp:BoundField DataField="Terminal" HeaderText="到达地" />
                            <asp:BoundField DataField="FreightType" HeaderText="货物种类" />
                            <asp:BoundField DataField="FBDate" HeaderText="发布日期"
DataFormatString="{0:yy-MM-dd}" HtmlEncode="False" />
                            <asp:TemplateField HeaderText="详细信息">
                                <ItemTemplate>
                                    <a href="../freightInfo.aspx?ID=<%#Eval("ID")%>">详细信息
</a>
                                </ItemTemplate>
```

```
                                      </asp:TemplateField>
                                      <asp:BoundField AccessibleHeaderText="sh" DataField="Auditing"
HeaderText="状态" />
                                      <asp:BoundField DataField="Term"
DataFormatString="{0:yyyy-MM-dd}" HeaderText="有效日期" HtmlEncode="False" />
                                      <asp:CommandField HeaderText="删除" ShowDeleteButton="True">
                                          <ControlStyle Font-Underline="False" />
                                      </asp:CommandField>
                                      <asp:CommandField HeaderText="审核" SelectText="通过/取消"
ShowSelectButton="True" />
                                  </Columns>
                                  <EditRowStyle BackColor="#7C6F57" />
                                  <FooterStyle BackColor="#1C5E55" Font-Bold="True" ForeColor="White"
/>
                                  <HeaderStyle BackColor="#1C5E55" Font-Bold="True" ForeColor="White"
Height="40px" />
                                  <PagerStyle BackColor="#666666" ForeColor="White"
HorizontalAlign="Center" />
                                  <RowStyle BackColor="#E3EAEB" Height="30px" HorizontalAlign="Center"
/>
                                  <SelectedRowStyle BackColor="#C5BBAF" Font-Bold="True"
ForeColor="#333333" />
                                  <SortedAscendingCellStyle BackColor="#F8FAFA" />
                                  <SortedAscendingHeaderStyle BackColor="#246B61" />
                                  <SortedDescendingCellStyle BackColor="#D4DFE1" />
                                  <SortedDescendingHeaderStyle BackColor="#15524A" />
                              </asp:GridView>
```

2. 实现代码

在 Web 窗体页面的加载事件中调用 bindFreight 自定义方法将所有的货源信息显示出来。实现代码如下：

例程 30 代码位置：资源包\TM\08\WuLiu\WuLiu\manage_Freight.aspx.cs

```
protected void Page_Load(object sender, EventArgs e)
{
    bindFreight();                                  //调用自定义方法显示货源信息
}
```

bindFreight 自定义方法将所有货源信息绑定到 GridView 控件上，在该方法中先判断管理员选择的是哪种显示方式，根据管理员选择的显示方式来绑定 GridView 控件。实现代码如下：

例程 31 代码位置：资源包\TM\08\WuLiu\WuLiu\manage_Freight.aspx.cs

```
protected void bindFreight()
{
    string sql = "";
    if (rdibtnW.Checked)                             //判断是否选择未审核显示方式
    {
        sql = "select * from tb_Freight where Auditing=0";
    }
```

```
            else
                if (rdibtnY.Checked)                        //判断是否选择已审核显示方式
                {
                    sql = "select * from tb_Freight where Auditing=1";
                }
                else
                    if (rdibtnS.Checked)                    //判断是否选择所有信息显示方式
                    {
                        sql = "select * from tb_Freight";
                    }
        //调用数据库操作类中的 getDataset 方法将数据源绑定到 GridView 控件上
        gvFreight.DataSource = dataOperate.getDataset(sql, "tb_Freight");
❶       gvFreight.DataKeyNames = new string[] { "ID" };
        gvFreight.DataBind();
    }
```

🔊 代码贴士

❶ gvFreight.DataKeyNames 属性：设置主键字段。

如果货源信息已被审核，此条信息"状态"列将显示为"已审核"且字体颜色为红色；如果货源信息未被审核，将显示为"未审核"且字体颜色为蓝色。该功能通过 GridView 控件的 RowDataBound 事件实现，该事件在数据绑定后引发。在该事件中判断每条信息的审核状态，根据信息当前的锁定状态来改变"状态"列的显示文本和颜色。实现代码如下：

例程 32　代码位置：资源包\TM\08\WuLiu\WuLiu\manage_Freight.aspx.cs

```
protected void gvFreight_RowDataBound(object sender, GridViewRowEventArgs e)
{
    if (e.Row.RowType == DataControlRowType.DataRow)
    {
        //获取货源信息的有效日期
        DateTime term = Convert.ToDateTime(e.Row.Cells[6].Text);
        //获取当前日期
        DateTime nowDate =DateTime.Now.Date;
        if (term < nowDate)                              //判断此条显示是否过期
        {
            e.Row.ForeColor = Color.Green;               //如果过期改变此行的颜色
        }
        if (e.Row.Cells[5].Text == "False")              //判断当前信息的审核状态
        {
            e.Row.Cells[5].Text = "未审核";               //改变文本值
            e.Row.Cells[5].ForeColor =Color.Red;         //改变显示颜色
        }
        else
        {
            e.Row.Cells[5].Text = "已审核";
            e.Row.Cells[5].ForeColor = Color.Blue;
        }
    }
}
```

审核信息通过"通过/取消"链接按钮来实现，当管理员单击某条信息"通过/取消"链接按钮时，将改变审核状态一列的文本和文本颜色。该功能在 GridView 控件的 SelectedIndexChanging 事件中实现，该事件当选择某行时引发。实现代码如下：

例程 33　代码位置：资源包\TM\08\WuLiu\WuLiu\manage_Freight.aspx.cs

```
protected void gvFreight_SelectedIndexChanging(object sender, GridViewSelectEventArgs e)
{
    //获取当前货源信息的编号
    string   ID = this.gvFreight.DataKeys[e.NewSelectedIndex].Value.ToString();
    string selSql="select Auditing from tb_Freight where ID= "+ID;
    //调用数据库操作类中的 getRow 方法并接受该方法返回的 SqlDataReader 对象
    SqlDataReader sdr = dataOperate.getRow(selSql);
    sdr.Read();                                          //读取下条记录
    int Auditing =Convert.ToInt32(sdr["Auditing"]);     //获取当前信息的审核状态
    if (Auditing == 0)                                   //判断货源信息的审核状态
    {
        Auditing = 1;                                    //改变当前信息的审核状态
    }
    else
    {
        Auditing = 0;
    }
    string updSql = "update tb_Freight set Auditing='" + Auditing + "' where ID=" + ID;
    dataOperate.execSQL(updSql);                         //将改变后的审核状态存储到数据库中
    bindFreight();                                       //调用自定义方法重新绑定货源信息
}
```

8.12　网站文件清单

物流信息管理平台的网站文件清单如表 8.13 所示。

表 8.13　网站文件清单

文件位置及名称	说　明
WuLiu\App_Code\dataOperate.cs	数据库操作类
WuLiu\App_Data\db_WL_Data.MDF	数据库文件
WuLiu\Bin\Interop.jmail.dll	引用的 Jmail 组件
WuLiu\Manage\lockCause.aspx	后台管理锁定用户详细信息
WuLiu\Manage\manage_Depot.aspx	后台仓储信息管理页
WuLiu\Manage\manage_Freight.aspx	后台货源信息管理页
WuLiu\Manage\manage_grUser.aspx	后台个人用户管理页
WuLiu\Manage\manage_issuanceNews.aspx	后台发布物流信息页
WuLiu\Manage\manage_Job.aspx	后台招聘信息管理页
WuLiu\Manage\manage_news.aspx	后台物流新闻管理页

续表

文件位置及名称	说　明
WuLiu\Manage\manage_qyUser.aspx	后台企业用户管理页
WuLiu\Manage\manage_Special.aspx	后台专线信息管理页
WuLiu\Manage\manage_Truck.aspx	后台车源信息管理页
WuLiu\Manage\manageIndex.aspx	后台管理首页
WuLiu\companyInfo.aspx	企业详细信息页
WuLiu\companyList.aspx	所有企业信息页
WuLiu\depotInfo.aspx	仓储详细信息页
WuLiu\depotList.aspx	所有仓储信息页
WuLiu\EditInfo.aspx	企业信息编辑页面
WuLiu\entry.ascx	登录用户控件
WuLiu\freightInfo.aspx	货源详细信息页
WuLiu\freightList.aspx	所有货源信息页
WuLiu\grLeft.aspx	个人用户发布信息左框架
WuLiu\header.ascx	网站导航用户控件
WuLiu\index.aspx	网站首页
WuLiu\issuanceDepot.aspx	发布仓储信息页
WuLiu\issuanceFreight.aspx	发布货源信息页
WuLiu\issuanceInfo.aspx	发布信息首页
WuLiu\issuanceJob.aspx	发布招聘信息页
WuLiu\issuanceSpecial.aspx	发布专线信息页
WuLiu\issuanceTruck.aspx	发布车源信息页
WuLiu\jobInfo.aspx	招聘详细信息页
WuLiu\jobList.aspx	所有招聘信息页
WuLiu\login.aspx	用户注册页
WuLiu\manageEntry.aspx	后台登录页
WuLiu\MasterPage.master	母版页
WuLiu\newPass.aspx	修改个人信息页
WuLiu\news.aspx	新闻详细信息页
WuLiu\qyLeft.aspx	企业用户发布信息左框架
WuLiu\search.ascx	搜索功能用户控件
WuLiu\searchList.aspx	搜索详细信息页
WuLiu\specialInfo.aspx	专线详细信息页
WuLiu\specialList.aspx	所有专线信息页
WuLiu\truckInfo.aspx	车源详细信息页
WuLiu\truckList.aspx	所有车源信息页

 注意　　上面的网站文件清单中，凡是与 ASPX 文件对应的都有一个 CS 文件，在此没有一一列出。

8.13　邮 件 发 送

在本程序用户注册中使用了邮件发送功能。在开发电子邮件发送功能时，主要使用 Jmail 组件发送电子邮件。因为使用 Jmail 组件不需要书写大量的代码，就能实现非常完美的功能。在使用 Jmail 组件的同时，需要特别强调的是，在使用过程中要将该组件引用到项目当中，而且要在本地计算机上注册该组件。

8.13.1　Jmail 组件介绍

Jmail 组件是由 Dimac 公司开发的，用来完成邮件的发送、接收、加密和集群传输等工作。它支持从 POP3 邮件服务器收取邮件，支持加密邮件的传输，其发送邮件的速度快，功能丰富，并不需要 Outlook 之类的邮件客户端，而且是免费的，是使用非常广泛的邮件发送组件。在使用 Jmail 组件发送电子邮件之前，首先需要添加对 Jmail 组件的引用。具体步骤如下：

（1）在解决方案资源管理器中找到要添加引用的网站项目，单击鼠标右键，在弹出的快捷菜单中选择"添加引用"命令，如图 8.33 所示。

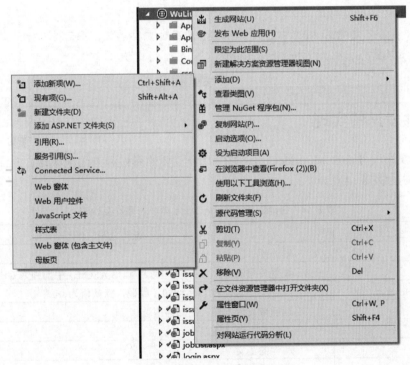

图 8.33　在项目中添加引用

（2）在打开的"添加引用"对话框（如图 8.34 所示）中选择"浏览"选项卡，并选择要引用的 jmail.dll 文件，单击"确定"按钮，将 Jmail 组件添加到网站项目的引用中，然后就可以直接在后台代码中使用其属性和方法了。

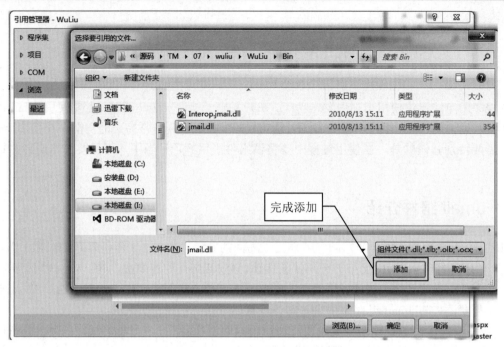

图 8.34　"添加引用"对话框

> **注意**　Jmail 组件不是 ASP.NET 中自带的组件，使用时需要安装，并且在本地计算机上要注册该组件。例如，该组件放在 "C:\Jmail\Jmail.dll" 下，注册时只需在 "运行" 中运行 "Regsvr32 C:\Jmail\Jmail.dll" 即可。

8.13.2　邮件发送的实现

发送功能主要通过 Jmail.. MessageClass 类中几个主要的属性和方法来实现。Jmail.. MessageClass 类中的属性及说明如表 8.14 所示。

表 8.14　Jmail.. MessageClass 类中的属性及说明

属　　性	说　　明
Attachments	返回邮件的附件集合
Charset	设置使用的邮件字符集，默认为 US-ASCII，中国则为 GB2312
ISOEncodeHeaders	邮件头是否使用 ISO-8859-1 编码，默认值为 true
From	返回或设置发件人的邮件地址
Subject	邮件的主题（标题）
Body	邮件的正文
Prority	返回或设置邮件的优先级
Encoding	设置附件默认编码。有效选项是 "base64" 或者 "quoted-printable"
Date	返回邮件发送时间

Prority 属性用来返回或设置邮件的优先级。一共有 5 个级别，1 为最快，5 为最慢。语法如下：

```
Message.Prority=1;                                    //设置为最快
Response.Write(Messgae.Prority)                       //输出优先级
```

Jmail.. MessageClass 类中的方法及说明如表 8.15 所示。

表 8.15　Jmail.. MessageClass 类中的方法及说明

方　　法	说　　明
AddRecipient(emailAddress,recipientName,PGPKey)	为邮件添加一个收件人
AddAttachment(FileName,isInline,ContentType)	为邮件添加一个文件型的附件。如果 Inline 属性被设置为 true，这个附件就是一个可嵌入的附件
Send(mailServer,enque)	发送邮件。邮件服务器是一个描述邮件服务器名称或地址的字符串（包括引号），用户名和密码是可选项。当邮件服务器需要发信认证时可使用。使用的格式是"用户名:密码@邮件服务器"

Send 方法用来发送邮件，一般情况下只使用服务器参数即可。语法如下：

```
Message.Send(server)
```

8.14　本 章 总 结

本章主要的内容是根据物流信息的实际情况设计一个物流信息管理平台。在开发过程中，首要考虑的问题就是系统的需求分析以及如何设计数据库，因为数据库设计直接影响到管理系统的好坏；然后考虑公共类的编写，一个好的公共类不但可以提高开发速度，还有利于系统的维护。本章通过详细的讲解以及简洁的代码，使读者能够更快、更好地掌握物流信息管理平台开发技术。

第 9 章

播客网（专业的在线视频网）

（ASP.NET 4.5+SQL Server 2014+FLV 视频格式实现）

随着因特网的发展，通过文字信息来展现自我已经不是主流的方式。播客网站的出现，使得通过视频展现自我方式已经受到广大网友的青睐。网友可以将自己拍摄或制作的视频上传到播客中，以提供给其他网友浏览，并可以通过评论功能为上传的视频进行评论，以增进网友之间的交流。

通过阅读本章，可以学习到：

- ▶▶ 导航栏制作
- ▶▶ 循环广告栏及最新视频显示
- ▶▶ 发表评论及显示
- ▶▶ 视频上传
- ▶▶ 观看视频并对其进行投票
- ▶▶ FLV 视频格式转换

配置说明

9.1　开 发 背 景

视频讲解

当今网络用户个性化视频尤为突出，如比较受欢迎的优酷视频网、土豆视频网等，其每天上传的视频与在线视频的观看及点击率有时都可以过百万次。通过视频来展示自我，彰显个性化的方式已经受到广大网友的青睐与推崇。由于长春某知名物业小区为了提高业主业余生活，增进物业公司与小区居民的感情，现委托吉林省××科技有限公司开发一个播客网（即在线视频网）。

9.2　需 求 分 析

长期以来，人们自己拍摄或制作的视频只能存放在自己的计算机中，如果要将自制精彩视频分享给亲朋好友，只能用一些其他方法如刻录成资源包等邮递给亲朋好友，费时也费力。如果能开发一个在线视频播放网站将视频进行上传并分享给朋友，则是一个把快乐分享给大家的过程。

由上面的需求应运而生了比较受大家欢迎的播客网。播客网是用户通过视频的形式来展现自我的平台。在播客网中，用户可以通过注册用户功能来注册播客网站的会员，成为播客网站的会员后用户就可以在网站中发布自己的视频。其他用户可以在播客网站中欣赏到会员用户所发布的视频。用户在欣赏完视频后还可以发表自己对视频的看法或意见。

另外，在播客网站中还对会员用户进行了积分排名功能，例如，某个会员用户发布的视频越多，所得积分也就越高。在网站的后台可以对视频进行管理。会员所发布的视频必须通过管理员审核后才可以在前台的页面中显示，如果某个会员发布了违法的视频，管理员还可以使用冻结账号的功能。

9.3　系 统 设 计

9.3.1　系统目标

播客网站的系统目标如下。
- ☑　界面设计友好、美观，数据存储安全、可靠。
- ☑　普通用户可以分类进行观看视频，如搞笑类、体育类、编程词典类等。
- ☑　强大的视频搜索功能，保证视频查询的灵活性。
- ☑　普通用户及会员都可以对视频进行评论。
- ☑　会员积分设置，如某个会员用户发布的视频越多，所得积分也就越高。
- ☑　视频合法性的审核，如果某个会员发布了违法的视频，管理员还可以使用冻结账号的功能。
- ☑　提供视频排行榜，主要根据视频点击率排行。
- ☑　个人中心管理，可以对自己上传的视频进行管理。
- ☑　提供管理员对视频排行、网站动态公告、循环广告播放等功能设置。
- ☑　系统最大限度地实现了易维护性和易操作性。

9.3.2　系统流程图

播客视频网站开发的系统流程图如图 9.1 所示。

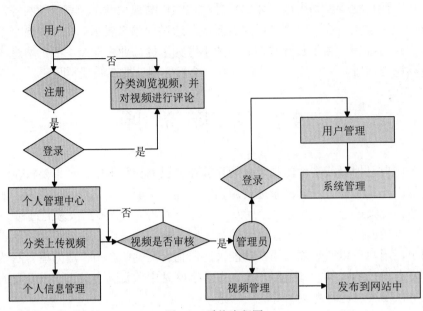

图 9.1　系统流程图

9.3.3　系统功能结构

根据播客网站在线视频审核特点，设计管理员后台审核功能结构如图 9.2 所示。

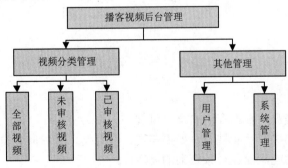

图 9.2　系统功能结构图

9.3.4　系统预览

为使读者对播客网站有个初步的了解，下面给出系统中的几个页面，未给出的其他页面可参见资源包中的源程序。

播客网主页面如图 9.3 所示。视频评论页面如图 9.4 所示。

图 9.3　网站主页面（资源包\···\index.aspx）

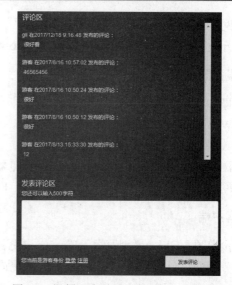

图 9.4　视频评论页面（资源包\···\play.aspx）

上传视频页面如图 9.5 所示。视频播放页面如图 9.6 所示。

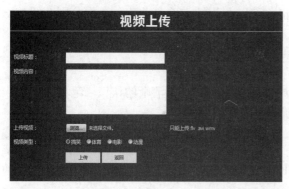

图 9.5　上传视频页面（资源包\···\bookBorrow.aspx）

图 9.6　视频播放页面（资源包\···\play.aspx）

播客网导航栏制作页面如图 9.7 所示。

| 首页 | 最新视频 | 人气视频 | 搞笑 | 体育 | 电影 | 动漫 | 会员 | 排行榜 | 个人管理 |

图 9.7　播客网导航栏制作页面（资源包\···\index.aspx）

注意　由于路径太长，因此省略了部分路径，省略的路径是"TM\09\PlayVideo"。

9.3.5　构建开发环境

1. 网站开发环境

☑　网站开发环境：Microsoft Visual Studio 2017。
☑　网站开发语言：ASP.NET+C#。

☑ 网站后台数据库：SQL Server 2014。

☑ 开发环境运行平台：Windows 7/Windows 10。

2．服务器端

☑ 操作系统：Windows 7。

☑ Web 服务器：IIS 6.0 以上版本。

☑ 数据库服务器：SQL Server 2014。

☑ 浏览器：Chrome 浏览器、Firefox 浏览器。

☑ 网站服务器运行环境：Microsoft .NET Framework SDK v4.5。

3．客户端

☑ 浏览器：Chrome 浏览器、Firefox 浏览器。

☑ 分辨率：最佳效果 1280×800 像素或更高分辨率。

9.3.6　数据库设计

本系统采用 SQL Server 2014 数据库，名称为 playVideo，其中包含 9 张表。下面分别介绍数据库概要说明、数据库概念设计及数据库逻辑结构设计。

1．数据库概要说明

从读者角度出发，为了使读者对本系统数据库中的数据表有一个更清晰的认识，笔者设计了一个数据表树形结构图，如图 9.8 所示，其中包含系统所有数据表。

2．数据库概念设计

通过对本系统进行的需求分析、系统流程设计以及系统功能结构的确定，规划出系统中使用的数据库实体对象，具体说明如下。

注册会员发布视频后，管理员需要在网上后台管理中给予审核，如果是违法的视频将不给予审核通过。视频详细信息实体 E-R 图如图 9.9 所示。

图 9.8　数据表树形结构图

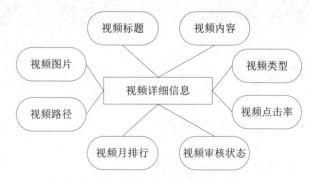

图 9.9　视频详细信息实体 E-R 图

再精彩的视频如果没有网友的评论也会黯然失色。视频评论信息实体 E-R 图如图 9.10 所示。

图 9.10　视频评论实体 E-R 图

精彩视频在用户顶起后，其受到的关注度就会大大提升。视频排行实体 E-R 图如图 9.11 所示。

好的视频是如何被网友顶起的，可以通过设置视频投票来体现。视频投票信息实体 E-R 图如图 9.12 所示。

图 9.11　视频排行实体 E-R 图　　　　　图 9.12　视频投票信息实体 E-R 图

3．数据库逻辑结构设计

在设计完数据库实体 E-R 图之后，需要根据实体 E-R 图设计数据表结构。下面给出主要数据表的数据结构和用途。

（1）userRegister（用户注册表）

用户注册表用于保存用户的注册信息。该表的结构如表 9.1 所示。

表 9.1　用户注册表的结构

字　段	类　型	长　度	说　明
ID	int	4	自动编号
userName	varchar	30	用户登录名
userPass	varchar	30	用户密码
passQuestion	varchar	50	密码提示问题
passAnswer	varchar	50	密码提示答案
email	varchar	50	E-mail 地址
lock	bit	1	是否锁定
lockCause	varchar	50	锁定原因

（2）videoInfo（视频详细信息表）

视频详细信息表主要用于保存用户上传视频的详细信息。该表的结构如表 9.2 所示。

表 9.2　视频详细信息表的结构

字　段	类　型	长　度	说　明
ID	int	4	自动编号
userName	varchar	30	用户登录名
videoTitle	varchar	30	视频标题
videoContent	varchar	500	视频内容
videoDate	varchar	8	发布视频日期
videoPath	varchar	50	视频路径
videoPicture	varchar	50	视频图片
videoType	char	10	视频类型
playSum	int	4	视频点击率
flower	int	4	视频顶人数
tile	int	4	视频踩人数
monthSum	int	4	视频本月点击率
Auditing	bit	1	视频审核状态

（3）videoIdea（视频评论表）

视频评论表主要用于保存视频的评论信息。该表的结构如表 9.3 所示。

表 9.3　视频评论表的结构

字　段	类　型	长　度	说　明
ID	int	4	自动编号
userName	varchar	50	评论人
content	text	16	评论内容
videoId	int	4	评论视频的编号
issuanceDate	datetime	8	评论时间

（4）videoTaxis（视频排行表）

视频排行表主要用于保存视频每月排行信息。该表的结构如表 9.4 所示。

表 9.4　视频排行表的结构

字　段	类　型	长　度	说　明
videoId	int	4	视频编号
videoType	char	10	视频类型
videoTitle	varchar	50	视频名称
playSum	int	4	视频点击率
taxisMonth	char	10	视频排行月份

（5）videoPoll（视频投票信息表）

视频投票信息表主要用于保存已投票的用户 IP 和视频 ID。该表的结构如表 9.5 所示。

表 9.5 视频投票信息表的结构

字　　段	类　　型	长　　度	说　　明
ID	int	4	自动编号
IP	varchar	30	投票者的 IP
videoId	Int	4	投票视频的编号

（6）bulletin（公告信息表）

公告信息表主要用于保存公告信息。该表的结构如表 9.6 所示。

表 9.6 公告信息表的结构

字　　段	类　　型	长　　度	说　　明
ID	int	4	自动编号
Title	varchar	50	公告标题
content	varchar	100	公告内容
issuanceDate	datetime	8	发布日期

9.3.7 文件夹组织结构

为了便于读者对本网站的学习，在此笔者将网站文件的组织结构展示出来，如图 9.13 所示。

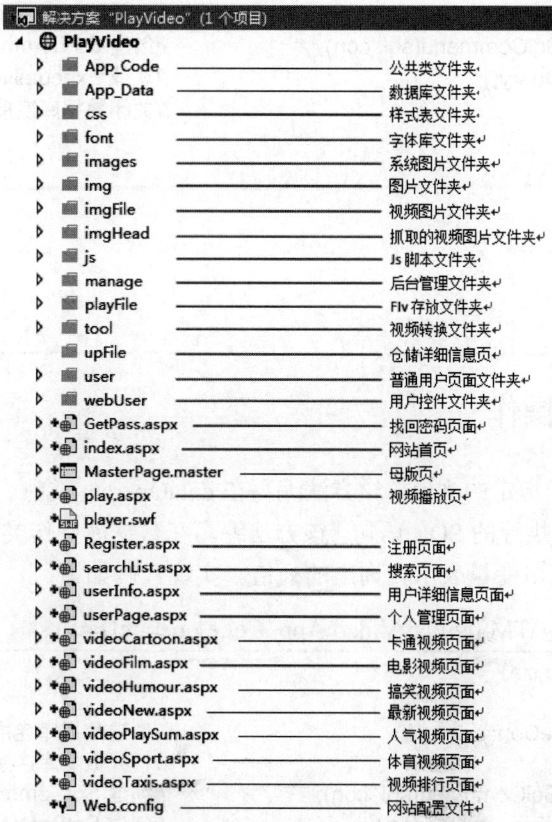

```
解决方案 "PlayVideo" (1 个项目)
  PlayVideo
  ▷  App_Code                 ——————公共类文件夹
  ▷  App_Data                 ——————数据库文件夹
  ▷  css                      ——————样式表文件夹
  ▷  font                     ——————字体库文件夹
  ▷  images                   ——————系统图片文件夹
  ▷  img                      ——————图片文件夹
  ▷  imgFile                  ——————视频图片文件夹
  ▷  imgHead                  ——————抓取的视频图片文件夹
  ▷  js                       ——————Js 脚本文件夹
  ▷  manage                   ——————后台管理文件夹
  ▷  playFile                 ——————Flv 存放文件夹
  ▷  tool                     ——————视频转换文件夹
     upFile                   ——————仓储详细信息页
  ▷  user                     ——————普通用户页面文件夹
  ▷  webUser                  ——————用户空件文件夹
  ▷  GetPass.aspx             ——————找回密码页面
  ▷  index.aspx               ——————网站首页
  ▷  MasterPage.master        ——————母版页
  ▷  play.aspx                ——————视频播放页
     player.swf
  ▷  Register.aspx            ——————注册页面
  ▷  searchList.aspx          ——————搜索页面
  ▷  userInfo.aspx            ——————用户详细信息页面
  ▷  userPage.aspx            ——————个人管理页面
  ▷  videoCartoon.aspx        ——————卡通视频页面
  ▷  videoFilm.aspx           ——————电影视频页面
  ▷  videoHumour.aspx         ——————搞笑视频页面
  ▷  videoNew.aspx            ——————最新视频页面
  ▷  videoPlaySum.aspx        ——————人气视频页面
  ▷  videoSport.aspx          ——————体育视频页面
  ▷  videoTaxis.aspx          ——————视频排行页面
  ▷  Web.config               ——————网站配置文件
```

图 9.13 系统文件组织结构图

视频讲解

9.4　公共类设计

设计公共类，可以提高开发效率以及方便以后对程序的维护。对于一个好的程序来说，公共类是不可缺少的一部分。在本程序中编写了两个公共类，这两个公共类分别为数据库操作类 operateData 和公共方法类 operateMethod。数据库操作类主要用于编写对数据库常用的一些操作。公共方法类用于编写在程序中比较常用的方法或日后易于修改的方法。下面将详细介绍公共类中的方法。

9.4.1　实现添加、删除和更新操作

execSql 方法用来执行数据表的添加、删除和更新操作，该方法返回一个布尔值，用来表示 SQL 语句是否执行成功。该方法编写在数据库操作类 operateData 中。调用该方法时需要传入一个 string 类型的参数，该参数为需要执行的 SQL 语句。实现代码如下：

例程 01　代码位置：资源包\TM\09\PlayVideo\App_Code\operateData.cs

```
public static bool execSql(string sql)
{
    SqlConnection con = createCon();                    //创建数据库连接对象
    con.Open();                                         //打开数据库连接
    SqlCommand com = new SqlCommand(sql, con);          //创建 SqlCommand 对象
    int isEx=com.ExecuteNonQuery();                     //获取 ExecuteNonQuery 方法返回的值
    con.Close();                                        //关闭数据库连接
    if (isEx>0)
    {
        return true;
    }else{
        return false;
    }
}
```

9.4.2　实现返回指定列操作

getTier 自定义方法用于返回指定的列值，该方法编写在 dataOperate 类中。调用该方法需要传入一个字符串变量，该变量表示需要执行的 SQL 语句。该方法编写在数据库操作类 operateData 中。该方法将返回一个字符串变量，该字符串变量表示查询出的列值。实现代码如下：

例程 02　代码位置：资源包\TM\09\PlayVideo\App_Code\operateData.cs

```
public static string getTier(string sql)
{
    SqlConnection con = createCon();                    //创建数据库连接
    con.Open();                                         //打开数据库连接
    SqlCommand com = new SqlCommand(sql, con);          //创建 SqlCommand 对象
    SqlDataReader sdr = com.ExecuteReader();            //创建 SqlDataReader 对象
    sdr.Read();                                         //读取一条记录
```

```
    string tier=sdr[0].ToString();                              //获取首列的值
    return tier;
}
```

9.4.3　实现返回表中所有数据

getRows 自定义方法用来返回表中的所有数据，该方法返回一个 DataTable 对象。该方法编写在数据库操作类 operateData 中。调用该方法时需要传入一个 string 类型的参数，该参数为需要执行的 SQL 语句。实现代码如下：

例程 03　　代码位置：资源包\TM\09\PlayVideo\App_Code\operateData.cs

```
public static DataTable getRows(string sql)
{
    DataSet ds;                                                 //创建 DataSet 对象
    SqlConnection con = createCon();                           //创建数据库连接
    con.Open();                                                 //打开数据库连接
    SqlDataAdapter sda = new SqlDataAdapter(sql, con);         //创建 SqlDataAdapter 对象
    ds = new DataSet();                                         //实例化 DataSet 对象
    sda.Fill(ds);                                              //填充 DataSet 对象
    con.Close();                                               //关闭数据库连接
    return ds.Tables[0];
}
```

9.4.4　实现用户登录操作

login 自定义方法用来实现用户登录查询，主要通过使用 SqlCommand.Parameters 属性的参数传值将非法字符过滤掉，来防止 SQL 注入式攻击。该方法编写在数据库操作类 operateData 中。该方法返回一个布尔值，该值为 True 时表示登录成功，为 False 时为登录失败。调用该方法需要传入 3 个 string 类型的参数，第 1 个 sql 参数表示需要执行的 SQL 语句，第 2 个 name 参数表示登录名，第 3 个 pass 参数表示登录密码。实现代码如下：

例程 04　　代码位置：资源包\TM\09\PlayVideo\App_Code\operateData.cs

```
public static bool login(string sql, string name, string pass)
{
    SqlConnection con = createCon();                           //创建数据库连接对象
    con.Open();                                                 //打开数据库连接
    SqlCommand com = new SqlCommand(sql, con);                 //创建 SqlCommand 对象
    com.Parameters.Add(new SqlParameter("@name", SqlDbType.VarChar, 20));   //设置参数的类型
    com.Parameters["@name"].Value = name;                      //设置参数值
    com.Parameters.Add(new SqlParameter("@pass", SqlDbType.VarChar, 20));
    com.Parameters["@pass"].Value = pass;
    int isEx=Convert.ToInt32(com.ExecuteScalar());             //获取 ExecuteScalar 对象返回的值
    if (isEx > 0)
    {
        return true;
    }
```

```
        else
        {
            return false;
        }
    }
```

9.4.5 实现转换视频格式

changeVideoType 自定义方法将上传的视频转换为.flv 格式，并保存到相应的文件夹下。该方法编写在公共方法类 operateMethod 中。该方法返回一个布尔值，该值为 True 表示转换成功，为 False 表示转换失败。调用该方法需要传入 3 个参数，第 1 个参数为需要转换的视频路径，第 2 个参数为视频转换后保存的路径，第 3 个参数为截取视频图片后保存的路径。实现代码如下：

例程 05　　代码位置：资源包\TM\09\PlayVideo\App_Code\operateMethod.cs

```
public static   bool   changeVideoType(string fileName, string playFile, string imgFile)
{
    string ffmpeg= System.Web.HttpContext.Current.Server.MapPath("../") + ffmpegtool;      //获取视频转换工具的路径
    //获取需要转换的视频路径
    string Name = System.Web.HttpContext.Current.Server.MapPath("../") + upFile + "/" + fileName;
    if ((!System.IO.File.Exists(ffmpeg)) || (!System.IO.File.Exists(Name)))
    {
        return false;
    }
    string flv_file = playFile;                                 //获取视频转换后需要保存的路径
    Process pss = new Process();                                //创建 Process 对象
    pss.StartInfo.CreateNoWindow = false;                      //不显示窗口
    pss.StartInfo.FileName = ffmpeg;                            //设置启动程序的路径
    pss.StartInfo.Arguments = " -i " + Name + " -ab 128 -ar 22050 -qscale 6 -r 29.97 -s " + widthOfFile + "x" +
heightOfFile + " " + flv_file;                                //设置执行的参数
    try
    {
        pss.Start();                                           //启动转换工具
        while (!pss.HasExited)
        {
            continue;
        }
        catchImg(Name, imgFile);                               //截取视频的图片
        System.Threading.Thread.Sleep(4000);
        return true;
    }
    catch
    {
        return false;
    }
}
```

9.4.6　实现截取视频图片

catchImg 自定义方法用来实现截取视频图片，并保存到相应的文件夹下。该方法编写在公共方法类 operateMethod 中。调用该方法需要传入 2 个参数，第 1 个参数表示需要截取图片的视频路径，第 2 个参数表示截取图片后保存的路径。实现代码如下：

例程 06　代码位置：资源包\TM\09\PlayVideo\App_Code\operateMethod.cs

```
public static void catchImg(string fileName,string imgFile)
{
    string ffmpeg = System.Web.HttpContext.Current.Server.MapPath("../") + ffmpegtool;    //获取截图工具路径
    string flv_img = imgFile;                                           //获取截图后保存的路径
    string FlvImgSize = sizeOfImg;                                      //获取截取图片的大小
    Process pss = new Process();
    pss.StartInfo.FileName = ffmpeg;                                    //设置启动程序的路径
    pss.StartInfo.Arguments = " -i " + fileName + " -y -f image2 -ss 2 -vframes 1 -s " + FlvImgSize + " " + flv_img;
    pss.Start();                                                        //启动进程
}
```

9.4.7　实现过滤 HTML 字符

filtrateHtml 自定义方法用来实现过滤 HTML 字符。该方法编写在公共方法类 operateMethod 中。调用该方法需要传入一个字符串变量，该变量表示需要过滤的字符串。该方法返回一个字符串变量，该变量表示过滤后的字符串。实现代码如下：

例程 07　代码位置：资源包\TM\09\PlayVideo\App_Code\operateMethod.cs

```
public static string filtrateHtml(string str)
{
    str = str.Trim();
    str = str.Replace("\"", "&quot;");
    str = str.Replace("<", "&lt;");
    str = str.Replace(">", "&gt;");
    str = str.Replace(" ", " ");
    str = str.Replace("\n", "<br>");
    return str;
}
```

9.4.8　实现恢复 HTML 字符

resumeHtml 自定义方法用来恢复 HTML 字符。该方法编写在公共方法类 operateMethod 中。调用该方法需要传入一个字符串变量，该变量表示需要恢复的字符串。该方法返回一个字符串变量，该变量表示恢复后的字符串。实现代码如下：

例程 08　代码位置：资源包\TM\09\PlayVideo\App_Code\perateMethod.cs

```
public static string resumeHtml(string str)
{
```

```
str = str.Trim();
str = str.Replace("&quot;", "\"");
str = str.Replace("&lt;", "<");
str = str.Replace("&gt;", ">");
str = str.Replace(" ", " ");
str = str.Replace("<br>", "\n");
return str;
}
```

视频讲解

9.5　网站首页设计

9.5.1　网站首页概述

在播客的首页中用户可以查看到最新发布的视频信息，如最新搞笑视频、最新体育视频等。播客网首页如图 9.14 所示。

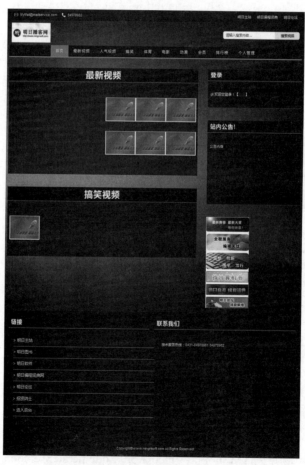

图 9.14　播客网首页

9.5.2　网站首页技术分析

在使用 session 保存数据时，可能会因为改写 bin 目录下的某个文件或其他原因而引起 session 中的数据丢失，由于在 Web.config 的 session 的配置中的 mode 属性是用来设置 session 保存状态。而默认的参数为 Inproc，该参数使 session 的保存状态依赖于 ASP.NET 进程。这个进程不稳定，在某些事件发生时，可能会引起进程的重启，而该进程重启后会导致 session 的丢失。

为了防止 session 的丢失，可以把 mode 属性的参数设置为 StateServer，StateServer 是本机中的一个服务，而该服务除非是在计算机重启或 StateService 崩溃时才会丢失。设置该参数的方法如下。

（1）在 Web.config 文件中设置 sessionState 中的 mode 参数为 StateServer。

（2）打开控制面板中的管理工具选项。

（3）在管理工具中打开服务选项，在其中找到 ASP.NET 状态服务（asp.NET State Service）并启动该服务。

9.5.3　网站首页实现过程

▦　本模块使用的数据表：videoInfo、bulletin、userRegister

1. 设计步骤

（1）创建一个 Web 窗体，将其命名为 index.aspx。

（2）在该窗体中添加控件，所添加的控件类型、控件名称及说明如表 9.7 所示。

表 9.7　控件类型、控件名称及说明

控 件 类 型	控 件 名 称	主 要 属 性	说　　明
数据/DataList 控件	dlNewVideo	设置属性 RepeatDirection 为 Horizontal	显示最新视频信息
	dlHumour	设置属性 RepeatDirection 为 Horizontal	显示搞笑视频信息
	dlSport	设置属性 RepeatDirection 为 Horizontal	显示体育视频信息
	dlFilm	设置属性 RepeatDirectionv 为 Horizontal	显示电影欣赏信息
	dlCartoon	设置属性 RepeatDirection 为 Horizontal	显示卡通动漫信息
标准/TextBox 控件	txtUserName	均为默认值	用来输入用户登录名
	txtUserPass	设置属性 TextMode 为 Password	用来输入用户登录密码
标准/imageButton 控件	imgBtnEntry	均为默认值	实现用户登录操作
	imgbtnGetPass	设置属性 PostBackUrl 为~/GetPass.aspx	跳转到找回密码页面
	imgbtnRegister	设置属性 PostBackUrl 为~/Register.aspx	跳转到用户注册页面

2. 实现代码

在网站首页页面的加载事件中通过自定义方法来显示相应的视频信息。实现代码如下：

例程 09　代码位置：资源包\TM\09\PlayVideo\index.aspx.cs

```
protected void Page_Load(object sender, EventArgs e)
{
```

```
    bindNew();                          //调用自定义方法显示最新视频
    bindHumour();                       //调用自定义方法显示搞笑视频
    bindCartoon();                      //调用自定义方法显示动漫视频
    bindFilm();                         //调用自定义方法显示电影视频
    bindSport();                        //调用自定义方法显示体育视频
    bindBulletin();                     //调用自定义方法显示公告信息
}
```

自定义方法 bindSport 用来绑定体育视频信息。由于其他视频信息的绑定类似，这里就不再介绍了。在该方法中通过使用 SQL 语句，查询出体育视频的信息，并使用公共类型中的 getRows 方法将返回的 DataSet 对象绑定到 DataList 控件中。实现代码如下：

例程 10　代码位置：资源包\TM\09\PlayVideo\index.aspx.cs

```
protected void bindSport()
{
    string sqlSel = "select top 10 * from videoInfo where videoType='体育' and Auditing=1 order by videoDate
desc";
    dlSport.DataSource = operateData.getRows(sqlSel).DefaultView;
    dlSport.DataBind();
}
```

在图书信息表中，图书类型存储的是类型的编号，为了查看方便将图书类型编号转换为类型名称。该功能在 GridView 控件的 RowDataBound 事件中实现，在该事件中先获取图书类型的编号，通过编号在图书类型表中获取类型名称，将类型名称绑定到图书类型列中。实现代码如下：

例程 11　代码位置：资源包\TM\09\libararyManage\index.aspxe.cs

```
protected void gvBookTaxis_RowDataBound(object sender, GridViewRowEventArgs e)
{
    if (e.Row.RowIndex != -1)                                    //判断 GridView 控件中是否有值
    {
        int id = e.Row.RowIndex + 1;                            //将当前行的索引加上 1 赋值给变量 id
        e.Row.Cells[0].Text = id.ToString();                   //将变量 id 的值传给 GridView 控件的每一行的单元格
    }
    if (e.Row.RowType == DataControlRowType.DataRow)
    {
        //绑定图书类型
        string bookType = e.Row.Cells[3].Text.ToString();          //获取图书类型编号
        string typeSql = "select * from tb_bookType where TypeID=" + bookType;
        SqlDataReader typeSdr = dataOperate.getRow(typeSql);
        typeSdr.Read();                                             //读取一条数据
        e.Row.Cells[3].Text = typeSdr["typeName"].ToString();      //设置图书类型
        //绑定书架
        string bookcase = e.Row.Cells[4].Text.ToString();          //获取书架编号
        string caseSql = "select * from tb_bookcase where bookcaseID=" + bookcase;
        SqlDataReader caseSdr = dataOperate.getRow(caseSql);
        caseSdr.Read();
        e.Row.Cells[4].Text = caseSdr["bookcaseName"].ToString();  //设置书架
        //设置鼠标悬停行的颜色
        e.Row.Attributes.Add("onMouseOver",
```

```
"Color=this.style.backgroundColor;this.style.backgroundColor='lightBlue'");
        e.Row.Attributes.Add("onMouseOut", "this.style.backgroundColor=Color;");
    }
}
```

9.6　个人管理上传页设计

9.6.1　个人管理上传页概述

个人管理上传页面中用户可以上传自己喜欢的视频供广大网友们欣赏。在该页面中需要填写视频标题、视频内容等信息，最后单击"上传"按钮实现上传操作。个人管理上传页面如图 9.15 所示。

图 9.15　个人管理上传页面

9.6.2　个人管理上传技术页分析

目前，受大家欢迎的播客网中都是使用 Flash 制作的 flv 播放器。使用 flv 播放器可以使用户上传的文件格式统一、页面的加载速度较快、减少缓冲的等待时间。在用户上传视频时首先需要判读用户上传文件的类型。如果用户上传的文件不是.flv 格式，就需要考虑视频转换。可以使用 ffmpeg 工具来转换视频，该工具可以转换大多数的视频格式，但是不支持.rm、.rmvb 格式。转换这两种格式可以使用 mencoder 工具来实现。在本程序中不提供 flv 播放器、ffmpeg 工具，读者可以到网上下载。ffmpeg 工具转换视频格式的参数如下：

```
" -i " + Name + " -ab 128 -ar 22050 -qscale 6 -r 29.97 -s " + widthOfFile + "x" + heightOfFile + " " + flv_file;
```

参数说明如下。
- ☑　Name：需要转换的视频路径。
- ☑　-ab：设置音频码率。

☑ -ar：设置音频采样率。

☑ -qscale：设置使用固定的视频量化标度。

☑ -r：设置帧频，默认值为 25。

☑ -s：设置帧大小格式为 WXH，默认值为 160×128。

☑ widthOfFile、heightOfFile：用来设置帧大小的两个参数。

☑ flv_file：视频转换后需要保存的路径。

9.6.3 个人管理上传页实现过程

📑 本模块使用的数据表：videoInfo、userInfo

1. 设计步骤

（1）创建一个 Web 窗体，将其命名为 upVideo.aspx。

（2）在该窗体中添加控件，所添加的控件类型、控件名称及说明如表 9.8 所示。

表 9.8 控件类型、控件名称及说明

控件类型	控件名称	主要属性	说明
数据/TextBox 控件	txtTitle	设置属性 RepeatDirection 为 Horizontal	输入视频名称
	txtContent	设置属性 RepeatDirection 为 Horizontal	输入视频内容
标准/ FileUpload 控件	fileupVideo	均为默认值	选择要上传的视频
标准/RadioButtonList 控件	radBtnListType	设置属性 RepeatDirection 为 Horizontal	显示视频的类型
标准/Button 控件	btnUpVideo	均为默认值	实现上传操作
	btnReturn	设置属性 PostBackUrl 为~/user/userIndex.aspx	跳转到用户首页

2. 实现代码

在个人管理上传页面中创建一个全局的字符串数组，该数组中存储着允许上传的视频格式。在页面的加载事件中首先判断用户是否登录，如果未登录将给出提示并返回到首页。实现代码如下：

例程 12 代码位置：资源包\TM\09\PlayVideo\user\upVideo.aspx.cs

```
string[] videoExtension = new string[] { "flv", "avi", "wmv", };          //设置上传文件的格式
protected void Page_Load(object sender, EventArgs e)
{
    if (Session["userName"] == null)                                       //判断用户是否登录
    {

        Response.Write("<script>alert('请您先登录！');location='../index.aspx'</script>");   //未登录给出提示并返回首页
    }
}
```

在"上传"按钮的单击事件中，实现了视频的上传操作。在该事件中首先调用 checkExtension 自定义方法判断用户上传文件的格式是否满足要求。如果满足要求，将文件保存到指定的目录中。接着判断用户上传文件是否为.flv 格式。如果为.flv 格式，将调用公共类中的方法实现截图视频图片操作。如果不为.flv 格式，将调用公共类中的方法将视频转换为.flv 格式，转换后再截取视频的图片。最后将调

用 insertVideoInfo 自定义方法，将视频的信息保存到数据库中。实现代码如下：

例程 13 代码位置：资源包\TM\09\PlayVideo\user\upVideo.aspx.cs

```
protected void btnUpVideo_Click(object sender, EventArgs e)
{
    string upFileName =fileupVideo.FileName;                              //获取上传文件的名称
    if (this.fileupVideo.HasFile)                                        //判断是否选择了文件
    {
        string upExtension = upFileName.Substring(upFileName.LastIndexOf(".") + 1);   //获取文件的扩展名
        if (checkExtension(upExtension))                                 //判断扩展名是否正确
        {
            string upFilePath = Server.MapPath("../upFile/") + upFileName;     //获取上传文件所保存的路径
            fileupVideo.SaveAs(upFilePath);                             //将文件保存到指定路径中
            string saveName = DateTime.Now.ToString("yyyyMMddHHmmssffff");   //获取当前时间
            string playFile = "playFile/" + saveName + ".flv";          //获取视频转换后所保存的路径及文件名
            string imgFile = "imgFile/" + saveName + ".jpg";            //获取图片所保存的路径及名称
            try
            {
                if (upExtension == "flv")                                //判断上传的文件是否为.flv 格式
                {
                    File.Copy(upFileName, playFile + ".flv");            //如果为 flv 格式，直接保存到指定路径下
                    operateMethod.catchImg(upFileName, imgFile);        //调用公共类中的catchImg 方法截取视频图片
                    insertVideoInfo(playFile, imgFile);   //调用自定义 insertVideoInfo 方法将视频的信息保存到数据库中
                }
                else
                {
                    //调用公共类中的 changeVideoType 方法转换视频格式
                    if (operateMethod.changeVideoType(upFileName, Server.MapPath("../") + playFile,
Server. MapPath("../") + imgFile))
                    {
                        insertVideoInfo(playFile, imgFile);   //调用自定义 insertVideoInfo 方法将视频信息保存到数据库中
                        File.Delete(upFilePath);                        //删除上传的视频
                    }
                    else
                    {
                        RegisterStartupScript("false", "<script>alert('上传失败！')</script>");
                        File.Delete(upFilePath);                        //删除上传的视频
                    }
                }
            }
            catch (Exception ex)
            {
                Response.Write(ex.Message.ToString());
            }
        }
        else {
            RegisterStartupScript("false", "<script>alert('文件格式错误！')</script>");
        }
    }
}
```

insertVideoInfo 自定义方法用来实现将视频的信息保存到数据库中。在该方法中首先获取视频的信息，再通过使用 SQL 语句将视频信息插入数据库中，插入成功后将使用 SQL 语句将上传视频的会员积分增加。实现代码如下：

例程 14　代码位置：资源包\TM\09\PlayVideo\user\upVideo.aspx.cs

```
private void insertVideoInfo(string playFileh, string imgFile)
{
    string userName =Session["userName"].ToString();              //获取用户名
    string videoTitle = txtTitle.Text;                           //获取视频名称
    string videoContent = txtContent.Text;                       //获取视频内容
    string date = DateTime.Now.ToString();                       //获取当前时间
    string videoPath = playFileh;                                //获取视频路径
    string videoPicture = imgFile;                               //获取图片路径
    string videoType = "";                                       //获取视频的类型
    int count = RadioButtonList1.Items.Count;
    for (int i = 0; i < count; i++)
    {
        if (RadioButtonList1.Items[i].Selected)
        {
            videoType = RadioButtonList1.Items[i].Value;
            break;
        }
    }
    //编写 SQL 语句将视频的详细信息添加到数据库中
    string sqlInsert = "insert into videoInfo values('" + userName + "','" + videoTitle + "','" + videoContent + "','" +
date + "','" + videoPath + "','" + videoPicture + "','" + videoType + "','','','','')";
    if (operateData.execSql(sqlInsert))
    {
        RegisterStartupScript("true", "<script>alert('上传成功！')</script>");
        //编写 SQL 语句将当前用户的积分增加
        string sqlUpd=" update userInfo set sumMark=sumMark+100 where userName='"+userName+"'" ;
        operateData.execSql(sqlUpd);
    }else RegisterStartupScript("true", "<script>alert('上传失败！')</script>");
}
```

视频讲解

9.7　播放视频并发表评论页设计

9.7.1　播放视频并发表评论页概述

在播放视频并发表评论页面中，用户可以欣赏到自己喜欢的视频，还可以对该视频发表自己相关的意见。播放视频并发表评论页面如图 9.17 所示。

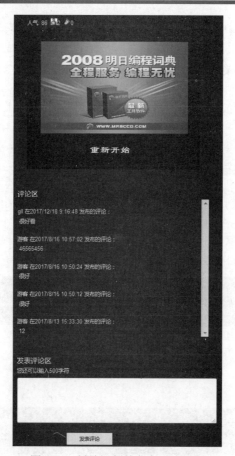

图 9.17　播放视频并发表评论页面

9.7.2　播放视频并发表评论页技术分析

1. 利用 IP 防止重复投票

网友在欣赏完视频后，还可以根据自己的喜好对视频进行投票，如图 9.18 所示。

图 9.18　对视频进行投票

为了防止虚假投票的结果，可以采用一个 IP 地址只投一次的方式。在一般的投票模块中都会使用 Cookie 来防止重复投票，但是由于 Cookie 存储在客户端也可能会造成虚假投票。在本程序中，使用数据库保存投票者的 IP 来防止重复投票。使用 IP 来防止重复投票的主要思路是获取客户端的 IP，判断此 IP 是否已经投过票，如果已投过将给出提示，若未投过则将 IP 保存到数据库中。可以使用 Request 对象的 UserHostAddress 属性获取客户端的 IP 地址。语法如下：

```
public string UserHostAddress { get; }
```

2．控制并显示文本框的字符数量

在用户发表评论时使用了限制文本框中输入字符个数的功能。在用户未输入评论前使用 Label 控件显示一个 500 字符的提示。该提示表示用户最多只能输入 500 个字符。当用户输入一个字符，Label 将会显示 500 减去输入的字符数量而获得的结果。当用户输入的字符超过 500 个字符后，光标就会跳转到第 500 个字符后的位置，如图 9.19 所示。

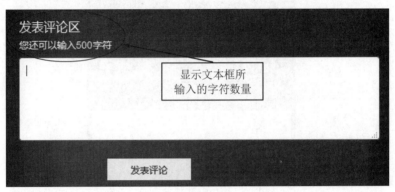

图 9.19　控制并显示文本框的字符数量

该技术主要是通过文本框的 onKeyUp 事件来实现。在该事件中调用 JavaScript 自定义函数 change。代码如下：

例程 15　代码位置：资源包\TM\09\PlayVideo\play.aspx

```javascript
<script language="javascript">
    function change()
    {
        var str=document.getElementById('txtContent').value;            //获取评论文本框中的值
        var sum=500-str.length;                                         //获取当前还可以输入的字符数量
        if(sum<=0)                                                      //判断是否还可以输入字符
        {
            document.getElementById('labCount').style.color="Red";      //设置 Label 控件显示文本为红色
            //截取文本框中的字符串，从 0 位置开始截取到 500 位
            document.getElementById('txtContent').value=
            document.getElementById('txtContent').value.substring(0,500);
            document.getElementById('labCount').innerHTML=sum;          //显示可以输入的字符数量
        }
        else
        {
            document.getElementById('labCount').innerHTML=sum;     //显示可以输入的字符数量
```

```
        document.getElementById('labCount').style.color="#006FC3";//设置 Label 控件的文本颜色
        }
    }
</script>
```

3．使用计时方式显示评论的发表时间

在以前发布评论时间都是以日期的形式显示。例如，某年某月某日的几点几分发布的评论。在本程序中发布评论的时间如果是在 24 小时内，会以在几小时、几分、几秒前发布的评论的形式显示，如图 9.20 所示。

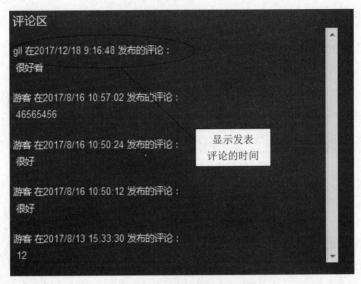

图 9.20　显示发表评论的时间

该功能在 getIsDate 方法中实现。在该方法中主要是通过将两个日期相减后，判断差值是在秒内、分钟内，还是在小时内来设置显示的文本。这里使用了 TimeSpan 对象来保存两个日期的间隔，并使用 TotalSeconds 属性将两个日期的差值转换为秒数。

TotalSeconds 属性用于表示以整秒数和秒的小数部分表示的当前 TimeSpan 对象中的两个时间间隔值，语法如下：

```
public double TotalSeconds { get; }
```

返回值：双精度浮点数字，表示总秒数。

获取到总秒数后，将秒数除以 60 来判断是不是在一分钟前发表的评论；如果大于 60 分钟并且小于 1440 分钟，说明是在 24 小时内发表的评论，并转换到小时的时间。getIsDate 方法的实现代码如下：

例程 16　代码位置：资源包\TM\09\PlayVideo\play.aspx

```
public string getIsDate(string date)
{
    DateTime isDate = Convert.ToDateTime(date);        //转换时间
    DateTime nowDate = DateTime.Now;                    //获取当前时间
```

```
TimeSpan ts = nowDate - isDate;                        //获取两个时间的差
int second = Convert.ToInt32(ts.TotalSeconds) / 60;    //将时间差转换为分
if (second == 0)
{
    return "60 秒内";
}
else
    if (second < 60)
    {
        return second.ToString() + "分钟前";
    }
    else if (second > 60 && second < 1440)
    {
        return Convert.ToString(second / 60) + "小时前";
    }
    else
        return date;
}
```

9.7.3 播放视频并发表评论页实现过程

本模块使用的数据表：videoIdea、videoInfo、userName、videoPoll

1. 设计步骤

（1）创建一个 Web 窗体，将其命名为 play.aspx。

（2）在该窗体中添加控件，所添加的控件类型、控件名称及说明如表 9.9 所示。

表 9.9　控件类型、控件名称及说明

控 件 类 型	控 件 名 称	主 要 属 性	说　　明
数据/DataList 控件	dlIdea	均为默认值	用来显示评论信息
标准/ TextBox 控件	txtContent	均为默认值	输入发布的评论
标准/Label 控件	lbeUserName	均为默认值	显示用户登录名
	labCount	均为默认值	记录用户输入评论的数量
标准/LinkButton 控件	lkbtnLogin	PostBackUrl 属性设置为"~/login.aspx"	跳转到用户登录页面
	lkbtnRegister	PostBackUrl 属性设置为"~/Register.aspx"	跳转到用户注册页面
标准/Button 控件	btnIdea	均为默认值	实现发布评论操作
标准/Literal 控件	Literal1	均为默认值	用来显示播放器
标准/Panel 控件	PanelIdea	ScrollBars 属性设置为 Vertical	设置评论区域滚动条
	PanelHello	均为默认值	显示或隐藏用户登录欢迎区域
	PanelLogin	均为默认值	显示或隐藏用户登录区域

2. 实现代码

在播放视频并发表评论页面中创建几个全局变量来保存视频的信息，以方便在前台显示。在该页面的加载事件中判断用户是否登录，如果登录将显示用户欢迎词，未登录将显示登录区域。如果页面是第一次加载，还需要调用 addPlaySum 自定义方法增加视频的点击率。最后将调用自定义方法 videoInfo 和 bidList，实现播放视频、显示视频信息和显示视频的评论。实现代码如下：

例程 17　代码位置：资源包\TM\09\PlayVideo\play.aspx.cs

```
public string playSum;                                          //保存视频点击率
public string flower;                                          //保存视频被顶的次数
public string tile;                                            //保存视频被踩的次数
public string videoDate;                                       //保存视频发布时间
public string Name;                                            //发布人
public string videoTitle;                                      //视频名称
public string videoContent;                                    //视频内容
public string videoType;                                       //视频类型
protected void Page_Load(object sender, EventArgs e)
{
    if (!IsPostBack)
    {
        if (Session["userName"] == null)                       //判断用户是否登录
        {
            PanelLogin.Visible = true;                         //未登录显示登录 panel
            PanelHello.Visible = false;                        //隐藏欢迎 panel
        }
        else
        {
            PanelLogin.Visible = false;                        //已登录隐藏登录 panel
            PanelHello.Visible = true;                         //显示欢迎 panel
            lbeUserName.Text = Session["userName"].ToString(); //显示登录名
        }
        addPlaySum();                                          //调用自定义方法增加视频的点击率
    }
    videoInfo();                                              //播放视频并显示视频详细信息
    bidList();                                                //显示评论
}
```

videoInfo 自定义方法用来播放视频并显示视频的信息。在该方法中首先使用 SQL 语句来查询视频的详细信息，并将详细信息保存到全局变量中。然后调用公共类中的 GetFlashText 方法来显示并播放视频。实现代码如下：

例程 18　代码位置：资源包\TM\09\PlayVideo\play.aspx.cs

```
protected void videoInfo()
{
    string sql = "select * from videoInfo where id=" + Request["id"];  //编写 SQL 语句查询视频的详细信息
    SqlDataReader sdr = operateData.getRow(sql);
    sdr.Read();
    string link = sdr["videoPath"].ToString();               //获取视频的路径
    playSum = sdr["playSum"].ToString();                     //获取视频的点击率
    flower = sdr["flower"].ToString();                       //获取顶人数
    tile = sdr["tile"].ToString();                           //获取踩人数
    videoDate = sdr["videoDate"].ToString();                 //获取视频发布日期
    Name = sdr["userName"].ToString();                       //获取发布人名称
```

445

```
videoTitle = sdr["videoTitle"].ToString();              //获取视频标题
videoContent = sdr["videoContent"].ToString();          //获取视频内容
videoType = sdr["videoType"].ToString();                //获取视频类型
if (!link.StartsWith("http://"))                         //判断视频路径开头字符串是否为 http://
{
    string sss = Request.Url.AbsoluteUri;               //获取当前的绝对路径
    int idx = sss.IndexOf("play.aspx");                 //查询 play.aspx 在字符串中的位置
    sss = sss.Substring(0, idx);                        //获取指定字符串
    link = sss + link;
}
this.Literal1.Text = operateMethod.GetFlashText(link);  //显示播放器并播放视频
}
```

addPlaySum 自定义方法用来增加用户的点击率和会员的积分。在该方法中通过使用 SQL 语句将视频的点击率增加，再根据查询出的会员名使用 SQL 语句增加会员的积分。实现代码如下：

例程 19　代码位置：资源包\TM\09\PlayVideo\play.aspx.cs

```
public void addPlaySum()
{
    //创建 SQL 语句，增加视频的点击率
    string sql = "update videoInfo set playSum=playSum+1,monthSum=monthSum+1 where id=" +
Request["id"];
    operateData.execSql(sql);
    //创建 SQL 语句，查询出发布视频会员名
    string sqlSel = "select userName from videoInfo where id=" + Request["id"];
    string userName = operateData.getTier(sqlSel);          //获取会员名
    //创建 SQL 语句，增加用户的积分
    string sqlUpd = " update userInfo set sumMark=sumMark+1 where userName='" + userName + "'";
    operateData.execSql(sqlUpd);                            //执行 SQL 语句
}
```

bidList 自定义方法用来显示视频的评论信息。在该方法中使用 SQL 语句查询出评论信息，并判断评论信息是否小于 5 条，如果小于 5 条，视频显示评论信息区域的 Panel 滚动条则为不可见。实现代码如下：

例程 20　代码位置：资源包\TM\09\PlayVideo\play.aspx.cs

```
protected void bidList()
{
    //创建 SQL 语句，查询出当前视频的所有评论
    string sqlSel = "select * from videoIdea where videoId=" + Request["id"] + " order by issuanceDate desc ";
    DataTable dt = operateData.getRows(sqlSel);         //调用数据库操作类中的 getRows 方法并接收返回值
    if (dt.Rows.Count < 5)                              //判断 DataTable 中的资料是否小于 5 行
    {
        PanelIdea.ScrollBars = ScrollBars.None;         //隐藏 Panel 控件的滚动条
    }
    dlIdea.DataSource = dt;                             //设置 DataList 控件的数据源
    dlIdea.DataKeyField = "id";                         //设置主键
    dlIdea.DataBind();                                  //绑定显示
}
```

视频讲解

9.8 体育视频管理页设计

9.8.1 体育视频管理设计页概述

在体育视频管理页面中可以查看到所有用户发布的体育视频信息，管理员可以对其进行相应的管理。体育视频管理页面如图 9.21 所示。

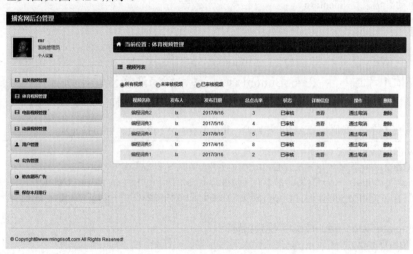

图 9.21 体育视频管理页面

9.8.2 体育视频管理设计页技术分析

改变视频的审核状态是在 GridView 控件的 SelectedIndexChanging 事件中实现的。在该事件中首先获取视频当前的审核状态，如果当前的审核状态为 True，将其设置为 False；如果为 False，将其设置为 True。最后将审核状态保存到数据库中。实现代码如下：

例程 21　代码位置：资源包\TM\09\PlayVideo\manage\manage_sport.aspx

```
protected void gvVideo_SelectedIndexChanging(object sender, GridViewSelectEventArgs e)
{
    string id = gvVideo.DataKeys[e.NewSelectedIndex].Value.ToString();        //获取视频的键值
    //编写 SQL 语句查询当前视频的审核状态
    string sqlSel = "select Auditing from videoInfo where id=" + id;
    //调用公共类中的 getTier 方法获取视频的审核状态
    string Auditing = operateData.getTier(sqlSel);
    if (Auditing == "False")                                                   //判断是否未审核
    {
        Auditing = "1";                                                        //将审核状态修改为"已审核"
    }
    else
    {
        Auditing = "0";                                                        //将审核状态修改为"未审核"
```

447

```
    }
        string sqlUpd = "update videoInfo set Auditing='" + Auditing + "' where id=" + id;
        operateData.execSql(sqlUpd);
        //调用自定义方法重新显示体育视频信息
        bindGvVideo();
    }
```

9.8.3　体育视频管理页实现过程

📖　本模块使用的数据表：videoInfo

1. 设计步骤

（1）创建一个 Web 窗体，将其命名为 manage_sport.aspx。

（2）在该窗体中添加一个 RadioButtonList 控件，用来选择查看视频的方式。还需要添加一个 GridView 控件，用来显示体育视频的详细信息。GridView 控件的前台绑定代码如下：

例程 22　代码位置：资源包\TM\09\PlayVideo\manage\manage_sport.aspx

```
<asp:GridView ID="gvVideo" runat="server"
AutoGenerateColumns="False" OnRowDataBound="gvVideo_RowDataBound"
OnRowDeleting="gvVideo_RowDeleting" OnSelectedIndexChanging="gvVideo_SelectedIndexChanging"
AllowPaging="True" OnPageIndexChanging="gvVideo_PageIndexChanging" Width="580px">
<Columns>
    <asp:TemplateField HeaderText="视频名称">
        <ItemTemplate>
            <a title="<%#Eval("videoTitle") %>"> <%#operateMethod.interceptStr
((string )Eval("videoTitle"),5 ) %> </a>
        </ItemTemplate>
    </asp:TemplateField>
    <asp:BoundField DataField="userName" HeaderText="发布人" />
    <asp:BoundField DataField="videoDate" HeaderText="发布日期" DataFormatString= "{0:d}"
HtmlEncode="False" />
    <asp:BoundField DataField="playSum" HeaderText="总点击率" />
    <asp:BoundField DataField="Auditing" HeaderText="状态" />
    <asp:TemplateField HeaderText="详细信息">
<ItemTemplate>
        <a href ='../play.aspx?id=<%#Eval("id") %>' target="_blank" >查看</a>
    </ItemTemplate>
</asp:TemplateField>
<asp:CommandField HeaderText="操作" SelectText="通过/取消" ShowSelectButton="True" />
    <asp:CommandField HeaderText="删除" ShowDeleteButton="True" />
</Columns>
    <RowStyle CssClass="huise1" />
<HeaderStyle BackColor="#FFC734" CssClass="hongcu" />
</asp:GridView>
```

2. 实现代码

在体育视频管理页面的加载事件中将调用 bindGvVideo 自定义方法来显示体育视频信息。在

bindGvVideo 自定义方法中首先判断用户要查看视频的类型，视频的类型分为所有视频、未审核视频和
已审核视频。根据相应的视频类型来设置 SQL 语句。最后将查询出的视频信息绑定到 GridView 控件
上显示出来。实现代码如下：

例程 23　代码位置：资源包\TM\09\PlayVideo\manage\manage_sport.aspx

```
protected void Page_Load(object sender, EventArgs e)
{
        bindGvVideo();                                          //调用自定义方法显示体育视频信息
}
 protected void bindGvVideo()
 {
        string sqlSel = "";
        if (RadioButtonList1.SelectedValue == "0")             //判断是否选择"所有视频"
        {
            sqlSel = "select * from videoInfo where videoType='体育'";
        }
        else if (RadioButtonList1.SelectedValue == "1")        //判读是否选择"未审核视频"
        {
            sqlSel = "select * from videoInfo where videoType='体育' and Auditing=0 ";
        }
        else if (RadioButtonList1.SelectedValue == "2")        //判断是否选择"已审核视频"
        {
            sqlSel = "select * from videoInfo where videoType='体育' and Auditing=1 ";
        }
        gvVideo.DataSource = operateData.getRows(sqlSel);
        gvVideo.DataKeyNames = new string[] { "id" };
        gvVideo.DataBind();
 }
```

9.9　网站文件清单

播客网站的系统文件清单如表 9.10 所示。

表 9.10　系统文件清单

文件位置及名称	说　明
PlayVideo\App_Code\operateData.cs	数据库操作类
PlayVideo\App_Code\operateMethod.cs	网站开发中间层操作类
PlayVideo\manage\manage_sport.aspx	体育视频管理页
PlayVideo\manage\manage_cartoon.aspx	卡通视频管理页
PlayVideo\manage\lockCause.aspx	用户账号冻结页
PlayVideo\manage\manage_bulletin.aspx	循环广告播放设置页
PlayVideo\manage\manage_film.aspx	搞笑视频管理页
PlayVideo\manage\manage_login.aspx	管理员登录页
PlayVideo\manage\manage_saveTaxis.aspx	视频月统计排行页

续表

文件位置及名称	说　　明
PlayVideo\user\upVideo.aspx	个人管理上传页
PlayVideo\user\userIdea.aspx	个人视频管理页
PlayVideo\user\amendInfo.aspx	个人信息管理页
PlayVideo\user\amendPass.aspx	个人密码找回页
PlayVideo\index.aspx	网站首页
PlayVideo\login.aspx	会员登录页面
PlayVideo\play.aspx	视频播放并发表评论页
PlayVideo\Register.aspx	用户注册页
PlayVideo\searchList.aspx	视频搜索页
PlayVideo\userInfo.aspx	用户详细信息页
PlayVideo\userPage.aspx	会员主页面
PlayVideo\videoNew.aspx	最新视频页
PlayVideo\videoPlaySum.aspx	自定义分页显示视频页
PlayVideo\videoSport.aspx	体育视频页
PlayVideo\videoTaxis.aspx	视频排行页
PlayVideo\videoCartoon.aspx	卡通视频页
PlayVideo\videoHumour.aspx	搞笑视频页

9.10　组件加工厂 —— Web 用户控件

用户控件基本的应用就是把网页中经常用到的且使用频率较高的程序封装到一个模块中，以便在其他页面中使用，从而提高代码的重用性和程序开发的效率。用户控件的应用始终融汇着一个高层的设计思想，即"模块化设计，模块化应用"的原则。

9.10.1　什么是 Web 用户控件

1．Web 用户控件与 Web 窗体比较

用户控件是一种复合控件，其工作原理非常类似于 ASP.NET 网页，同时可以向用户控件添加现有的 Web 服务器控件和标记，并定义控件的属性和方法，然后将控件嵌入 ASP.NET 网页中充当一个单元。

用户控件几乎与.aspx 文件相同，但是仍存在以下不同之处。

☑　用户控件的文件扩展名必须为.ascx。

☑　用户控件中没有@Page 指令，但是包含@Control 指令，该指令对配置及其他属性进行定义。

☑　用户控件不能作为独立文件运行，但必须像处理任何控件一样，将它们添加到 ASP.NET 页中。

☑　用户控件在内容周围不包括<html>、<body>和<form>元素。在包含用户控件的 Web 窗体页中包括这些元素。

此外，与 Web 窗体页一样，用户控件可以在第一次请求时被编译并存储在服务器内存中，从而缩短以后请求的响应时间。

2．Web 用户控件的优点

用户控件使开发人员能够很容易地重复使用公共模块的功能。用户控件提供了一个面向对象的编程模型，在一定程度上取代了服务器端文件包含（<!--#include-->）指令，并且提供的功能比服务器端包含文件提供的功能多。使用用户控件的主要优点如下。

☑　可以将常用的内容或者控件以及控件的运行程序逻辑设计为用户控件，然后便可以在多个网页中重复使用该用户控件，从而省略许多重复性的工作。例如，网页上的导航栏，几乎每个页都需要相同的导航栏，这时可以将其设计为一个用户控件，在多个页中使用。

☑　当网页内容需要改变时，只需修改用户控件中的内容，其他添加使用该用户控件的网页会自动随之改变，因此网页的设计以及维护变得简单易行。

总之，对于页面上复用的元素，如导航条、站内搜索、用户注册和登录控件等，都可以将其代码封装到 Web 用户控件中，以此来减少每个页面上的代码量。此外，使用 Web 用户控件的高速缓存功能缓存这些经常浏览的页面，可以提高页面的性能。

9.10.2　创建及使用 Web 用户控件

1．创建 Web 用户控件

创建用户控件的方法与创建 Web 网页大致相同，其主要操作步骤如下。

（1）打开解决方案资源管理器，在项目名称中单击鼠标右键，在弹出的快捷菜单中选择"添加新项"命令，将会弹出如图 9.22 所示的"添加新项"对话框。在该对话框中，选择"Web 用户控件"选项，并为其命名，单击"添加"按钮将 Web 用户控件添加到项目中。

图 9.22　添加 Web 用户控件

（2）打开已创建好的 Web 用户控件（用户控件的文件扩展名为.ascx），在.ascx 文件中可以直接往页面上添加各种服务器控件以及静态文本、图片等。

（3）双击页面上的任何位置，或者直接按下快捷键 F7，可以将视图切换到后台代码文件，程序开发人员可以直接在文件中编写程序控制逻辑，包括定义各种成员变量、方法以及事件处理程序等。

 说明 创建好用户控件后，必须添加到其他 Web 页中才能显示出来，不能直接作为一个网页来显示，因此也就不能设置用户控件为"起始页"。

2．将 Web 用户控件添加至网页

创建好用户控件后，在 ASP.NET 程序中，使用用户控件之前要先用@Register 指令来注册。该指令主要是创建标记前缀和自定义控件之间的关联，这为开发人员提供了一种在 ASP.NET 应用程序文件中引用自定义控件的简明方法。一般形式如下：

```
<%@ Register TagPrefix="tagprefix" TagName="tagname" Src="pathname" %>
```

说明 这里的@ Register 指令的 3 个主要属性如下。
- ☑ TagPrefix 属性：为用户控件提供了标签前缀，该前缀可由用户定义。
- ☑ TagName 属性：提供了标签的名字。
- ☑ Src 属性：用于指定用户控件的路径。这里特别注意的是，Src 属性指定的路径为虚拟路径，而不能为其指定绝对路径。

对于已经设计好的 Web 用户控件，可以将其添加到一个或者多个网页中。在同一个网页中也可以重复使用多次，各个用户控件会以不同 ID 来标识。将用户控件添加到网页，可以使用 Web 窗体设计器直接添加用户控件。使用 Web 窗体设计器可以在"设计"视图下，将用户控件以拖放的方式直接添加到网页上，其操作与将内置控件从工具箱中拖放到网页上一样。在网页中添加用户控件的步骤如下。

（1）在解决方案资源管理器中，用鼠标单击要添加至网页的用户控件。

（2）按住鼠标左键，移动鼠标到网页上，然后松开鼠标左键即可，如图 9.23 所示。

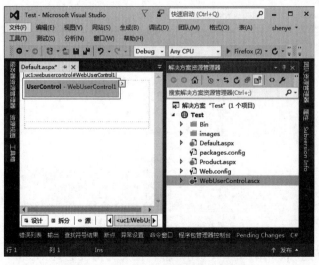

图 9.23　将 Web 用户控件添加至网页

（3）在已添加的用户控件上单击鼠标右键，在弹出的快捷菜单中选择"属性"命令，打开"属性"窗口，如图 9.24 所示，用户可以在该窗口中修改用户控件的属性。

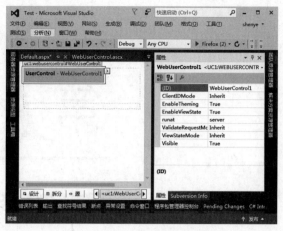

图 9.24　用户控件的属性窗口

9.11　本 章 总 结

本章主要介绍了在线视频网——播客网的开发流程，使读者了解到如何使用.flv 视频格式开发一个高效的在线视频网。希望本章介绍的相关技术对读者以后在多媒体开发的过程中有所启发和帮助。

第10章

仿百度知道之明日知道

（ASP.NET 4.5+SQL Server 2014+LINQ+三层架构实现）

本章阐述的核心内容是如何使用 ASP.NET 快速开发明日知道网站，先进的技术就是生产力，在明日知道网站中使用了许多 ASP.NET 中提供的新技术，例如使用 LINQ to SQL 访问 SQL Server 2014 数据库。此外，笔者将明日知道网站中某些特定的功能抽象出来封装成自定义控件，例如使用自定义分页控件实现数据分页显示功能。使用自定义生成验证码控件实现登录页面验证功能。读者可以应用这些技术、组件快速构建自己的网站。

通过阅读本章，可以学习到：

▶▶ 浏览网站中待解决的问题及回复情况

▶▶ 使用站内搜索引擎查找网站中的问题及正确答案

▶▶ 用户注册及登录功能

▶▶ 在网站中提出问题、设置悬赏分数

▶▶ 回答网站中待解决的问题

▶▶ 提问者可设置某一回复为最佳答案

▶▶ 提问者在没有最佳答案的情况下，有权关闭自己提出的问题

▶▶ 回复者在该问题没有解决的情况下，可修改自己回复的信息

▶▶ 可以在后台管理网站中直接删除提问信息

▶▶ 可以在后台管理网站中查看用户的相关信息（如积分、获得最佳答案数等）

配置说明

视频讲解

10.1　开 发 背 景

　　读者都对国内知名的大型搜索引擎网站—— 百度比较熟悉，其中"百度知道"这个功能非常吸引人，我们在百度上搜索的资料几乎都是来自"百度知道"。根据读者的一些建议和需求，我们开发了"明日知道"这个网站，实现的功能及流程操作和"百度知道"非常类似。

　　在网络应用中，互动性、人性化的网络服务已成为吸引访问者、提高网站访问量、增加客户黏度的一种手段，也是未来网络服务发展的趋势。本章介绍的"明日知道"就是具备了上述特征、具有良好人机交互功能的问答网站。

10.2　需 求 分 析

　　通过深入广泛的分析、实际调研，明日知道网站要求提供以下功能。

- ☑　分为前台操作和后台管理两个网站。
- ☑　前台网站的主要功能是分类管理各个编程语言的相关知识。
- ☑　提问者可以发布某一编程语言的问题，回复者给出答案。
- ☑　提问者在众多答案中评选最佳答案，被评为最佳答案的回复者可以获得规定的积分奖励。
- ☑　如果没有正确的答案，提问者可以关闭该问题。
- ☑　用户可以在前台网站的搜索引擎中查找待解决或自己感兴趣的各个编程语言问题及最佳答案。
- ☑　后台管理网站的主要功能是对用户提出的问题进行管理及用户相关信息（如积分、获得最佳答案数等）的查询。

10.3　系 统 设 计

10.3.1　系统目标

　　仿百度知道之明日知道网站的系统目标如下。

- ☑　要求是一个互动性很强的网站，需要多方参与、多方协助完成。参与者越多，发挥的作用就越大、效果越好。
- ☑　有良好的人机交互功能：用户界面直观、友好，数据录入灵活、简便。
- ☑　功能强大，扩展性强，稳定性高。
- ☑　系统无操作系统限制，方便不同平台之间的移植。
- ☑　网站最大限度地实现易维护性和易操作性。
- ☑　网站运行稳定、安全可靠。

10.3.2 业务流程图

仿百度知道之明日知道网站开发的流程如图 10.1 所示。

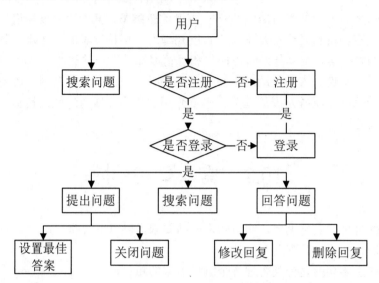

图 10.1 业务流程图

10.3.3 系统功能结构

明日知道分为前台操作和后台管理两个网站。前台网站主要由提问模块、回复模块、设置最佳答案模块、关闭问题模块、搜索问题模块、用户注册模块和用户登录模块七部分组成。前台网站功能结构如图 10.2 所示

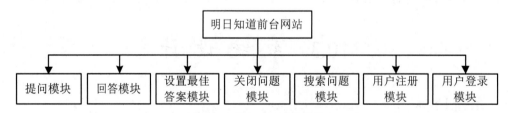

图 10.2 前台网站功能结构

后台管理网站主要由用户管理模块、问题管理模块组成。后台管理网站功能结构如图 10.3 所示。

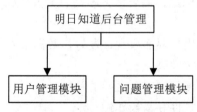

图 10.3 后台管理网站功能结构

10.3.4　系统预览

明日知道网站由多个程序页面组成，下面列出几个典型的页面预览。

在明日知道首页中使用网站内提供的搜索引擎查找主题或内容中包含指定关键字的问题列表，其实际运行效果如图 10.4 所示。

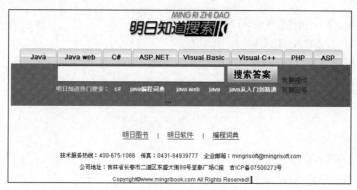

图 10.4　搜索问题页面（资源包\···\index.aspx）

问题列表页面如图 10.5 所示，该页面列出指定类别的待解决问题列表。

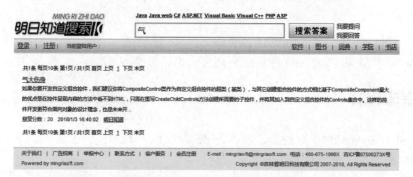

图 10.5　问题列表页面（资源包\···\QuestionList.aspx）

在图 10.5 中单击"标题"列上的链接按钮，跳转到问题及答案明细页面，如图 10.6 所示，该页面显示指定提问及对应的答案。

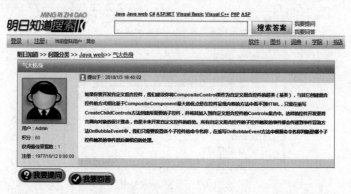

图 10.6　问题及答案明细页面（资源包\···\QuestionAnswer.aspx）

> **注意** 由于路径太长，因此省略了部分路径，省略的路径是"TM\10\MRQA"。

10.3.5　构建开发环境

1．网站开发环境

☑　网站开发环境：Microsoft Visual Studio 2017。

☑　网站开发语言：ASP.NET+C#。

☑　网站后台数据库：SQL Server 2014。

☑　开发环境运行平台：　Windows 7/Windows10。

2．服务器端

☑　操作系统：Windows 7。

☑　Web 服务器：IIS 6.0 以上版本。

☑　数据库服务器：SQL Server 2014。

☑　浏览器：Chrome 浏览器、Firefox 浏览器。

☑　网站服务器运行环境：Microsoft .NET Framework SDK v4.5。

3．客户端

☑　浏览器：Chrome 浏览器、Firefox 浏览器。

☑　分辨率：最佳效果 1280×800 像素或更高分辨率。

10.3.6　数据库设计

本系统采用 SQL Server 2014 数据库，名称为 db_MRQA，其中包含 5 张表。下面分别介绍数据库概要说明、数据库概念设计及数据库逻辑结构设计。

1．数据库概要说明

为了使读者对明日知道后台数据库中的数据表有一个更清晰的认识，在此特别设计了一个数据表树形结构图，该结构图包括系统中所有的数据表，如图 10.7 所示。

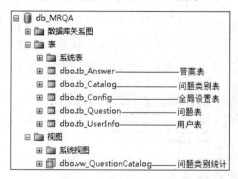

图 10.7　数据库表结构

2．数据库概念设计

通过对本系统的需求分析、系统流程设计以及系统功能结构的确定，规划出系统中使用的数据库实体对象，具体说明如下。

问题是保存用户的提问信息。用户首先在提问页面录入主题、类别、内容、悬赏分数及正确的验证码，其中主题、类别、内容为必填项。问题实体 E-R 图如图 10.8 所示。

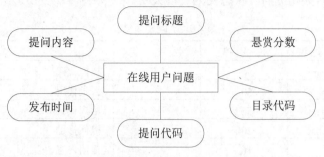

图 10.8　问题实体 E-R 图

用户提出问题后可以进行回复，对于回复后的问题可以将其设置为最佳答案。答案实体 E-R 图如图 10.9 所示。

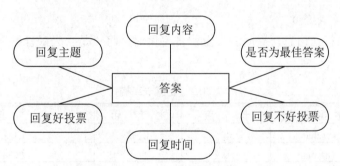

图 10.9　答案实体 E-R 图

用户详细信息除了包括基本的信息如用户名及密码等外，还包括了已解决问题数、未解决问题数、悬赏分数设定等。用户实体 E-R 图如图 10.10 所示。

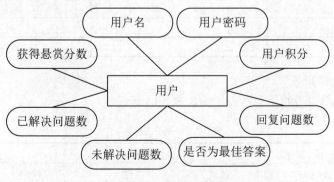

图 10.10　用户实体 E-R 图

3．数据库逻辑结构设计

在设计完数据库实体 E-R 图之后，需要根据实体 E-R 图设计数据表结构。下面给出主要数据表的数据结构和用途。

（1）tb_Question（问题表）

问题表保存用户的提问信息，新建提问时状态字段值为"未解决"；提问者设置最佳答案时状态变为"已解决"；提问者关闭提问时状态变为"已关闭"。表结构如表 10.1 所示。

表 10.1　问题表结构

字　段　名	数 据 类 型	长　　度	主　键　否	描　　　述
Code	varchar	50	主键	提问代码
CatalogCode	varchar	50		目录代码
UserCode	varchar	50		用户代码
Title	nvarchar	200		提问标题
Text	ntext	16		提问内容
Mark	int	4		悬赏分数
PostDatetime	datetime	8		发布时间
State	int	4		状态（0：未解决；1：已解决；2：已关闭）

（2）tb_Answer（答案表）

答案表保存回复的答案信息，提问者设置最佳答案时，将"是否为最佳答案"字段值设为真。表结构如表 10.2 所示。

表 10.2　答案表结构

字　段　名	数 据 类 型	长　　度	主　键　否	描　　　述
Code	varchar	50	主键	回复代码
QuestionCode	varchar	50		提问代码
UserCode	varchar	50		回复者代码
Title	nvarchar	200		回复主题
Text	ntext	16		回复内容
BestAnswer	bit	1		是否为最佳答案
PostDatetime	datetime	8		回复时间
VoteNice	int	4		好投票计数
VoteBad	int	4		不好投票计数

（3）tb_UserInfo（用户表）

用户表主要保存用户注册的信息。表结构如表 10.3 所示。

表 10.3　用户表结构

字　段　名	数 据 类 型	长　　度	主　键　否	描　　　述
Code	varchar	50	主键	用户代码
UserName	nvarchar	200		用户名

续表

字 段 名	数据类型	长 度	主 键 否	描 述
Password	varchar	20		密码
Sex	char	2		性别
Email	varchar	100		电子邮箱
Mark	int	4		用户积分
RewardMark	int	4		获得悬赏积分
PaidMark	int	4		发出悬赏积分
ACount	int	4		回复问题数
AAcceptCount	int	4		被评为"最佳答案"数
QSolvedCount	int	4		已解决提问数（自己发布的提问）
QUnsolveCount	int	4		未解决提问数（自己发布的提问）
QCancelledCount	int	4		已关闭提问数（自己发布的提问）
CreatedDate	datetime	8		注册时间

10.3.7 文件夹组织结构

为了便于读者对本网站的学习，在此将网站文件的组织结构展示出来。网站文件组织结构如图 10.11 所示。

图 10.11 网站文件组织结构

10.4　公共的自定义核心控件类设计

设计公共类，可以提高开发效率以及方便以后对程序的维护。对于一个好的程序来说，公共类是不可缺少的一部分。在本程序中编写了两个公共类，这两个公共类分别为数据库操作类 operateData 和公共方法类 operateMethod。数据库操作类主要用于编写对数据库常用的一些操作。公共方法类用于编写在程序中比较常用的方法或易于日后修改的方法。下面将详细介绍公共类中的方法。

10.4.1　自定义 GridView 数据绑定控件类

明日知道网站中所有应用到的 GridView 都不是 ASP.NET 自带的 GridView，而是在 ASP.NET 的 GridView 类基础上封装的自定义 GridView 控件，其主要优势在于该自定义 GridView 控件在绑定数据源中的数据为空时，既可显示空数据的说明文字，也可显示其表头信息，而 ASP.NET 自带的 GridView 在绑定数据源中的数据为空时只显示一行说明文字，人性化的界面效果不好。

该自定义控件重写了基类的 Render 方法，判断当传入的数据源数据为空时自定义创建一个表格，在表格中添加两行：表头行和内容行。表头行根据 GridView 的字段列 HeaderText 设置行的单元格内容；内容行显示 GridView 数据为空的提示文本。当然表格及行的样式都是根据 GridView 设置的。核心代码如下：

例程 01　代码位置：资源包\TM\10\ServerControl\GridView.cs

```
//<summary>
//GridView 数据为空时呈现的样式
//</summary>
//<param name="writer"></param>
protected virtual void RenderEmptyContent(HtmlTextWriter writer)
{
    Table t = new Table();                          //创建一个 HTML 的 Table
    t.GridLines = this.GridLines;                    //设置 Table 的线型与 GridView 相同
    t.BorderStyle = this.BorderStyle;                //设置边界风格与 GridView 相同
    t.BorderWidth = 0;
    t.CellPadding = 1;
    t.CellSpacing = 1;
    t.HorizontalAlign = this.HorizontalAlign;        //设置水平对齐风格与 GridView 相同
    t.Width = this.Width;                            //设置 Table 宽度与 GridView 相同
    t.CopyBaseAttributes(this);
    t.BorderColor = this.BorderColor;                //设置边界颜色与 GridView 相同
    t.EnableTheming = this.EnableTheming;            //设置主题是否生效与 GridView 相同
    t.ForeColor = this.ForeColor;                    //设置前景色与 GridView 相同
    t.SkinID = this.SkinID;                          //设置皮肤样式与 GridView 相同
    t.ToolTip = this.ToolTip;                        //设置提示信息与 GridView 相同
    t.Visible = this.Visible;                        //设置是否可见与 GridView 相同
    t.Font.CopyFrom(this.Font);                      //设置字体对象与 GridView 相同
    //设置 Table 的层叠样式表
    t.CssClass = this.EmptyDataTableCssClass != "" ? this.EmptyDataTableCssClass : this.CssClass;
```

```
        TableRow row = new TableRow();              //新建一个行
        row.CssClass = this.EmptyDataTitleRowCssClass;               //设置行与层叠样式表
        row.Height = 25;
        t.Rows.Add(row);                                            //将行添加到 Table 中
        foreach (DataControlField field in this.Columns)            //根据 GridView 中的字段创建 Table 行的单元格
        {
            if (field.Visible)                                      //如果 GridView 中的该字段可见
            {
                TableCell cell = new TableCell();                   //创建单元格
                cell.Text = field.HeaderText;                       //设置单元格文本
                row.Cells.Add(cell);        //将单元格添加到行中
            }
        }
        TableRow row2 = new TableRow();   //新建第二行
        row2.CssClass = this.EmptyDataContentRowCssClass;     //设置行的与层叠样式表
        t.Rows.Add(row2);
        TableCell msgCell = new TableCell();
        if (this.EmptyDataTemplate != null)                         //如果 GridView 中设置了空模板
        {
            this.EmptyDataTemplate.InstantiateIn(msgCell);
        }
        else  {
            msgCell.Text = this.EmptyDataText;                      //设置单元格文本为空数据提示
        }
        msgCell.HorizontalAlign = HorizontalAlign.Center;           //设置单元格的水平对齐
        msgCell.ColumnSpan = this.Columns.Count;                    //设置单元格的列合并
        row2.Cells.Add(msgCell);
        t.RenderControl(writer);                                    //将 Table 发送给 HTML 呈现流
}
protected override void Render(HtmlTextWriter writer)
{
    //如果 GridView 数据为空
    if (EnableEmptyContentRender && (this.Rows.Count == 0 || this.Rows[0].RowType ==
DataControlRowType.EmptyDataRow))
    {
        RenderEmptyContent(writer);                                 //调用自定义呈现方法
    }
    else
    {
        base.Render(writer);                                        //调用基类呈现方法
    }
}
```

10.4.2　自定义 OurPager 数据分页控件类

只要用到 GridView 就需要分页，虽然 GridView 有自带的分页功能，但其功能相对简单且扩展性差，最主要的是它不能实现真正意义上的分页（即每次从数据库只读取当前页的数据），而第三方的分页组件又会涉及一些版权等问题。基于以上原因在通用进销存的表格分页方案中选择了自行开发分页控件 OurPager，其在真正意义上实现了数据的分页功能。自定义分页控件实际运行效果如图 10.12 所示。

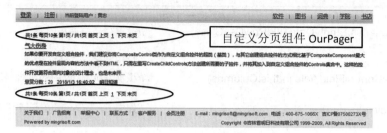

图 10.12　自定义 OurPager 数据分页控件的应用

分页控件只需输入两个行为属性——RecordCount 和 PageSize，即可自动计算分页信息并绘制控件呈现，分页控件还提供了一个 PageChanged 事件，只需实现该事件即可在单击分页控件任意按钮时触发该事件。

自定义分页控件事件执行的核心代码如下：

例程 02　代码位置：资源包\TM\10\ServerControl\OurPager.cs

```
///<summary>
///当触发分页控件事件时执行的过程
///</summary>
///<param name="ty"></param>
///<param name="cmdArgs"></param>
private void DoPageChanged(PageChangedType ty, string cmdArgs)
{
    int currentPageIdx = CurrentPageIndex;
    int pageCnt = PageCount;
    int NewPageIndex = CurrentPageIndex;                //设置新页索引
    switch (ty)
    {
      case PageChangedType.atFirst:                     //如果触发首页按钮事件
          NewPageIndex = 1;                             //新页索引设为 1
          break;
      case PageChangedType.atPrior:                     //如果触发上页按钮事件
          if (currentPageIdx > 1)
          {
              NewPageIndex = CurrentPageIndex - 1;      //新页索引设为当前页索引减 1
          }
          break;
      case PageChangedType.atNext:                      //如果触发下页按钮事件
          if (currentPageIdx < pageCnt)
          {
              NewPageIndex = CurrentPageIndex + 1;      //新页索引设为当前页索引加 1
          }
          break;
      case PageChangedType.atLast:                      //如果触发末页按钮事件
          NewPageIndex = pageCnt;
          break;
      case PageChangedType.atGo:                        //如果触发页导航按钮事件
          int idx = currentPageIdx;
          if (int.TryParse(_txtToPage.Text, out idx))
          {
```

```
                    if (idx >= 1 && idx <= pageCnt)
                    {
                        NewPageIndex = idx;                              //新页索引等于导航输入框数字
                    }
                }
                break;
            case PageChangedType.atNumeric:                             //如果触发页码按钮事件
                if (cmdArgs == "back")                                  //如果触发向后翻页码按钮事件
                {
                    if (NumericPageIndex > 1)
                    {
                        NumericPageIndex --;                            //页码按钮页索引减 1
                        //根据页码按钮索引设置页索引
                        NewPageIndex = NumericPageIndex * NumericButtonCount;
                    }
                }
                else if (cmdArgs == "front")                            //如果触发向前翻页码按钮事件
                {
                    if (NumericPageIndex < NumericPageCount)
                    {
                        NumericPageIndex++;                             //页码按钮页索引加 1
                        //根据页码按钮索引设置页索引
                        NewPageIndex = (NumericPageIndex-1) * NumericButtonCount + 1;
                    }
                }
                else                                                   //如果触发页码按钮事件
                {
                    int tmpArgs = Convert.ToInt32(cmdArgs);
                    if (tmpArgs >= 1 && tmpArgs <= RecordCount)
                    {
                        NewPageIndex = tmpArgs;                         //设置页索引为页码按钮参数
                    }
                }
                break;
        }
        if (PageChanged != null)                                        //加页改变事件不为空
        {
            PageArgs args = new PageArgs(NewPageIndex);                 //设置页改变事件参数
            PageChanged(this, args);                                   //执行页改变事件代码
        }
        CurrentPageIndex = NewPageIndex;                                //最终确认当前页索引
        CalculateButtonEnable();   //计算按钮只读
        CalculateNumericBtnVisible();                                   //计算页码按钮可见
        _lblPage.Text = string.Format("第{0}页 / 共{1}页", NewPageIndex, pageCnt);
        _txtToPage.Text = NewPageIndex.ToString();
        //如果是向前或向后翻页码事件，则要重新创建子控件
        if (ty == PageChangedType.atNumeric && (cmdArgs=="back" || cmdArgs=="front"))
        {
            RecreateChildControls();
        }
    }
```

该自定义分页控件中还应用了一个比较典型的事件，即冒泡事件。冒泡事件是指服务器控件的事件沿着 UI 服务器控件层次结构向上传递，通俗点说就是子控件的事件传递到父控件，该类中重写的事件冒泡方法 OnBubbleEvent 代码如下：

```
///<summary>
///重写父类的事件冒泡方法，当触发任何子控件的事件时都会执行该方法
///</summary>
///<param name="source"></param>
///<param name="args"></param>
///<returns></returns>
protected override bool OnBubbleEvent(object source, EventArgs args)
{
    if (args is CommandEventArgs)
    {
        PageChangedType cmdName = (PageChangedType)Convert.ToInt32((args as CommandEventArgs).CommandName);
        string cmdArg = (args as CommandEventArgs).CommandArgument.ToString();
        DoPageChanged(cmdName, cmdArg);        //执行处理自定义分页的过程
        return true;
    }
    else
    {
        return base.OnBubbleEvent(source, args); //执行父类的冒泡方法
    }
}
```

注意　以上所列代码是这个自定义分页控件的部分核心代码。该自定义分页控件基本涵盖了主流商业分页控件的主要功能，只是在控件的样式自定义方面还没那么灵活，但这正好适合要技术进级的读者朋友们学习，而且该控件抛开了一般控件所采用的 HTML 代码段，真正意义上做到了面向对象开发组件。

视频讲解

10.5　提问模块设计

10.5.1　提问模块概述

提问模块实现的功能是保存用户的提问信息。用户首先在提问页面录入主题、类别、内容、悬赏分数及正确的验证码，其中主题、类别、内容为必填项，然后便可单击"发表帖子"按钮将提问信息提交到问题列表页中。提问页面如图 10.13 所示。

在加载提问页面时，程序首先会判断用户是否登录，如果没有登录先跳转到登录提示页。登录提示页面如图 10.14 所示。

如果用户没有注册，则可在登录提示页中单击"注册"链接按钮，注册一个新用户。用户注册页面如图 10.15 所示。

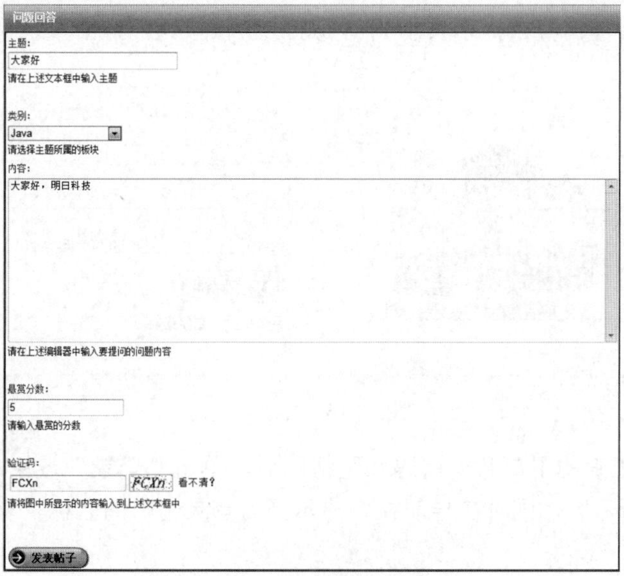

图 10.13　提问页面

图 10.14　登录提示页面

图 10.15　用户注册页面

如果用户已经注册，单击登录提示页中的"登录"链接按钮，弹出登录页面。登录页面如图 10.16 所示。

图 10.16　登录页面

在登录页面中输入正确的用户名、密码和验证码后，单击"登录"按钮，登录成功后自动跳转到提问页面（如图 10.13 所示），同时在导航栏中显示当前登录用户的名称。

 注意　为了防止用户的恶意攻击，在提问、回复页面都需要填写正确的验证码才能提交。

10.5.2　提问模块技术分析

为了让读者更加清晰地理解提问模块的总体设计思路，在 10.5.1 节模块功能展示的基础上，绘制了提问模块的流程，如图 10.17 所示。

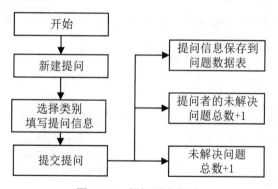

图 10.17　提问页流程图

在流程图 10.17 中，执行"提交提问"操作时主要应用了 LINQ to SQL 中对 SQL Server 数据库的插入和修改操作。

（1）LINQ to SQL 中对 SQL Server 数据库的插入操作，示例代码如下：

```
tb_Question question = new tb_Question();        //创建提问信息实体
question.Title = txtTitle.Text;                  //给实体成员赋值
DC.tb_Question.InsertOnSubmit(question);         //保存提问信息
DC.SubmitChanges();                              //提交结果到服务器端
```

（2）LINQ to SQL 中对 SQL Server 数据库的修改操作，示例代码如下：

```
//取要修改的记录
tb_UserInfo user = DC.tb_UserInfo.FirstOrDefault(itm => itm.Code == ClientHelper.UserCode);
user.QUnsolveCount = user.QUnsolveCount + 1;          //用户信息表中提问者的"未解决问题数"+1
DC.SubmitChanges();                                    //提交结果到服务器端
```

10.5.3　提问模块实现过程

📊　本模块使用的数据表：tb_UserInfo、tb_Catalog

1. 设计步骤

新建一个 Web 窗体，将其命名为 Question.aspx。该页面用到的主要控件如表 10.4 所示。

表 10.4　Question.aspx 页用到的主要控件

控 件 类 型	控件 ID	主要属性设置	用　　途
abl TextBox	txtTitle	均为默认值	输入提问主题
DropDownList	ddlCatalogCode	均为默认值	选择提问类别
abl TextBox	txtText	TextMode 属性设为 MultiLine	输入提问内容
	txtMark	均为默认值	输入悬赏积分
	txtCheckCode	均为默认值	输入验证码
ValidateCode	ValidateCode1	均为默认值	生成验证码
ImageButton	ibtnPostQuestion	ImageUrl 属性设为"~/Images/SureLogin.JPG" 单击事件 ibtnPostQuestion_Click	提交提问信息

2. 实现代码

在明日知道网站中由于提问问题、回复问题、设置最佳答案及关闭问题都涉及分数的分配或问题数量的统计操作，所以必须先以注册的会员身份登录，然后将提问者、回复者的信息与数据库中存储的信息进行核对，就可以实现有操作权限的判断及积分的分配。

（1）在提问页面的加载事件 Page_Load 中，主要实现两个功能：一是判断用户是否登录，如果没有登录将给予提示登录；二是将问题类别数据表中的内容填充到类别下拉列表框中。具体代码如下：

例程 03　代码位置：资源包\TM\10\ClientWebSite\Question.aspx.cs

```
protected void Page_Load(object sender, EventArgs e)
{
    if (!Page.IsPostBack)
    {
❶      if (string.IsNullOrEmpty(ClientHelper.UserCode))          //提问前判断用户是否登录
        {
            Session["RedirectFrom"] = Request.Url;                //记住当前的 Url
            Response.Redirect("NotLogin.aspx");                   //跳转到登录提示页
        }
❷      var query = from item in DC.tb_Catalog                    //取类别数据表中的数据
                    select new
                    {
```

```
                    Code = item.Code,
                    Name = item.Name
                };
            //以下是将类别数据表中的数据绑定到类别下拉列表框中
❸          ddlCatalogCode.DataSource = query;
            ddlCatalogCode.DataTextField = "Name";
            ddlCatalogCode.DataValueField = "Code";
            ddlCatalogCode.DataBind();
        }
}
```

📢 代码贴士

❶提问前判断用户是否登录。如果没有登录，首先记住当前的 URL，其次跳转到登录提示页。登录成功时根据记住的 URL 回到提问页面。

❷使用 LINQ 从类别数据表中取出数据。

❸将类别数据表中的数据绑定到类别下拉列表框中。

（2）输入提问信息后，单击"发表帖子"按钮将提问信息保存到数据库中。由于提交了一个未解决的问题，所以提问者的未解决问题数加 1，全局设置表中未解决问题总数也加 1。主要代码如下：

例程 04　　代码位置：资源包\TM\10\ClientWebSite\Question.aspx.cs

```
protected void ibtnPostQuestion_Click(object sender, ImageClickEventArgs e) //保存提问信息
{
    if (!ValidateCode1.CheckSN(txtCheckCode.Text))                //判断验证码是否正确
    {
        lblMessage.Text = "输入验证码不正确!";
        return;
    }
    if (Page.IsValid)
    {
        tb_Question question = new tb_Question();                //创建提问信息实体
        question.Code = ClientHelper.BuildCode();                //调用公共类生成唯一号
         //给以下实体成员赋值
        question.CatalogCode = ddlCatalogCode.SelectedValue;
        question.UserCode = ClientHelper.UserCode;
        question.Title = txtTitle.Text;
        question.Text = txtText.Text;
        if (txtMark.Text.Trim() !="")
            question.Mark = Convert.ToInt32(txtMark.Text);
        question.PostDatetime = ClientHelper.ServerDate;
        question.State = 0;                                      //状态默认为 0（未解决）
❶      DC.tb_Question.InsertOnSubmit(question);
        //用户信息表中提问者的"未解决问题数"+1
        tb_UserInfo user = DC.tb_UserInfo.FirstOrDefault(itm => itm.Code == question.UserCode);
❷      user.QUnsolveCount = user.QUnsolveCount + 1;
        tb_Config config = DC.tb_Config.FirstOrDefault();        //全局配置表中"未解决问题数"+1
❸      config.UnSolved = config.UnSolved + 1;
        DC.SubmitChanges();                                      //提交结果到服务器端
        txtTitle.Text = "";                                     //清空输入内容
        ddlCatalogCode.SelectedIndex = 0;
```

```
        txtText.Text = "";
        txtMark.Text = "";
        txtCheckCode.Text = "";
        Response.Write("<Script>window.alert('保存成功!')</Script>");
    }
}
```

🔊 **代码贴士**

❶将提问信息保存到数据库中的问题表。

❷提问者的未解决问题数加 1。

❸全局设置表中的未解决问题总数加 1。

视频讲解

10.6 问题回答模块设计

10.6.1 问题回答模块概述

问题回答模块实现的功能是对提问模块提出的问题进行回复，并不是所有的提问都允许回复，回复问题的前提如下。

☑ 该问题没有被提问者关闭（或管理员删除）。

☑ 该问题还没有最佳答案。

☑ 该用户没有回复过该问题。

在问题回答页面录入回复主题、回复内容及正确的验证码后，单击"发表帖子"按钮，将回复信息保存到数据库的答案表中。问题回答页面如图 10.18 所示。

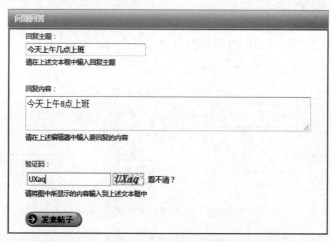

图 10.18　问题回答页面

回复者登录明日知道网站后，有两种方式查找要回复的问题。第一种是在主页上单击"我要回答"按钮跳转至问题分类页面。问题分类页面如图 10.19 所示。

图 10.19　问题分类页面

说明　在问题分类页面中选择某一个问题类别后，将进入包含该类别的问题列表页（如图 10.5 所示），当单击问题列表中"标题"列上的链接按钮，进入要回复的问题及答案明细页（如图 10.6 所示），在问题及答案明细页面中单击"我要回答"按钮，就可以回复选中的问题。

第二种是在主页（或其他页）的搜索引擎中输入指定关键字，单击"搜索答案"按钮直接查找问题，稍后会给予详细介绍。

注意　回复者还可以对自己回复的问题进行修改或删除。前提是以上次回复问题的身份进入回复问题页面，并且该问题还没有最佳答案、未被关闭。

10.6.2　问题回答模块技术分析

为了让读者更加清晰地理解问题回答模块的总体设计思路，在 10.6.1 节模块功能展示的基础上，绘制了问题回答模块的流程图，如图 10.20 所示。

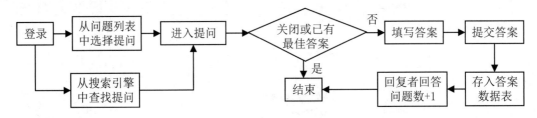

图 10.20　问题回答模块流程图

说明　在图 10.20 中执行"进入提问"操作时主要应用了查询字符串传值技术和 Session 传值技术。执行"提交答案"操作时应用了 LINQ to SQL 中对 SQL Server 数据库的修改和删除操作。

（1）获得查询字符串中指定参数值的示例代码如下：

```
if (Request.QueryString["QuestionCode"] != null)                           //提问唯一号不为空
```

```
{
    QuestionCode = Request.QueryString["QuestionCode"].ToString();          //取出提问唯一号
}
```

（2）从 Session 中取出指定对象，示例代码如下：

```
Session["RedirectFrom"] = Request.Url;
```

（3）应用 LINQ to SQL 中对 SQL Server 数据库删除操作的代码如下：

```
tb_Answer answer = DC.tb_Answer.FirstOrDefault(itm => itm.Code == code);    //取出要删除的记录
DC.tb_Answer.DeleteOnSubmit(answer);                                          //删除回复信息
DC.SubmitChanges();                                                          //提交删除操作
```

10.6.3 问题回答模块实现过程

📊 本模块使用的数据表：tb_Answer

1. 设计步骤

（1）创建一个 Web 窗体，将其命名为 Answer.aspx。
（2）该页面应用的主要控件如表 10.5 所示。

表 10.5 Answer.aspx 页用到的主要控件

控件类型	控件 ID	主要属性设置	用途
DataList	dlQuestion	DataKeyField 属性设为 Code	显示提问信息
TextBox	txtTitle	均为默认值	输入回复主题
	txtText	TextMode 属性设为 MultiLine	输入回复内容
	txtCheckCode	均为默认值	输入验证码
ValidateCode	ValidateCode1	均为默认值	生成验证码
ImageButton	ibtnPostAnswer	ImageUrl 属性设为~/Images/SureLogin.JPG 单击事件 ibtnPostAnswer_Click	提交回复信息
DataList	dlAnswer	DataKeyField 属性设为 Code onitemcommand 事件设为 dlAnswer_ItemCommand	显示回复信息

2. 实现代码

（1）在问题回答页面有两个 DataList 控件，分别用来显示提问信息和回复信息。在初始化这两个 DataList 数据时都调用了一个 LoadData 自定义方法，该方法的具体代码如下：

例程 05 代码位置：资源包\TM\10\ClientWebSite\Answer.aspx.cs

```
private void LoadData()
{
    var questionQuery = from item in DC.tb_Question          //使用 LINQ 查询提问信息
                        where item.Code == QuestionCode
                        join user in DC.tb_UserInfo
```

```
                                on item.UserCode equals user.Code
                                join catalog in DC.tb_Catalog
                                on item.CatalogCode equals catalog.Code
                                select new
                                {
                                        Code = item.Code,
                                        Title = item.Title,
                                        Text = item.Text,
                                        QuestionMark = item.Mark,
                                        PostDatetime = item.PostDatetime,
                                        UserCode = user.UserName,
                                        Mark = user.Mark,
                                        AAcceptCount = user.AAcceptCount,
                                        CreatedDate = user.CreatedDate,
                                        CatalogCode = item.CatalogCode,
                                        CatalogName = catalog.Name
                                };
            if (questionQuery != null)
            {
                    dlQuestion.DataSource = questionQuery;              //将提问信息绑定到 DataList
                    dlQuestion.DataBind();
                    var answerQuery = from item in DC.tb_Answer        //使用 LINQ 查询回复信息
                                where item.QuestionCode == QuestionCode
                                join user in DC.tb_UserInfo
                                on item.UserCode equals user.Code
                                select new
                                {
                                        Code = item.Code,
                                        QuestionCode = item.QuestionCode,
                                        Title = item.Title,
                                        Text = item.Text,
                                        PostDatetime = item.PostDatetime,
                                        UserCode = user.UserName,
                                        Mark = user.Mark,
                                        AAcceptCount = user.AAcceptCount,
                                        CreatedDate = user.CreatedDate
                                };
                    dlAnswer.DataSource = answerQuery;                 //将回复信息绑定到 DataList
                    dlAnswer.DataBind();
            }
    }
```

（2）双击问题回答页（Answer.aspx）中的"发表帖子"按钮，触发其 Click 事件，在该事件中可将回复信息保存到数据库中，并且当回复了一个问题时回复者的回复问题数加 1。主要代码如下：

例程 06 代码位置：资源包\TM\10\ClientWebSite\Answer\.aspx.cs

```
protected void ibtnPostAnswer_Click(object sender, ImageClickEventArgs e)
{
    ··· //省略验证码验证操作
    if (Page.IsValid)
    {
```

```
                if (AnswerCode == "")                              //传入的查询字符串为空，是新建回复信息操作
                {
                    tb_Answer answer = new tb_Answer();
                    answer.Code = ClientHelper.BuildCode();
                    answer.QuestionCode = QuestionCode;
                    answer.UserCode = ClientHelper.UserCode;
                    answer.Title = txtTitle.Text;
                    answer.Text = txtText.Text;
                    answer.PostDatetime = ClientHelper.ServerDate;
❶                  DC.tb_Answer.InsertOnSubmit(answer);            //将回复信息保存到答案数据表中
                    //用户信息表中回复者的"回复问题数"+1
                    tb_UserInfo user = DC.tb_UserInfo.FirstOrDefault(itm => itm.Code == ClientHelper.UserCode);
                    if (user != null)    {
❷                      user.ACount = user.ACount + 1;
                    }
                    DC.SubmitChanges();
                    lblMessage.Text = "发表贴子成功";
                    Response.Redirect("QuestionAnswer.aspx?QuestionCode=" + QuestionCode);
                }
                else                                               //是修改回复信息操作
                {
❸                  tb_Answer answer = DC.tb_Answer.FirstOrDefault(itm => itm.Code == AnswerCode);
                    if (answer != null)
                    {
                        answer.Title = txtTitle.Text;
                        answer.Text = txtText.Text;
                        answer.PostDatetime = ClientHelper.ServerDate;
                        DC.SubmitChanges();
                        lblMessage.Text = "修改帖子成功";
                        Response.Redirect("QuestionAnswer.aspx?QuestionCode=" + QuestionCode);
                    }
                }
            }
        }
```

📢 **代码贴士**

❶将回复信息保存到数据库中的答案表。

❷回复者的回复问题数加 1。

❸如果查询字符串中的 AnswerCode 参数有值，表示执行修改回复信息操作。

视频讲解

10.7　设置最佳答案模块设计

10.7.1　设置最佳答案模块概述

以提问者的身份进入问题及答案明细页面，可以指定哪个回复信息是最佳答案。设置最佳答案页面如图 10.21 所示。

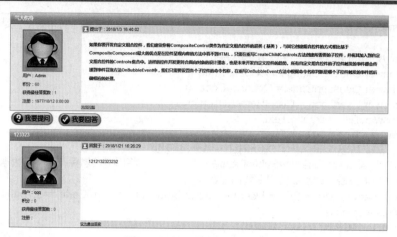

图 10.21　设置最佳答案页面

说明 以提问者的身份进入问题及答案明细页面后，所有回复信息的左下角都显示一个"设为最佳答案"链接按钮。提问者认为哪个回复信息正确，就可以单击该回复信息左下角的"设为最佳答案"链接按钮。

注意 回复者还可以对自己回复的问题进行修改或删除。前提是以上次回复问题的身份进入回复问题页面，并且该问题还没有最佳答案、未被关闭。

10.7.2　设置最佳答案模块技术分析

为了让各位读者更加清晰地理解设置最佳答案模块的总体设计思路，在 10.7.1 节模块功能展示的基础上，绘制了设置最佳答案模块的流程图，如图 10.22 所示。

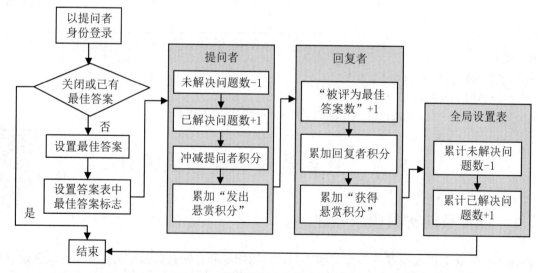

图 10.22　设置最佳答案模块流程图

设置最佳答案页面中的页头、导航、页脚 3 个用户控件都应用到了页输出缓存技术，示例代码如下：

```
<%@ OutputCache Duration="30" VaryByParam="none" %>
```

10.7.3　设置最佳答案模块实现过程

📊 **本模块使用的数据表：** tb_Question、tb_UserInfo、tb_Catalog

1. 设计步骤

（1）创建一个 Web 窗体，将其命名为 QuestionAnswer.aspx。

（2）在该窗体中添加控件，所添加的控件类型、控件名称及说明如表 10.6 所示。

表 10.6　QuestionAnswer.aspx 页用到的主要控件

控 件 类 型	控件 ID	主要属性设置	用　　途
DataList	dlQuestion	DataKeyField 属性设为 Code	显示提问信息
DataList	dlAnswer	DataKeyField 属性设为 Code，onitemcommand 事件设为 dlAnswer_ItemCommand	显示回复信息

2. 实现代码

（1）在 ID 为 dlAnswer 的 DataList 控件中包含"设置最佳答案"链接按钮，设置其按钮的 CommandName 属性为 BestAnswer，其 HTML 代码如下：

例程 07　代码位置：资源包\TM\10\MRQA\QuestionAnswer.aspx

```
<asp:LinkButton ID="lbtnBestAnswer" runat="server" CommandName="BestAnswer"
OnClientClick="return confirm('确认设为最佳答案?');"
    Font-Size="X-Small" ForeColor="#669900">设为最佳答案</asp:LinkButton>
```

（2）单击运行页面中的"设置最佳答案"链接按钮，此时触发 DataList 控件的 ItemCommand 事件。在该事件中如果传进来的 CommandName 属性值等于 BestAnswer，那么调用 SetBestAnswer 自定义方法具体地实现设置最佳答案操作，事件代码如下：

例程 08　代码位置：资源包\TM\10\ClientWebSite\QuestionAnswer.aspx.cs

```
protected void dlAnswer_ItemCommand(object source, DataListCommandEventArgs e)
{
    if (e.CommandName != "")
    {
        int index = e.Item.ItemIndex;                          //取 DataList 行索引
        DataList dl = (DataList)source;                        //取当前 DataList
        string code = dl.DataKeys[index].ToString();          //取 DataList 主键值
        tb_Answer answer = DC.tb_Answer.FirstOrDefault(itm => itm.Code == code);
        if (e.CommandName == "Edi")                           //命令名是修改答案
        {
            if (CurrencyCheck(answer.QuestionCode))
Response.Redirect("Answer.aspx?QuestionCode="+answer.QuestionCode+"&AnswerCode="+answer.Code);
        }
        else if (e.CommandName == "Del")                     //命令名是删除答案
```

```
        {
            if (CurrencyCheck(answer.QuestionCode))
            {
                DC.tb_Answer.DeleteOnSubmit(answer);
                DC.SubmitChanges();
                LoadData();
            }
        }
        else if (e.CommandName == "BestAnswer")            //命令名是设置最佳答案
        {
            SetBestAnswer(answer);                          //执行设置最佳答案的方法
            LoadData();
        }
    }
}
```

在上述事件代码中，调用了一个 SetBestAnswer 自定义方法实现"设置最佳答案"操作，该自定义方法的具体代码如下：

例程 09　代码位置：资源包\TM\10\ClientWebSite\QuestionAnswer.aspx.cs

```
private void SetBestAnswer(tb_Answer answer)
{
    if (answer != null)
    {
❶      if (answer.BestAnswer == true)
        {
            Response.Write("<script>alert('该回复已经设为最佳答案!');</script>");
            return;
        }
        tb_Question question = DC.tb_Question.FirstOrDefault(itm => itm.Code == QuestionCode);
        if (question.State == 2)
        {
            Response.Write("<script>alert('该问题已关闭，不能再设最佳答案!');</script>");
            return;
        }
        int cnt = DC.tb_Answer.Count(itm => itm.QuestionCode ==
QuestionCode && itm.BestAnswer == true);
        if (cnt > 0)
        {
            Response.Write("<script>alert('该问题已经有最佳答案了!');</script>");
            return;
        }
❷      answer.BestAnswer = true;                            //答案表中 BestAnswer=1
        question.State = 1;
        tb_UserInfo quser = DC.tb_UserInfo.FirstOrDefault(itm => itm.Code ==
ClientHelper.UserCode);
        //用户信息表中提问者的"未解决问题数"-1，"已解决提问数"+1
        //减用户积分，加发出悬赏积分
❸      quser.QUnsolveCount = quser.QUnsolveCount - 1;
        quser.QSolvedCount = quser.QSolvedCount + 1;
        quser.Mark = quser.Mark - question.Mark;
```

```
        quser.PaidMark = quser.PaidMark + question.Mark;
            //用户信息表中回复者的"被评为最佳答案数"+1，加用户积分，加悬赏积分
❹      tb_UserInfo auser = DC.tb_UserInfo.FirstOrDefault(itm => itm.Code == answer.UserCode);
        auser.AAcceptCount = auser.AAcceptCount + 1;
        auser.Mark = auser.Mark + question.Mark;
        auser.RewardMark = auser.RewardMark + question.Mark;
❺      tb_Config config = DC.tb_Config.FirstOrDefault();         //全局设置表中已解决+1，未解决-1
        config.UnSolved = config.UnSolved - 1;
        config.Solved = config.Solved + 1;
        DC.SubmitChanges();
    }
}
```

📢 代码贴士

❶如果问题已经有最佳答案或已关闭，那么不能再设置最佳答案。

❷将答案表中的 BestAnswer 字段值设为真，表示已设置最佳答案。

❸设置最佳答案后，提问者的未解决问题数减 1，已解决问题加 1；根据该问题的悬赏积分冲减提问者的积分，累加提问者的"发出悬赏积分"。

❹被设为最佳答案后，回复者的"被评为最佳答案数"加 1，根据该问题的悬赏积分累加回复者的积分、获得悬赏积分。

❺设置最佳答案后，未解决问题总数减 1，已解决问题总数加 1。

10.8　关闭问题模块设计

视频讲解

10.8.1　关闭问题模块概述

以提问者的身份进入问题及答案明细页面，可以设置最佳答案，如果发现该问题长时间没人能解决或自己已解决，可以单击"关闭问题"链接按钮关闭该问题。关闭问题页面如图 10.23 所示。

以提问者的身份进入问题及答案明细页面后，提问信息的左下角会显示一个"关闭问题"按钮。提问者可以单击按钮关闭该问题。

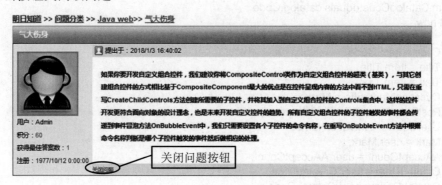

图 10.23　关闭问题页面

注意 已设置最佳答案的问题不能关闭；已关闭的问题也不能重复关闭。

10.8.2 关闭问题模块技术分析

为了让各位读者更加清晰地理解关闭问题模块的总体设计思路，在 10.8.1 节模块功能展示的基础上，绘制了关闭问题模块的流程图，如图 10.24 所示。

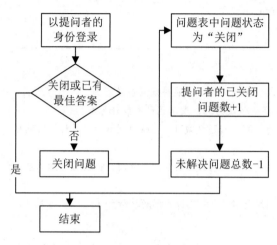

图 10.24 关闭问题页的流程图

在上述流程图中，在加载关闭问题页面过程中应用到了 LINQ 查询及关联技术；在执行"关闭问题"操作时应用到了 LINQ to SQL 对 SQL Server 数据库的修改操作。LINQ 数据查询及关联的代码如下：

例程 10 代码位置：资源包\TM\10\MRQA\QuestionAnswer.aspx.cs

```
var questionQuery = from item in DC.tb_Question
    where item.Code == QuestionCode
    join user in DC.tb_UserInfo
    on item.UserCode equals user.Code
    join catalog in DC.tb_Catalog                    //关联操作
    on item.CatalogCode equals catalog.Code
    select new
    {
        Code = item.Code,
        Title = item.Title,
        Text = item.Text,
        QuestionMark = item.Mark,
        PostDatetime = item.PostDatetime,
        UserCode = user.UserName,
        Mark = user.Mark,
        AAcceptCount = user.AAcceptCount,
        CreatedDate = user.CreatedDate,
        CatalogCode = item.CatalogCode,
        CatalogName = catalog.Name,
        State = item.State
    };
```

10.8.3　关闭问题模块的实现过程

本模块使用的数据表：tb_Question、tb_UserInfo、tb_Catalog

1．设计步骤

关闭问题和设置最佳答案使用的是同一页面，详细页面设计见 10.7 节。

2．实现代码

（1）在 ID 为 dlQuestion 的 DataList 控件的 ItemTemplate 模板中添加了一个执行"关闭问题"操作的链接按钮，其 HTML 代码如下：

例程 11　代码位置：资源包\TM\10\ClientWebSite\QuestionAnswer.aspx

```
<asp:LinkButton ID="lbtnCloseQuestion" runat="server" CommandName="CloseQuestion"
    OnClientClick="return confirm('确认关闭问题?');"
Font-Size="X-Small" ForeColor="#669900">关闭问题</asp:LinkButton>
```

（2）单击运行页面中的"关闭问题"链接按钮，会触发 dlQuestion 控件的 ItemCommand 事件。在该事件中根据传过来的"关闭问题"链接按钮的 CommandName 属性值来调用自定义 SetCloseQuestion 方法具体实现关闭问题操作，事件代码如下：

例程 12　代码位置：资源包\TM\10\MRQA\QuestionAnswer.aspx.cs

```
protected void dlQuestion_ItemCommand(object source, DataListCommandEventArgs e)
{
    if (e.CommandName != null)
    {
        int index = e.Item.ItemIndex;              //取 DataList 行索引
        DataList dl = (DataList)source;            //取当前 DataList
        string code = dl.DataKeys[index].ToString();   //取 DataList 主键值
        if (e.CommandName == "CloseQuestion")      //命令是关闭问题
        {
            SetCloseQuestion(code);                //执行关闭问题的方法
        }
    }
}
```

在上述事件代码中，调用了一个 SetCloseQuestion 自定义方法实现关闭问题操作，该自定义方法的具体代码如下：

例程 13　代码位置：资源包\TM\10\ClientWebSite\QuestionAnswer.aspx.cs

```
private void SetCloseQuestion(string questionCode)
{
    u tb_Question question = DC.tb_Question.FirstOrDefault(itm => itm.Code == questionCode);
    if (question.State == 2)
    {
```

```
            Response.Write("<script>alert('该问题已关闭，不能重复关闭!');</script>");
            return;
        }
        int cnt = DC.tb_Answer.Count(itm => itm.QuestionCode == questionCode && itm.BestAnswer == true);
        if (cnt > 0)
        {
            Response.Write("<script>alert('该问题已经有最佳答案了，不能关闭!');</script>");
            return;
        }
❶      question.State = 2;                                           //设置问题状态为"关闭"
        tb_UserInfo quser = DC.tb_UserInfo.FirstOrDefault(itm => itm.Code == ClientHelper.UserCode);
❷      quser.QUnsolveCount = quser.QCancelledCount + 1;              //用户信息表中提问者的"已关闭提问数"+1
        tb_Config config = DC.tb_Config.FirstOrDefault();
❸      config.UnSolved = config.UnSolved - 1;                        //全局设置表中累计未解决问题数−1
        DC.SubmitChanges();                                          //提交结果
    }
```

📢 代码贴士

❶提问前判断用户是否登录。如果没有登录，首先记住当前的 URL，其次跳转到登录提示页面。登录成功时根据记住的 URL 回到提问页面。

❷使用 LINQ 从类别数据表中取出数据。

❸将类别数据表中的数据绑定到类别下拉列表框中。

10.9　搜索问题模块设计

10.9.1　搜索问题模块设计概述

用户可以在不登录的情况下，使用明日知道网站提供的搜索引擎，获得要解决问题的正确答案或查找要回复的问题。搜索问题页面如图 10.25 所示。

图 10.25　搜索问题页面

在搜索文本框中输入指定的关键字，单击"搜索答案"按钮查找出主题或内容中包含关键字的所有问题列表（如图 10.26 所示，关键字用红色着重显示）。

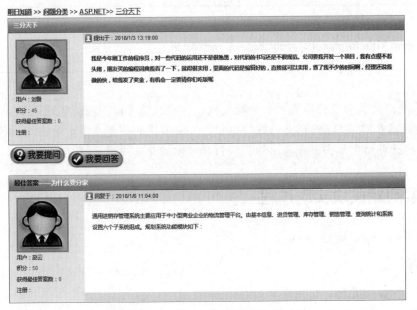

图 10.26　已解决问题及最佳答案页面

注意 通过问题分类页面返回的问题列表，只包含未解决的问题。而通过搜索引擎返回的问题列表，既包含未解决的问题，也包含已解决的问题，但不包含已关闭的问题。已解决问题及最佳答案页面如图 10.26 所示。由于该问题已经有最佳答案，所以将其他回复信息都过滤掉，只留最佳答案。

10.9.2　搜索问题模块技术分析

搜索问题模块的设计思路是搜索问题主题、问题内容中包含指定关键字，状态是未解决或已解决的问题。搜索问题模块主要使用了 Session 页面传值技术及 LINQ 查询过程中一些实用的小技术。

（1）LINQ 查询过程中用"…"替换超过指定长度字符串的技巧，其核心代码如下：

```
var query = from item in DC.tb_Question
            where item.State != 2 && (item.Title.Contains(SearchContent) ||
item.Text.Contains(SearchContent))
            select new
            {
                Text = (item.Text.Length > 200 ? item.Text.Substring(0, 200) + "..." :
item.Text).ToString().Replace(SearchContent,redWord)
};
```

（2）LINQ 查询过程中将关键字用红色着重显示的技巧，其核心代码如下：

```
//SearchContent 是查询关键字
string redWord = string.Format("<span style='color: Red'>{0}</span>", SearchContent);
var query = from item in DC.tb_Question
            where item.State != 2 && (item.Title.Contains(SearchContent) ||
item.Text.Contains(SearchContent))
```

```
select new
{
        Title = item.Title.Replace(SearchContent, redWord),
};
```

> **说明** 在问题分类页面中选择某一个问题类别后将进入包含该类别的问题列表页（如图 10.5 所示），当单击问题列表中"标题"列上的链接按钮进入要回复的问题及答案明细页（如图 10.6 所示），在问题及答案明细页面中单击"我要回答"按钮就可以回复选中的问题。

10.9.3 搜索问题模块实现过程

📑 本模块使用的数据表：tb_Question

1. 设计步骤

（1）创建一个 Web 窗体，将其命名为 QuestionList2.aspx。
（2）在该窗体中添加控件，所添加的控件类型、控件名称及说明如表 10.7 所示。

表 10.7 QuestionList2.aspx 页用到的主要控件

控 件 类 型	控件 ID	主要属性设置	用 途
用户控件	UC_Header1	均为默认值	显示页头信息
	UC_Search1	均为默认值	实现搜索引擎功能
	UC_Navigation1	均为默认值	实现页面导航功能
OurPager	OurPager1	Onpagechanged 事件设为 OurPager1_PageChanged	实现查询结果的页面切换
DataList	DataList1	均为默认值	显示查询结果列表
OurPager	OurPager2	Onpagechanged 事件设为 OurPager1_PageChanged	实现查询结果的页面切换
用户控件	UC_Footer1	均为默认值	显示页脚信息

2. 实现代码

（1）在用户控件 UC_Search1 中，包含录入"查找关键字"的文本框、查找类别选择标签及"搜索答案"按钮。单击"搜索答案"按钮，跳转到搜索问题列表页面，将查找关键字、查找类别以 Session 的形式传入搜索问题列表页面。主要代码如下：

例程 14 代码位置：资源包\TM\10\ClientWebSite\QuestionList2.aspx.cs

```
protected void ibtnSearch_Click(object sender, ImageClickEventArgs e)
{
    if (txtSearch.Text.Trim() != "")
    {
        Session["SearchContent"] = txtSearch.Text;            //搜索关键字
        Session["SearchCatalog"] = hidCatalog.Value;          //搜索类别
        Response.Redirect("QuestionList2.aspx");              //页面跳转到搜索问题列表页面
    }
}
```

前面曾经介绍过，用户控件 UC_Search1 并没有真正实现搜索引擎的功能，它只是将查找关键字、查找类别以 Session 的形式传入搜索问题列表页面。

（2）在搜索问题列表的页面加载事件中，调用 GetDataCount 自定义方法获得符合条件的问题数；调用 LoadData 方法加载符合条件的问题列表。代码如下：

例程 15 代码位置：资源包\TM\10\ClientWebSite\QuestionList2.aspx.cs

```
protected void Page_Load(object sender, EventArgs e)
{
    if (!Page.IsPostBack)
    {
    int cnt = GetDataCount();                          //获得符合条件的问题数
        if (cnt == 0)                                   //如果没有符合条件的问题
        {
        Response.Redirect("NotSearch.aspx");            //跳转到未查找到提示页面
        }
    OurPager1.RecordCount = cnt;                        //设置分页控件的记录数属性
        OurPager2.RecordCount = cnt;
    LoadData(1);                                        //加载符合条件的问题列表
    }
}
```

下面是 GetDataCount 和 LoadData 方法的代码。查找某一类别问题和所有问题的区别是在 LINQ 条件语句中加上了问题类别过滤条件。

例程 16 代码位置：资源包\TM\10\ClientWebSite\QuestionList2.aspx.cs

```
private int GetDataCount()
{
    if (SearchCatalog =="")                            //查找所有的类别
    {
        return DC.tb_Question.Count(itm => itm.State !=2 &&
(itm.Title.Contains(SearchContent) || itm.Text.Contains(SearchContent)) );
    }
    else                                               //查找指定的类别
    {
        return DC.tb_Question.Count(itm => itm.State !=2 && itm.CatalogCode == SearchCatalog &&
(itm.Title.Contains(SearchContent) || itm.Text.Contains(SearchContent)) );
    }
}
```

加载符合条件的问题列表的 LoadData 方法。方法代码如下：

```
private void LoadData(int CurrentPageIndex)
{
    string redWord = string.Format("<span style='color: Red'>{0}</span>", SearchContent);
    if (SearchCatalog == "")                            //查找所有的类别
    {
        var query = from item in DC.tb_Question
                    where item.State != 2 &&
```

```
(item.Title.Contains(SearchContent) || item.Text.Contains(SearchContent))
                    select new
                    {
                        Code = item.Code,
                        CatalogCode = item.CatalogCode,
                        UserCode = item.UserCode,
                        Title = item.Title.Replace(SearchContent, redWord),
                        Text = (item.Text.Length > 200 ? item.Text.Substring(0, 200) + "..." : item.Text)
.ToString().Replace(SearchContent,redWord),
                        Mark = item.Mark,
                        PostDatetime = item.PostDatetime,
                        State = item.State
                    };
        DataList1.DataSource = query.Skip((CurrentPageIndex - 1) *
OurPager1.PageSize).Take(OurPager1.PageSize);
    }
    else                                                //查找指定的类别
    {
        var query = from item in DC.tb_Question
                    where item.CatalogCode == SearchCatalog && item.State != 2 &&
(item.Title.Contains(SearchContent) || item.Text.Contains(SearchContent))
                    select new
                    {
                        …
                    };
        DataList1.DataSource = query.Skip((CurrentPageIndex - 1) *
OurPager1.PageSize).Take(OurPager1.PageSize);
    }
    DataList1.DataBind();
}
```

（3）当符合条件的问题数超过 10 个时，单击分页控件中的页码按钮可以查看不同页的信息。单击页码按钮会触发分页控件的页码改变事件，分页控件的页码改变事件的代码如下：

例程 17　代码位置：资源包\TM\10\ClientWebSite\QuestionList2.aspx.cs

```
//分页控件页码改变事件
protected void OurPager1_PageChanged(object sender, ServerControl.PageArgs e)
{
    if (((ServerControl.OurPager)sender).ID == "OurPager1")         //两个分页控件同步
        OurPager2.CurrentPageIndex = e.NewPageIndex;
    else
        OurPager1.CurrentPageIndex = e.NewPageIndex;
    LoadData(e.NewPageIndex);
}
```

搜索问题页面包含两个分页控件，这两个分页控件绑定一个页码改变事件。所以单击一个分页控件时，需要将新页索引赋给另一个分页控件，以实现两个分页控件的同步。最后调用 LoadData 方法，根据新页索引加载页内容信息。

10.10　网站文件清单

明日知道网站的主要文件清单如表 10.8 所示。

表 10.8　网站文件清单

文件位置及名称	说　　明
MRQA\ClientWebSite\App_Code\ClientHelper.cs	客户端公共类
MRQA\ClientWebSite\App_Code\DataClasses.dbml	LINQ 数据库操作类
MRQA\ClientWebSite\Answer.aspx	回复答案页
MRQA\ClientWebSite\Index.aspx	网站主页面
MRQA\ClientWebSite\Login.aspx	会员用户登录页
MRQA\ClientWebSite\NotLogin.aspx	未登录提示页
MRQA\ClientWebSite\NotSearch.aspx	未查找到答案提示页
MRQA\ClientWebSite\Question.aspx	提问页
MRQA\ClientWebSite\QuestionAnswer.aspx	问题回答页
MRQA\ClientWebSite\QuestionCatalog.aspx	问题类型选择页
MRQA\ClientWebSite\QuestionList.aspx	问题列表页
MRQA\ClientWebSite\QuestionList2.aspx	搜索问题页
MRQA\ClientWebSite\Register.aspx	用户注册页
MRQA\ClientWebSite\UC_Footer.ascx	页脚用户控件
MRQA\ClientWebSite\UC_Header.ascx	页头用户控件
MRQA\ClientWebSite\UC_Navigation.ascx	导航栏用户控件
MRQA\ClientWebSite\UC_Search.ascx	问题搜索页
MRQA\ClientWebSite\web.config	前台页面配置文件
MRQA\ServerControl\GridView.cs	自定义数据绑定组件类
MRQA\ServerControl\OurPager.cs	自定义分页组件类
MRQA\ServerControl\ValidateCode.cs	验证码组件类

10.11　ASP.NET 神来之笔——LINQ 数据库访问技术

　　LINQ 是微软公司推出的新一代的数据查询语言。它伴随着.NET Framework 以及 Visual Studio 开发工具得到广泛的应用。LINQ 不但具有查询功能，还与语言（C#或 VB.NET 等）相互整合。

10.11.1　LINQ 技术简介

构建明日知道网站用到了许多先进的技术，例如灵活的数据库访问技术 LINQ 就是用得最普遍的技术之一，下面对 LINQ 技术进行简单介绍。

LINQ（Language-Integrated Query，语言集成查询）是微软公司基于.Net FrameWork 提供的一项跨语言的新技术，它在对象领域和数据领域之间架起了一座桥梁。LINQ 主要由 3 部分组成：LINQ to Objects、LINQ to ADO.NET 和 LINQ to XML。其中，LINQ to ADO.NET 可以分为 LINQ to SQL 和 LINQ to DataSet 两部分。其架构如图 10.27 所示。

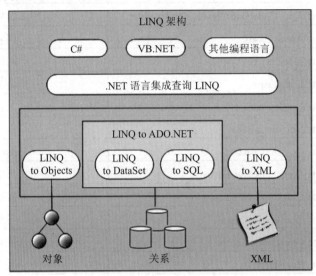

图 10.27　LINQ 基本架构

10.11.2　为什么需要 LINQ

前面对 LINQ 架构作了一个简单介绍，这自然会引发一个疑问：为什么需要一个像 LINQ 这样的工具呢？以前应用 ADO.NET 操作数据库技术不是很方便吗？下面是一段.NET 应用程序中常见的访问数据库代码。

```
SqlConnection con = new SqlConnection(strCon);              //建立数据库连接
con.Open();                                                //打开数据库连接
SqlCommand sqlcom = new SqlCommand("select 身份证号 from tb_mrEmply ",con);
SqlDataReader dr = sqlcom.ExecuteReader();
do while (dr.Read())  {
    Response.Write(dr["身份证号"].ToString() + "<br/>");
}
```

从上述代码可以看出，传统数据库访问代码需要先建立数据库连接、命令对象，并在程序中嵌入另一段数据库专属的 SQL 字符串，若字符串中的 SQL 是非法的，或是重命名了数据库中的列编译器，将无法进行检查。

至于 LINQ 的做法则是：

```
var result = from v in lqDB.tb_mrEmply
                where v.身份证号 > 0
                select v.身份证号;
foreach (var i in result)  {
    Response.Write(i.ToString() + "<br/>");
}
```

可以看出程序代码变得比较精简，而且 LINQ 的 from、select 本身就是 C#语法，不用包含在一个字符串中，再通过 SqlCommand 对象去执行。

另外在上述查询中，数据源本身可以是数据库中的表、XML 中的元素，还可以是一个集合对象，而查询语法即使略有不同，也会大体相似。这就使得开发人员可以在其熟悉的语言中使用统一的查询访问任何数据源。

10.11.3　LINQ to Object 技术应用

LINQ 查询表达式是 LINQ 中非常重要的一部分内容，它可以从一个或多个给定的数据源中检索数据，并指定检索结果的数据类型和表现形式。LINQ 查询表达式由一个或多个 LINQ 查询子句按照一定的规则组成。LINQ 查询表达式包括 from 子句、where 子句、select 子句、orderby 子句、group 子句、into 子句、join 子句和 let 子句。LINQ 子句具体说明如表 10.9 所示。

表 10.9　LINQ 子句具体说明

查 询 子 句	说　　明
form 子句	指定查询操作的数据源和范围变量
where 子句	筛选元素的逻辑条件，一般由逻辑运算符组成
select 子句	指定查询结果的类型和表现形式
orderby 子句	对查询结果进行排序（降序或升序）
group 子句	对查询结果进行分组
into 子句	提供一个临时的标识符。该标识可以引用 join、group 和 select 子句的结果
join 子句	连接多个查询操作的数据源
let 子句	引入用于存储查询表达式中子表达式结果的范围变量

LINQ to Object 可以查询、检索、排序、聚合、分区、关联 IEnumerable 或 IEnumerable<T>集合，也就是说可以操作任何可枚举的集合，如数据（Array 和 ArrayList）、泛型列表 List<T>、泛型字典 Dictionary<T>等，以及用户自定义的集合。下面分别举例说明。

1．使用 LINQ to Object 查找整型数组中元素值能被 2 整除的序列

代码如下：

```
int[] values = { 1, 2, 3, 4, 5, 6, 7, 8, 9, 0 };
var value = from v in values
                where v % 2 == 0
```

```
            select v;
Response.Write("查询结果：<br>");
foreach (var v in value)
{
            Response.Write(v.ToString() + ",");
}
```

输出结果是"2,4,6,8,0"。

2. 使用 LINQ to Ojbect 查找 ArrayList 中元素长度大于 3 的序列

代码如下：

```
ArrayList dynamicArr = new ArrayList();                      //构造动态数组
dynamicArr.Add("ooo");                                       //添加动态数组的值
dynamicArr.Add("pppp");
dynamicArr.Add("qqqqq");

var query = from item in dynamicArr.ToArray()               //查询 ArrayList 中元素长度大于 3 的序列
            where item.ToString().Length > 3
            select item;
Response.Write("动态数组的值是：");                            //输出结果为"pppp,qqqqq"
foreach (var item in query) { Response.Write(item + " , ");
Response.Write("<br/>");
```

输出结果是"pppp,qqqqq"。

3. 使用 LINQ to Object 对泛型字典进行排序

泛型字典是由键/值对组成的集合，泛型字典中的元素是 KeyValuePair<TKey,TValue>类型。其中，TKey 指字典中键的类型，TValue 指字典中值的类型。泛型字典具有以下 3 个特点。

☑ 泛型字典中的键不能修改，不能为空，不能重复。
☑ 泛型字典中的值可以修改，可以为空，可以重复。
☑ 泛型字典不按键自动进行排序。

使用 LINQ 按键对泛型字典进行排序操作的代码如下：

```
Dictionary<int, UserInfo> users = new Dictionary<int, UserInfo>();   //构建泛型字典
users.Add(3, new UserInfo(1, "User01", "01"));                       //为泛型字典添加以下 3 个元素
users.Add(2, new UserInfo(2, "User02", "02"));
users.Add(1, new UserInfo(3, "User03", "03"));
var query = from item in users                                       //LINQ 对泛型字典进行排序操作
            orderby item.Key                                        //使用 LINQ 按键对泛型字典进行排序
            select item;
Response.Write("使用 foreach 语句遍历输出排序后的泛型字典<br/>");
foreach (var item in query)
{
    Response.Write(string.Format("({0},{1})", item.Key, item.Value.UserName));
    Response.Write("<br/>");
}
```

10.11.4　LINQ to SQL 技术应用

LINQ to SQL 可以直接对关系数据库（即 SQL Server）的数据进行检索、插入、修改、删除、排序、聚合、分区、关联等操作。

1. 创建 LINQ to SQL 数据源

使用 LINQ to SQL 查询或操作数据库，需要建立 LINQ to SQL 数据源。下面以 SQL Server 2014 数据库为例，建立一个 LINQ to SQL 数据源，详细步骤如下：

（1）启动 Visual Studio 2017 开发环境，建立一个目标框架为 Framework SDK v4.5 的 ASP.NET 空网站。

（2）在解决方案资源管理器中的 App_Code 文件夹上右击，在弹出的快捷菜单中选择"添加新项"命令，弹出"添加新项"对话框，如图 10.28 所示。

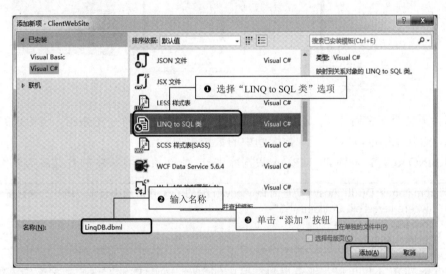

图 10.28　创建 LINQ to SQL 数据源

（3）在模板列表中选择"LINQ to SQL 类"选项，并将其命名为 DataClasses.dbml。

（4）在服务资源管理器中连接 SQL Server 2014 数据库，然后将指定数据库中的表拖曳到 DataClasses.dbml 设计视图中，如图 10.29 所示。

（5）DataClasses.dbml 文件创建一个名称为 DataClassesDataContex，映射到 dbml 文件的数据上下文类，为数据库提供查询或操作数据库的方法，LINQ 数据源创建完毕。DataClassesDataContext 类中的程序代码均自动生成，在明日知道网站 App_Code 文件夹下的 DataClasses.dbml 文件即为自动生成的代码文件。

2. 使用 LINQ to SQL 查询和操作数据库

使用 LINQ to SQL 查询和操作数据库之前，首先创建自动生成的数据上下文类的实例。代码如下：

```
DataClassesDataContext DC = new DataClassesDataContext();
```

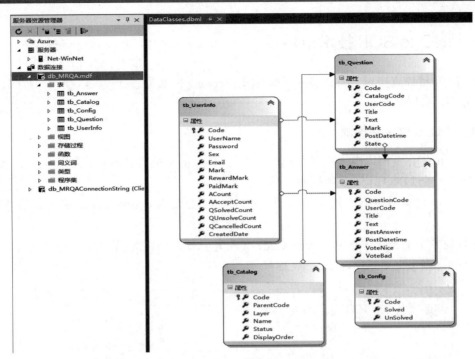

图 10.29　数据表

创建数据上下文类实例后使用 LINQ to SQL 可以实现查询数据库中的数据，与传统的 SQL 语句或存储过程相比，使用 LINQ to SQL 查询数据库中的数据更加简洁。

下面使用 LINQ to SQL 查询 db_MRQA 数据库中 tb_Answer 数据表中的数据，实现代码如下：

```
var query = from item in DC.tb_Answer//查询 tb_Answer 表的 Text 字段值中包含"峰"，并且按 Code 字段排序
            where item.Text.Contains("峰")
            orderby item.Code
            select item;
```

使用 LINQ to SQL 不仅可以实现查询数据库中的数据，而且能够实现向数据库中添加数据。下面使用 LINQ to SQL 向 db_MRQA 数据库的 tb_Answer 数据表中添加数据。实现该功能主要通过 Table<TEntity>类的 InsertOnSubmit 方法和 SubmitChanges 方法实现。其中，InsertOnSubmit 方法将单个实体的集合添加到 Tabel<T>类的实例中，SubmitChanges 方法计算要插入、更新或删除的已修改对象的集，并执行相应命令以实现对数据库的更改。

```
tb_Answer answer = new tb_Answer();              //创建 tb_Answer 类的实例
answer.Code = "20000101";
DC.tb_Answer.InsertOnSubmit(answer);             //提交插入操作
```

使用 LINQ to SQL 修改数据库中的数据，首先要找到需要编辑的记录，然后修改记录中相应的字段值，最后调用 DataContext 类的 SubmitChanges 方法提交对数据表的更改操作。下面代码中首先找到 tb_Answer 表中 Code 字段值等于"20000101"的记录，然后修改记录的 Title 字段值，最后调用 SubmitChanges 方法提交修改操作。

```
tb_Answer answer = DC.tb_Answer.FirstOrDefault(itm => itm.Code == "20000101");
if (answer != null)
{
    answer.Title =  "LINQ to SQL 的优点";
    DC.SubmitChanges();
}
```

使用 LINQ to SQL 删除数据库中的数据，主要通过 Tabel<T>泛型类的 DeleteOnSubmit 方法和 DataContext 类的 SubmitChanges 方法实现。下面代码中首先找到 tb_Answer 表中 Code 字段值等于 "20000101" 的记录，然后调用 DeleteOnSubmit 方法删除该记录，最后调用 SubmitChanges 方法提交删除操作。

```
tb_Answer answer = DC.tb_Answer.FirstOrDefault(itm => itm.Code == "20000101");
DC.tb_Answer.DeleteOnSubmit(answer);
DC.SubmitChanges();
```

10.12　本 章 总 结

本章主要介绍了仿百度知道之明日知道（属于在线问答模块）的开发流程，在数据库开发方面主要应用了 LINQ 数据库访问技术。希望本章介绍的相关技术对读者以后在线问答模块开发有所启发和帮助。